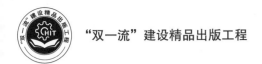

"双一流"建设精品出版工程

工业锅炉水动力学及锅内设备

BOILER HYDRAULICS AND EQUIPMENT IN THE BOILER

陆慧林 刘国栋 刘欢鹏 编著

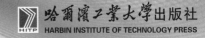

哈尔滨工业大学出版社
HARBIN INSTITUTE OF TECHNOLOGY PRESS

内 容 简 介

本书是关于锅炉汽水两相流动及能量转换理论与应用的通用性教材,基于作者收集的国内外工业锅炉水动力学工程领域的相关资料和所在教研室多年的教学经验撰写而成。书中较全面地介绍了锅内汽水两相水动力学基础和基本方程后,又针对锅炉管路系统常见的并联管内工质流动水动力学、自然循环蒸汽锅炉的水动力计算和强制循环锅炉水动力计算进行了详细介绍;然后针对炉内汽水两相水动力的不稳定性和蒸汽的净化,分析了不同因素和设备的影响规律;最后介绍了热水锅炉水动力学;不同锅炉水动力计算的算例安排在附录录中。本书力求将理论与工程实际应用相结合,以帮助读者更好地理解锅炉汽水两相流动及能量转换的基本原理,并掌握和运用相关的计算方法。

本书具有较强的实用性,可作为高等院校能源与动力工程类、建筑环境与设备工程类、热工自动化专业本科生和研究生的教材,也可供从事工业锅炉相关研究和设计的工程技术人员参考使用。

图书在版编目(CIP)数据

工业锅炉水动力学及锅内设备/ 陆慧林,刘国栋,
刘欢鹏编著 . —哈尔滨:哈尔滨工业大学出版社,
2021.4
 (工业锅炉系列丛书)
 ISBN 978 - 7 - 5603 - 4974 - 9

 Ⅰ.①工…　　Ⅱ.①陆…　②刘…　③刘…　　Ⅲ.①工业锅
炉 – 水动力学②工业锅炉 – 结构构件　　Ⅳ.①TK223

中国版本图书馆 CIP 数据核字(2021)第 074943 号

策划编辑　王桂芝
责任编辑　王会丽
出版发行　哈尔滨工业大学出版社
社　　址　哈尔滨市南岗区复华四道街 10 号　　邮编　150006
传　　真　0451-86414749
网　　址　http://hitpress.hit.edu.cn
印　　刷　哈尔滨节能印刷有限公司
开　　本　787 mm×1092 mm　1/16　印张 21.75　字数 534 千字
版　　次　2021 年 4 月第 1 版　2021 年 4 月第 1 次印刷
书　　号　ISBN 978 - 7 - 5603 - 4974 - 9
定　　价　58.00 元

前　言

本书是哈尔滨工业大学"工业锅炉系列丛书"的规划教材。本书根据工业应用的需求及多年来"汽液两相流体动力学"课程教学内容和课程体系改革的实践经验,并考虑到新时代教学的需要,在《锅炉水动力学及锅内设备》(鲍亦龄、陆慧林编著,哈尔滨工业大学出版社,1996)的基础上撰写而成。撰写过程中特别注意吸收当今汽液两相流体动力学科技的新成果和新进展,联系工程实践,注重对学生创新能力的培养。

随着锅炉向大容量、超高参数或超超临界参数的发展,锅炉内工质的工作条件日益恶化。研究锅炉汽水两相流动传热和蒸汽分离过程的目的主要是解决锅内水循环过程的问题及提高锅炉设计和运行的可靠性。本书以锅炉汽水两相流动过程和蒸汽分离为对象,研究工质(水、蒸汽和汽水混合物)在管内流动、传热、热化学及汽水分离;对汽水两相流动的基本概念、基本性质、两相流动过程中的压降分析计算等内容进行了较为详细的论述,力求帮助读者较好地掌握质量守恒、动量守恒及能量守恒原理,并进行相关的两相流动计算。

全书共8章,介绍了锅炉汽水两相水动力学基础、汽水两相水动力学的基本方程、自然循环蒸汽锅炉的水动力计算、并联管内工质流动水动力学、强制循环锅炉水动力计算,并介绍了不稳定工况对水循环的影响、蒸汽净化、热水锅炉水动力学等内容。

全书撰写分工如下:第2章由陆慧林教授撰写;第1章、第6章、第7章、第8章和附录由刘国栋副教授撰写;第3章、第4章和第5章由刘欢鹏副教授撰写。全书最后由陆慧林教授统稿。

鲍亦龄教授和杨励丹教授在教学和科研工作中对作者的指导、帮助和鼓励,使作者获益匪浅,在此深表感谢。

由于作者水平有限,书中难免存在不足之处,恳请读者批评指正。

作　者
2021 年 1 月

目　　录

第1章 锅炉汽水两相水动力学基础

1.1 流动特性参数

在锅炉及蒸汽发生器的汽水受热面中,工质在管内流动的同时不断地被加热,工质的比容和流速发生变化,并且还产生相变。为了研究工质在流动过程中这种复杂的变化和在相变过程中两相之间的相互作用,以及进行水动力计算,需引入两相流体的特性参数。这些参数可分成两类:一类是可以根据热量平衡或物质平衡进行计算的参数;另一类是必须借助试验才能确定的参数。

下面分别叙述各流动特性参数的定义及相互关系。

1.1.1 流量

汽水混合物的质量流量 G_h 等于蒸汽的质量流量 G'' 和水的质量流量 G' 之和。

$$G_h = G'' + G' \quad (\text{kg/s}) \tag{1.1}$$

汽水混合物的容积流量 V_h 等于蒸汽的容积流量 V'' 和水的容积流量 V' 之和。

$$V_h = V'' + V' \quad (\text{m}^3/\text{s}) \tag{1.2}$$

或

$$G_h v_h = G'' v'' + G' v' \tag{1.3}$$

式中 v_h——汽水混合物的比容,m^3/kg;

v'',v'——饱和蒸汽及饱和水的比容,m^3/kg。

1.1.2 折算速度

在汽水混合物中,假想蒸汽单独流过整个管道横截面的速度 W_0'',称为蒸汽的折算速度,即

$$W_0'' = \frac{G'' v''}{f} = \frac{V''}{f} \quad (\text{m/s}) \tag{1.4}$$

在汽水混合物中,假想水单独流过整个管道横截面时的速度 W_0',称为水的折算速度,即

$$W_0' = \frac{G' v'}{f} = \frac{V'}{f} \quad (\text{m/s}) \tag{1.5}$$

式中 f——管道流通的截面积,m^2。

实际上这两种折算速度都是不存在的,但它们代表汽水混合物中蒸汽和水的多少。在受热的蒸发管内,由于水不断汽化,此两值沿管长是不断变化的。

1.1.3 循环速度

质量流量等于循环流量的饱和水,流过整个管道横截面的速度 W_0,称为循环速度,即

$$W_0 = \frac{G_0 v'}{f} = \frac{G_h v_h}{f} \quad (\text{m/s}) \tag{1.6}$$

循环速度是锅炉水动力学中的一个术语。上升管中的循环速度可近似地等于上升管入口的水速;当循环回路中有上联箱时,蒸汽引出管中的循环速度等于循环流量与饱和水比容的乘积除以蒸汽引出管的总横截面积(同一循环回路中所有蒸汽引出管的横截面积之和)。对于受热的蒸发管,如果管径沿管长不变,在稳定流动下,此循环速度沿管长也是不变的。

1.1.4　质量流速

流体流过单位截面积的质量流量称为质量流速 ρW,即

$$\rho W = \frac{G_h}{f} \quad [\text{kg/(m}^2 \cdot \text{s})] \tag{1.7}$$

汽水混合物的质量流速等于蒸汽的质量流速和水的质量流速之和。对于受热的蒸发管,如果沿管长的管径不变,在稳定流动下总的质量流速不变(而蒸汽和水的质量流速是沿管长变化的,但它们两者之和是不变的),那么汽水混合物的质量流速又等于工质的质量流速 ρW。

$$\rho_h W_h = \rho'' W_0'' + \rho' W_0' = \rho W \tag{1.8}$$

将式(1.6)、式(1.7)代入式(1.8),可得

$$\rho W = \rho' W_0 = \rho_h W_h \tag{1.9}$$

所以

$$W_0 = W_0' + W_0'' \left(\frac{\rho''}{\rho'}\right) \tag{1.10}$$

式中　ρ_h——汽水混合物的密度,kg/m³;

$\quad\quad W_h$——汽水混合物的速度,m/s;

$\quad\quad \rho'',\rho'$——饱和蒸汽及饱和水的密度,kg/m³。

1.1.5　质量含汽率和容积含汽率

汽水混合物中,蒸汽所占的质量份额,亦即蒸汽的质量流量与汽水混合物的质量流量之比,称为质量含汽率 x,又称为汽水混合物的干度,计算式如下:

$$x = \frac{G''}{G_h} = \frac{\rho'' W_0'' f}{\rho_h W_h f} \tag{1.11}$$

将式(1.9)代入式(1.11)可得

$$x = \frac{\rho'' W_0''}{\rho' W_0} \tag{1.12}$$

$$1 - x = \frac{G'}{G_h} = \frac{\rho' W_0' f}{\rho' W_0 f} = \frac{W_0'}{W_0} \tag{1.13}$$

容积含汽率为汽水混合物中汽相所占的容积份额,亦即蒸汽的容积流量与汽水混合物容积流量之比,称为容积含汽率 β,计算式如下:

$$\beta = \frac{V''}{V_h} = \frac{W_0'' f}{W_0'' f + W_0' f} = \frac{W_0''}{W_0'' + W_0'} \tag{1.14}$$

将式(1.14)右端分子、分母同除以 W''_0,并应用式(1.10)和式(1.12),可得质量含汽率和容积含汽率的换算关系式为

$$\beta = \cfrac{1}{1 + \cfrac{W_0}{W''_0} - \cfrac{\rho''}{\rho'}} = \cfrac{1}{1 + \cfrac{\rho''}{\rho'}\left(\cfrac{1}{x} - 1\right)} \tag{1.15}$$

x 和 β 反映的是通过管子的汽水混合物中的蒸汽量,它们不能反映存在于管内空间中的汽水混合物的蒸汽含率(如截面含汽率)。由于蒸汽和水以不同的速度通过管子,因此确定存在于管内空间中的汽水混合物的蒸汽含率时要考虑汽水之间的相对速度。

1.1.6　截面含汽率

某一管道截面上,蒸汽所占的截面积 f'' 与整个管道横截面积 f 之比,称为截面含汽率 φ,即

$$\varphi = \frac{f''}{f} \tag{1.16}$$

同理,水所占的截面比为截面含液率:

$$\frac{f'}{f} = \frac{f - f''}{f} = 1 - \varphi \tag{1.17}$$

截面含汽率反映的是存在于管内空间中的汽水混合物的蒸汽含率。但 φ 值无法通过计算求出,必须借助试验才能求得。

1.1.7　蒸汽和水的真实速度

当汽水混合物在管内流动时,蒸汽的平均流速不等于水的平均流速。在向上流动和水平流动时,蒸汽的平均流速大于水的平均流速;在向下流动时,蒸汽的平均流速小于水的平均流速。因此,在临界压力以下,汽水两相流动时,蒸汽和水的真实平均流速是不相等的。若已知截面含汽率 φ,便可求出蒸汽和水的真实平均流速 W'' 和 W'。

$$W'' = \frac{V''}{f''} = \frac{W''_0 f}{\varphi f} = \frac{W''_0}{\varphi} \quad (\text{m/s}) \tag{1.18}$$

$$W' = \frac{V'}{f'} = \frac{W'_0 f}{(1 - \varphi)f} = \frac{W'_0}{1 - \varphi} \quad (\text{m/s}) \tag{1.19}$$

将式(1.9)和式(1.12)代入式(1.18),可得 ρW、φ、x 等与 W'' 的关系式:

$$W'' = \frac{(\rho W)x}{\rho''\varphi} \tag{1.20}$$

将式(1.19)的分子、分母同乘 ρ' 并应用式(1.13)及式(1.9),得

$$W' = \frac{(\rho W)(1 - x)}{\rho'(1 - \varphi)} \tag{1.21}$$

由式(1.18)还可得 β 与 φ 的关系式。

因为 $f'' = \dfrac{V''}{W''}$,$f = \dfrac{V_{\text{h}}}{W_{\text{h}}}$,所以

$$\varphi = \frac{f''}{f} = \frac{W_{\text{h}}}{W''}\frac{V''}{V_{\text{h}}} = C\beta \tag{1.22}$$

式中　C——汽水混合物的流速 W_h 与真实的蒸汽速度之比,它反映了汽水间由于存在相对
　　　　速度而对截面含汽率的影响,其由试验可求得。

在垂直上升管中,$W'' > W'$,因而 $W'' > W_h$,$C < 1$,$\varphi < \beta$;在垂直下降管中,$W'' < W'$,因而
$W'' < W_h$,$C > 1$,$\varphi > \beta$;当压力等于或大于临界压力时,$W'' = W'$,$W'' = W_h$,$C = 1$,此时 $\varphi = \beta$。

1.1.8　相对速度和滑移比

汽水两相在管内流动时,蒸汽与水的真实流速是不同的,两者的速度之差称为相对速
度,又称为滑移速度。

$$W_{xd} = W'' - W' \quad (m/s) \tag{1.23}$$

蒸汽的真实流速与水的真实流速之比,称为滑移比 S,即

$$S = \frac{W''}{W'} \tag{1.24}$$

当 $W'' > W'$,$W_{xd} > 0$ 时,$S > 1$;反之,当 $W'' < W'$,$W_{xd} < 0$ 时,$S < 1$;当 $W'' = W'$,$W_{xd} = 0$ 时,
$S = 1$。

1.1.9　汽水混合物的密度和比容

汽水混合物的密度有混合流体密度 ρ_h 和管内容积密度 ρ_s 两种。管内容积密度有时被
称为真实密度或压头密度。

混合流体密度是由汽水混合物的质量流量和容积流量求得的汽水混合物密度,即

$$\rho_h = \frac{G_h}{V_h} = \frac{G'' + G'}{V_h} = \frac{V''\rho'' + V'\rho'}{V_h} = \rho''\beta + \rho'(1 - \beta)$$
$$= \rho' - \beta(\rho' - \rho'') \quad (kg/m^3) \tag{1.25}$$

将式(1.15)代入式(1.25)得

$$\rho_h = \frac{\rho'}{1 + x\left(\dfrac{\rho'}{\rho''} - 1\right)} \quad (kg/m^3) \tag{1.26}$$

汽水混合物的比容 v_h 为混合流体密度的倒数,即

$$v_h = \frac{1}{\rho_h} = \frac{1 + x\left(\dfrac{\rho'}{\rho''} - 1\right)}{\rho'} = v' + x(v'' - v') \quad (m^3/kg) \tag{1.27}$$

或

$$v_h = \frac{1}{\rho_h} = \frac{1}{\rho' - \beta(\rho' - \rho'')} = \frac{v'}{1 - \beta\left(1 - \dfrac{v'}{v''}\right)} \quad (m^3/kg) \tag{1.28}$$

管内容积密度是按蒸汽和水在管内所占容积计算的管内汽水混合物的密度。在动态
平衡时取长度为 Δl 的一小段管子,蒸汽和水所占的截面积分别为 f'' 和 f',则在此管段内的
汽水混合物的管内容积密度为

$$\rho_s = \frac{\rho'f'\Delta l + \rho''f''\Delta l}{f\Delta l} = \rho'(1 - \varphi) + \rho''\varphi$$
$$= \rho' - \varphi(\rho' - \rho'') \quad (kg/m^3) \tag{1.29}$$

ρ_s 是按蒸汽和水所占容积的份额确定的,与汽水之间的相对速度有关。它用来计算管道内汽水混合物的静压(如锅炉水动力计算中的运动压头就是用它来计算的),所以通常也称为压头密度。

比较式(1.25)和式(1.29),可知在垂直上升管中,因为 $W'' > W'$、$\varphi < \beta$,所以 $\rho_s > \rho_h$;在垂直下降管中,因为 $W'' < W'$,$\varphi > \beta$,所以 $\rho_s < \rho_h$。

1.1.10　汽水混合物的速度

密度 ρ_h 可用于计算汽水混合物的速度。当管径不变、流动稳定时,将式(1.26)代入式(1.9)可得汽水混合物速度的计算公式如下:

$$W_h = W_0 \left[1 + x \left(\frac{\rho'}{\rho''} - 1 \right) \right] \quad (\text{m/s}) \tag{1.30}$$

将式(1.12)代入式(1.26),再代入式(1.9)又可得

$$W_h = W_0 + W_0'' \left(1 - \frac{\rho''}{\rho'} \right) \quad (\text{m/s}) \tag{1.31}$$

或

$$W_h = W_0' + W_0'' \quad (\text{m/s}) \tag{1.32}$$

1.2　两相流体在管内的流型

为了研究流体的流动特性,把单相流体的流型分为层流和湍流。两相流体的流型是影响其流动和传热的重要因素,是两相流动的重要研究内容。由于影响两相流体流型的因素多且复杂,目前所用的测定方法(如直接观察、高速摄影、射线测量、压差波动特性等),都不能精确地区别出各种流型,因此至今尚无一个统一的分类,各流型的名称也不统一。下面仅就比较通用的几种流型做一简单介绍。

1.2.1　绝热垂直上升管中的流型

1. 泡状流动

当汽水混合物中汽量较少时,蒸汽以小气泡形式散布在水中,管子中部气泡较多,近壁较少,这种流型称为泡状流动[图 1.1(a)]。

2. 弹状流动

当汽水混合物中汽量增多时,小气泡聚合成大气泡,在气泡直径增大到接近管子内径时,便形成弹状的大气泡,称为汽弹,汽弹之间是夹带着小气泡的水。这种流型称为弹状流动[图 1.1(b)]。弹状流动在垂直上升管中有时也称为塞状流动。

3. 环状流动

当汽水混合物中汽量更大时,大气泡首尾相连而汇合成汽柱在管子中部流动,四周水膜的表面上出现波浪,这些波浪被中心汽流撕碎,形成许多小水滴随汽流流动,随着汽量的

增加,水膜变薄,汽柱中夹带的水滴也越多。这种流型称为环状流动[图 1.1(c)]。

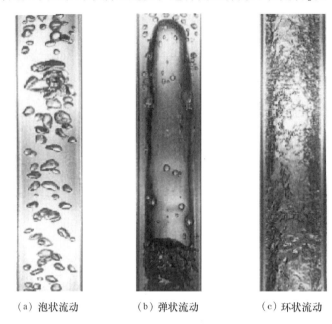

（a）泡状流动　　　　　　（b）弹状流动　　　　　　（c）环状流动

图 1.1　绝热垂直上升管中两相流动的流型

1.2.2　加热垂直上升管中的流型

当管子受热时,流型沿管长不断变化,均匀受热垂直上升管中的流型沿管长的演变过程,如图 1.2 所示。在受热上升管中由于流体沿管截面径向的温度分布不同,因此其流型与绝热上升管中的流型有差别。在入口为饱和单相水,出口为过热蒸汽的加热上升管内,若按热量平衡求得的汽水两相混合物的含汽率为 x(热力学含汽率,此时假设系统处于热力学平衡状态),定义如下:

$$x = \frac{i - i'}{r} \tag{1.33}$$

式中　i——汽水两相混合物的比焓;

$\quad\quad i'$——饱和水的比焓;

$\quad\quad r$——水的汽化潜热。

则沿管长存在下面几种流型。

（1）入口为单相水。

（2）泡状流动。

沿着流向,水被逐渐加热到饱和温度 t_b(此时 $x=0$)。在 $x<0$ 的某处,虽然此时水的平均温度尚未达到饱和温度,但近壁附近的水温已达到产生蒸汽的温度,使水沸腾产生气泡,由于此处 $x<0$,管子中部还是欠热的水,因此称这种沸腾为欠热沸腾。泡状流动可存在于 $0 \leqslant x \leqslant 1$ 区域,也可存在于 $x<0$ 的欠热区域。

（3）弹状流动。

随着汽量的增加,小气泡集成弹形的大气泡。

（4）环状流动。

汽量更大时，汽弹连成汽柱。

（5）雾状流动。

环状水膜由于不断蒸发和被中心汽流带走，水滴逐渐减薄，最后完全消失，这时管内为夹带水滴的汽流，称此流型为雾状流动。雾状流动可存在于 $x<1$ 和 $x>1$ 区域，这是由于沿管子截面存在温差的缘故：当 $x=1$ 时，近壁面的蒸汽已被过热，但中心蒸汽还存在水滴。

（6）单相的过热蒸汽。

由于在受热情况下，流型的转变需要一定距离和时间以达到流体动态平衡，而这与热负荷大小、压力高低、汽量多少等因素有很大的关系，因此上述各种流型所占的区间，在不同热负荷、汽量和压力下，可能延伸或者缩短。根据试验结果，在 3 MPa 时，当汽水混合物的容积含汽率 $\beta<80\%$（x 约为 0.07）时，为泡状流动；当 $\beta>80\%$ 时，为泡状、弹状流动；当 $\beta>90\%$（x 约为 0.15）时转变成环状或雾状流动。在 10 MPa 时，当 $\beta<95\%$（x 约为 0.6）时，均为泡状流动；当 $\beta>95\%$ 时，则直接转变成环状或雾状流动。一般的自然循环锅炉蒸发管内，x 多处于泡状流动工况。

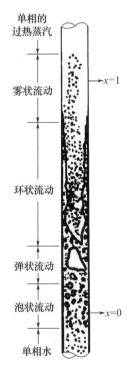

图 1.2　均匀受热垂直上升管中的流型沿管长的演变过程

1.2.3　绝热水平管中的流型

绝热水平管中的流型与绝热垂直上升管中的流型基本相同，所不同的是，在绝热水平管中由于重力的影响，汽相沿管子横截面的分布上下是不对称的，管子上部含汽量较大。当水相速度很小时，可能出现蒸汽在上部流动、水在下部流动的所谓分层流动。但当水相速度很大时,汽相分布比较对称。绝热水平管中两相流动的流型有下面几种(图1.3)。

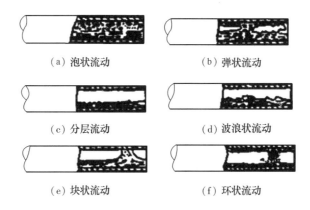

　　　(a)泡状流动　　　　　　　　　　(b)弹状流动

　　　(c)分层流动　　　　　　　　　　(d)波浪状流动

　　　(e)块状流动　　　　　　　　　　(f)环状流动

图1.3　绝热水平管中两相流动的流型

(1)泡状流动。气泡多偏于管子上部[图1.3(a)]。

(2)弹状流动。汽弹偏于管子上部[图1.3(b)]。

(3)分层流动。蒸汽和水的速度都很小时,二者在管内分开流动,蒸汽在上,汽水相间有比较平滑的分界面,这种流型称为水分层流动[图1.3(c)]。

(4)波浪状流动。当蒸汽速度较大时,可在汽水分界面上掀起波浪[图1.3(d)]。

(5)块状流动。它与弹状流动的差别是,此流型中的汽弹上部没有水膜,只有汽弹之间被涌起的波浪分隔,使上部管壁周期性地受到湿润[图1.3(e)]。

(6)环状流动。蒸汽速度更高时会形成环状流动。此时管中心为蒸汽,四周为水膜,但底部水膜较厚,蒸汽中也带有水滴[图1.3(f)]。

1.2.4　加热水平管中的流型

在低热负荷下均匀受热时,入口为单相水、出口为过热蒸汽的加热水平管中的两相流动流型演变过程,如图1.4所示。沿流向可分为:单相水、泡状流动、塞状流动、弹状流动、波浪状流动、环状流动、单相过热蒸汽7个区域。其特点除汽相分布上下不对称外,在波浪状流动区,管子上部还存在着时而被水滴湿润、时而干涸的流态,称之为间歇式流态。

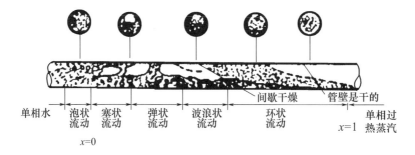

　　单相水　泡状　塞状　弹状　波浪状　环状　单相过
　　　　　流动　流动　流动　流动　流动　热蒸汽
　　　　　$x=0$　　　　　　　　　　　　$x=1$

间歇干燥　管壁是干的

图1.4　加热水平管中两相流动的流型

管子的倾斜度对流型的影响很大。在微倾斜(水平角 α 很小时)管中的流型与水平管相似,当流速低时易出现分层。在直流锅炉的水平或微倾斜的蒸发管中,一般用提高流速的方法来消除分层。在自然循环锅炉中,由于蒸发管内流速较低,因此避免采用水平布置,当水平倾角 $\alpha \geqslant 15°$ 时,一般不会出现分层流动;当水平倾角超过 $40° \sim 60°$ 时(注:与速度有关,这里给出的是一个范围),管内的流型与垂直管相同。

1.3　管内汽水两相传热

水变成蒸汽的过程称为汽化。水的汽化有两种方式,一是蒸发,二是沸腾。

图 1.5 所示为垂直加热管中流动和沸腾工况,在此管中除蒸发段外,还具有不长的加热水段和过热段。假设沿管长均匀加热,则图中曲线的横坐标既可以代表管长,也可用热力学含汽率来表示。

图 1.5 中曲线的纵坐标为温度,代表流体的温度和管壁金属的温度。

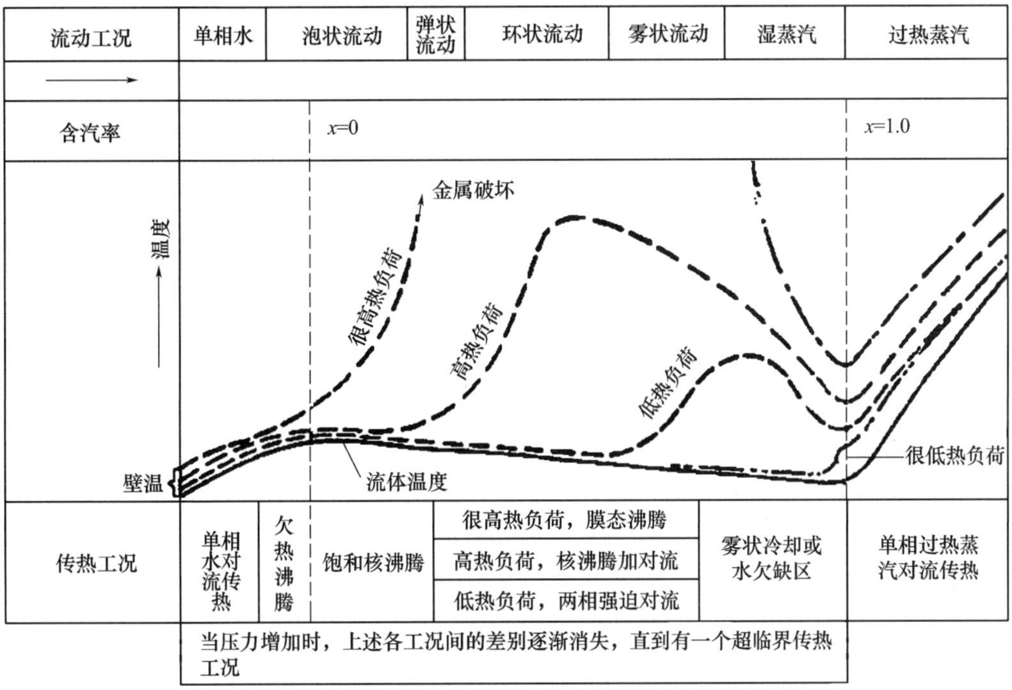

流动工况 →	单相水	泡状流动	弹状流动	环状流动	雾状流动	湿蒸汽	过热蒸汽
含汽率		$x=0$				$x=1.0$	
温度 ↑	金属破坏 很高热负荷　高热负荷　低热负荷　流体温度　壁温　很低热负荷
传热工况	单相水对流传热	欠热沸腾	饱和核沸腾	很高热负荷,膜态沸腾 高热负荷,核沸腾加对流 低热负荷,两相强迫对流		雾状冷却或水欠缺区	单相过热蒸汽对流传热
当压力增加时,上述各工况间的差别逐渐消失,直到有一个超临界传热工况

图 1.5　垂直加热管中流动和沸腾工况

由图 1.5 可见,按传热规律可以将此加热管划分成下面几个区段。

(1)单相水对流传热区段。

此区段的终点管壁温度稍高于水的饱和温度。此区段的内放热系数 α_2 与管壁热负荷无关,壁温与工质温度差值不大,并随热负荷而增加。

(2)欠热沸腾区段(又称表面沸腾区段)。

在此区段中,靠近管壁的水层微过热,而在管中心的大部分水为欠热状态。此时靠近管壁的水层开始出现汽化核心,待气泡长大脱离管壁进入管中心水流中时,在该处气泡与具有欠热的水接触被冷凝而消失,故这种沸腾又称为表面沸腾。当所有的水均加热到沸点时,此区段结束。

由于此区段中在边界层内产生气泡,边界层产生强烈的扰动,同时层流边界层更薄,因此在此区段中的放热系数很高,管壁温度接近于饱和温度。

此区段的开始部分,汽化核心数目不多,主要的传热方式还是对流传热,随着汽化核心数目的增加,沸腾传热所占的比例逐渐增大。这种两种传热方式同时存在的区域,称为部分沸腾区,在此区域内放热系数既与工质的流速有关,也与受热面的热负荷有关(因为边界层的扰动与汽化强度有关)。当放热系数仅与受热面热负荷有关而与流速无关时,沸腾传热起主要作用,则转入全面沸腾区或称为旺盛沸腾区。在欠热沸腾区段内也可能有旺盛沸腾区。

(3)饱和核沸腾区段。

核沸腾又称为泡态沸腾,即在管壁的汽化核心处产生蒸汽泡,然后气泡脱离管壁进入中心水流中。欠热沸腾也属于核沸腾,因此欠热沸腾又称为欠热核沸腾。

按照热平衡计算,当某管道截面上工质的平均温度达到饱和温度时,则开始进入饱和核沸腾区段。显然,此区段的传热机理与欠热核沸腾完全相同。由于此区段已转入旺盛沸腾区,因此有的文献中也称此区段为旺盛沸腾区。在饱和核沸腾区段的开始部分($x=0$ 附近),由管壁传给工质的热量有一部分用于产生蒸汽,因此在管子中心必然还有一定量的具有欠热的水。

此区段包括泡状流动、弹状流动和一部分环状流动工况,区段的终点是沸腾传热机理发生变化的位置,而后者又与受热面的热负荷和质量含汽率 x 有关。

在饱和核沸腾区段中,由于沸腾放热系数很高,因此,此区段的管壁温度也接近于工质的饱和温度。

(4)两相强迫对流区段。

当热负荷较低时,随着 x 的增加,环状流动的水膜和厚度逐渐减薄,因而使水膜的导热性增强。当水膜的导热性强到足以使紧贴管壁的水不致过热而形成气泡时,它就起了抑制核沸腾的作用。此时由管壁传来的热量以强迫对流的方式传到水膜与管子中部蒸汽芯的界面上,于是在分界面上水被蒸发,即水的汽化过程从沸腾转入表面蒸发,因此,这一区段的传热不称为沸腾传热而称为两相强迫对流传热。

在此区段中,随着 x 的增加,流速增大,故其放热系数继续增大,管壁温度更接近于工质的饱和温度。

(5)水欠缺区段。

随着水膜的不断蒸发,在管壁上的水膜越来越薄,加之流速逐渐增大的汽流撕破水膜,因此在某一 x 值下管壁上的水膜消失,这种现象称为蒸干。蒸干以后,在管内为蒸汽带着水滴的雾状流动和湿蒸汽的流动,一直到蒸汽中的水滴完全蒸发变成干蒸汽为止,这一区段称为水欠缺区段。

在这一区段中,湿蒸汽直接与管壁接触,其放热系数比上一区段显著下降,即壁温显著上升,但随着 x 值继续增大,湿蒸汽的流速不断增加,蒸汽的强迫对流放热系数也增大,因此在此区段的后一段内壁温将逐渐降低,一直降到对应于干饱和蒸汽时的壁温值。

（6）单相过热蒸汽对流传热区段。

从按热平衡计算的工质平均 x 值等于 1 开始,到受热管的出口止,为单相过热蒸汽区段。此区段中的传热方式为单相强迫对流传热。在此区段中,虽然管壁至蒸汽的放热系数随蒸汽温度的增加而略有提高,但是,由于蒸汽温度随管长而增加,管内壁温度仍然随着蒸汽温度而不断提高。

以上研究的是当受热面热负荷较小时的情况,当热负荷很高时,将由饱和核沸腾工况(甚至于由欠热核沸腾工况)直接过渡到膜态沸腾工况。当膜态沸腾时,密集的汽化核心连成一片,在管壁上形成蒸汽膜。由于蒸汽膜的导热性很差,因此,一旦出现膜态沸腾,则管壁温度突然上升,甚至使管壁金属烧坏。

如果出现膜态沸腾而管子并未烧坏,则在膜态沸腾以后,转入水欠缺传热工况,此后壁温逐渐下降到干饱和蒸汽强迫对流传热时的壁温值,最后,再进入单相过热蒸汽对流传热区段。

由核沸腾转入膜态沸腾的现象,称为偏离核沸腾(Departure from Nucleate Boiling,DNB)。

无论是偏离核沸腾还是出现蒸干,在加热的蒸发受热面管段上,在某一 x 值下都会出现管壁温度的峰值,甚至使管子烧坏,这两种现象统称为沸腾传热的恶化。

当受热面的热负荷介于上述两种情况之间时,在饱和核沸腾区段与水欠缺区段之间为饱和核沸腾与两相气泡对流传热的复合传热工况;当受热面的热负荷很低时,在蒸发段管壁温度几乎不出现峰值,并且接近于工质的饱和温度,一直过渡到过热蒸汽区段。

随着压力增大,上述各种传热工况的差别逐渐消失,但是,在超临界压力下也有传热恶化的问题。

1.3.1　管内沸腾传热工况分布

管内沸腾传热是在水强迫流动下进行的,此时工质的流动对于汽化和传热过程有很大的影响。管内沸腾也可以称为强迫对流沸腾。

由于在加热管内沿管长蒸汽含量是不断变化的,因此在管内沸腾传热时随着含汽率的变化,沸腾传热的机理和传热系数也不断变化。图 1.6 绘出了沸腾管的放热系数 α_2 与热力学含汽率 x 和热负荷的关系曲线。绘制此图时假设沿管长热负荷不变,放热系数等于热负荷除以管壁温度和主流体温度之差。

在图 1.6 中曲线 1~7 分别代表由小到大的 7 种热负荷。曲线 1 的 AB 段为单相水的对流传热区段,此时放热系数基本不变,随着水温的升高,由于水的物性变化,放热系数稍有增加;BC 段为欠热核沸腾区段,沿管长随着沸腾的加剧,放热系数按线性增大;CD 段为饱和核沸腾区段,放热系数保持不变;DE 段为两相强迫对流区段,由于沿管长水膜厚度逐渐减薄,放热系数不断提高,E 点为蒸干点,在该点放热系数突降到接近于干饱和蒸汽强迫对流时的数值;FG 段为水欠缺区段,放热系数随 x 的增大(蒸汽流速增大)而略有增加;G 点以后为过热区段,其放热系数对应于单相过热蒸汽的放热系数值。

如进入加热管的水流量不变,热负荷增大,则如图 1.6 中曲线 2 所示,在欠热更大的时候开始欠热沸腾,在整个核沸腾区(包括欠热核沸腾和饱和核沸腾)的放热系数增大,而两相强迫对流区的放热系数基本不变,蒸干点出现在 x 值更低的时候。

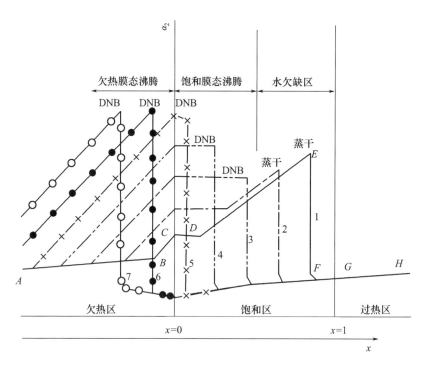

图 1.6　沸腾管的放热系数与热力学含汽率和热负荷的关系曲线

热负荷再增大,如图 1.6 中曲线 3 所示,则欠热沸腾更提前,核沸腾区的放热系数更高,在 x 值达到某一定值时,不经过两相强迫对流区,直接从核沸腾转入传热恶化。

当热负荷很高时,如图 1.6 中曲线 6 和 7 所示,甚至在欠热区就偏离核沸腾,转入膜态沸腾。

DNB 和蒸干统称为传热恶化,两者发生在不同的流动状态下,前者出现于泡态沸腾(欠热或 x 值不大时)区,并且在热负荷更高的时候;后者出现于水膜表面蒸发的两相强迫对流传热区,在 x 值较高和热负荷较低的时候。两者后续区段的传热机理也不同,前者转入膜态沸腾然后再过渡到水欠缺区段,后者则直接转入水欠缺区段。无论是膜态沸腾还是水欠缺区段,其放热系数都较小,但水欠缺区段的放热系数稍高于膜态沸腾。

1.3.2　欠热沸腾传热

在多次循环锅炉中,由于循环水温接近于饱和温度,因此在炉膛内蒸发管中的加热水区段不长。进入直流锅炉蒸发管的水欠焓较大,因此在炉膛内有较长的加热水区段,存在欠热沸腾的问题。

欠热区的 DNB 出现在热负荷很高的时候,一般锅炉中不会遇到。欠热沸腾区只要不出现 DNB,其放热系数都很高,管壁温度接近于饱和温度。因此,对于锅炉设计者来说,没有必要计算其放热系数和出现范围。(许多热力设备应用具有欠热的液体去冷却,液体受热后可能沸腾。例如,原子能反应堆和火箭发动机的喷管冷却。)

在欠热沸腾时,管内壁与水的温度差 $\Delta t'$ 为

$$\Delta t' = \frac{q}{\alpha_{dx}} \tag{1.34}$$

式中　q——受热面热负荷,W/m^2;

　　　α_{dx}——由管壁至单相水的放热系数,按单相流体湍流工况计算。

　　当水的温度尚未达到饱和温度但管壁温度已超过饱和温度达到一定值时,则在管壁上开始形成气泡,此点称为开始沸腾点。从此点开始转入欠热沸腾区段。

　　开始沸腾点的壁温等于水的饱和温度 t_{bh} 加管壁必需的过热度 Δt_{ONB}。如果能求出开始沸腾时管壁所需的过热度 Δt_{ONB} 值,则可求出所需壁温,再根据式(1.34)便可求出开始沸腾时的主流体温度值。更简便的方法是直接求出当水开始沸腾时的主流体的欠焓或欠温值(流体达到饱和状态所欠缺的焓值或温度值)Δt_{ft}。

　　在开始沸腾点以后,由于在管壁上产生表面沸腾,因此使管壁至工质的放热系数增加,两者的温差减小。但是,在欠热沸腾区段的初始区段,由于汽化中心比较少,在气泡之间的间隙处,仍然依靠单相对流传热。随着管壁温度的提高,汽化中心数目增多,单相对流传热所占的份额也减小。如前所述,单相对流和沸腾传热同时存在的区段称为部分沸腾区段。当沸腾传热成为唯一的传热方式,放热系数仅与受热面的热负荷有关而与工质的流速和欠热无关时,则转入全面沸腾或称旺盛沸腾区段。在旺盛沸腾区段,管壁温度基本不变。

　　由此可见,在欠热沸腾区段还需要确定一个旺盛沸腾的开始点。

　　在现有的文献中,关于开始沸腾点的定义和计算公式比较混乱。有的按形成第一个气泡的截面计算;有的按转入旺盛沸腾的开始点计算(即当管壁温度开始转为定值时);有的甚至按管壁温度等于饱和温度时计算。

　　在一般计算中可按第二种定义决定开始沸腾点,并取此点前的放热系数等于单相流体强迫对流的放热系数。此时对于 5 ~ 20 MPa 范围内的水,开始沸腾点的欠焓可按下式计算:

$$\Delta i_{ft} = i' - i_{ft} = 0.31 \frac{q^{1.1} D^{0.2}}{(\rho W)^{0.9}} \left(\frac{\rho''}{\rho'} \right)^{0.3} \tag{1.35}$$

式中　i_{ft}——在开始沸腾点处水温为 t_{ft} 时的焓值,kJ/kg;

　　　q——受热面热负荷,W/m^2;

　　　D——管子内径,m;

　　　ρW——质量流速,$kg/(m^2 \cdot s)$。

或

$$\Delta i_{ft} = c'_p (t_{bh} - t_{ft}) \tag{1.36}$$

式中　c'_p——水在温度 t_{ft} 到饱和温度 t_{bh} 范围内的质量定压比热,$kJ/(kg \cdot ℃)$。

　　式(1.35)为按试验数据整理得到的公式。

　　知道开始沸腾点的欠焓 Δi_{ft} 后,根据热量平衡式即可以求出由管子入口至开始沸腾点处的管长。假设沿管长受热均匀,则此管长可以近似地按下式计算:

$$l_{ft} = \frac{M' c'_p (t_{ft} - t_f)}{q \pi D} \tag{1.37}$$

式中　M'——管子进口处水的质量流量,kg/s;

　　　t_f——进口水温,$℃$。

如果进口水流量用质量流速(ρW)表示,则上式改写为

$$l_{ft} = \frac{(\rho W)Dc_p'(t_{ft} - t_f)}{4q} \tag{1.38}$$

1.3.3　部分沸腾段和旺盛沸腾段的传热

在部分沸腾段中,单相对流传热与沸腾传热两种方式同时存在,因此,此区段内通过受热面的热流量(热负荷)q等于两种方式传热的热流量之和,即

$$q = q_{dxs} + q_{qrf} \tag{1.39}$$

式中　q_{dxs}, q_{qrf}——单相水对流传热和欠热沸腾传热的平均受热面热流量。

q_{dxs}可按下式计算:

$$q_{dxs} = \alpha_{dx}(t_b - t_s) \tag{1.40}$$

式中　α_{dx}——单相水的对流放热系数,按单相湍流计算;

　　　t_b, t_s——计算截面的壁温和水温,℃。

部分沸腾时热流量为

$$\frac{c_p'(t_b - t_{bh})}{r} = c\left[\frac{q_{qrf}}{\mu'r}\left(\frac{\sigma}{g(\rho' - \rho'')}\right)^{\frac{1}{2}}\right]^{0.33}\left(\frac{c_p'\mu'}{\lambda'}\right)^{1.7} \tag{1.41}$$

对于经过除气的水在内径为 3.63~5.74 mm 的不锈钢或镍制垂直上升管内,压力范围为 0.7~17.2 MPa,水温为 115~340 ℃,质量流速为 11~1.05×10^4 kg/(m²·s),管子受热面热负荷 $q \leqslant 12.5$ MW/m²,部分沸腾时的传热计算表示如下:

$$t_b - t_{bh} = 25(q \times 10^{-3})^{0.25}e^{-\frac{p}{6.2}} \tag{1.42}$$

式中　t_b, t_{bh}——管壁和饱和水的温度,℃;

　　　q——热负荷,W/m²;

　　　p——绝对压力,MPa。

由此式可得欠热泡态沸腾区的放热系数为

$$\alpha = \frac{q}{t_b - t_{bh}} \tag{1.43}$$

由于在旺盛沸腾区 t_b 和 t_{bh} 均为定值,因此按式(1.43)定义的放热系数也是定值。对于管内工质为水,欠热泡态沸腾区的传热计算为

$$t_b - t_{bh} = 22.65(q \times 10^{-3})^{0.3}e^{-\frac{p}{8.7}} \tag{1.44}$$

此式中的符号和单位与式(1.42)相同,所得值比式(1.42)大。

当水中溶有气体时,将增大欠热沸腾时的传热,因为在受热面上将形成气泡,此气泡与蒸汽泡一样,将对水起扰动的作用。

热负荷越高,则欠热泡态沸腾区的放热系数越大,Δt_{ft}越大,即在欠热更大时开始沸腾。

在同一热负荷下,压力越高,则按式(1.42)~(1.44)计算的欠热沸腾放热系数越大。在同一循环水速下,压力越高,在同一欠温值下的水温也越高,单相水的对流放热系数也增大,即高压下当主流体的温度更接近于饱和温度时才开始沸腾。故压力增高,Δt_{ft}减小。

当压力和热负荷不变时,循环水速 W_0 增高,则单相对流传热增强,当主流体温度更接近于饱和温度时才开始沸腾,即 Δt_{ft} 值减小。

在管内欠热沸腾时,如果靠近管壁的过热水层厚度不大,则在受热面上形成的气泡可能直接与欠热水接触,即此时在气泡的根部为蒸发过程,在气泡超出过热水层部分,则是蒸汽的冷凝过程。过热水层的厚度不仅与受热面热负荷有关,也与主水流的欠热和水速有关。热负荷增加,则过热水层增厚。而主水流的欠热和水速增大时,由于欠热与过热水之间的传质加强,使水层减薄。当热负荷很高时,可能在主水流欠热较大时开始沸腾,此时气泡将在未脱离受热面前消失或沿着受热面滑动。当气泡被冷凝而消失时,可能产生响声和受热面管子的振动。

随着欠热的减小,过热水层和两相边界层的厚度增加,气泡将脱离受热面进入管子中部,在该处被冷凝。当欠热值很小时,可能在管子中部欠热水中也存在气泡。

1.3.4　饱和核沸腾传热

当水的温度达到饱和温度后,则由欠热沸腾转入饱和核沸腾。在饱和核沸腾时,管壁上会产生气泡。在泡状流动、弹状流动和蒸汽流速较低的环状流动下属于这种情况。在环状流动蒸汽流速很高、水膜很薄时,管壁上不再形成气泡,此时水的汽化由沸腾转为汽液分界面上的蒸发,即由饱和核沸腾转入两相强迫对流传热区段。

在饱和核沸腾下,如果受热面热负荷较高,则在质量含汽率 x 达到某一定值时由饱和核沸腾转入饱和膜态沸腾。同样,在两相强迫对流传热区,对应不同的热负荷,当 x 值达到某一数值时出现水膜蒸干,转入水欠缺区。

以上 4 种传热工况都发生在 $x=0$ 至 $x=1$ 的饱和区,因此它们统称为饱和沸腾传热。

在饱和核沸腾区的传热机理与欠热沸腾的旺盛沸腾区的传热机理完全相同,此时也是在靠近管壁处有一层过热的水层,其过热度高到足以形成汽化核心。在欠热沸腾的旺盛沸腾区的传热计算公式均适用于此区段[式(1.42)～(1.44)]。在此区段内的放热系数也与 x 值和质量流速无关。

如果在给定的热负荷下,管壁的过热度低于某一定值,则在管壁上不再生成气泡,这种现象称为抑止核沸腾。此抑止核沸腾的过热度(管壁温度与饱和温度之差)Δt 可由比值 $q/\alpha_1 x$ 求得。Q 为受热面热负荷,α_{1x} 为两相对流传热放热系数。当 x 值增加和质量流速 ρW 增加时,α_{1x} 也增大,因此,在热负荷一定时,随着 x 和 ρW 值的增加,过热度 Δt 值减小。

抑止核沸腾时的热负荷与质量含汽率和质量流速等的关系可以按以下方法求得。两相对流放热系数 α_{1x} 与总流量相同的单相水的对流放热系数 α_0 之比为

$$\frac{\alpha_{1x}}{\alpha_0} = 3.5\left(\frac{1}{X_{tt}}\right)^{0.5} \tag{1.45}$$

上式中的 α_0 值按单相流体湍流对流传热计算,X_{tt} 可以近似地按下式计算:

$$X_{tt} \approx \left(\frac{1-x}{x}\right)^{0.9}\left(\frac{\rho''}{\rho'}\right)^{0.5}\left(\frac{\mu'}{\mu''}\right)^{0.1} \tag{1.46}$$

再根据管壁上形成气泡所必需的过热度:

$$\Delta t_{ONB} = \left[\frac{8\sigma t_{bh}(v''-v')q_{ONB}}{r\lambda'}\right]^{\frac{1}{2}} \tag{1.47}$$

和抑止沸腾时管壁过热度与热负荷的关系式:

$$\Delta t_{\mathrm{ONB}} = \frac{q_{\mathrm{ONB}}}{\alpha_{\mathrm{lx}}} \tag{1.48}$$

综合以上各式,确定饱和核沸腾和两相强迫对流区段边界的热负荷计算公式为

$$q = \frac{98\sigma t_{\mathrm{bh}}(v'' - v')\alpha_0^2}{r\lambda'X_{\mathrm{tt}}} \tag{1.49}$$

式中　σ,λ'——水的表面张力系数和导热系数;

　　　r——汽化潜热,kJ/kg。

在欠热沸腾时,从开始形成气泡到旺盛核沸腾之间有一个部分沸腾工况,同样,在核沸腾与两相强迫对流工况之间也存在一个类似的过渡工况。在此过渡工况中,其传热特性既与强迫对流有关,也与核沸腾有关。由于沿管长当质量含汽率增加时,核沸腾逐渐地被抑制,因此其放热系数有暂时的下降,一旦两相强迫对流放热起决定性作用后,放热系数会随质量含汽率增加而增长。

1.3.5　两相强迫对流区段的传热

两相强迫对流主要出现于环状流动区段。在此区段中,热量由管壁以导热和对流方式传给水膜,在两相分界面上以蒸发的形式产生蒸汽。通常假设管子中部汽芯中的蒸汽温度等于该处压力下的饱和温度,并且假设蒸汽与分界面上的温度差可忽略不计。按照上述假设,水膜的温度降即等于管内壁温度 t_{b} 与饱和温度 t_{bh} 之差值,即 $\Delta t_{\mathrm{bh}} = t_{\mathrm{b}} - t_{\mathrm{bh}}$。水膜越薄,水膜中的紊流度越大,则此温度差越小。

在此区段中的放热系数很高,甚至高到难于精确地估计其数值。对于水,此值可达 200 kW/(m² · ℃)。

目前,对于此区段的放热系数多采用如下形式的计算公式:

$$\frac{\alpha_{\mathrm{lx}}}{\alpha_0} = A\left(\frac{1}{X_{\mathrm{tt}}}\right)^n \tag{1.50}$$

式中各符号意义与式(1.45)相同,A 与 n 为按试验决定的系数和指数。

在饱和核沸腾和两相强迫对流区段都不同程度地存在着泡态沸腾和对流两种传热机理,两种传热机理的放热系数可以叠加。即

$$\alpha_{\mathrm{lx}} = \alpha_{\mathrm{pf}} + \alpha_{\mathrm{dl}} \tag{1.51}$$

式中　$\alpha_{\mathrm{pf}},\alpha_{\mathrm{dl}}$——泡态沸腾和对流放热系数。

式(1.51)中的对流部分传热系数 α_{dl} 可以按下式计算:

$$\alpha_{\mathrm{dl}} = 0.023 Re_{\mathrm{lx}}^{0.8} Pr_{\mathrm{lx}}^{0.4} \frac{\lambda_{\mathrm{lx}}}{D} \tag{1.52}$$

式中,雷诺数 Re、普朗特数 Pr 和导热系数 λ 对应于两相流体。由于这里所研究的是传给环状水膜的热量,因此式(1.52)中的 λ_{lx} 可以用水的导热系数 λ' 代替。又因为一般情况下水和蒸汽的普朗特数属于同一数量级,可以预期,两相流体的 Pr 也与它们相近,所以式(1.52)中的 Pr_{lx} 代以水的 Pr 值。这样一来,式(1.52)可改写为

$$\alpha_{\mathrm{dl}} = 0.023\left[\frac{\rho W(1-x)D}{\mu'}\right]^{0.8}\left[\left(\frac{c'_{\mu}\mu'}{\lambda'}\right)^{0.4}\right]\frac{\lambda'}{D}F \tag{1.53}$$

式中

$$F = \left[\frac{Re_{1x}}{Re'}\right]^{0.8} = \left[\frac{Re_{1x}}{\rho W(1-x)D/\mu'}\right]^{0.8} \tag{1.54}$$

图 1.7 绘出了 F 与 X_{tt} 的关系曲线。

式(1.51)中泡态沸腾放热系数 α_{pf} 可按下式计算：

$$\alpha_{pf} = 0.001\,22\left[\frac{(\lambda')^{0.79}(c_p')^{0.45}(\rho')^{0.49}}{\sigma^{0.5}(\mu')^{0.29}r^{0.24}(\rho'')^{0.24}}\right]\Delta t_{bh}^{0.24}\Delta p_{bh}^{0.75}S \tag{1.55}$$

式中　Δt_{bh}——管壁的过热度，$\Delta t_{bh} = t_b - t_{bh}$，℃；

　　　Δp_{bh}——对应 Δt_{bh} 的饱和压力差值，N/m^2；

　　　S——考虑对泡态沸腾抑制的系数。

式中 S 为按经验测定的修正系数，它与两相流体的雷诺数 Re_{1x} 有关，而 $Re_{1x} = Re' \times F^{1.25}$。图 1.8 绘出了 S 与 Re_{1x} 的关系曲线。当流量很低时 S 值接近于 1，当流量很高时 S 值接近于零。

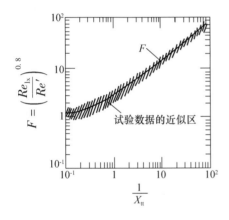

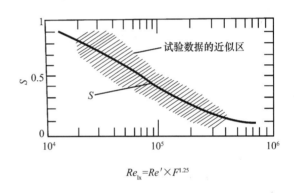

图 1.7　F 与 X_{tt} 的关系曲线　　　　　　图 1.8　S 与 Re_{1x} 的关系曲线

1.4　沸腾传热恶化

如前所述，在非传热恶化区沸腾传热的放热系数很大，传热良好，管壁温度接近于水的饱和温度。但是，一旦进入传热恶化区，则放热系数急剧下降，管壁温度急剧增加，甚至造成管子金属过热烧坏的情况。因此，对于锅炉和其他热力设备来说，更重要的是需要研究传热恶化区的分界线及如何防止传热恶化的问题。

沸腾传热恶化的现象按其机理可分为两类：第一类传热恶化发生在欠热区和低含汽率区。当热负荷较高的时候，由于汽化中心密集，在管壁上形成连续的汽膜，使管壁得不到水的冷却，放热系数显著下降，即由泡态沸腾转入膜态沸腾。这种传热恶化称为偏离核沸腾（DNB），又称为第一类传热恶化或第一类传热危机。这类传热恶化时壁温突然上升，因其变化很大，所以又称为快速危机。对这类传热恶化起决定性影响的参数是受热面的热负荷，判定转入传热恶化区的界限热负荷称为临界热负荷（Critical Heat Flex，CHF）。第二类传热恶化发生在热负荷比前者低、含汽率较高的环状流动区，该处的水膜很薄，由于管子中心汽流将水膜撕破或因蒸发使水膜部分或全部消失,此时管壁直接与蒸汽接触而得不到水的冷却,也使放热系数明显下降。这类现象称为蒸干(dry out),又称为第二类传热恶化或第二类传热危机。这类传热恶化时壁温的增值较第一类小,变化速度也较慢,因此又称为慢速危机。对第二类传热恶化起决定性影响的参数为质量含汽率,判定转入传热恶化区的含汽率称为界限含汽率,亦称为临界含汽率。靠近管壁的水膜蒸干又分为两种情况:一种是汽流中的水滴还润湿管壁;另一种是没有润湿。在前一种情况下界限含汽率与热负荷有关,当热负荷减小时,界限含汽率增大,即传热恶化出现于含汽率更高的时候。在后一种情况下界限含汽率与热负荷无关,它取决于压力、质量流速和管径。

两类传热恶化都有一个共同的特点,即出现传热恶化时,管壁与蒸汽直接接触而得不到水的冷却,因此放热系数显著减小、管壁温度急剧上升。它们的不同点是产生传热恶化的机理不同,所处的流动式样不同,引起的后果也不相同。例如,在第一类传热恶化时管子中部为含有气泡的水,在第二类传热恶化时管子中部为含有水滴的蒸汽。由于两种传热恶化的形成条件不同,它们对管壁温度的影响也不相同,设两种情况下的放热系数均降为 2 300 W/(m^2·℃),当受热面的热负荷大于临界热负荷[设其数值为(2. 3 ~ 3. 5)× 10^6 W/m^2]而转入膜态沸腾时,则蒸发管的金属壁温将比沸腾水的温度高出 1 000 ~ 1 500 ℃,而第二类传热恶化是发生在热负荷不高于 580 ~ 700 W/m^2 的情况下,此时管壁温度仅高于沸腾水温 250 ~ 300 ℃。

目前,虽然各国研究者都承认有两类沸腾传热恶化现象,但是两类传热恶化现象的名称很不统一。例如,将两类传热恶化现象不分类,统称为偏离核沸腾,或统称为膜态沸腾,有的用 DNB 代表偏离核沸腾的现象,有的则用它代表两类或一类传热恶化的开始点,有的将临界热负荷只用于第一类传热恶化,有的还将它用于第二类传热恶化,即在压力、质量流速和含汽率一定的条件下,该临界热负荷成为界限含汽率所对应的热负荷;有的称壁温开始偏离正常值(接近于饱和温度)的热负荷为临界热负荷,而使管子烧坏的热负荷称为烧毁热负荷。

由于在试验时判断传热恶化出现的方法不同,因此不同的研究者所提出的"临界"(热负荷或含汽率)的定义也不同。有的按壁温开始突然增加点来确定,有的按壁温超过容许值确定,有的甚至按管子烧坏来确定。正因为如此,各临界值的含义不同,所得公式也难于统一,并在对比时造成混乱,使用时应注意。

在传热恶化时,不仅管壁温度开始急剧上升,同时还可能出现壁温的波动,这是由于管壁周期性地受到水的冷却的缘故。例如,在第二类传热恶化时,这种波动可能有两种原因:一是水膜部分地消失,在同一管壁点上可能周期性地与残余的水膜接触;二是水流量和吸热量的波动使同一管截面上蒸汽的含汽率发生变化。有的研究者用壁温波动来判断传热恶化。

此外,对于传热恶化物理过程的认识还存在着两个重要的分歧。一是用什么物理量来判定转入传热恶化;二是沸腾传热恶化是局部现象还是非局部现象,换句话说,它与传热恶化点前一段管道中来流的状况是否有关。第一个分歧的产生一方面反映出对机理的认识有差异,另一方面与不同研究者处理试验数据的方法有关。例如,对于第二类传热恶化,出现恶化点的位置与压力、质量流速、质量含汽率和热负荷等物理量有关,当试验者以热负荷(例如,用电加热时的电流)作为独立变量时,则采用"临界热负荷"来判定转入传热恶化,当然,也可以用其他物理量作为独立变量来取得临界值。上述第二个分歧的解决有待于进一步掌握过程规律。目前初步认为传热恶化是局部现象,即局部区域的工况参数(压力、热负荷、质量含汽率和质量流速等)达到一定的数值时就会出现传热恶化。

1.4.1　第一类沸腾传热恶化

如前所述,第一类传热恶化发生在欠热区和含汽率较低区当受热面热负荷很高的时候。由于其临界热负荷很高,发生传热恶化后放热系数急剧下降(比正常泡态沸腾时下降一到两个数量级),因此,在大多数情况下,当受热面热负荷达到临界热负荷时,管子就被烧坏,也就是说使管子烧坏的热负荷(在英美文献中常称为烧毁热负荷)接近或等于临界热负荷。在这种情况下,根本不可能存在稳定的欠热膜态沸腾和饱和膜态沸腾工况,研究此工况下的放热系数也没有意义。例如,水在 10 MPa 以下欠热沸腾的临界热负荷值大于 3 MW/m^2,膜态沸腾放热系数约为 150 ~ 1 500 W/(m^2·℃),因此,发生传热恶化时金属壁温将超过 2 000 ℃,管子将马上烧坏。在锅炉中也不会出现这样高的热负荷。

但是,在接近临界压力时,水的临界热负荷显著下降,因此,在亚临界压力的锅炉中有可能出现稳定的欠热或饱和膜态沸腾工况(此时管子金属过热而不烧坏),故有必要知道在此区域内的膜态沸腾放热系数。

1. 管内沸腾时由泡态沸腾过渡到膜态沸腾的过程特点

当容积含汽率 β 很小($\beta \to 0$)时,含汽率对流速的影响可以不计,此时水的流速取决于循环速度 w_0(或质量流速 ρW)。由于水流速的存在,使气泡在直径更小的时候就脱离受热面,因此在每一个汽化中心上产生气泡的频率增高,放热系数增大。如果由泡态沸腾到膜态沸腾时管壁与工质的温差(称为临界温差 Δt_{lj})不变,则流速越大,放热系数越大,临界热负荷也越大。

如果认为由泡态沸腾到膜态沸腾的过渡是由于气泡的汇合而引起的,而水流速的存在又使气泡的直径减小,显然,这种汇合只能出现于汽化中心更多的时候。而汽化中心增多的条件是 Δt_{lj} 增大,因此要求临界热负荷也增大。

综上所述,在管内沸腾时,由于放热系数增大和由泡态沸腾过渡到膜态沸腾的临界温差增大,因此其临界热负荷也增大。

水流速增加使临界热负荷 q_{lj} 增大还可以做如下解释:由于从边界层挤出的水必须加速到中心水流的速度,当流速增大时,要求汽膜排挤水所做的功也增加,相应地要求增大产生蒸汽的速度,所以增大 q_{lj} 值。临界温差 Δt_{lj} 的增大也不是无限制的,当它达到某一数值时,水对管壁的润湿作用被破坏,继续增大流速,此 Δt_{lj} 值不变。此时临界热负荷仅随放热系数而增加。

随着含汽率 x 的增加,使汽水混合物的流速增大,按理,它应该起与上述流速增加相同的影响,即 x 增加使 q_{lj} 增大。但是,试验结果却与此相反,这是因为 x 增加使蒸汽逸出困难,近壁区含汽率增大,q_{lj} 值下降。显然,当含汽率较小时,x 增加是会使 q_{lj} 增加的。由此可见,汽水混合物的流速增加可能提高 q_{lj} 值,也可能使它降低,这取决于 ρW 和 x 的绝对值。在同一 x 值下 ρW 值增加,则通过管道截面的蒸汽量也增大,靠近管壁的蒸汽含量也增大,因此使 q_{lj} 下降,与此同时,流速的增加又使 q_{lj} 增加,最后的结果要看何者起主要作用。在低压下,同一 x 值的蒸汽容积比高压时大,因此在相当大的 ρW 值范围内流速对 q_{lj} 值起负的影响,只有当 ρW 的绝对值很大时才起正的影响。在高压下,在同一 ρW 值范围内,流速起正影响区扩展到 x 值更高的时候。

图 1.9 绘出了两种压力下水在欠热沸腾和饱和沸腾时质量流速和含汽率对 q_{lj} 的影响关系图。由图可见,在中压下只有在欠热区流速对 q_{lj} 有正的影响,16.6 MPa 下,仅当 $x > 0.2$ 时才出现负的影响。

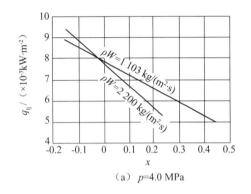
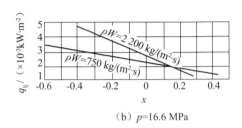

（a）p=4.0 MPa　　　　　　　　　　（b）p=16.6 MPa

图 1.9　两种压力下水在欠热沸腾和饱和沸腾时质量流速和含汽率对 q_{lj} 的影响

由图 1.9 可见,在欠热沸腾时,提高质量流速可以增大 q_{lj}（压力很低、欠热很小时例外）。

图 1.10 所示为进口欠焓 Δi_j 对临界热负荷的影响。

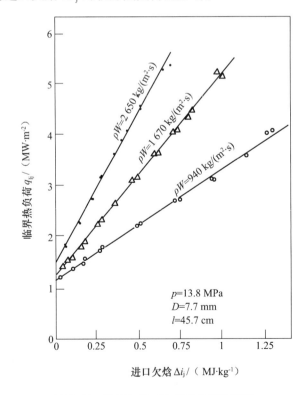

图 1.10　进口欠焓对临界热负荷的影响

2. 各因素对临界热负荷的影响

当水在垂直管内沿管子周界和管长均匀加热时,影响临界热负荷的因素有质量流速、进口欠焓或含汽率、压力、管径、管长和受热面的状态等。

当质量流速、管长和压力一定时,如保持进口欠焓一定,则管径增大,临界热负荷也增加。当管径较小$(D \leqslant 12.8 \text{ mm})$时,临界热负荷与进口欠焓之间为直线关系;当管径较大时为曲线关系。当出口含汽率一定时,管径增加则临界热负荷降低。当欠热沸腾时,管径对q_{1j}的影响较小,欠焓越大,此影响越小。在饱和沸腾时,管径对q_{1j}的影响随含汽率x增大而增大。压力越大,管径的影响也越大。当管径超过 $20 \sim 25 \text{ mm}$ 时,可以不考虑管径变化对q_{1j}的影响。

当质量流速、管径和压力一定时,如果保持进口欠焓一定,则管长减小,临界热负荷增大。当管子较长$(l > 1 \text{ m})$时,临界热负荷与进口欠焓之间为直线关系;当管子较短时为曲线关系。当出口含汽率一定时,管长对临界热负荷的影响很小,可不计。当管长与管径之比$l/D < (15 \sim 20)$时,管长才对临界热负荷有影响,这是因为在短管中尚未达到水动力稳定区。

压力对临界热负荷的影响比较复杂。这里所说的压力是指系统的压力,管道的压力降与系统的压力相比,一般很小,可不计,故假定整个系统压力为一定值。图 1.11 绘出了系统压力对临界热负荷的影响曲线。此曲线所对应的管长 $l = 0.76 \text{ m}$,管径 $D = 10.15 \text{ mm}$,质量流速 $\rho W = 2\ 720 \text{ kg}/(\text{m}^2 \cdot \text{s})$。

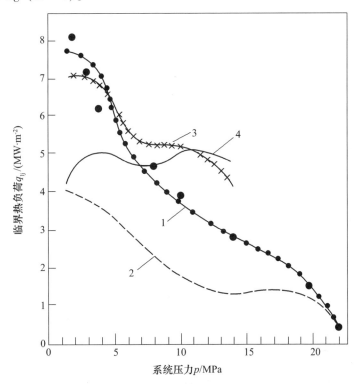

图 1.11　系统压力对临界热负荷的影响曲线

图 1. 11 中曲线 1 是当管子出口含汽率 $x = 0$ 时的曲线,从 3 MPa 起直到临界压力止,压力增加则 q_{lj} 下降。当质量流速更低时,则在 10 MPa 以下 q_{lj} 值将增大,而在更高压力下则减小;质量流速更高时则相反。

曲线 2 和曲线 3 均为进口欠焓 $\Delta i_j = 0$ 和 $\Delta i_j = 0.7$ MJ/kg 时的变化,此时在压力低于 3 MPa 时有一个 q_{lj} 的极大值,此后压力增加,q_{lj} 值下降。

曲线 4 为进口水温保持一定时($t_j = 174$ ℃)的曲线,压力增加则进口欠焓增大。此时系统压力对临界热负荷的影响较小,并且在高压下出现第二个极大值。在高质量流速下后一影响很明显。

管子的材料和粗糙度(指不是人为制造的粗糙度)以及管壁厚度对临界热负荷的影响都很小,可不计,甚至在试验时看不出其影响。

当工质在垂直管中下降流动时,如果流速较低,则在气泡浮力的影响下会使临界热负荷下降,在低压下可能降 10% ~ 30%,压力增加和流速增大,则影响减小。

3. 临界热负荷的确定

苏联科学院学术委员会于 1976 年公布了一张水在均匀受热的圆管内沸腾时的临界热负荷数值的骨架表。此表综合了世界各国的第一类沸腾传热恶化的试验数据,假定传热恶化是局部现象,认为只有当管长与管径之比 $l/D < 20$ 时来流才对传热恶化有影响,因此表中只选用 $l/D \geqslant 20$ 的试验数据。当工况参数范围为 $p = 2.95 \sim 19.6$ MPa,$\rho W = 750 \sim 5\,000$ kg/($m^2 \cdot s$),欠温 $\Delta t = -75 \sim 0$ ℃,对于管径在 $4 \sim 16$ mm 内的管子,按下式计算其临界热负荷值:

$$q_{lj} = (q_{lj})_8 \left(\frac{8}{D}\right)^{0.5} \quad (MW/m^2) \qquad (1.56)$$

式中　$(q_{lj})_8$——内径为 8 mm 管子的临界热负荷值,MW/m^2;

　　　　D——管子内径,mm。

$$q_{lj} = \left[10.3 - 17.5\left(\frac{p}{p_{lj}}\right) + 8.0\left(\frac{p}{p_{lj}}\right)^2\right]\left(\frac{\rho W}{1\,000}\right)^{0.68\left(\frac{p}{p_{lj}}\right)^{-1.2x}-0.3} e^{-1.5x} \quad (W/m^2) \qquad (1.57)$$

式中　p, p_{lj}——水的压力和临界压力,MPa;

　　　　ρW——质量流速,kg/($m^2 \cdot s$);

　　　　x——在传热恶化点处的热力学含汽率。

当 $p = 15.6 \sim 19.6$ MPa,$\rho W > 2\,000$ kg/($m^2 \cdot s$) 及欠温值 $\Delta t > 50$ ℃时,按式(1.56)计算的误差较大,不宜采用,可按式(1.57)计算。

1.4.2　第二类沸腾传热恶化

在锅炉内大量遇到的是第二类传热恶化现象,在直流锅炉中不可避免地会遇到水膜全部蒸干的情况,在亚临界压力的多次循环锅炉中也可能出现第二类传热恶化现象。

1. 第二类传热恶化的产生机理

图 1. 12 给出了管内汽水两相摩擦压降的变化。

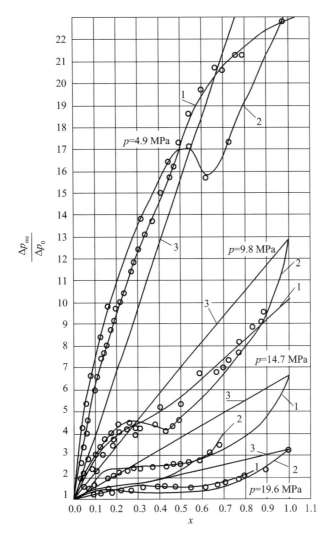

图 1.12　管内汽水两相摩擦压降的变化

由图 1.12 可见,对于一定压力 p 和质量流速 ρW 的汽水混合物,在某一质量含汽率 x 范围内,其 $\Delta p_{mc}/\Delta p_0$ 与 x 的关系曲线将有一个转折。当管子不加热时,从某一 x 值开始, x 值增加(混合物流速随之增大),但混合物的流动阻力并不增加,甚至在加热管中,流动阻力稍有下降。这种现象称为"阻力危机",产生阻力危机时的质量含汽率用 $x_{\Delta p}$ 表示。

产生阻力危机的原因是两相流动结构的改变。在 $x_{\Delta p}$ 附近由环状流动工况转变为在汽流中带有大量水滴的离散环状流动工况,虽然这两种流动工况都具有相同的外部特征,即紧靠管壁为水膜、在管子中部为带有水滴的汽流,但是它们的传热机理则有本质的差别。

当环状流动时,在水膜表面上产生波浪。汽流将波峰撕裂而形成随汽流带走的水滴,与此同时,也存在水滴落到水膜上的过程。当离散环状流动时,在水膜表面上不再产生波浪,由水膜表面撕出水滴的过程也停止了,但是,从汽流中仍可能有水滴落在水膜上去"润湿"水膜。

在具有速度场的汽流中,由于紊流脉动的作用,在水膜表面附近可能有部分水滴流向水膜的速度大于该处蒸汽的流速,则水滴将落到水膜上;反之,则被汽流带到管子中心。设将水滴推向水膜的力为 F_1,此力与水滴的直径、垂直于水膜表面的汽流速度梯度以及沿管子轴向的水滴和汽流的相对速度等因素有关。

在加热管内,从水膜表面不断蒸发生成蒸汽,因此,流向水膜的水滴又受到此蒸汽的阻力。此阻力 F_2 与垂直于管壁的蒸汽流速有关,即与受热面的热负荷有关。热负荷越大水滴所受到的阻力 F_2 也越大,润湿水膜的可能性减小。此外,F_2 还与水滴的直径和蒸汽的黏度等因素有关。

由上述分析可见,在离散环状流动工况下,在受热管内的水膜可能在受到水滴润湿的情况下蒸发,也可能水滴不落到水膜上。在压力一定时,这两种工况与质量流速和受热面热负荷等有关。图1.13绘出了在5~20 MPa下出现两种水膜蒸发工况的边界曲线。当质量流速位于曲线1和曲线3之间时,水滴将不落到水膜上。当热负荷减小时,上边界曲线下降(如图中的虚线2)。

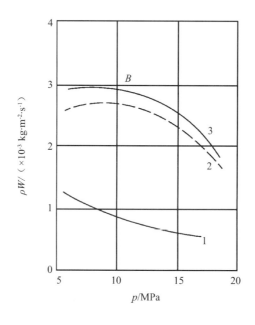

图1.13　水膜蒸发工况的边界曲线

只要在管壁上还存在连续的水膜,就能保证较高的放热系数。随着水膜的不断蒸发,水膜逐渐减薄,最后被破坏。当水膜破坏后,在管壁上出现急速增大的干燥区,在各干燥区之间为小的水流,此时放热系数显著下降并开始传热恶化。

2. 第二类传热恶化时的界限含汽率

根据上述,第二类传热恶化又分为两种情况:一是水膜没有被润湿的情况下蒸干;二是在水膜被润湿的情况下蒸干。开始出现这两种蒸干时的含汽率称为界限含汽率,分别用符号 x_{jx}^0 和 x_{jx}^+ 表示。由于这两类蒸干都是出现于阻力危机以后的离散环状流动工况,因此,上述两种界限含汽率均大于产生阻力危机时的含汽率 $x_{\Delta p}$。

（1）界限含汽率 x_{jx}^0 的计算。

当水膜没有被润湿时，又分为两种情况：一是管子进口处的含汽率 $x_j < x_{\Delta p}$；二是 $x_j > x_{\Delta p}$。在锅炉中基本上都是属于前一种情况。

当 $x_j < x_{\Delta p}$ 时，x_{jx}^0 值与进口含汽率 x_j 无关，同时也与受热面热负荷无关，即在这种没有润湿作用的情况下，在一定的压力和质量流速下，x_{jx}^0 是一个定值。在这种情况下改变 x_j 和 q 值只能使管子上传热恶化点的位置移动，而该点的 x_{jx}^0 值不变。例如，当 q 不变而提高进口含汽率 x_j 时，在管内含汽率等于 $x_{\Delta p}$ 和等于 x_{jx}^0 的断面向管子入口方向前移。

对于 8 mm 的管子，$p = 0.98 \sim 16.66$ MPa，$\rho W = 750 \sim 3\,000$ kg/（m² · s），进口为欠热水或含汽率比 x_{jx}^0 至少小 0.15 的时候，x_{jx}^0 值计算为

$$x_{jx}^0 = \left[0.39 + 3.53\left(\frac{p}{p_{lj}}\right) - 10.3\left(\frac{p}{p_{lj}}\right)^2 + 7.62\left(\frac{p}{p_{lj}}\right)^3 \right]\left(\frac{\rho W}{1\,000}\right)^{-0.5} \tag{1.58}$$

或者按雷诺准则 Re、韦伯准则 We 和代表密度的无因次量 ρ'/ρ'' 计算：

$$(x_{jx}^0)^2 (\rho W) \frac{\nu'}{\sigma}\left(\frac{\rho'}{\rho''}\right)^{0.5} = 0.015 \tag{1.59}$$

式中　ν'——饱和水的运动黏性系数，m²/s；

　　　σ——饱和水的表面张力系数，N/m。

对管径范围为 4 ~ 16 mm 的管子，可按下式计算其界限含汽率 x_{jx}^0：

$$x_{jx}^0 = (x_{jx}^0)_8 \left(\frac{8}{D}\right)^{0.15} \tag{1.60}$$

当 $x_j > x_{\Delta p}$ 时，则在入口截面附近就达到离散环状流动工况。此时的界限含汽率用 x_{jx} 表示，它与 x_j 成线性关系，x_j 越大，x_{jx} 值也越大。

$$x_{jx} = x_j + \Delta x \tag{1.61}$$

式中　Δx——含汽率增值，决定于水膜蒸发情况。

如果水膜中的水流量与进口含汽率无关，则 Δx 在同一热负荷下为定值，上式代表一条斜率为 1 的直线。实际上水膜的流量不仅与 ρW 有关，也与 x_j 有关。在 ρW 为定值时，水膜中的水流量随 x_j 增加而减小，因此直线的斜率稍小于 1。

由式（1.58）、式（1.59）可见，x_{jx}^0 值与热负荷 q 无关；当 ρW 增加时，x_{jx}^0 值减小，当 ρW 值很大时影响平缓。试验证明，当压力 p 较小时，x_{jx}^0 值随压力而增加，在 4.9 MPa 时达到最大值，然后随压力增加而下降。

（2）界限含汽率 x_{jx}^+ 的计算。

由于加给水膜的热量有一部分用于蒸发落在水膜上的水滴，因此开始传热恶化时的含汽率比 x_{jx}^0 值大，即 $x_{jx}^+ > x_{jx}^0$。在质量流速一定时，热负荷减小，则润湿水滴量增加，因此 x_{jx}^+ 值也增大。

对于锅炉来说，带有润湿水膜的第二类沸腾传热恶化对锅炉所造成的危险性不大，因为此时管壁温度的飞跃值不大。

在苏联 1978 年版的《锅炉水动力计算标准》中有 x_{jx}^+ 值的计算方法，其程序较烦琐，适宜于电子计算机计算。在该书中还提供了一套关于沿管子周界均匀加热的管径大于 15 mm 的垂直管的两类传热恶化的边界质量含汽率（界限含汽率 x_{jx} 和临界含汽率 x_{lj}）计算公式和图表。对于管径小于 15 mm 的管子，它推荐用上述苏联科学院的两张骨架表整理的公式。

3. 第二类沸腾传热恶化时的壁温工况

在发生第二类沸腾传热恶化点的前后,由于与管壁接触的工质物理性质改变,其传热机理也发生很大的变化。在界限含汽率(蒸干点)以前为两相强迫对流传热,此时与管壁接触的是水膜,在此点以后为水欠缺区段,此时与管壁接触的是蒸汽。

与第一类传热恶化相比,由于第二类传热恶化发生在受热面热负荷相对较低的情况下,此时含汽率较高,蒸汽的流速也较高,因此,在一般情况下,壁温不会出现使管子马上烧坏的破坏性飞跃,特别是在热负荷较低、质量流速较高、水膜有润湿的情况下,壁温的飞跃更是不大,甚至只增高几度。当然,在热负荷较高时此壁温飞跃值也可能高达几十度甚至几百度,在这种情况下就会显著缩短蒸发管的寿命。在管壁温度很高的时候,将使金属表面的腐蚀加剧,与此同时,还会产生壁温的脉动。在水膜蒸干时,经常伴随着壁温的波动。当此壁温波动的振幅很大时,将使受热面上的氧化皮脱落,并且金属还会产生疲劳破坏(产生裂纹)。如果锅水品质不好,则在蒸干区域的管壁上将沉积盐分。由于积盐使管壁热阻增大,因此管壁温度会上升。在传热恶化区积盐的特征是传热恶化点的管壁温度随时间而增长。

图 1.14 所示为汽水混合物在第二类传热恶化时的管壁温度变化曲线。由图可见,受热面的热负荷越高,则传热恶化后所出现的壁温峰值 $\Delta t_{max}\big[\Delta t_{max}=(t_b)_{max}-t_{bh}\big]$ 越大。在此峰值以后,随着含汽率的增加,蒸汽的流速增大,放热系数也逐渐增高,因此管壁温度逐渐下降,当 $x=1$ 时,管壁温度下降到对应饱和蒸汽的放热系数的数值。在过热蒸汽区,由于主流温度增高,管壁温度又再度上升。

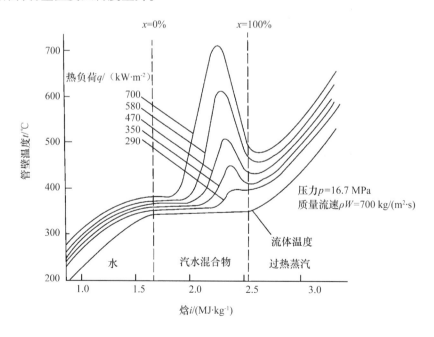

图 1.14　第二类传热恶化时管壁温度变化曲线

在设计直流锅炉时,知道蒸干时的管壁温度峰值比精确地确定蒸干点的位置更为重

要。对于均匀加热的垂直管,此峰值可以按下式计算:

$$\Delta t_{max} = C\left(\frac{q}{\rho W}\right)^{2.5} \quad (℃) \tag{1.62}$$

在 5～20 mm 范围内管径对 Δt_{max} 值影响不大。在图 1.15 中给出此关系式,由图可见,当热负荷与质量流速一定时,压力由 14 MPa 增加到 19 MPa 时,Δt_{max}(或 C)值约降低 4.5 倍。但是,在压力更高时,此值并不是一直下降,在压力高于 21 MPa 时,Δt_{max} 值急剧上升,这是由于当压力超过 21 MPa 时对应于传热恶化的质量含汽率(或相对焓)以逐渐增长的速率由正 x 值降低到负值,此时传热恶化的机理已发生变化,即由蒸干变成欠热沸腾下的偏离核沸腾。由于从第二类传热恶化时的较高放热系数转为欠热膜态沸腾的低放热系数,因此 Δt_{max} 值急剧增高。

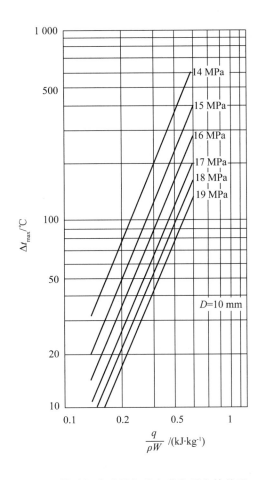

图 1.15　管壁温度峰值与热负荷和压力的关系

从式(1.62)可见,提高质量流速可以降低壁温峰值。因此,在设计直流锅炉时,除应将蒸干段(即质量含汽率接近于 x_{jx}^0 的管段)放在热负荷较低的区域外,还应该提高质量流速以降低管壁温度的峰值。

在第二类传热恶化区,由管壁传给工质的热量一部分用于使水滴蒸发,另一部分用于使部分蒸汽过热。此两部分热量之比与工况参数(ρW，q，p)有关,可能在很大的范围内变化。因此,在这种情况下,不计用于使蒸汽过热的热量而按热量平衡算出的质量含汽率并不代表真正的 x 值,并且按汽水相热力学平衡时的饱和温度计算的放热系数也可能比同质量流量的纯蒸汽的放热系数要小很多。

在传热恶化区蒸汽的过热度随热负荷 q 和含汽率 x 的增加而增加,但质量流速 ρW 增加时,过热度减小。这可以解释如下:如果进入传热恶化区时的含汽率为 x_{jx}^0,在该区域内一段管长中蒸发掉质量为 ΔM 的水,则

$$Q = Q_{gr} + Q_{zf} = (M'' + \Delta M)c_p''(t_{gr} - t_{bh}) + \Delta Mr \qquad (1.63)$$

式中　Q——加给流体的总热量,kW;

Q_{gr}——用于蒸汽过热的热量,kW;

Q_{zf}——用于水蒸发的热量,kW;

M''——通过入口的蒸汽质量流量,kg/s;

t_{gr}——由传热恶化区出来时过热蒸汽的温度,℃;

t_{bh}——在恶化区进口处流体的温度,取等于饱和温度,℃。

由上式可见,当 Q 一定时蒸发水量 ΔM 增加,则蒸汽的过热度减小。当 $x = \text{const}$ 时,汽水混合物的质量流速增加(即总质量流量增加),则汽水两相的质量流量 M' 和 M'' 均增大。显然,在汽流中的水滴量越多,即使排除水滴落到管壁上的可能性,蒸发的水量 ΔM 也越大。因此,当 ρW 增加时,蒸发的水量 ΔM 增大和蒸汽的流量 M'' 增大两个原因,都使蒸汽的过热度减小。

由于水滴消耗一部分热量,因此它显著地影响汽流的温度。当质量流速增加时,汽流的紊流度增大,因此离管壁更远的水滴也可能落到管壁上。这样一来,将使管壁温度和蒸汽的过热度更大幅度地下降。当 $q = \text{const}$ 时,随着质量流速的增加,由于润湿性加强,水滴蒸发所消耗的热量将更多地直接从管壁获得。

在汽水相间未建立热力学平衡的汽流中,传热恶化后沿管长壁温继续升高是由于该区段内传热的增强(由于 x 增加使汽水混合物的速度增大)赶不上蒸汽过热度的增长。壁温继续增长的管段长度不仅与质量流速有关,还与热负荷有关。当热负荷增大时,沿蒸发管长度放热系数的增长速度增大,壁温继续增长的管段长度缩短。当质量流速很高时,两相流体的热力学不平衡性减小,蒸汽温度接近于饱和温度,此时沿管长随着 x 的增加放热系数增大,管壁温度下降。

4. 第二类沸腾传热恶化时的放热系数

在汽水之间未建立热力学平衡的汽流中,蒸汽的温度高于饱和温度,这时就不能按饱和温度来计算传热恶化区的放热系数。

由于在传热恶化时的实际汽流温度、管壁温度、质量含汽率和放热系数都很难用理论方法来计算,因此目前此区域的放热系数都按经验公式计算。各种公式均不考虑相之间的不平衡性,大部分采用单相流体对流放热系数的公式形式,但对"两相流体的流速"和物性参数的选取方法各不相同。

在 $p = 4.2 \sim 22$ MPa、$q = 236 \sim 1\ 165$ kW/m^2、x_{jx}^0 到 $x = 1$ 区域内,当"两相雷诺数" $Re''[x + (\rho''/\rho')(1 - x)]$ 在 $10^5 \sim 10^6$ 范围内时(即水欠缺区)水沸腾传热恶化的放热系数为

$$Nu'' = 0.023 (Re'')^{0.8} (Pr)^{0.8} \left[x + \left(\frac{\rho''}{\rho'} \right) (1 - x) \right]^{0.8} y \tag{1.64}$$

或写为

$$\frac{\alpha D}{\lambda''} = 0.023 \left[\left(\frac{\rho W D}{\mu''} \right) \left(\frac{c_p'' \mu''}{\lambda''} \right) \right]^{0.8} \left[x + \left(\frac{\rho''}{\rho'} \right) (1 - x) \right]^{0.8} y \tag{1.65}$$

由于此式是按两相流体处于热力学平衡状态考虑的,因此它不适用于 $\rho W < 700 \sim 800 \ \mathrm{kg/(m^2 \cdot s)}$ 的情况。按此式计算误差小于 $\pm 25\%$。

由式(1.65)可见,放热系数 α 随 x 的增大而增加,当 $x = 1$ 时即等于干饱和蒸汽的对流放热系数。

图 1.16 所示为传热恶化区由管壁至汽水混合物的放热系数,适用范围为 $p = 3.9 \sim 21.5 \ \mathrm{MPa}, \rho W = 200 \sim 3\ 000 \ \mathrm{kg/(m^2 \cdot s)}$ 的垂直管。

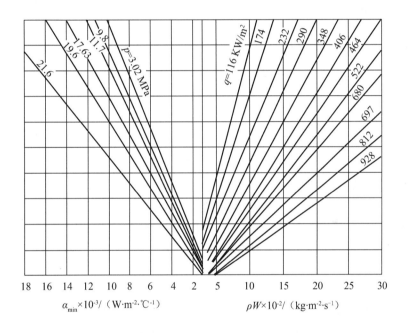

图 1.16　传热恶化区由管壁至汽水混合物的放热系数

5. 第二类沸腾传热恶化时的壁温波动

如前所述,当水膜蒸干时,经常伴随着管壁温度的波动。这种波动又称为脉动,它是由水膜蒸干区管壁上的残余水流和靠近管壁的汽流的不规则流动变化,以及开始蒸干截面(x_{jx} 截面)周期性的前后移动而造成的。

蒸发管的容许壁温波动幅度取决于管内壁氧化皮的破坏条件。壁温波动幅度过大,则氧化皮层破坏,使金属的腐蚀过程加剧。壁温波动幅度过大也使疲劳破坏加剧。为了限制由于蒸干点位置周期性的变动而引起的壁温波动的振幅,要求在传热恶化区管壁与工质的温度差不超过 80 ℃。为满足上述条件所需的质量流速 ρW 可按图 1.17 选取。只在传热恶化区边界附近的管段需要满足此要求,并且只限于额定负荷。

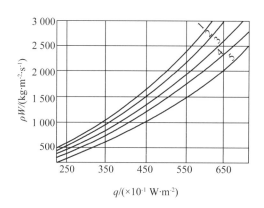

图 1.17 保证传热恶化区管壁与工质的温度差不超过 80 ℃时的质量流速

1.4.3 对沸腾传热恶化的防护措施

由于沸腾传热恶化会导致蒸发管管壁金属过热甚至烧坏,因此,在设计亚临界压力以上的高参数锅炉时必须对此问题给予足够的重视,并采取必要的防护措施。

应对传热恶化的影响有两种方式:一是防止;二是允许产生传热恶化,但应保证传热恶化后壁温不超过容许的温度值。考虑到经济性,不是在所有情况下都适合采取防止传热恶化的措施,例如,对于直流锅炉,在其蒸发管中不可避免地要产生蒸干现象。因此,在大部分情况下,着眼点应放在如何降低传热恶化时的壁温而不是防止它的产生。

在按照传热恶化的情况设计锅炉时,应按最坏的情况来校验受热面金属的工作可靠性,例如,选取最大的局部热负荷、考虑吸热不均和流量偏差等。

目前,针对传热恶化的常用防护措施有下面 3 种。

1. 保证一定的质量流速

提高工质的质量流速是降低传热恶化时壁温峰值的有效措施。提高质量流速,可以大幅度地降低传热恶化时的壁温,同时使传热恶化时的界限含汽率也有所增加。

2. 使流体在管内产生旋转和扰动边界层

这种方法也可以达到降低传热恶化时管壁温度的效果。目前已有实践经验的方法有 3 种。

(1)采用内螺纹管。

所谓内螺纹管是在管子内壁上开出单头或多头的螺旋形槽道的管子。采用内螺纹管,由于加强了流体的扰动,使传热恶化大大推迟并且降低了壁温峰值。例如,在锅炉受热面热负荷最大的燃烧器区水冷壁管采用内螺纹管后,可以将传热恶化区推迟到炉膛上部热负荷较低区域,由于该处汽水流速也较高,因此可大幅度降低传热恶化区的管壁温度。我国电站锅炉水动力计算方法给出了内螺纹管正常传热时的放热系数、传热恶化时的界限含汽率和壁温峰值的计算方法。

(2)采用来复线管。

来复线管也是在管内壁开出螺纹状槽道的管子,螺纹状槽道类似于枪管中的来复线。它与内螺纹管的区别仅在于螺纹的前进角较大。试验表明,单来复线效果很差,和光管差不多。在$p < 21$ MPa 时交叉来复线管也不及内螺纹管,但最高壁温有所降低,其阻力比内螺纹管小 $20\% \sim 50\%$;在 $p > 21$ MPa 时,交叉来复线管的效果较好;在超临界压力下,内螺纹管和交叉来复线管均可以降低传热恶化区的壁温。

(3)加装扰流子。

扰流子是一种扭成螺旋状的金属薄片,为了避免积垢,扰流子边缘与管壁之间留有一定的间隙。扰流子的两端固定在管壁上,并每隔一段长度留有能顶住管壁的定位小凸缘。

采用扰流子对推迟传热恶化和降低壁温都能起到与内螺纹管相同的效果。与内螺纹管相比,其制造工艺简单,技术要求也较低,具有一定的优越性。

3. 降低受热面热负荷

传热恶化区管壁温度的峰值与受热面热负荷有关,热负荷越高则壁温峰值越大。因此降低受热面热负荷也是应对传热恶化的一个措施。

在燃油和燃气锅炉中,为了降低燃烧器区的热负荷,可以采用烟气再循环。

1.5　超临界压力下的传热

在超临界压力下,没有汽水两相同时存在的沸腾状态,当水加热到某温度后直接过渡到汽态。按理,它的传热应该符合单相流体的传热规律。但是实践证明,在超临界压力下,只有在大比热区以外的水和蒸汽的传热规律与亚临界压力下的单相流体相同,在大比热区内,管壁与工质间的放热有许多类似于亚临界压力下沸腾传热的特点。例如:

(1)在沿长度均匀加热的管中,最大比热点附近工质的温度接近不变。

(2)在受热面热负荷不高和工质的质量流速较大时,大比热区附近管壁温度接近于工质温度,即在该区域内工质的放热系数很大。

(3)在受热面热负荷较大或工质质量流速较低时,大比热区内也出现壁温峰值,即由管壁至工质的放热系数突然减小并出现传热恶化现象。

(4)在水平管内,同样存在上下壁温的差值,并且此上下壁温的差值与热负荷和质量流速之比($q/\rho W$)有关,此比值越大,温差越大,即提高热负荷和降低质量流速将使上下壁温差加大,在大比热区还会出现峰值。

(5)采用内螺纹管和扰流子,也可以降低超临界压力下传热恶化区的壁温等。

1.5.1　超临界压力下大比热区工质的物理性质和传热规律

当水的压力超过 22. 123 MPa 时,在温度为 375 ℃附近,水的定压比热 c_p 达到最大值,此最大比热值比一般的水和蒸汽的比热值($\leqslant 4.2$ kJ·kg^{-1}·K^{-1})大得多,例如,在24 MPa 时,其最大比热值达 115 kJ·kg^{-1}·K^{-1}。一般认为,此最大比热点可以当作在超临界压力下区分水和蒸汽的分界点,并且称 $c_p \geqslant 8.4$ kJ·kg^{-1}·K^{-1}(即 2 kcal·kg^{-1}·K^{-1})的区域为大比热区。此大比热区的焓值范围与压力有关,如图 1.18 所示。

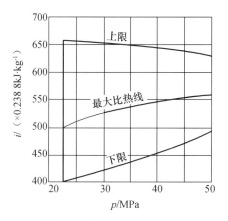

图 1.18　大比热区的焓值范围与压力的关系

一般称超临界压力下定压比热 c_p 具有极大值时的温度为拟临界温度或类临界温度。在此极值点以前工质的动力黏度 μ、导热系数 λ 和密度 ρ 随温度的上升而逐渐减小，而在 c_p 的极值点附近，温度稍有增加，此三值显著降低。图 1.19 中绘出了在 24.5 MPa 下水的物性参数变化曲线。

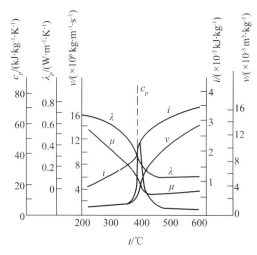

图 1.19　在 24.5 MPa 下水的物性参数变化曲线

由图可见，在超临界压力下的加热管内，在靠近管壁处工质的密度可能比管子中心处工质的密度小 3～4 倍。由于在管子截面上存在工质密度分布的不均匀性，因此，在超临界压力下的大比热区内，工质同时受到工质的流速引起的强迫对流和密度不均引起的自然对流的作用。由于工质的密度变化很大，其自然对流作用还相当强烈，因此其传热机理与亚临界压力下的沸腾传热相类似。

这两种对流直接影响到边界层的性质和放热特性。在不同的情况下，此两者所起的影响不同，因而形成壁温分布的差异。当管内横向紊流脉动消失和出现最厚的层流边界层时，就出现传热恶化和壁温的峰值；一旦恢复紊流边界层，管壁温度就下降。

在水平管中上下管壁的温差也与工质的自然对流有关，管径大和质量流速小时，此影响比较明显。

还有研究者认为,超临界压力下的传热恶化是由在最大比热点附近工质的密度和黏度减小,流体被加速,使紊流边界层变成层流边界层所引起的。

1.5.2　超临界压力下大比热区的放热系数

对于超临界压力下焓值低于 1 050 kJ · kg^{-1} 的水和焓值高于 3 200 kJ · kg^{-1} 的蒸汽,其对流放热系数可按单相流体计算。对于焓值低于 3 200 kJ · kg^{-1} 的蒸汽,当 $q_n/\rho W \leq 0.42$ 时,也可按单相流体计算。

在超临界压力下的大比热区内,由管壁至工质的放热系数除取决于一般的对流放热参数外,还与内壁热负荷与质量流速之比值 $q_n/\rho W$ 有关,此比值代表单位质量流量的吸热量。在此区域内,垂直管的放热系数可按下式计算:

$$Nu = 0.021 Re^{0.8} Pr^{0.4} \tag{1.66}$$

计算时,所有的物性参数按流体温度为准。当 $q_n/\rho W \geq 0.59$ 时,如果需要,计算在最大值区的放热系数为

$$Nu = 0.023 Re^{0.8} Pr_{min}^{0.8} \tag{1.67}$$

式中　Pr_{min}——按壁温和流体温度计算的柏朗特数中的数值最小者,此计算也需要用逐次逼近法进行。

1.5.3　超临界压力下大比热区的传热恶化范围

在超临界压力下的传热恶化包括两种情况:一是热负荷过高和质量流速过低引起的传热恶化,它一般发生在工质温度接近于类临界温度的区域内;另一种传热恶化与管子入口段水流稳定过程中边界层的形成过程有关,当自然对流与强迫对流作用方向相同时会形成层流边界层,例如,位于分配联箱以后的管段上,对于热负荷较大的管子,当 $q_n/\rho W > 0.42$ 时就可能出现传热恶化。

对于第一种情况,其传热恶化范围通常用极限热负荷表示;对于第二种情况,为防止传热恶化,需要限制入口段工质的质量流速。

极限热负荷与质量流速有关,质量流速越高,则极限热负荷越大。在压力为 23 ~ 30 MPa 范围内,极限热负荷 q_{jx} 可按下式计算:

$$q_{jx} = 0.2(\rho W)^{1.2} \quad (kW/m^2) \tag{1.68}$$

式中　ρW——工质的质量流速,kg/(m^2 · s)。

为了防止传热恶化,在设计时要求额定负荷下 $q_n/\rho W$ 比值不能大于 0.42。

一般情况下,传热恶化发生在工质的平均温度小于类临界温度的管子截面上,此时在管壁附近工质的温度已高于类临界温度。

管径和压力对传热恶化也有影响,管径大者 q_{jx} 小,管径越小越不容易出现传热恶化。在质量流速一定的情况下,提高压力可以在较高的热负荷下不出现传热恶化。当流体焓在类临界温度以上时,传热恶化现象缓和。

水平管中出现传热恶化的现象也与亚临界压力下相似,传热恶化首先出现在管子上母线处,而在下母线处,只有当 $q_n/\rho W$ 值很高时才出现。

在垂直下降管中,由于自然对流与强迫对流的主流方向相反,虽然这将使近壁层流体

的流速下降,但因两种对流的方向相反,会形成旋涡扰动,使传热增强。因此,在超临界压力下的大比热区下降管中,不容易出现传热恶化。

在高质量流速区热负荷较小时,流动方向对放热表现不出明显的影响,但在低质量流速区热负荷较大时,因流动方向不同,放热系数也出现差异。

为了防止第二种传热恶化,要求在入口段($l \leq 2$ m)内工质保持有足够高的质量流速。入口焓越高,热负荷越高,所要求的质量流速 ρW 值也越大,如图 1.20 所示。

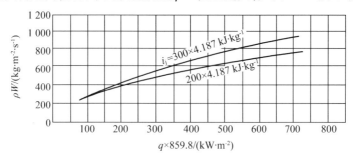

图 1.20　超临界压力下管子入口段需要的最小质量流速

第 2 章　汽水两相水动力学的基本方程

在锅炉水动力学中,特别是在蒸发受热管内是两相流动时,情况十分复杂,因此不可能直接应用理论流体力学的数学工具来解决实际问题。在这种情况下,必须先做出一些简化的假设,再列出基本方程,在实际使用时还得借助一些试验数据。

在建立锅炉水动力基本方程时,需要进行适当的简化。

(1)将管道内工质的流动作为一元流动处理,无论是加热管或是不加热管,在建立基本方程时,只考虑工质在流动方向上流速和压力的变化,而不考虑径向的变化,即认为在流通截面上各点的流速和压力都相同。

(2)在蒸发受热面的水动力计算中,不考虑工质因流动产生的压降对工质(蒸汽或水)比容的影响。在锅炉中,循环系统的绝对压力比流动压降大得多,所以这样简化对计算结果影响不大。

(3)在研究两相流动时,预先假设两相流体的流动模型,目前用得最广的是以下两种模型。

①均相流模型。将两相流体看作均质的单相流体,因此可应用单相流体的各种方程式,这是一种最简单的处理方法。

②分相流模型。人为地将两相流体分隔开,并对每一相流体写出一组基本方程式,或者将两相的方程合并在一起。

(4)在计算管段内,假设沿管长的热负荷均匀。即认为工质的吸热量与管长成正比,所以工质的焓和汽水混合物的质量含汽率也与管长成正比。

2.1　基本方程

1. 质量守恒方程(又称连续性方程)

当流体沿管道流动时,由于管道壁面无流体流进或流出,根据质量守恒定律,当稳定流动时,通过管道上某两个截面 f_1 和 f_2 的流体质量流量相等,即

$$G = (\rho W)_1 f_1 = (\rho W)_2 f_2 = \text{const} \tag{2.1}$$

或

$$\frac{(\rho W)_1}{(\rho W)_2} = \frac{f_2}{f_1}$$

如沿管长截面积不变,则有

$$\rho W = \text{const}$$

对于两相流体,流体的总质量流量等于各质量流量之和,即

$$G = G' + G'' = f'\rho'W' + f''\rho''W'' = G(1 - x) + Gx \tag{2.2}$$

如沿管长截面不变,则有

$$\rho W = \rho'W_0' + \rho''W_0'' = \text{const} \tag{2.3}$$

$$\rho'\frac{\mathrm{d}W_0'}{\mathrm{d}l} + \rho''\frac{\mathrm{d}W_0''}{\mathrm{d}l} = 0 \tag{2.4}$$

两相之间有传质过程时的质量守恒方程式表示为汽量的增多值等于水量的减少值,即

$$\mathrm{d}G'' = -\mathrm{d}G' \tag{2.5}$$

或

$$\frac{\mathrm{d}G''}{\mathrm{d}l} = -\frac{\mathrm{d}G'}{\mathrm{d}l} \tag{2.6}$$

2. 动量守恒方程式

根据作用在流体上的力等于流体质量的动量变化率(每秒的动量变化),可以写出动量守恒方程式。

作用在微元流体上的力有微元前后的压力 p 及 $p + \mathrm{d}p$、重力和摩擦切应力,如图 2.1 所示的均相流计算模型。

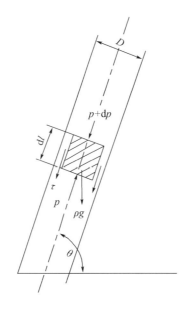

图 2.1 均相流计算模型

微元流体的动量变化率为 $G(W + \mathrm{d}W) - GW$,所以动量守恒方程式为

$$pf - (p + \mathrm{d}p)f - \tau\pi D\mathrm{d}l - \rho gf\mathrm{d}l\sin\theta = G\mathrm{d}W \tag{2.7}$$

式中 p——压力,Pa;

f——管子内截面积,m^2;

τ——摩擦切应力,Pa;

D——管子内径,m;

ρ——工质的密度，kg/m^3；

G——工质的质量流量，$kg \cdot s^{-1}$。

式(2.7)两端同时除以 f，并且将 $f = \pi D^2/4$、$\tau = \dfrac{\lambda}{4}\dfrac{W^2}{2}\rho$ 代入上式，经整理得均相流体的动量守恒方程式为

$$- dp = \lambda \frac{dl}{D}\frac{W^2}{2}\rho + \rho g dl\sin\theta + \rho W dW \tag{2.8}$$

当管径不变时，分相流计算模型如图 2.2 所示。对于汽相，微元管段内汽相所受的力除压力、重力和汽与管子内壁之间的摩擦切应力外，由于汽、水两相之间存在相对速度，且向上流动时汽速大于水速，因此在两相分界面上汽相还受到水相的摩擦力 S，它阻碍汽相流动，故此力的方向与流动方向相反。

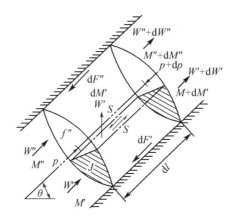

图 2.2 分相流计算模型

微元管段内汽相的动量变化率应考虑两相之间有质量交换，所以汽相的动量守恒方程式为

$$pf'' - (p + dp)f'' - dF'' - S - \rho''gf''dl\sin\theta = \left[(G'' + dG'')(W'' + dW'') - (G''W'' + dG''W')\right] \tag{2.9}$$

式中 dF''——汽相与管壁接触处的摩擦力，N；

S——在汽水分界面上与水相的摩擦力，N；

G''——汽相在微元管段入口处的质量流量，kg/s。

若将 $dG''dW''$ 项略去不计，则上式可简化为

$$- dpf'' - dF'' - S - \rho''gf''dl\sin\theta = G''dW'' + dG''W'' - dG''W' \tag{2.10}$$

同理，水相的动量守恒方程式为

$$pf' - (p + dp)f' - dF' + S - \rho'gf'dl\sin\theta = \left[(G' + dG')(W' + dW') + dG''W'' - G'W'\right] \tag{2.11}$$

将 $dG'dW'$ 项略去不计，且将 $dG'' = -dG'$ 代入上式则得

$$- dpf' - dF' + S - \rho'gf'dl\sin\theta = G'dW' \tag{2.12}$$

将式(2.10)和式(2.12)相加，得

$$- \mathrm{d}p = \frac{1}{f}(\mathrm{d}F' + \mathrm{d}F'') + \frac{g}{f}\mathrm{d}l\sin\theta(f'\rho' + f''\rho'')$$

$$+ \frac{1}{f}\mathrm{d}(G'W' + G''W'') \quad (\mathrm{Pa}) \tag{2.13}$$

由式(2.8)和式(2.13)可以看出,当流体在管道内流动时,其压降由三部分组成:一是用于克服流动阻力的压降;二是克服流体重力的压降,称为重位压降;三是克服流体的惯性力的压降,称为加速压降。

式(2.10)和式(2.12)中作用于每一相的摩擦力还可用下式表示:

$$(\mathrm{d}F'' + S) = -f''\left(\frac{\mathrm{d}p}{\mathrm{d}l}\right)''_{\mathrm{mc}}\mathrm{d}l \tag{2.14}$$

$$(\mathrm{d}F' - S) = -f'\left(\frac{\mathrm{d}p}{\mathrm{d}l}\right)'_{\mathrm{mc}}\mathrm{d}l \tag{2.15}$$

有

$$\left(\frac{\mathrm{d}p}{\mathrm{d}l}\right)'_{\mathrm{mc}} = \left(\frac{\mathrm{d}p}{\mathrm{d}l}\right)''_{\mathrm{mc}} = \left(\frac{\mathrm{d}p}{\mathrm{d}l}\right)_{\mathrm{mc}}$$

和

$$f' + f'' = f$$

则得

$$\mathrm{d}F' + \mathrm{d}F'' = -f\left(\frac{\mathrm{d}p}{\mathrm{d}l}\right)_{\mathrm{mc}}\mathrm{d}l \tag{2.16}$$

式中　$(\mathrm{d}p/\mathrm{d}l)_{\mathrm{mc}}$——在总静压梯度中用于克服摩擦的部分。

式(2.13)中右端第二项重位压降还可以写成如下形式:

$$- \mathrm{d}p_{\mathrm{zw}} = g\mathrm{d}l\sin\theta\left[\frac{f'}{f}\rho + \frac{f''}{f}\rho''\right] = g\mathrm{d}l\sin\theta[(1 - \varphi)\rho' + \varphi\rho'']$$

$$= g\mathrm{d}h[(1 - \varphi)\rho' + \varphi\rho''] \tag{2.17}$$

上述动量守恒方程式对加热管和未加热管均适用,但式中的速度都是平均速度。按照动量守恒方程式,在锅炉水动力计算中,计算压降的基本方程式为

$$\Delta p = \Delta p_{\mathrm{ld}} + \Delta p_{\mathrm{zw}} + \Delta p_{\mathrm{js}} \quad (\mathrm{Pa}) \tag{2.18}$$

式中　Δp——计算管段的总压降,为计算管段入口和出口压力之差;

　　　Δp_{zw}——重位压降;

　　　Δp_{js}——加速压降;

　　　Δp_{ld}——流动阻力,它包括摩擦阻力 Δp_{mc} 和局部阻力 Δp_{jb} 两部分,即

$$\Delta p_{\mathrm{ld}} = \Delta p_{\mathrm{mc}} + \Delta p_{\mathrm{jb}} \tag{2.19}$$

无论由均相流体动量守恒方程式或按分相流模型得出的动量守恒方程式,都表明两相流体在管道中流动的压降均由三部分组成,即流动阻力、重位压降和加速压降。流动阻力又包括摩擦阻力和局部阻力两部分。

2.2　两相流体的流动阻力

两相流体的流动阻力为沿程摩擦阻力与各局部阻力之和。

2.2.1　两相流体的摩擦阻力

由均相流体的动量守恒方程式(2.8)可知,若把两相流体视为均相流体时,对于稳定流动,此时两相流体的摩擦阻力可按下式计算:

$$- \mathrm{d}p'_{\mathrm{mc}} = \frac{\lambda_{\mathrm{jx}}}{D} \frac{(\rho W)^2}{2} v_{\mathrm{h}} \mathrm{d}l \quad (\mathrm{Pa})$$

将上式积分得

$$\Delta p'_{\mathrm{mc}} = \lambda_{\mathrm{jx}} \frac{l}{D} \frac{(\rho W)^2}{2} \frac{1}{l} \int_0^l v_{\mathrm{h}} \mathrm{d}l = \lambda_{\mathrm{jx}} \frac{l}{D} \frac{(\rho W)^2}{2} \overline{v_{\mathrm{h}}} \quad (\mathrm{Pa}) \qquad (2.20)$$

式中　λ_{jx}——均相流体的摩擦阻力系数;

$\overline{v_{\mathrm{h}}}$——均相流体的积分平均比容,m³/kg,其值为

$$\frac{1}{l} \int_0^l v_{\mathrm{h}} \mathrm{d}l \quad (\mathrm{m}^3/\mathrm{kg})$$

式中　v_{h}——汽水混合物在 l 长管段内的平均比容,m³/kg。

当不考虑压降对比容的影响,并认为计算管道受热均匀时,管内工质的比容随着管长呈线性关系变化,此时积分平均比容等于进出口汽水混合物比容的算术平均值,即

$$\overline{v_{\mathrm{h}}} = \frac{v_{\mathrm{hj}} + v_{\mathrm{hc}}}{2} \quad (\mathrm{m}^3/\mathrm{kg})$$

将式(1.27)代入上式得

$$\overline{v_{\mathrm{h}}} = \frac{v' + x_{\mathrm{c}}(v'' - v') + v' + x_{\mathrm{j}}(v'' - v')}{2} = v' + \frac{x_{\mathrm{c}} + x_{\mathrm{j}}}{2}(v'' - v')$$

$$= v' + \bar{x}(v'' - v') \qquad (2.21)$$

将式(2.21)代入式(2.20),得均相流体的摩擦阻力计算公式为

$$\Delta p'_{\mathrm{mc}} = \lambda_{\mathrm{jx}} \frac{l}{D} \frac{(\rho W)^2}{2} \left[\frac{1}{\rho'} + \bar{x} \left(\frac{1}{\rho''} - \frac{1}{\rho'} \right) \right]$$

$$= \lambda_{\mathrm{jx}} \frac{l}{D} \frac{W_0^2}{2} \rho' \left[1 + \bar{x} \left(\frac{\rho'}{\rho''} - 1 \right) \right] \quad (\mathrm{Pa}) \qquad (2.22)$$

式中　λ_{jx}——按单相流体公式计算的摩擦阻力系数;

W_0——计算管子内流体的循环速度,m/s。

在我国的锅炉水动力计算中,摩擦阻力的计算公式是以均相流体摩擦阻力计算公式为基础的,并考虑了压力、质量含汽率及质量流速对 $\Delta p'_{\mathrm{mc}}$ 的影响,此影响作用通过在平均质量含汽率 x 上乘以一修正系数 ψ 来表示。

$$\Delta p'_{\mathrm{mc}} = \lambda \frac{l}{D} \frac{W_0^2}{2} \rho' \left[1 + \psi \bar{x} \left(\frac{\rho'}{\rho''} - 1 \right) \right] \quad (\mathrm{Pa}) \qquad (2.23)$$

式中　λ——摩擦阻力系数;

ψ——修正系数,与压力、质量含汽率、质量流速等因素有关,可由图 2.4 或图 2.5 查得;

$\bar{x}$——汽水混合物的平均质量含汽率。

1. 摩擦阻力系数的确定

锅炉各受热面的管内流动一般均属于阻力平方区内的流动,已进入自模化区,此时摩擦阻力系数 λ 已与雷诺数 Re 无关,λ 可按尼库拉兹(Nikuradze)公式计算:

$$\lambda = \frac{1}{4\left[\lg\left(3.7\dfrac{D}{\kappa}\right)\right]^2} \tag{2.24}$$

式中　D——管子内径,mm;

　　　κ——管子的绝对粗糙度,对于一般钢管和铸铁管可按表 2.1 查取。

表 2.1　管子的绝对粗糙度

材　　　料	无 缝 钢 管		铸 铁 管	
情　　况	新的且洁净的	运行几年后的	新　的	使用过的
$\kappa\left(\dfrac{\kappa\,值}{平均\,\kappa\,值}\right)$	$\dfrac{0.02\sim0.05}{0.03}$	$\dfrac{0.15\sim0.3}{0.2}$	$\dfrac{0.2\sim0.5}{0.3}$	$\dfrac{0.5\sim1.5}{1.0}$

在锅炉水动力计算中,常用折算摩擦阻力系数 λ_0 来求 Δp_{mc},即

$$\lambda_0 = \frac{\lambda}{D} \quad (\text{m}^{-1}) \tag{2.25}$$

λ_0 可按图 2.3 查得,碳钢和珠光体钢查 $\kappa = 0.08$ mm 曲线,奥氏体钢查 $\kappa = 0.01$ mm 曲线。

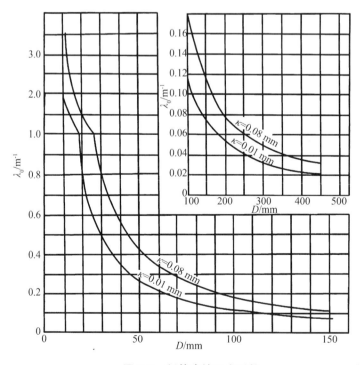

图 2.3　折算摩擦阻力系数

2. 系数 ψ 值的确定

对受热的蒸发管,当入口为饱和水(即 $x=0$)、出口为汽水混合物时,修正系数 ψ 按图 2.4(a)查得。

对受热的蒸发管,当入口、出口均为汽水混合物时,修正系数 ψ 应由 $\overline{\psi}$ 代入,$\overline{\psi}$ 按下式求得:

$$\overline{\psi} = \frac{\overline{\psi_c} x_c - \overline{\psi_j} x_j}{x_c - x_j} \tag{2.26}$$

式中 x_c, x_j——出口、进口截面处的质量含汽率;

$\overline{\psi_c}, \overline{\psi_j}$——按出口、进口处的质量含汽率 x_c 及 x_j,由图 2.4(a)查得的修正系数值。

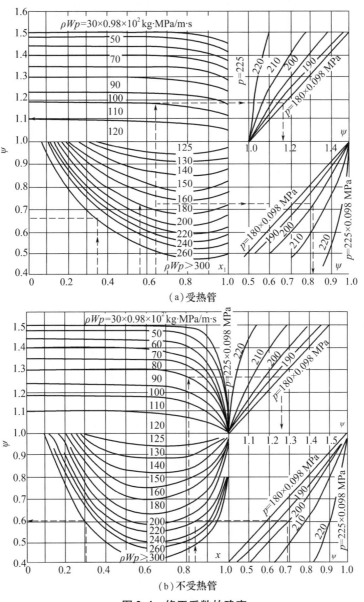

图 2.4   修正系数的确定

对于不受热但管内为汽水混合物流动时,ψ 值由图 2.4(b)查得。

对于受热或不受热的多次循环蒸发管件(包括自然循环锅炉和强制循环锅炉),当计算管段出口的质量含汽率 $x_c \le 0.7$ 及压力和质量流速的乘积 $\rho W p \le 120 \times 0.98 \times 10^2 \text{ kg} \cdot \text{MPa} \cdot \text{m}^{-2} \cdot \text{s}^{-1}$ 时,ψ 值均可由图 2.5 查得。当计算管内的 W_0 值大于图中的值时,则此时 ψ 值仍按图 2.4 查取。

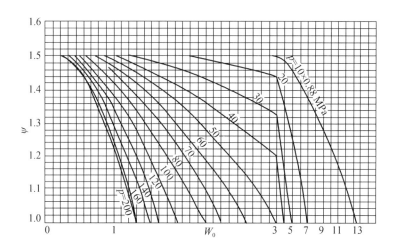

图 2.5　修正系数的确定

2.2.2　两相流体的局部阻力

两相流体的局部阻力可按下式计算:

$$\Delta p'_{jb} = \xi'_{jb} \frac{(\rho W)^2}{2} v_h = \xi'_{jb} \frac{W_0^2}{2} \rho' \left[1 + x \left(\frac{\rho'}{\rho''} - 1 \right) \right] \quad (\text{Pa}) \tag{2.27}$$

式中　ξ'_{jb}——两相流体的局部阻力系数;

　　　x——局部阻力所在处的汽水混合物的质量含汽率;

　　　v_h——局部阻力所在处的汽水混合物的比容,m^3/kg。

局部阻力是指流体在流动时,由于流通截面改变或流动方向改变,流体的质点产生撞击和涡流而引起的能量损失。锅炉水动力计算中,经常遇到的局部阻力有流体由锅筒或联箱进入管子的入口阻力、流体由管子进入锅筒或联箱的出口阻力、流体随管子转弯的转弯阻力等。

锅炉水动力计算中常用的单相流体的局部阻力系数如下。

(1)相应于管内流速的进口阻力系数 ξ_j。

由锅筒进入管子的进口阻力系数可查表 2.2,由联箱进入管子的进口阻力系数可查表 2.3。

表 2.2 由锅筒进入管子的进口阻力系数

进口形式	进口阻力系数 ξ_j
直接进入(与锅筒内壁齐平和向锅筒内凸出)	0.5
有胀管锥环时	0.25
带有总扩角为 $50°\sim60°$ 的锥形入口,其相对长度为 $l/D\leqslant0.1$	0.25
带有总扩角为 $50°\sim60°$ 的锥形入口,其相对长度为 $l/D\geqslant0.2$	0.1

表 2.3 由联箱进入管子的进口阻力系数

进口形式		进口阻力系数 ξ_j	
		$D/D_1\leqslant0.1$	$D/D_1>0.1$
从分配联箱进入受热管,工质以端部或侧面进入分配联箱		0.5	0.7
从分配联箱进入受热管,工质分散引入分配联箱,对应于每一根引入管的引出管横向排数	$n\leqslant30$ 时	0.5	0.7
	$n>30$ 时	0.6	0.8
工质从汇流联箱进入端部或侧面引出的引出管		0.4	0.4
从垂直的或倾斜的联箱以及从外置式旋风分离器进入下降管		0.4	0.4
工质从汇流联箱中分散径向进入引出管(在有效区内)		0.5	0.5

(2)相应于管内流速的出口阻力系数 ξ_c。

由管子进入锅筒或联箱的出口阻力系数,见表 2.4。

表 2.4 由管子进入锅筒或联箱的出口阻力系数

进口形式	出口阻力系数 ξ_c
进入锅筒	1.0
从端部进入分配联箱	0.8
在有效区内从径向进入分配联箱和分散引入、分散引出的联箱	1.1
从端侧进入分配联箱	1.3
进入汇流联箱	1.1

(3)转弯阻力系数 ξ_{wd}。

对于弯管半径 R 与管径 D 之比大于或等于 3.5 的一般锅炉管弯头,其转弯阻力系数 ξ_{wd} 查表 2.5。

表 2.5 转弯阻力系数

流体转弯角度 α	$<20°$	$20°\sim60°$	$60°\sim140°$	$>140°$
转弯阻力系数 ξ_{wd}	0	0.1	0.2	0.3

　　两相流体的局部阻力系数比单相流体同类的局部阻力系数要大,这是因为局部阻力影响到两相流体在管截面上的分布状况,进而影响到以后很长一段管子内汽水混合物的流动结构、截面含汽率 φ 和汽水混合物的密度。如果局部阻力以后的管段为垂直或接近于垂直的倾斜管段,则局部阻力不仅使管段的摩擦阻力值发生变化,重位压降也将改变,且一般情况下重位压降的变化比摩擦阻力的变化大得多。所以有些两相流体的局部阻力系数(如入口阻力系数和转弯阻力系数)不仅与局部阻力段的管道几何形状有关,还与其后管段的方向、管长等有关。

　　(1)汽水混合物从联箱进入垂直和倾斜管的入口阻力系数 ξ_j',可按表 2.6 查取。汽水混合物由联箱进入水平的引出管时,其入口阻力系数取与单相流体相同的数值。

表 2.6　汽水混合物的入口阻力系数

管子布置方式	管子相对高度 h/D			
	10	20	50	≥80
垂直	0.3	0.5	0.8	1.0
从一定角度过渡到垂直	0.5	1.1	1.7	2.2

　　(2)汽水混合物从管子进入容器(锅筒等)及进入分散引入和引出的联箱时,其出口阻力系数 ξ_c' 取为 1.2。

　　(3)汽水混合物在弯头中流动时,两相流体的转弯阻力系数 ξ_{wd}' 大于单相流体的转弯阻力系数 ξ_{wd},其值为相同转弯角度时单相流体转弯阻力系数的数倍。对自然循环锅炉及 $\rho W \leqslant 1\ 200\ \text{kg/(m}^2 \cdot \text{s)}$ 的强制循环锅炉可按以下关系式确定 ξ_{wd}'。

　　①转弯后为水平的管段或不长的($l/D < 10$)垂直或倾斜管段(如进入联箱前的弯头),$\xi_{wd}' - \xi_{wd}$。

　　②转弯后为仰角不大于 15° 的倾斜管段,而且 $l/D > 10$ 时,$\xi_{wd}' = 2\xi_{wd}$。

　　③转弯后为 $l/D > 10$ 的垂直管段或与水平线间的夹角大于 15° 的倾斜管段,$\xi_{wd}' = 4\xi_{wd}$。

　　④转弯后为 $l/D > 10$ 的下降的垂直或倾斜管段(管子转弯角度大于 90°),$\xi_{wd}' = 2\xi_{wd}$,式中 ξ_{wd} 为单相流体的转弯阻力系数。

　　对于 $\rho W > 1\ 200\ \text{kg/(m}^2 \cdot \text{s)}$ 的强制循环锅炉(包括直流锅炉),在上述所有情况下,ξ_{wd}' 均取与单相流体相同的数值。

　　(4)汽水两相流动时,其他局部阻力系数都按单相流体的局部阻力系数选取。

　　(5)在自然循环锅炉中,由于锅内一次分离设备的阻力需由循环回路产生的流动压头来克服,因此在做水动力计算时,需将一次分离设备的阻力作为局部阻力计入上升管的流动阻力之中,一般只对阻力较大的几种一次分离设备进行计算,常用的为锅内旋风分离器和多孔板等,其阻力系数为:锅内旋风分离器的阻力系数一般可取 3.0~4.0(多台并联时取 3.5~4;单位式连接时,取 3);孔板的阻力系数 ξ_k 可由图 2.6 查得。图中横坐标 Φ 为开孔率,即指所有小孔的截面积之和与孔板截面积之比。

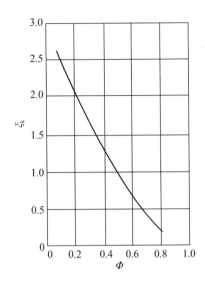

图 2.6　孔板的阻力系数

2.3　两相流体的重位压降

对于水平管,重位压降为零;对于垂直管,重位压降在总压降中占相当大的份额。例如,在自然循环锅炉中,重位压降大于流动阻力,它的准确性对循环特性影响较大,因此在一般计算中重位压降不按均相流体计算。

由式(2.17)可知,分相流模型的流体重位压降计算公式如下:

$$- \mathrm{d}p'_{\mathrm{zw}} = \mathrm{d}l \sin \theta [(1 - \varphi)\rho' + \varphi \rho''] g$$

当沿管长均匀加热时,对于计算管段进口为饱和水($x = 0$),出口为 $x = x_{\mathrm{c}}$ 的情况,其重位压降按下式计算:

$$\Delta p'_{\mathrm{zw}} = g \sin \theta \int_0^l [\rho' - \varphi(\rho' - \rho'')] \mathrm{d}l$$

因为沿管长为均匀加热,所以沿管长质量含汽率呈线性变化,即 $\dfrac{x_{\mathrm{c}}}{l} = \dfrac{\mathrm{d}x}{\mathrm{d}l}$,则 $\mathrm{d}l = \dfrac{l}{x_{\mathrm{c}}}\mathrm{d}x$,代入上式得

$$\Delta p'_{\mathrm{zw}} = g \sin \theta \frac{l}{x_{\mathrm{c}}} \int_0^l [\rho' - \varphi(\rho' - \rho'')] \mathrm{d}x = g [l\sin\theta\rho' - l\sin\theta(\rho' - \rho'')\,\overline{\varphi}]$$

$$= \Delta h [\rho' - \overline{\varphi}(\rho' - \rho'')] g \quad (\mathrm{Pa}) \tag{2.28}$$

欲求两相流体的重位压降之和,必须先求得截面含汽率。由式(1.22)可知截面含汽率为

$$\varphi = C\beta$$

式中　C——汽水混合物的近似速度与蒸汽的真实速度之比,它是一个与压力、汽水混合物的近似速度有关的比例系数,即为考虑汽水间存在相对速度的系数。C 值是由试验得到的。

截面含汽率 φ 与两相流体的流动方向有关,下面分三种情况讨论。

1. 垂直上升管中 φ 值的确定

$$\varphi = C\beta \tag{2.29}$$

式中　C——与压力和汽水混合物的近似速度有关的系数,可由图 2.7 查得。

　　　β——计算管段内汽水混合物的平均容积含汽率。

①当 $\beta \leqslant 0.9$, $W_h \leqslant 3.5\ \text{m/s}$ 时, C 值查图 2.7(a),再代入式(2.29)求 φ。

②当 $\beta \leqslant 0.9$, $W_h > 3.5\ \text{m/s}$ 时, φ 值可直接由图 2.7(c)查得。

③当 $\beta > 0.9$ 时,对于直流锅炉,先由图 2.7(a)查得 C 值,再按 C 值和 β 值由图 2.7(b)查出 φ 值;对于多次强制循环锅炉(包括自然循环锅炉和强制循环锅炉)及直流锅炉中的本生型直流炉的蒸发管件的第一个行程, φ 值可用直线内插法求得,即

$$\varphi = \varphi_{0.8} + 10(\beta - 0.9)(\varphi_{tz} - \varphi_{0.9}) \tag{2.30}$$

式中　$\varphi_{0.8}$——β 为 0.8 时的 φ 值,由式(2.29)可知 $\varphi_{0.8} = 0.8C$;

　　　φ_{tz}——循环停滞时的 φ 值(此时 $W_0 \approx 0$, $\beta = 1$),它可由图 4.18 或图 4.19 查得;

　　　$\varphi_{0.9}$——β 为 0.9 时的 φ 值,由式(2.29)可知 $\varphi_{0.9} = 0.9C$。

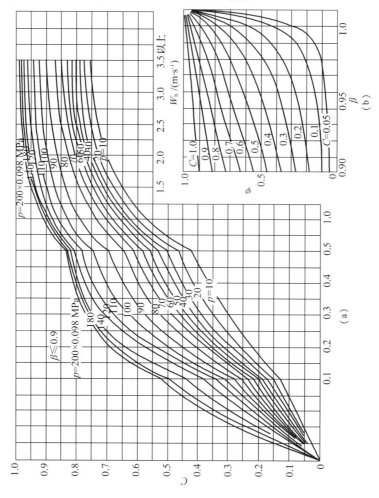

图 2.7　垂直上升管截面含汽率

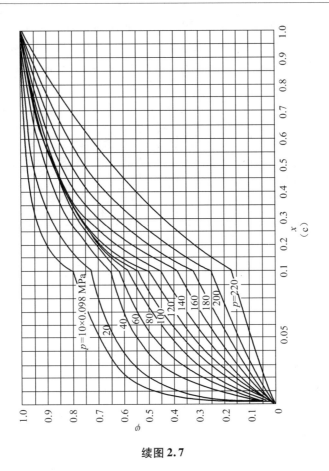

续图 2.7

查图需用的平均汽水混合物的近似速度可按式(1.30)或式(1.31)计算。若计算段管内径 $D<30$ mm,则平均的汽水混合物的近似速度需按下式修正,然后按修正后的汽水混合物速度 W_h' 去查图。

$$W_h^j = \sqrt{\frac{0.03}{D}} W_h \quad (\text{m/s}) \tag{2.31}$$

2. 倾斜管中 φ_a 值的确定

倾斜管中的截面含汽率 φ_a 是按垂直上升管中的截面含汽率乘以修正系数得到的,即

$$\varphi_a = K_a \varphi \tag{2.32}$$

式中 K_a——水平倾角(水平线与倾斜管中心线之间的夹角)的修正系数;

　　φ——垂直上升管中的截面含汽率,求法同前述。

K_a 可由图 2.8 查得。具体分 3 种情况。

(1)对于压力处于 1 ~ 8 MPa 范围内者,K_a 直接由图 2.8(a)查得。

(2)对于压力处于 8 ~ 10 MPa 范围内者,K_a 可查图 2.8(b)左侧部分,并根据压力为 8 MPa 和 10 MPa 的曲线值采用内插法求出,即用下式求得

$$K_a^p = K_a^8 + (K_a^{10} - K_a^8)\frac{p-8}{2} \tag{2.33}$$

式中　K_a^p——压力为 $p(8\text{ MPa}\leqslant p\leqslant 10\text{ MPa})$,水平倾角为 α 时的 K_a 值;

　　　K_a^8——压力为 8 MPa,水平倾角为 α 时的 K_a 值,由图 2.8(b)左侧部分查得;

　　　K_a^{10}——压力为 10 MPa,水平倾角为 α 时的 K_a 值,由图 2.8(b)左侧部分查得。

（3）对于压力在 10~20 MPa 范围内者,K_a 可由图 2.8(b)右侧部分查得。

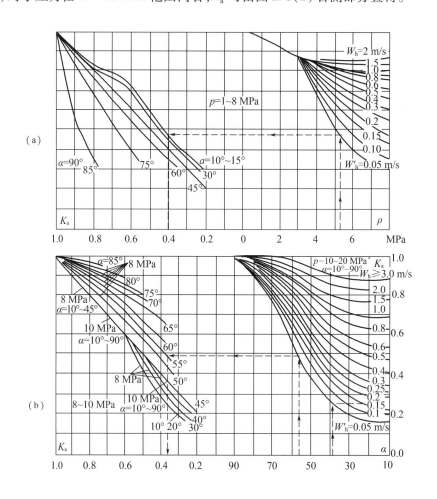

图 2.8　倾斜管截面含汽率的修正系数

3. 下降流动时 φ_j 值的确定

图 2.9 所示为某一压力和汽水混合物速度 W_h 下 $\varphi=f(\beta)$ 的关系曲线。由此图可见,在一定循环速度时,当 β 小于某极限值 β_{jx} 时,φ 与 β 呈线性关系;而当 β 大于 β_{jx} 时,φ 与 β 又呈另一种线性关系。在后一种情况下,W_0 与 β 值越大,即 W_h 也越大,φ 越趋近于 β。压力越高,φ 也越趋近于 β。显然这都是由于蒸汽浮力的影响减小的缘故。

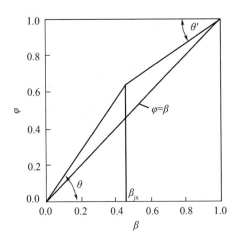

图 2.9　某一压力和汽水混合物速度 W_h 下 $\varphi=f(\beta)$ 的关系曲线

由图可知：

①当 $\beta<\beta_{jx}$ 时，

$$\varphi_j = C_j\beta \tag{2.34}$$

式中，$C_j = \tan\theta$，它可由图 2.10 左侧上横坐标求得，仅与压力有关。

②当 $\beta>\beta_{jx}$ 时，

$$\varphi_j = C_j' + (1 - C_j')\beta \tag{2.35}$$

式中，$C_j' = 1 - \tan\theta'$，它可由图 2.10 右侧下横坐标查得，与压力和汽水混合物速度有关。

极限值 β_{jx} 与压力和混合物速度有关，它可由图 2.10 中间的纵坐标查得。

综上所述，求 φ_j 的步骤如下。

（1）先按式（1.15）求出 β 和按式（1.30）或式（1.31）求出 W_h。若计算管内径 $D>70$ mm时，对算得的 W_h 需按下式修正：

$$W_h^j = \sqrt{\frac{0.07}{D}}\,W_h \tag{2.36}$$

（2）按压力和 W_h（或 W_h^j）由图 2.10 查得 β_{jx}，并比较 β 和 β_{jx}。

（3）如 $\beta<\beta_{jx}$，则由图 2.10 查出 C_j 值，并按式（2.34）求出 φ_j。

（4）如 $\beta>\beta_{jx}$，则由图 2.10 查出 C_j' 值，并按式（2.35）求出 φ_j。

如果汽水混合物的流速超过图 2.10 右侧等压线与横坐标交点的 W_h 值（即对应的 $\beta_{jx}=0$）时，则取 $\varphi_j=\beta$。

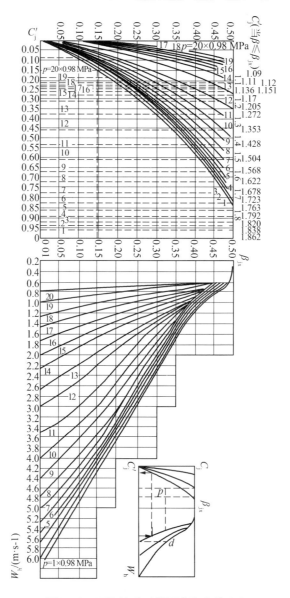

图 2.10　下降流动时截面含汽率的确定

2.4　两相流体的加速压降

我国的锅炉水动力计算中,两相流体的加速压降是按均相流体来计算的。由式(2.8)可知加速压降的计算公式为

$$-\mathrm{d}p'_{js} = \rho W\mathrm{d}W = (\rho W)^2\mathrm{d}\upsilon$$

积分得

$$\Delta p'_{js} = \int_{\upsilon_j}^{\upsilon_c}(\rho W)^2\mathrm{d}\upsilon = (\rho W)^2(\upsilon_c - \upsilon_j)\quad(\mathrm{Pa})\tag{2.37}$$

由式(1.27)可知

$$v_c = v' + x_c(v'' - v')$$

$$v_j = v' + x_j(v'' - v')$$

$$v_c - v_j = (v'' - v')(x_c - x_j)$$

代入式(2.37)便得两相流体当作均相流体时的加速压降计算公式为

$$\Delta p'_{jx} = (\rho W)^2 (v'' - v')(x_c - x_j) = \frac{(\rho W)^2}{\rho'}\left(\frac{\rho'}{\rho''} - 1\right)(x_c - x_j) \quad (\text{Pa}) \quad (2.38)$$

应用式(2.38)计算加速压降时,由于没有考虑汽水间存在的相对速度,因此在向上流动时计算值比实际值偏大,而在下降流动时计算值偏小。压力越低,此偏差越大。

在锅炉中,由于加速压降在总压降中所占份额小,因此一般不计算加速压降,仅对直流锅炉的辐射区蒸发受热面计算加速压降。

第3章 并联管内工质流动水动力学

在一般的锅炉和加热设备中,受热面都是由并联于出、入口联箱(或其他容器)的多根管子组成。当多管并联工作时,各管的工作情况可能不同,并且各管之间还可能互相影响,如果其中一根管子工作不可靠,则整个受热面的工作可靠性也不能得到保证。因此,本章将研究并联工作的各管间的相互关系和如何保证整个并联管组的工作可靠性。

3.1 热 偏 差

为保证各管的工作状况完全相同,则必须同时满足以下各条件。

(1)各管的长度、管径及流动阻力系数相同。

(2)各管的吸热量相等及沿管长热量分布相同。

(3)在入口联箱(分配联箱)和出口联箱(汇集联箱)中的压力分布情况相同。

(4)进入各管子的工质焓相等。

由于差异的存在是绝对的,实际上绝不可能同时保证以上各条件。因此,有必要研究衡量并联管组工作可靠性的指标和它与以上各种条件之间的相互关系。

金属受热面的工作可靠性取决于管壁金属温度,而后者又取决于工质的出口焓和在管内工质的质量流速(例如,炉膛内蒸发受热面因传热恶化而破坏时,其破坏点不是在受热面出口,而是在炉内热负荷较高的地方,此时工作可靠性主要取决于质量流速),因此通常用热偏差和工质流量偏差作为衡量并联管组工作可靠性的指标。

在一般情况下,进入各并联管的工质入口焓基本相同,其出口焓取决于管内的焓增值 Δi,故将偏差管中工质的焓增量 Δi 与平均工况管中工质的焓增量 Δi_0 之比称为热偏差,即

$$\rho_r = \frac{\Delta i}{\Delta i_0} \tag{3.1}$$

显然,所研究的热偏差范围总是大于1的。

所谓流量偏差即偏差管中的工质流量 M 与平均工况管中工质流量 M_0 之比。当管径相同时,

$$\rho_1 = \frac{M}{M_0} = \frac{(\rho W)}{(\rho W)_0} \tag{3.2}$$

式中 ρW——工质的质量流速,kg/(m² · s)。

一般研究范围是 $\rho_1 < 1$。通常研究热偏差和流量偏差时都是假设并联管的管径相同,故上式中用质量流速比来表示流量偏差。

为了表示与上述几种条件的差异,在研究热偏差时还应用了两个名词:用 η_z 代表偏差管的总流动阻力系数(摩擦阻力系数与局部阻力系数之和,管长不等时用不同的摩擦阻力

系数来表示)和平均工况管的总流动阻力系数之比,称为阻力不均系数;用 η_r 代表偏差管的吸热量与平均工况管的吸热量之比,称为吸热不均系数。即

$$\eta_z = \frac{\sum \xi}{\sum \xi_0} \tag{3.3}$$

$$\eta_r = \frac{Q}{Q_0}$$

当并联各管的结构尺寸相同时,

$$\eta_r = \frac{Q}{Q_0} = \frac{q}{q_0} \tag{3.4}$$

式中　q——受热面热负荷。

由

$$Q = M\Delta i$$
$$Q_0 = M_0 \Delta i_0$$

可得

$$\eta_r = \rho_1 \rho_r \tag{3.5}$$

在锅炉的各种受热面中都可能存在热偏差,在过热器和蒸发受热面中它的危害性较大;但在省煤器或加热水受热面中由于工质温度较低,传热情况良好,特别是省煤器又处于低温烟气区,故热偏差的危害性不大。

3.1.1　吸热不均匀性

并联各管的吸热不均匀性用吸热不均系数 η_r 表示。吸热不均匀性是产生热偏差的主要原因,由于吸热不均,还可能造成流量偏差。

并联管受热面产生吸热不均匀性有结构设计和运行工况两方面的原因。结构方面的原因如各管的受热面积不等、炉内辐射受热面受燃烧器位置的影响、对流受热面的烟道阻力特性不均等;运行方面的原因如在部分受热面上结渣、部分燃烧器切除、火焰中心偏斜等。由此可见,影响吸热不均系数的因素是很复杂的,不可能通过计算确定,只能根据试验实测或按经验数据选取。

合理地选取吸热不均系数对进行热偏差计算具有十分重要的意义,很多锅炉的受热面超温破坏事故都是由设计时对吸热不均匀性估计不足或系数选取不当造成的。遗憾的是目前关于各种情况下的吸热不均系数经验数据还积累得不够,特别是对新型结构和布置方式更缺乏资料。因此,在进行锅炉水动力计算时,对于选取吸热不均系数应给予必要的注意或留有足够的安全裕度。

炉内辐射受热面的吸热不均系数又分为各炉墙间的吸热不均系数 η_r^q、沿高度的吸热不均系数 η_r^g 和沿宽度的吸热不均系数 η_r^k 3 种。水平烟道中对流受热面的吸热不均系数又分为沿高度和沿宽度的吸热不均系数两种。竖直烟道中的对流受热面的吸热不均系数又分为沿宽度的吸热不均系数 η_r^k 和沿深度的吸热不均系数 η_r^s 两种。关于它们的一些经验数据可以从锅炉热力计算标准和锅炉水动力计算标准中选取,此值可小于或大于 1,当 $\eta_r = 1$ 时,表示吸热均匀。

3.1.2 流量偏差

图 3.1 所示为并联管组成的受热面。设工质进入分配联箱时的压力为 p_1，由汇集联箱出来时的压力为 p_2，由于沿联箱长度工质的压力发生变化，因此，对于每一根管子来说，工质在该管子入口和出口处的压力分别为 $p_1 + \Delta p_{fl}$ 和 $p_2 + \Delta p_{hl}$。Δp_{fl} 和 Δp_{hl} 为工质在分配联箱和汇集联箱中的压力变化，它们与联箱跟外界管道的连接形式有关，也与管子的位置有关，对于每根管子此数值都不相同，并可能为正值或负值。

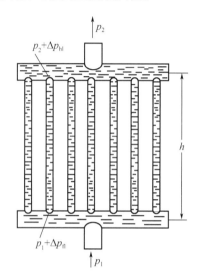

图 3.1　并联管组成的受热面

由此得任一管子两端的压差为

$$\Delta p = p_1 - p_2 - (\Delta p_{hl} - \Delta p_{fl}) \tag{3.6}$$

如果不计加速压降，则此压差用于流动阻力和重位压降，即

$$\Delta p = \sum \xi \frac{(\rho W)^2}{2} \bar{v} + h \bar{\rho} g \quad (\text{N/m}^2) \tag{3.7}$$

式中　$\bar{v}, \bar{\rho}$——管内工质沿管长的平均比容和平均密度，$\text{m}^3/\text{kg}, \text{kg/m}^3$；

　　h——管子的高度，即出、入口间的标高差，m。

将式(3.7)代入式(3.6)得

$$p_1 - p_2 = \sum \xi \frac{(\rho W)^2}{2} \bar{v} + h \bar{\rho} g + (\Delta p_{hl} - \Delta p_{fl}) \tag{3.8}$$

同理，也可得在同一压差下工作的平均工况管的公式为

$$p_1 - p_2 = \sum \xi_0 \frac{(\rho W)_0^2}{2} \bar{v}_0 + h \bar{\rho}_0 g + (\Delta p_{hl} - \Delta p_{fl})_0 \tag{3.9}$$

由于式(3.8)与式(3.9)相等，因此得流量偏差的计算公式为

$$\rho_1 = \frac{\rho W}{(\rho W)_0} = \sqrt{\frac{\sum \xi_0 \bar{v}_0}{\sum \xi \bar{v}} \left[1 + \frac{hg(\bar{\rho}_0 - \bar{\rho}) + (\Delta p_{hl} - \Delta p_{fl})_0 - (\Delta p_{hl} - \Delta p_{fl})}{\sum \xi_0 \frac{(\rho W)^2}{2} \bar{v}_0} \right]}$$

$$\tag{3.10}$$

由式(3.10)可知,流量偏差与管子的结构因素(流动阻力系数、管子高度、联箱的连接形式等)有关,同时也与受热情况(工质的平均比容和平均密度)有关。

在某些情况下,个别项的作用很小,可以略去不计。例如,当受热面水平布置时,重位压降一项可以不计,当工质从联箱侧面多点均匀引入和引出时,在大部分情况下也可以不计沿联箱长度压力变化的影响。

在结构相同的情况下,并联管由于吸热不均匀性引起的流量偏差称为热流量偏差。当不计联箱中的压力变化时,对于水平管和垂直管,其热流量偏差可以分别用以下两式计算:

$$\rho_1 = \sqrt{\frac{\overline{v_0}}{\overline{v}}} \tag{3.11}$$

$$\rho_1 = \sqrt{\frac{\overline{v_0}}{\overline{v}}\left[1 + \frac{\pm hg(\overline{\rho_0} - \overline{\rho})}{\sum \xi_0 \frac{(\rho W)_0^2}{2}\overline{v_0}}\right]} \tag{3.12}$$

式(3.12)右端根号内重位压降一项,当工质向上流动时取正值,向下流动时取负值。由此可见,当工质垂直向上流动时,由于重位压降的影响使热流量偏差减小(ρ_1的数值增大,接近于1);当工质垂直向下流动时则使热流量偏差增大。

考虑到阻力不均的水平管的热流量偏差为

$$\rho_1 = \sqrt{\frac{\sum \xi_0 \overline{v_0}}{\sum \xi \overline{v}}} \tag{3.13}$$

若增大平均工况管的总阻力系数 $\sum \xi_0$ 或减小偏差管的总阻力系数,都可以减小热流量偏差。

除了上述影响流量偏差的因素外,还有一个产生流量偏差的原因是水动力特性的多值性,此问题将在3.2节专门研究。

综上所述,为了保证并联管受热面的工作可靠性,除了满足第4章所提出的对单管的要求(如保证必需的质量流速)外,还应考虑由于并联工作所造成的热偏差和流量偏差的问题。

目前,锅炉的蒸发受热面之所以出现了多种形式和系统(如强制循环锅炉、各种形式的直流锅炉、复合循环锅炉等),同时过热器也出现很多复杂的连接系统,除了由于锅炉参数的提高、组装性的要求、特殊条件的限制等原因外,在很大程度上是为了解决热偏差和流量偏差的问题,也就是为了提高锅炉的工作可靠性。

3.2　水平蒸发管的水动力特性

通常所谓水动力特性包含两种概念,第一种是广义的概念,即指在某一种受热面系统内工质流动的规律性;另一种是狭义的概念,即指受热面系统内当热负荷一定时工质的流量与压降的关系,即函数式 $\Delta p = f(M)$ 或 $\Delta p = f(\rho W)$。

代表后一种关系式的曲线称为水动力特性曲线。对于水平管,其重位压降为零,与流动阻力相比,加速压降也小,可不计,则仅包括流动阻力一项的水动力特性方程式为

$$\Delta p = \sum \xi \frac{(\rho W)^2}{2} \bar{v} \tag{3.14}$$

当工质不受热或工质为单相流体(水或过热蒸汽)时,此水动力特性曲线是一个二次曲线,此时对应一个压差 Δp 值,只有一个流量 ρW(或 M 值),称这种水动力特性曲线为单值的。当在一个加热管内同时存在加热水区段和蒸发区段(甚至还有一部分过热段)时,则水动力特性曲线将变成三次曲线,此时对应一个压差值可能有 3 种不同的流量,这种现象就称为水动力特性的多值性。

3.2.1　水动力特性的多值性

图 3.2 所示为工质强迫流动的蒸发简图,管长为 l,设此管沿管长均匀受热(即 $Q/l =$ const),加热水段的管长为 l_{rs},蒸发段的管长为 l_{zf}。

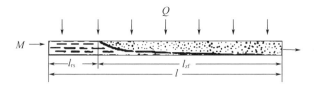

图 3.2　工质强迫流动的蒸发简图

为简化计算,流动阻力中只考虑摩擦阻力,假设局部阻力可以均匀分摊到整个管长,即把它折算到适当加大的摩擦阻力系数 λ 中去(实际上,无论在强制循环锅炉还是直流锅炉中,与摩擦阻力相比,局部阻力是比较小的);其次,将蒸发段中的汽水混合物看作均相流体,不计相对滑移,并且取与单相流体相同的摩擦阻力系数。

由此得蒸发管的总压降,即它的摩擦阻力损失为

$$\Delta p = \lambda \frac{l_{rs}}{D} \frac{(\rho' W_0)^2}{2} v' + \lambda \frac{l_{zf}}{D} \frac{(\rho' W_0)^2}{2} v' \times \left[1 + \frac{x}{2} \left(\frac{v''}{v'} - 1 \right) \right] \tag{3.15}$$

式中　$\rho' W_0$——在管子入口处水的质量流速,$\text{kg}/(\text{m}^2 \cdot \text{s})$;

　　　x——在管子出口处汽水混合物的质量含汽率。

上式亦可写为

$$\Delta p = \lambda \frac{l_{rs}}{D} \frac{M^2}{2f^2} v' + \lambda \frac{l_{zf}}{D} \frac{M^2}{2f^2} v' \times \left[1 + \frac{x}{2} \left(\frac{v''}{v'} - 1 \right) \right] \tag{3.16}$$

式中　M——蒸发管入口水量,kg/s;

　　　f——蒸发管内截面积,m^2。

设每米长管子的吸热量为 q_1(即单位长度的热负荷 kW/m),进入管子的水的欠焓为 Δi_s(kJ/kg),则得加热水区段的长度为

$$l_{rs} = \frac{M \Delta i_s}{q_1} \tag{3.17}$$

蒸发区段的长度为

$$l_{zf} = l - l_{rs} = l - \frac{M \Delta i_s}{q_1} \tag{3.18}$$

蒸发管出口汽水混合物的质量含汽率为

$$x = \frac{q_1(l - l_{rs})}{Mr} \tag{3.19}$$

式中　r——汽化潜热,kJ/kg。

将式(3.17)~(3.19)代入式(3.16),得

$$\Delta p = \frac{\lambda}{D}\frac{M\Delta i_s}{q_1}\frac{M^2}{2f^2}v' + \frac{\lambda}{D}\left(l - \frac{M\Delta i_s}{q_1}\right)\frac{M^2}{2f^2}v' \times \left[1 + \frac{q_1\left(l - \frac{M\Delta i_s}{q_1}\right)}{2Mr}\left(\frac{v''}{v'} - 1\right)\right]$$

$$= \frac{\lambda(v'' - v')\Delta i_s^2}{4f^2 Dq_1 r}M^3 - \frac{\lambda l}{2f^2 D}\left[\frac{\Delta i_s}{r}(v'' - v') - v'\right]M^2 + \frac{\lambda(v'' - v')l^2 q_1}{4f^2 Dr}M$$

$$= AM^3 - BM^2 + CM \quad (\text{N/m}^2) \tag{3.20}$$

式中

$$A = \frac{\lambda(v'' - v')\Delta i_s^2}{4f^2 Dq_1 r};$$

$$B = \frac{\lambda l}{2f^2 D}\left[\frac{\Delta i_s}{r}(v'' - v') - v'\right];$$

$$C = \frac{\lambda(v'' - v')l^2 q_1}{4f^2 Dr}\text{。}$$

如果进入蒸发管的水流量用质量流速 $\rho' W_0$ 表示(在稳定流动时 $\rho' W_0 = \rho W = \text{const}$),则上式又可写为

$$\Delta p = \frac{\lambda f(v'' - v')\Delta i_s^2}{4Dq_1 r}(\rho W)^3 - \frac{\lambda l}{2D}\left[\frac{\Delta i_s}{r}(v'' - v') - v'\right](\rho W)^2 + \frac{\lambda(v'' - v')l^2 q_1}{4fDr}(\rho W)$$

$$= A'(\rho W)^3 - B'(\rho W)^2 + C'(\rho W) \tag{3.21}$$

式中

$$A' = \frac{\lambda f(v'' - v')\Delta i_s^2}{4Dq_1 r};$$

$$B' = \frac{\lambda l}{2D}\left[\frac{\Delta i_s}{r}(v'' - v') - v'\right];$$

$$C' = \frac{\lambda(v'' - v')l^2 q_1}{4fDr}\text{。}$$

由以上两式可知,对于工质强迫流动的蒸发管,当热负荷一定时,表示它的流动和工质流量关系的水动力特性曲线是一个三次曲线。如图3.3所示,在同一个压差 $\Delta p \geqslant \dfrac{q_1 l}{\Delta i_s + r}$ 下,蒸发管内可能有3种不同的流量,这种情况就称为水动力特性的多值性,也称为水动力特性的不稳定性。

由于出现水动力特性的多值性,就可能使并联工作的蒸发管中发生流量偏差和热偏差,甚至使管子烧坏。

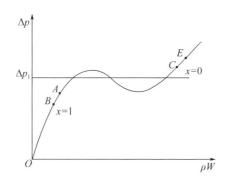

图 3.3　水平蒸发受热面的水动力特性曲线

式（3.20）与式（3.21）均是按进口为欠焓的水、出口有饱和蒸汽的条件推导的,因此,它们都具有一定的适用范围,此范围分别是:

对于式（3.20）,

$$M \geqslant \frac{q_1 l}{\Delta i_s + r} \quad (\text{kg/s}) \tag{3.22}$$

对于式（3.21）,

$$\rho W \geqslant \frac{q_1 l}{f(\Delta i_s + r)} \quad [\text{kg/(m}^2 \cdot \text{s})] \tag{3.23}$$

计算分析证明,当管子入口为饱和水,出口为饱和蒸汽时,不会出现多值性。当入口为具有欠焓的水,出口为过热蒸汽时,才会出现多值性,但 A、B、C 值不同。但是,无论在强制循环锅炉还是直流锅炉中,都不会遇到入口为具有欠焓的水,出口为过热蒸汽的蒸发管,因此不再做进一步讨论。

3.2.2　产生水动力特性多值性原因的分析

上面是从数学上推导说明水动力多值性的存在,这里再通过理论分析来解释产生多值性的原因。

当进入蒸发管的水流量很大时（图 3.3 中的 E 点）,由于供给管子的热量不足以将水加热到饱和温度,因此由管中流出的是水而不是汽水混合物。

随着入口水流量的减少,工质由管中出来时将变成汽水混合物,并且此汽水混合物的含汽率 x 随着入口水流量的减少而逐渐增高（图 3.3 中曲线 BC 段）。图 3.3 中 C 点为饱和水（$x=0$）,B 点为干饱和蒸汽（$x=1$）,当入口水流量小于 B 点的流量时,工质由管中出来时为过热蒸汽。

在图 3.4 和图 3.5 中分别绘出了沿受热管长度工质的流速和动压头的变化情况。在此两图中线 5、线 6 即对应于图 3.3 中流量大于 E 点的情况。

由图 3.4 可见,在管子的吸热量不变的情况下,随着进入管子水量的减少,加热水区段的流速降低,加热水区段的长度也减小;与此同时,蒸发区段的长度和汽水混合物的速度却逐渐增加。

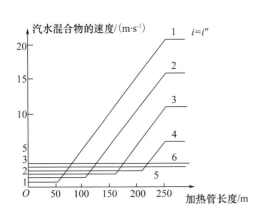

图 3.4　沿加热管长度工质的流速变化情况
曲线 1,2,…,6,分别对应水流量为 1,2,…,6 t/h

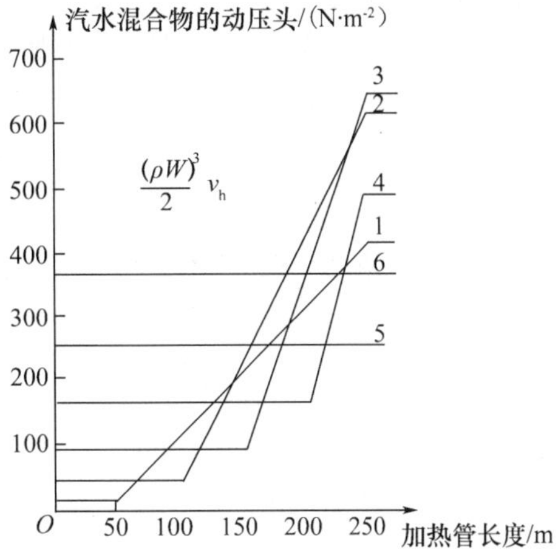

图 3.5　沿加热管长度工质的动压头变化情况
曲线含义与图 3.4 同

图 3.4 中汽水混合物速度的变化并不能代表流动阻力的变化,因为流动阻力不仅与汽水混合物的速度有关,还与流体的密度有关。由图 3.5 可见,当水流量减少时,加热水区段的动压头逐渐减小,而蒸发区段的动压头却不是成正比例的变化,它开始时是随着水流量的减小而急剧增大,后来,由于汽水混合物的密度显著降低,它的增长速度逐渐减慢了。

综合两区段的动压头变化情况可得,当管子的吸热量一定时,随着进入管子水流量的增加,蒸发管的总阻力开始是增大的,后来又降低,当下降到最小值后,又重新上升,由此形成具有两个极值的曲线。当水流量很大时,由加热管出来的是未达到饱和温度的水,此时流动阻力与水流量的二次方成正比,因此曲线最后一段为二次曲线。

由以上分析可知,产生水动力特性多值性的最根本原因是在蒸发管内同时存在加热水区段和蒸发区段,即是说多值性只可能发生于当进入蒸发管的水尚未加热到沸腾温度的时候。如果加热管全部是加热水区段或蒸发区段,就不会出现多值性。

以上分析的是临界压力以下的蒸发管的水动力特性。在超临界压力下不存在蒸发区段,但是在大比热区内,随着工质焓的增加,比容也有显著的变化,因此在超临界压力下的水平管内当入口焓较低时也会产生多值性的问题。

3.2.3　各因素对水动力特性多值性的影响

分析式(3.20)和式(3.21)中的 A、B、C 或者 A'、B'、C' 各值可知,它们与下列 4 个因素有关:管子的结构特性 λ、l、D、f;管子的热负荷 q_1[单位管长的吸热量(kJ·m^{-1}·s^{-1})]或单位面积的吸热量(kJ·m^{-2}·s^{-1});工质的压力(与工质压力有关的参数 v'、v''、r)和进入管子的水的欠焓。管子的结构特性是在锅炉设计时决定的,不完全取决于水动力特性。

1. 热负荷对水动力特性多值性的影响

上面研究的是管子的热负荷一定时的水动力特性曲线。在锅炉运行时,随着锅炉负荷的变化,受热面的热负荷也在改变,即使在同一锅炉负荷下,由于燃烧工况不稳定,受热面的热负荷也可能发生变化。

为了分析热负荷对水动力特性的影响,先将式(3.20)中的流量 M 变成管子总吸热量 Q 的函数。假设蒸发管出入口参数不变,即工质的总焓增 Δi 不变,则

$$M = \frac{Q}{\Delta i} = \frac{q_l l}{\Delta i} \quad (\text{kg/s}) \quad (3.24)$$

将此关系式代入式(3.20),得

$$\Delta p = \frac{\lambda l}{2Df^2} \frac{Q^2}{(\Delta i)^3} \left\{ \frac{(v'' - v')\Delta i_s^2}{2r} - \left[\frac{\Delta i_s}{r}(v'' - v') - v' \right](\Delta i) + \frac{(v'' - v')}{2r}(\Delta i)^2 \right\} (3.25)$$

由式(3.25)可知,在保持出入口工质参数不变的情况下,随着热负荷的增加,管内的流动阻力也增加,后者与热负荷的平方成正比。

在同一种结构特性、压力和入口欠焓下,按式(3.25)可以绘出不同热负荷下的一组水动力特性曲线(图3.6)。图3.6中还绘出了不同热负荷下的等含汽率和等过热温度线。

实际试验也证明,直流锅炉的蒸发受热面当热负荷改变时,其水动力特性多值性曲线按图3.6的规律移动。这种由于热负荷变化而引起的水动力特性曲线的变化,更加深了水动力特性的不稳定性,即随着受热面热负荷的变化,使并联各管中的工质流量重新分配,有可能出现个别管中工质流量过小的情况。

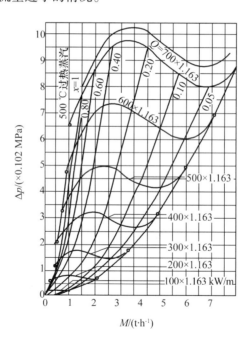

图 3.6　热负荷变化对水动力特性的影响

2. 压力对水动力特性多值性的影响

当压力增高时,水和蒸汽的密度差 $(\rho' - \rho'')$ 减小,由于此差值是产生水动力特性多值性的主要原因之一,因此使水动力特性的不稳定性减弱,即可能由多值性过渡到单值性。反之,当压力降低时,不稳定性加强。图3.7为不同压力下水平蒸发管的水动力特性曲线。

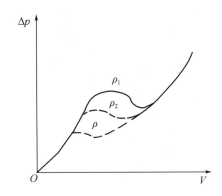

图 3.7　不同压力下水平蒸发管的水动力特性曲线

由图 3.7 可见,在高压下水动力特性曲线的不稳定区转平,此时在曲线上只有拐点而没有极值点。在接近临界压力(约为 17 MPa)的锅炉中,一般不会产生水动力特性的多值性问题,但是,当入口水温很低(入口欠焓很大)时,也可能出现水动力特性的多值性。

3. 入口水温对水动力特性多值性的影响

进入蒸发管的水温增高(入口欠焓减小),则加热水区段的长度及其流动阻力减小。当入口水温已达沸腾温度时,则加热水段的流动阻力为零,此时式(3.20)中的 A 值为零,水动力特性曲线为二次曲线,因此使水动力特性的多值性消失。

在低压及中压下,当进入蒸发管的水温达饱和温度时,流动阻力甚至近似地与入口水流量的一次方成正比,这可以通过以下分析来证明。

当蒸发管的吸热量不变时,虽然进入管子的饱和水流量改变,管内所产生的蒸汽量仍然不变,即在管子出口处的蒸汽折算速度不变。设入口处蒸汽量为零,出口蒸汽折算速度为 W_0'',则蒸发管的摩擦阻力为

$$\Delta p = \lambda \frac{l_{zf}}{D} \frac{(\rho W)}{2} W_0 \left[1 + \frac{W_0''}{2 W_0} \left(1 - \frac{\rho''}{\rho'} \right) \right]$$

$$= \lambda \frac{l_{zf}}{D} \frac{(\rho W)}{2} \left[W_0 + \frac{W_0''}{2} \left(1 - \frac{\rho''}{\rho'} \right) \right]$$

在低压甚至中压时,蒸汽的比容比水的比容大很多,当进入管子的水量大部分被蒸发时,上式中方括号内的数值几乎完全取决于 W_0'' 值而与循环速度 W_0 的关系不大,即

$$W_0 + \frac{W_0''}{2} \left(1 - \frac{\rho''}{\rho'} \right) \approx \frac{W_0''}{2}$$

由此得蒸发管的摩擦阻力为

$$\Delta p = \lambda \frac{l_{zf}}{D} \frac{(\rho W)}{2} \frac{W_0''}{2} \tag{3.26}$$

图 3.8 绘出了当压力一定时在不同入口水温下蒸发管的水动力特性曲线,由此图可见,当入口水温达到某一定温度后,水动力特性曲线就变成单值的了。

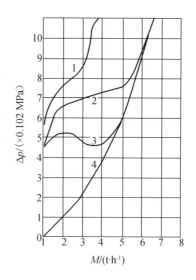

图 3.8　不同入口水温下蒸发管的水动力特性曲线

3.2.4　防止水动力特性多值性的方法

如上所述,产生水动力特性多值性的原因是在蒸发管内同时存在加热水区段和蒸发区段,单独的加热水区段或蒸发区段都不会产生多值性,由此可以提出两种防止蒸发受热面水动力特性多值性的途径:一是提高入口水温,即减小蒸发管入口水的欠焓;二是在入口欠焓不变的情况下,加大加热水区段的阻力,使蒸发段汽水混合物的平均比容 $\overline{\upsilon}_{\mathrm{h}}$ 的变化对水动力特性的影响相对减小,也可以使水动力特性变成单值性的关系。下面对这两种途径做详细的讨论。

1. 提高入口水温,即减小入口水的欠焓

前面已经提到提高入口水温可以防止多值性,这里着重研究当进口水的欠焓达到何值时可以消除多值性。

由式(3.20)

$$\Delta p = AM^3 - BM^2 + CM$$

按照数学分析,如果此水动力特性为单值的,则要求此水动力特性曲线上不应有极值(最大和最小值),只容许有一个拐点。对函数 $f(x)$ 没有极值点的条件是:该函数的一次导数 $f'(x)=0$ 时所得的根 x_0 为虚数时,或 $f'(x_0)=f''(x_0)=\cdots=f^{(n-1)}(x_0)=0$ 而 $f^{(n)}(x_0)\neq0$ 且 n 为奇数时[在后一条件下,x_0 系指一次导数 $f'(x)=0$ 时所得的实根]。取上式的一次导数为零,得

$$3AM^2 - 2BM + C = 0$$

$$M = \frac{B \pm \sqrt{B^2 - 3AC}}{3A}$$

当 $B^2 - 3AC < 0$ 时,M 值为虚数,故得没有极值点的条件之一为

$$B^2 - 3AC < 0$$

当 $B^2 - 3AC = 0$ 时,方程式有一实根,又由

$$\frac{\mathrm{d}^2 \Delta p}{\mathrm{d}M^2} = 6AM - 2B = 6A\left(\frac{B}{3A}\right) - 2B = 0$$

而 $\frac{\mathrm{d}^2 \Delta p}{\mathrm{d}M^2} = 6A \neq 0$,此时 n 为奇数,故得没有极值点的另一条件为

$$B^2 - 3AC = 0$$

此时在水动力特性曲线上出现拐点。

综合得水动力特性曲线单值性的条件为

$$B^2 - 3AC \leqslant 0 \tag{3.27}$$

将式(3.20)中的 A、B、C 各值代入上式即得保证水动力特性单值性所要求的入口欠焓为

$$\Delta i_{\mathrm{s}} \leqslant \frac{7.46r}{\left(\dfrac{v''}{v'} - 1\right)} \quad (\mathrm{kJ/kg}) \tag{3.28}$$

当实际的入口欠焓等于上式右端值时,在水动力特性曲线上拐点附近曲线平坦,此时水动力特性不稳定,仍然可能在并联管中造成较大的流量偏差。为了保证曲线具有一定的陡度,在上式右端分母上乘以修正系数 a,即得

$$\Delta i_{\mathrm{s}} \leqslant \frac{7.46r}{a\left(\dfrac{v''}{v'} - 1\right)} \quad (\mathrm{kJ/kg}) \tag{3.29}$$

系数 a 值与压力有关,当 $p \leqslant 10$ MPa 时,取 $a = 2$;当 10 MPa $< p \leqslant 14$ MPa 时,取 $a = \dfrac{p}{40} - 0.5$;当 $p > 14$ MPa 时,取 $a = 3$。

图 3.9 所示是按式(3.29)绘制的曲线。从该图可以看出,此极限值 Δi_{s} 仅与压力有关,因此又可将式(3.29)简化为 Δi_{s} 与压力 p 的函数关系,在不同压力下取 Δi_{s} 的极限值如下:当 $p \leqslant 10$ MPa 时,$\Delta i_{\mathrm{s}} = 42\ p$ kJ/kg;当 $p > 10$ MPa 时 $\Delta i_{\mathrm{s}} = 420$ kJ/kg。

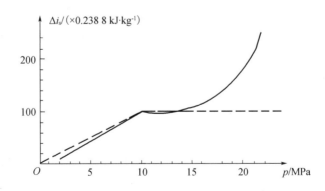

图 3.9 保证水平蒸发管水动力特性曲线单值性所需要的入口欠焓

在图 3.9 中用虚线表示后一 $\Delta i_{\mathrm{s}} = f(p)$ 关系式。

水动力特性曲线所必需的陡度取决于并联管所容许的流量偏差和锅炉在不稳定工况

下蒸发管流量的容许波动范围,此陡度可应用式(3.20)按下述比值进行校验:

$$\frac{M_2 - M_1}{M_1} \bigg/ \frac{\Delta p_2 - \Delta p_1}{\Delta p_1}$$

上式中下标 1 和 2 分别代表被校验段的始端和终端的数值。一般要求上述比值为 $1/3 \sim 1/2$。应该校验与横坐标轴具有最小倾角的特性曲线的工作区段。

在应用式(3.20)或上述 $\Delta i_s = f(p)$ 关系式校验水动力特性的单值性时,应按蒸发管入口处的压力校验,如按蒸发管出口压力(例如,在进行强制循环锅炉的水动力计算时,通常按锅筒中的压力计算,并且用锅筒出口水的欠焓作为循环水的欠焓)校验,当蒸发管的总压降较大,特别是在低压时,应该将按出口压力计算的欠焓值进行修正后再代入式(3.29)。

2. 加大加热水区段的阻力

加大加热水区段阻力的方法有两种:一是在蒸发管入口处加装节流孔圈;二是在蒸发管的入口段采用直径较小的管子。

图 3.10 绘出了加节流孔圈后的水动力特性曲线。曲线 1 为未加节流孔圈前的水动力特性曲线,曲线 2 为节流孔圈的阻力曲线,曲线 3 为加装节流孔圈后的水动力特性曲线。在加装节流孔圈后蒸发管的总压降为节流孔圈阻力与原蒸发管的流动阻力之和。图 3.11 绘出了节流孔圈孔径对水动力特性的影响,孔径愈小,则节流孔圈阻力愈大,水动力特性曲线也变得愈陡。当水动力特性曲线单值性但不够稳定时(在拐点附近曲线较平时),加装节流孔圈也可以提高稳定性。

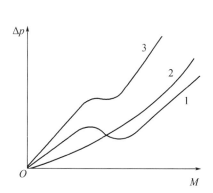

图 3.10　加节流孔圈后的水动力特性曲线

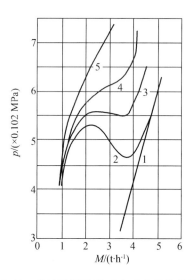

图 3.11　节流孔圈孔径对水动力特性的影响

1—不受热管;2—无孔圈时;3—加 $D_k = 10$ mm 的孔圈;
4—加 $D_k = 7.5$ mm 的孔圈;5—加 $D_k = 5$ mm 的孔圈

节流孔圈的阻力为

$$\Delta p_k = \xi_k \frac{M^2}{2f^2} v' = K M^2 \tag{3.30}$$

将式(3.30)代入式(3.20)即得加装节流孔圈后的水动力特性方程式为

$$\Delta p = AM^3 - (B - K)M^2 + CM \tag{3.31}$$

与推导公式(3.28)相同,可导出加装节流孔圈后校验水动力特性单值性的公式为

$$\Delta i_s \leqslant \left(1 + \frac{\xi_k}{\xi_z}\right)\frac{7.46r}{a\left(\dfrac{v''}{v'} - 1\right)} \quad (\text{kJ/kg}) \tag{3.32}$$

式中　ξ_k——节流孔圈的阻力系数;

ξ_z——蒸发管的总阻力系数,如果按式(3.20)推导,不计局部阻力时,则

$$\xi_z = \lambda\frac{l}{D}$$

如果沿管长有局部阻力,则计算 ξ_z 时应将此局部阻力折算到全部管长上,即取

$$\xi_z = n\lambda\frac{l}{D}$$

式中　n——考虑局部阻力的修正系数。

由式(3.32)可见,在加装节流孔圈后,可容许进入蒸发管的水有较大的欠焓 Δi_s。

节流孔圈必须装在蒸发管的入口处,如果装在出口处,由于在各管出口处工质的比容不同,反而会增大水动力特性的不稳定性。

式(3.32)中节流孔圈的阻力系数 ξ_k 对应于管内工质流速的情况,如果选取对应于节流孔中流速的阻力系数 ξ' 时,则式(3.32)应改写为

$$\Delta i_s \leqslant \left[1 + \frac{\xi'_k}{\xi_z}\left(\frac{f}{f_k}\right)^2\right]\frac{7.46r}{a\left(\dfrac{v''}{v'} - 1\right)} \quad (\text{kJ/kg}) \tag{3.33}$$

式中　f, f_k——管子和节流孔圈的截面积。

增大加热水区段阻力的另一种方法是在加热水区段采用较小的管径,它的作用原理与加装节流孔圈相同。两种方法都可以得到消除多值性的效果。第一种方法的优点是可以保持蒸发管的管径不变,使受热面的布置简化,并且调整方便,通过改变节流孔圈的孔径即可调整加热水段的阻力;缺点是当孔小时容易堵塞。此外,当节流孔圈中流速较大(压降较大)时也容易被水垢、铁锈和焊渣等磨损。

3. 采用中间混合联箱

除了上述两种防止水动力特性多值性的方法外,还有一种方法是采用中间混合联箱,即用中间混合联箱将蒸发受热面管子分成两段以上。这样一来,就有可能消除由于同时存在加热水区段和蒸发区段所引起的水动力特性的多值性。例如,在沸腾式省煤器中,采用中间混合联箱后,由于进入第二级省煤器的水温提高到接近于沸腾温度,因此可以消除水动力特性的多值性。中间混合联箱最好是按式(3.29)条件装设。

3.2.5　水动力特性的稳定区

锅炉的蒸发受热面并不是绝对不容许在具有多值性的水动力特性下工作,关键在于工作点处于特性曲线上的哪个区域。

图 3.12 所示为具有多值性的水动力特性曲线,如果工作点在 a 点右面的曲线上,即蒸

发管内的质量流速大于 $(\rho W)_a$，或工作压差大于 Δp_a，则此工作区具有稳定的单值性工作特性，此 a 点是根据特性曲线上极大值 c 点的压差 $\Delta p_c(\Delta p_a \geqslant \Delta p_c)$ 选取的。此区域称为第一区。

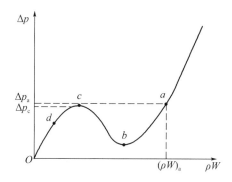

图 3.12　具有多值性的水动力特性曲线

图 3.12 中，ab 段为多值性的相对稳定区，如果工作点在此区域内，相对地说还是比较稳定的，当流量和压差稍有改变时，基本上仍在 ab 线段范围内按单值性变化，只有在一定的条件下(如质量流速大幅度减小)才有可能由此区过渡到另一特性区。此区域称为第二区。

曲线的 bc 段又称为多值性特性曲线的下降段，因为在此区域内，当工质流量增加时，压差值减小，即

$$\frac{\mathrm{d}(\Delta p)}{\mathrm{d}(\rho W)} < 0 \quad \text{或} \quad \frac{\mathrm{d}(\Delta p)}{\mathrm{d}M} < 0$$

正因为具有上述水动力特性，所以此区域是不稳定区。在专门试验台上的试验也证明，当工作点在此区域时，很容易过渡到 ab 区或 cO 区，并且在并联管中产生流量偏差。此区域称为第三区。

曲线的 cO 区段为工质具有很小流量的区段，虽然此区域也是相对稳定的，但是，由于工质流量小，管子的正常冷却得不到保证，因此一般不容许在此区段内工作。此区域称为第四区。

如果根据管壁冷却的要求而确定的容许最小流量对应于曲线上的 d 点，只要能保证并联管的工作压差大于 Δp_d，也可以在多值性的水动力特性下工作。

在设计锅炉时可以用两种方式来对待水动力特性的多值性，一种是消除多值性，另一种是在一定条件下容许存在多值性。前一种方式应用在处于高热负荷和高温烟区的蒸发受热面，例如，炉膛内的水冷壁受热面；后一种方式适用于低热负荷和低温烟区的受热面以及生炉工况，因为，在此区域内，即使出现流量偏差，对受热面的危害性也不大。

3.3　垂直蒸发管的水动力特性

在垂直蒸发管中，如果不计加速压降，则蒸发管入口和出口之间的压差应等于流动阻力和重位压降之和，即

$$\Delta p = \Delta p_{ld} \pm \Delta p_{zw} \tag{3.34}$$

此时，重位压降将影响到水动力特性。由于它的存在，可能产生水动力特性的多值性，

也可能消除水动力特性的多值性（如果在不计重位压降时具有多值性的水动力特性的话）。下面分别分析不同类型的垂直蒸发管的水动力特性。

3.3.1　一次上升或一次下降蒸发管的水动力特性

图 3.13 所示为一次上升蒸发管的水动力特性曲线，在图 3.13（a）、图 3.13（b）两图中曲线 1 为流动阻力曲线，曲线 2 为重位压降曲线，曲线 3 为以上两项相加所得的总水动力特性曲线。

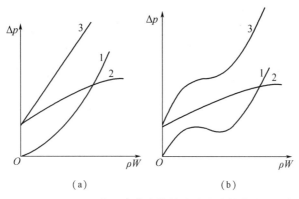

图 3.13　一次上升蒸发管的水动力特性曲线

由图 3.13 可见，如果不计重位压降时的水动力特性为单值的，则考虑重位压降后的水动力特性也是单值的［图 3.13（a）］；反之，如果不计重位压降时的水动力特性为多值的，考虑重位压降的影响后也可能消除多值性［图 3.13（b）］。总的来说，对于一次上升蒸发管，重位压降对水动力特性起改善的作用。

图 3.14 所示为一次下降蒸发管的水动力特性曲线，图中曲线 1 为流动阻力曲线，曲线 2 为重位压降曲线，曲线 3 为曲线 1 与曲线 2 综合（在同一流量下求两个压降的代数和）得到的总水动力特性曲线。在此图中 Δp 为入口和出口联箱之间的压差，当它为负值时，出口联箱中的压力大于入口联箱中的压力。

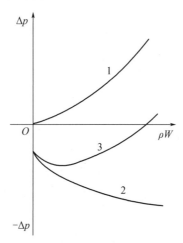

图 3.14　一次下降蒸发管的水动力特性曲线

　　由图可见,虽然不计重位压降时的流动阻力曲线是单值的,但考虑重位压降后曲线已变成多值的了,故垂直下降流动时,重位压降使水动力特性的不稳定性加强。

　　当工质自上向下做一次下降流动时,构成总压降的流动阻力和重位压降的符号相反。为了便于分析在正流和倒流工况下的水动力特性,下面将用4个象限来绘制水动力特性曲线,并且规定:对于单行程的垂直管,向上流动时流量为正,向下流动为负,下联箱中工质的压力与上联箱中压力之差(对应于上升流动时的入口和出口联箱间压差)为正,反之,为负;对于其他的上升、下降管件,原规定流动方向的流量为正,与此相对应的入口联箱和出口联箱之间的压差为正,反之,为负。

　　图3.15中同时绘出了一次上升管件(第一象限)和一次下降管件(第二、三象限)的水动力特性曲线。曲线1为上升流动时的水动力特性曲线,曲线2为下降流动时的水动力特性曲线。由此图可见,单行程垂直上升管件在压差不大(小于Δp_1)时也可能出现多值性,此即流动的停滞和倒流现象。如果要保证并联各管中工质均做向上流动,则要求上升时的流量必须大于$(\rho W)_1$,或者下联箱与上联箱之间的压差大于Δp_1。同理,如果要保证工质为下降流动,则要求上联箱中的压力大于下联箱中的压力(即Δp为负值)或两联箱间的压差Δp接近于零,或者使下降流量的绝对值接近于或大于图中的$(\rho W)_2$值。

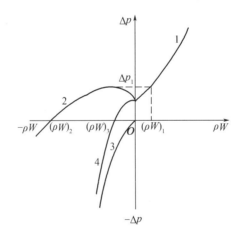

图 3.15　单行程垂直蒸发管的水动力特性曲线

　　图3.15中的曲线1和曲线2都是对应于一种结构特性、一种压力和一种热负荷下的水动力特性曲线。实际上,对一组至少在吸热量上有差异的并联管来说,它们的水动力特性曲线应该是类似于曲线1和曲线2的一组曲线。分析曲线1和曲线2的性质可知,如果要求并联管组达到稳定的下降流动,则在此下降蒸发管内要采用相当大的质量流速。

　　在蒸发管吸收热量一定的情况下,增大质量流速会降低蒸发管出口的质量含汽率。为了在保证稳定下降流动的条件下降低质量流速,可以在蒸发管的入口处加装节流孔圈。图3.15中曲线2为加装节流孔圈前的水动力特性曲线,曲线3为节流孔圈的水动力特性曲线,曲线4为加装节流孔圈后的水动力特性曲线。显然可见,加装节流孔圈后可以减小为保证稳定下降流动所需质量流速,但是,此时水动力特性曲线变陡,即蒸发管的流量稍有改变就使压差变化很大。对于直流锅炉来说,蒸发管的流量是随负荷而改变的,因此不宜采用一次下降的蒸发管结构。强制循环锅炉当负荷改变时蒸发管的流量变化不大,尚有可能采用一次下降的蒸发管结构,但一般很少采用。

3.3.2 二回程垂直蒸发管的水动力特性

根据联箱位置的不同,二回程垂直蒸发管又分为 Ⅱ 型和 U 型两种。

1. 二联箱均在下面的 Ⅱ 型蒸发管

首先研究在这种蒸发管内重位压降与流量变化的关系。这种蒸发管内重位压降为

$$\Delta p_{zw} = h\rho_{ss}g - h\rho_{xj}g \qquad (3.35)$$

式中　h——蒸发管高度,m;

　　　ρ_{ss},ρ_{xj}——在上升段和下降段中工质的平均密度,kg/m³。

在蒸发管的结构尺寸、工质压力和管子热负荷一定的情况下,如果管子入口处工质具有欠焓 Δi_s,则随着 ρW 值的增加,在管子上升段中的加热水区段长度逐渐增长,而蒸发段的长度则随之减小。在下降段中则全部是蒸发区段。当 ρW 值很小时,还可能有过热区段。显然 $\rho_{ss} > \rho_{xj}$。当 ρW 增大到使上升区段全部成为加热水段时,Δp_{zw} 达到最大值,ρW 值再继续增大,则 Δp_{zw} 值随着减小,当 ρW 接近于无穷大时,由于管子的加热量是一定的,由管子出来的水焓与入口焓将相差不大,因此 Δp_{zw} 值趋近于零。由此得 Ⅱ 型蒸发管的 Δp_{zw} 与 ρW 的关系,如图 3.16 所示。

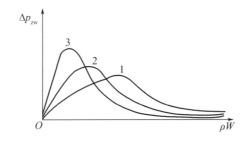

图 3.16　Ⅱ 型蒸发管的重位压降与质量流速的关系

增大进入蒸发管水的欠焓 Δi_s,则在同一流量(即在同一 ρW 值)下使加热水区段加长,换句话说,当 Δi_s 值增大时,蒸发管的上升段全部成为加热水段时所对应的 ρW 值将小于曲线 1 的对应值;与此同时,在吸热量不变的情况下,下降段产生的蒸汽量也不变,由于后一情况下的 ρW 值小,因此含汽率高,其 Δp_{zw} 值也大。由此可见,随着入口焓的增大,$\Delta p_{zw} = f(\rho W)$ 曲线的峰值也增加,并且此峰值出现于 ρW 值更低的时候(图 3.16 中曲线 2 和曲线 3)。

从以上分析可知,Ⅱ 型蒸发管的重位压降曲线不是单值性的曲线。即使不计重位压降时的流动阻力曲线是单值的,在进口欠焓较小的情况下有可能得到单值的总水动力特性曲线,但当 Δi_s 较大时,由于重位压降的影响,就可能成为多值性的水动力特性曲线。何况在 Δi_s 较大时,不计重位压降的流动阻力曲线也会是多值的。

图 3.17 绘出了在不同入口欠焓下的 Ⅱ 型蒸发管的水动力特性曲线,由图可见,只有当

入口欠焓很小(接近于零)时,才能得到较陡的单值性曲线。

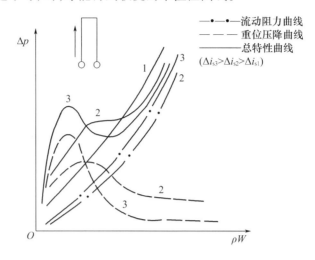

图 3.17　在不同入口欠焓下的 Π 型蒸发管的水动力特性曲线

2. 二联箱均在上面的 U 型蒸发管

二联箱均在上面的 U 型蒸发管的入口和出口联箱之间的压降 Δp 为

$$\Delta p = \Delta p_{ld} + \Delta p_{zw}$$

而

$$\Delta p_{zw} = h\rho_{ss}g - h\rho_{xj}g$$

由于在 U 型蒸发管中下降段为第一行程,因此 $\rho_{xj} > \rho_{ss}$,即重位压降 Δp_{zw} 为负值。

分析可知,U 型蒸发管的重位压降与质量流速的关系与 Π 型蒸发管相同,Δi_s 改变时曲线的变化规律也相同,唯一的差别是 Δp 值变号,因此,此曲线应绘在第四象限。

图 3.18 绘出了不同入口欠焓下 U 型蒸发管的水动力特性曲线,由图可见,此特性曲线是多值性的。它还有一个特点,就是当 ρW 值较小时会出现总压降 Δp 为负值的情况,即此时出口联箱中的压力大于入口联箱中的压力,依靠重位压降来克服流动阻力,使工质在管内流动。这种蒸发管的工作原理与自然循环回路相似。

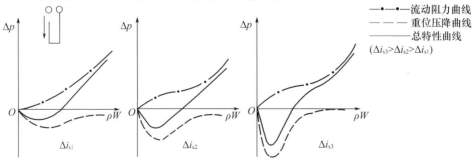

图 3.18　不同入口欠焓下 U 型蒸发管的水动力特性曲线

　　图 3.19 绘出了不同入口欠焓时 U 型蒸发管在 4 个象限内的水动力特性曲线。由图可见,在并联管的总压降接近于零时,还可能出现倒流工况;而总压降等于零时,出现停滞工况。当倒流时,倒流管的入口焓应等于饱和水焓(即在出口联箱中发生汽水分离,只有饱和水进入倒流管)。因此图 3.19 中左侧的倒流曲线与 $\Delta i_s = 0$ 时的正流曲线关于原点对称。这种倒流工况只可能在出口焓(或出口含汽率)不大时才容易产生(因为只有此时才可能在出口联箱中汽水有效分离)。按图 3.19 还可得出在此蒸发管内保证单值性的条件为 $\rho W > 1\,000 \sim 1\,400\,(\mathrm{kg} \cdot \mathrm{m}^{-2} \cdot \mathrm{s}^{-1})$(图中虚线),它与 Δi_s 的关系不大。

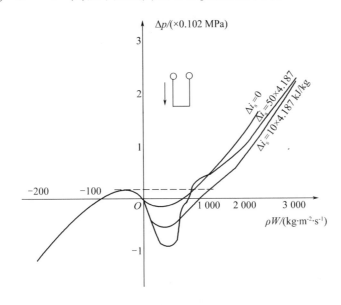

图 3.19　不同入口欠焓时 U 型蒸发管的水动力特性曲线

3.3.3　三回程垂直蒸发管的水动力特性

　　根据入口联箱位置的不同,三回程垂直蒸发管又分为 N 型及 И 型两种。它们的入口联箱与出口联箱间的压差按下式计算:

对于入口联箱在下面的 N 型蒸发管,

$$\Delta p = \Delta p_{ld} + h(\rho_1 - \rho_2 + \rho_3)g \tag{3.36}$$

对于入口联箱在上面的 И 型蒸发管,

$$\Delta p = \Delta p_{ld} - h(\rho_1 - \rho_2 + \rho_3)g \tag{3.37}$$

式中　h——蒸发管高度,m;

　　　ρ_1, ρ_2, ρ_3——第一回程、第二回程和第三回程中工质的平均密度,$\mathrm{kg/m^3}$。

　　N 型蒸发管和 И 型蒸发管的重位压降与质量流速的关系也是一条多值性曲线。以 N 型为例,在工质入口焓一定的情况下,随着 ρW 值的增加,Δp_{zw} 增高,当第一个上升管段全部成为加热水区段时,曲线上出现极大值;当第一回程和第二回程都成为加热水区段时,曲线出现最小值;当 ρW 值很大时,曲线趋近于 $\Delta p = h\rho'g$(一个水柱的重位压差)。

　　图 3.20 绘出了 N 型和 И 型两种蒸发管在不同入口欠焓时的水动力特性曲线。由图可

见,对于 N 型蒸发管,如果不计重位压降时的水动力特性曲线是单值的,在考虑重位压降影响以后,当 Δi_s 较低时是单值的,当 Δi_s 较高时就成为多值的了;对于 И 型蒸发管,则不论在何种 Δi_s 值下,都是多值性的。

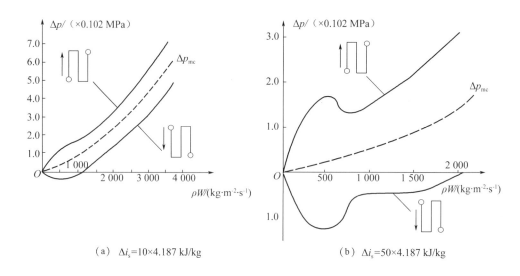

（a） $\Delta i_s=10\times4.187$ kJ/kg   （b） $\Delta i_s=50\times4.187$ kJ/kg

图 3.20   三回路垂直蒸发管的水动力特性曲线

3.3.4   多回程垂直蒸发管的水动力特性

对于多回程的上升、下降流动的垂直管,虽然其重位压降与质量流速的关系随 Δi_s 值、回程数和入口联箱的位置而改变,但是,从以上分析可见,它们的变化范围是有限的。当入口联箱在下时,其数值不超过高度为蒸发管高的水柱重位压差,而蒸发管的流动阻力值则随蒸发管的总长度而增加。当蒸发管高度一定时,蒸发管的长度与回程数成正比。在同样的入口欠焓、受热面热负荷和质量流速下,蒸发管愈长,则出口含汽率愈大,流动阻力也愈大。

由此可见,随着回程数的增加,重位压降在蒸发管总压差中所占的份额越来越小,而流动阻力所占的份额则越来越大,因此,重位压降对多值性的影响也减小。当回程数很多时,其水动力特性接近于水平蒸发管,就是说,如不计重位压降时的水动力特性(流动阻力特性)是单值的话,则考虑重位压降后也是单值的;反之,两者都是多值的。换句话说,此时可按式(3.29)校核水动力特性的单值性。计算分析证明,当回程数大于 10 时,即符合上述情况。

3.4   分配联箱和汇集联箱的水动力学

在分配联箱和汇集联箱内,工质的压力变化对并联各管的流量分布有直接的影响。此压力变化与两联箱的连接形式有关,也与联箱中工质的流动阻力有关。

3.4.1　联箱的连接形式

为了保证在并联各管中流量分布均匀,在锅炉中曾采用过多种联箱连接形式,如 Z 型、U 型、N 型、Ⅲ型及其他的复杂形式。

图 3.21 中为 Z 型连接系统,在这种系统中,工质的引入和引出管分别布置于分配联箱和汇集联箱的两个相对的端部。在分配联箱中,沿联箱长度工质流量逐渐减小,轴向速度下降,因此工质的动压头下降而静压力增加。当没有阻力损失时,则联箱末端的静压力增值应等于联箱入口端的动压头值 $\rho \dfrac{W^2}{2}$(W 为分配联箱入口端的流速),如图 3.21 中的曲线 1 所示。实际上,由于有摩擦阻力损失,因此压力增值小于动压头。如果以 Δp_1 代表联箱中的阻力损失,则得分配联箱中的压力增值为

$$\Delta p_{\text{fl}} = \frac{W^2}{2}\rho - \Delta p_1$$
$$= K_{\text{f}} \frac{W^2}{2}\rho \qquad (3.38)$$

式中　K_{f}——分配联箱中的压力变化系数。

在汇集联箱中,沿工质流动方向流速增大,故动压头增加而静压力下降(图 3.21 中曲线 2),而摩擦阻力又使压降值增大,因此得汇集联箱中的总压降值为

$$\Delta p_{\text{hl}} = \frac{W^2}{2}\rho + \Delta p_2$$
$$= K_{\text{h}} \frac{W^2}{2}\rho \qquad (3.39)$$

由此可知,在 Z 型连接系统中,靠近分配联箱工质入口侧的管子两端压差 Δp 最小,而在另一侧的管子压差最大。由于各管的压差不同,造成了较大的流量偏差。

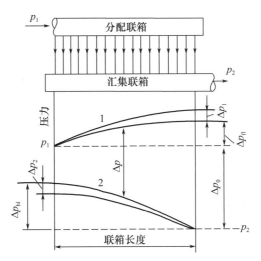

图 3.21　Z 型连接系统沿联箱长度工质压力的变化曲线

图 3.22 为 U 型连接系统内压力的变化曲线。此时分配联箱和汇集联箱的压力变化方

向相同,因此各管子的压差 Δp 的最大差值等于此二压力变化的数值(沿整个联箱长度)之差。由此可见,U 型系统比 Z 型系统具有较小的流量偏差。

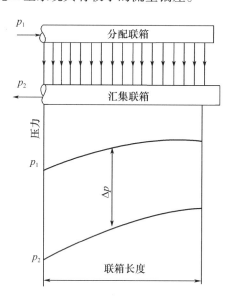

图 3.22　U 型连接系统内压力的变化曲线

当工质不是从联箱的端部而是在联箱侧面的几点上引入和引出时,可以减小流量偏差。随着引入点数目的增加,在联箱中工质的速度显著降低,因此使联箱中的压力变化及由它而引起的流量偏差减小。表 3.1 列出了联箱轴向动压头的变化与引入点数量的关系。由此表可见,当工质由 3 ~ 4 点引入联箱时,其动压头的数值已小到可以略去不计。

表 3.1　联箱轴向动压头的变化与引入点数量的关系

联箱上工质引入点数	一个引入点		2	3	4
	端部	中部			
最大的轴向速度/%	100	50	25	17	12
最大的动压头/%	100	25	6	3	1.5

在 Ш 型连接系统中(图 3.23),也可能产生局部的流量分布不均,例如,在工质入口处由于流体的撞击或抽吸作用而引起流量偏差。在同一联箱截面上也可能产生流量分布不均。在汇集联箱中就没有上述问题。

除上述几种连接系统外,还有 L 型、J 型、H 型及其他复杂形式的连接系统(图 3.24),有的可看成是由几个 U 型或 Z 型系统组合而成的系统。实际上,Ш 型系统也可以看成由几个 U 型和 Z 型系统组合而成。

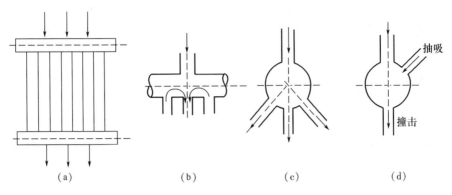

(a)　　　　　　(b)　　　　　　(c)　　　　　　(d)

图 3.23　Ⅲ 型连接系统

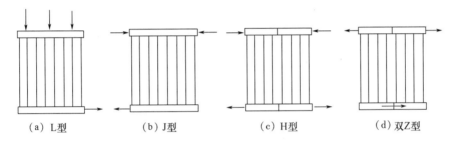

(a) L型　　　(b) J型　　　(c) H型　　　(d) 双Z型

图 3.24　复杂形式的连接系统

3.4.2　分配和汇集联箱中压力变化

由于沿联箱长度工质的质量流量是变化的,因此不宜用伯努利方程式来分析沿联箱长度的静压变化。如图 3.25 所示,在分配联箱上取一微段 $\mathrm{d}x$,对断面 Ⅰ—Ⅰ 和 Ⅱ—Ⅱ,建立动量守恒方程式,得

$$\left[p-(p+\mathrm{d}p)\right]-\lambda\frac{\mathrm{d}x}{D}\frac{W^2}{2}\rho=\rho(W+\mathrm{d}W)^2-\rho W^2-\rho c_{\mathrm{f}}W\mathrm{d}W$$

式中　D——联箱的内径,m;

　　　c_{f}——待试验测定的系数。

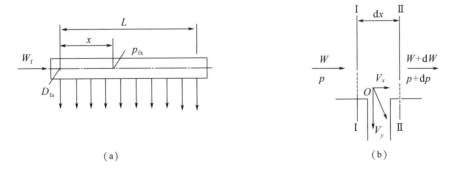

(a)　　　　　　　　　　　　　　(b)

图 3.25　分配联箱内流体流动

上式右端最后一项为从联箱进入分支管处的轴向动量分量[该处的轴向分速度如图 3.25(b)中的 V_x 所示]。上式经简化后得

$$\mathrm{d}p = -\frac{\lambda\rho}{2D}W^2\mathrm{d}x - 2\rho W\mathrm{d}W + \rho c_\mathrm{f}W\mathrm{d}W \tag{3.40}$$

以上两式中的 W 为距联箱进口端 x 处的工质轴向流速。假设分配联箱的进口端工质的最大流速为 W_f，并且沿联箱长度流速按直线规律分布，则

$$W = W_\mathrm{f}\left(1 - \frac{x}{L}\right) \tag{3.41}$$

将上式代入式(3.40)，积分后得

$$p_\mathrm{fx} - p_\mathrm{f0} = \frac{W_\mathrm{f}^2}{2}\rho\left\{\frac{\lambda L}{3D}\left[\left(1 - \frac{x}{L}\right)^3 - 1\right] - (2 - c_\mathrm{f})\left[\left(1 - \frac{x}{L}\right)^2 - 1\right]\right\}$$

上式又可写为

$$\frac{p_\mathrm{fx} - p_\mathrm{f0}}{\frac{W_\mathrm{f}^2}{2}\rho} = (2 - c_\mathrm{f})\left[1 - \left(1 - \frac{x}{L}\right)^2\right] - \frac{\lambda L}{3D}\left[1 - \left(1 - \frac{x}{L}\right)^3\right] \tag{3.42}$$

式(3.42)左端为无因次的欧拉准则 Eu_f。当 $x = L$ 时，$p_\mathrm{fx} = p_\mathrm{fl}$，$Eu_\mathrm{f}$ 即为计算分配联箱两端静压差的式(3.38)中的压力变化系数 K_f。

$$K_\mathrm{f} = (2 - c_\mathrm{f}) - \frac{\lambda L}{3D} \tag{3.43}$$

对于汇集联箱，同理可得

$$Eu_\mathrm{h} = (2 - c_\mathrm{h})\left(1 - \frac{x^2}{L^2}\right) + \frac{\lambda L}{3D}\left(1 - \frac{x^3}{L^3}\right) \tag{3.44}$$

当 $x = 0$ 时，得式(3.39)中的 K_h 值为

$$K_\mathrm{h} = (2 - c_\mathrm{h}) + \frac{\lambda L}{3D} \tag{3.45}$$

式中　c_h——待试验测定的系数。

试验测得 $c_\mathrm{f} = 1.24$，而 $c_\mathrm{h} = 0$，将它们分别代入式(3.43)和式(3.45)，得分配联箱和汇集联箱的压力变化系数分别为

$$K_\mathrm{f} = 0.76 - \frac{\lambda L}{3D} \tag{3.46}$$

$$K_\mathrm{h} = 2 + \frac{\lambda L}{3D} \tag{3.47}$$

在实际锅炉结构布置中，K_f 和 K_h 值按下列情况确定。

①当从联箱的有效区中部径向引入时，

$F_\mathrm{lx}/nf_\mathrm{g} = 1.0$ 时，$K_\mathrm{f} = 1.6$；

$F_\mathrm{lx}/nf_\mathrm{g} = 1.5$ 时，$K_\mathrm{f} = 2.0$。

②当从联箱端部全截面引入时，$K_\mathrm{f} = 0.8$。

③当从联箱端部用引入管引入时，$K_\mathrm{f} = 2\left(\frac{F_\mathrm{lx}}{F_\mathrm{yr}} - 0.6\right)$。

④当从联箱有效区外角部引入时，$K_\mathrm{f} = 1.0$。

⑤当从联箱的有效区中部径向引出时, $K_h = 1.8$。

⑥当从联箱端部引出时, $K_h = 2.0$。

⑦当在联箱的有效区内自三点以上均匀引入或引出工质, 且联箱的截面积大于一根引出(引入)管范围内受热面管子的总截面时, 可以不计沿联箱长度的静压变化。对于蒸发受热面和省煤器, 只要满足后一条件, 即可不计联箱中的压力变化。

上述径向引入时的 K_f 值对应于引入管与受热面管的交角为 $60° \sim 120°$。为了避免造成过大的流量偏差, 在与相邻的受热面管距离小于 $2D_{lx}$(联箱内径)范围内, 引入管与受热面管的夹角不应大于 $120°$。

3.4.3　各型联箱连接系统的流量偏差计算

由于在分配联箱和汇集联箱中的压力变化将影响到并联管中的流量分布, 下面专门研究各型连接系统的流量偏差计算, 这种计算对于设计过热器特别必要。

由式(3.10), 考虑联箱中的静压变化、重位压降、阻力不均和吸热不均等影响因素后的流量偏差计算公式为

$$\rho_1 = \sqrt{\frac{\sum \xi_0 v_0 \overline{v_0}}{\sum \xi \overline{v}}\left[1 + \frac{hg(\overline{\rho_0} - \overline{\rho}) + (\Delta p_{hl} - \Delta p_{fl})_0 - (\Delta p_{hl} - \Delta p_{fl})}{\sum \xi_0 \frac{(\rho W)_0^2}{2}\overline{v_0}}\right]} \quad (3.48)$$

在上式中各项影响因素是否都考虑, 应根据具体情况决定。例如, 对水平管或垂直蛇形管可不计重位压降项 $hg(\overline{\rho_0} - \overline{\rho})$; 在下列情况下, 可取平均工况管和偏差管的平均比容比 $\dfrac{\overline{v_0}}{\overline{v}}$ 为 1: 当 $p \le 10$ MPa 时, 管组平均焓增 $\Delta i \le 165$ kJ/kg; 当 $p > 10$ MPa 时, 管组平均焓增 $\Delta i \le 125$ kJ/kg。

在本节中只研究各型连接系统的平均工况管和偏差管的 $(\Delta p_{hl} - \Delta p_{fl})$ 值的计算方法和确定平均工况(平均流量)管及最大、最小流量管的位置。为此, 首先需要知道如何求联箱中任意点的压力变化值。

对于分配联箱, 如图 3.26(a)所示, 应用式(3.49)和式(3.50)可以求出图中 Δp_f 和 Δp_1 的数值分别为

$$\Delta p_f = K_f \frac{W_f^2}{2}\rho \quad (3.49)$$

$$\Delta p_1 = K_f \frac{W_1^2}{2}\rho \quad (3.50)$$

如需求取距联箱进口端 x 处的压力增值 Δp_{fl}, 则可以按以上两式之差求得。再将式(3.41)代替式(3.50)中的 W_1, 则得

$$\Delta p_{fl} = \Delta p_f \frac{x}{L}\left(2 - \frac{x}{L}\right) \quad (3.51)$$

知道平均流量管和偏差管的位置 x 后, 按上式即可算出式(3.48)中所需的 $(\Delta p_{fl})_0$ 和 Δp_{fl} 值。

对于汇集联箱, 如图 3.26(b)所示, 应用式(3.41)和式(3.50), 可以求出图中的 Δp_h 和

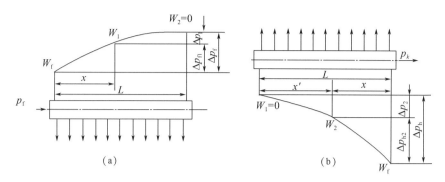

图 3.26　分配联箱和汇集联箱内任意点处压力的确定

Δp_2 值分别为

$$\Delta p_{\mathrm{h}} = K_{\mathrm{h}} \frac{W_{\mathrm{h}}^2}{2} \rho \tag{3.52}$$

$$\Delta p_2 = K_{\mathrm{h}} \frac{W_2^2}{2} \rho = \Delta p_{\mathrm{h}} \left(\frac{x'}{L}\right)^2 = \Delta p_{\mathrm{h}} \left(1 - \frac{x}{L}\right)^2 \tag{3.53}$$

如需计算距联箱出口端 x 处的静压与出口压力 p_{h} 的差值 $\Delta p_{2\mathrm{h}}$,则按下式计算:

$$\Delta p_{2\mathrm{h}} = \Delta p_{\mathrm{h}} \frac{x}{L} \left(2 - \frac{x}{L}\right) \tag{3.54}$$

在推导式(3.48)时,符号 Δp_{hl} 的定义为在汇集联箱中某点的工质压力高于联箱的出口压力值,它即是式(3.54)中的 $\Delta p_{2\mathrm{h}}$ 值。

对于 U 型系统,引出管与引入管在同侧,因此对某一给定管来说,图 3.26(a)中的 x 与图 3.26(b)中的 x 值相同,此时

$$\Delta p_{\mathrm{hl}} - \Delta p_{\mathrm{fl}} = \frac{x}{L} \left(2 - \frac{x}{L}\right)(\Delta p_{\mathrm{h}} - \Delta p_{\mathrm{f}}) \tag{3.55}$$

上式亦适用于 H 型系统。对于 Z 型系统,引出管与引入管在异侧,此时图 3.26(a)中的 x 等于图 3.26(b)中的 x',因此

$$\Delta p_{\mathrm{hl}} - \Delta p_{\mathrm{fl}} = \Delta p_{\mathrm{h}} \left[1 - \left(\frac{x}{L}\right)^2\right] - \Delta p_{\mathrm{f}} \frac{x}{L} \left(1 - \frac{x}{L}\right) \tag{3.56}$$

式中　x——偏差管距引入管进口的距离。

以上各式中 L 均为联箱的有效区长度。

平均流量管的位置知道后,按以上两式即可求出平均流量管的 $(\Delta p_{\mathrm{hl}} - \Delta p_{\mathrm{fl}})_0$ 值。确定平均流量管位置的方法有两种:一是用具有平均压差的管子位置作为平均流量管的位置;二是根据并联管组的流量分布计算结果确定平均流量管位置。按两种方法计算出的 x/L 值相差不大。表 3.2 列出了几种典型连接系统的平均流量管和最大、最小流量管的位置。

表 3.2　几种典型连接系统的平均流量管和最大、最小流量管的位置

序号	连接系统	具有以下流量的管子位置		
		平均	最小	最大
1	端部或端侧引入和引出的 Z 型系统	0.54	0	1.0

续表3.2

序号	连接系统	具有以下流量的管子位置		
		平均	最小	最大
2	端部或端侧引入和引出的 U 型系统	0.42	1.0	0
3	单侧端部或端侧和双侧端部或端侧引出的倒 J 型系统	0.67	0.25	1.0
4	双侧端部或端侧引出的 Π 型系统	0.21	0.5	0
5	用单管从联箱中部侧面引入和引出的系统	0.25	0.5	0
6	单侧端部或端侧引入和径向均匀引出的系统	0.42	0	0.83
7	双侧端部或端侧引入和径向均匀引出的系统	0.16	0	0.5

注:①表内各数值单位为 x/L, x 为管子距分配联箱进口的距离, L 为联箱有效区长度;

②端部和端侧引入时, 引入管距有效区开始点为 $2D_{lx}$;

③径向引入和引出时, 引入或引出管与受热面管的夹角为 $60° \sim 120°$;

④对于 U 型系统, 当两联箱直径比 $D_{hl}/D_{fl} > 1.1$ 时, 上表中最大和最小流量管的位置可能互换。

将上表中平均流量管的位置 $(x/L)_0$ 值代入式(3.55)和式(3.56), 即可得 U 型和 H 型系统平均流量管的联箱总压力变化值为

$$(\Delta p_{hl} - \Delta p_{fl})_0 = \frac{2}{3}(\Delta p_h - \Delta p_f) \tag{3.57}$$

而 Z 型系统平均流量管的联箱总压力变化值为

$$(\Delta p_{hl} - \Delta p_{fl})_0 = 0.71\Delta p_h - 0.79\Delta p_f \tag{3.58}$$

同理, 还可得单侧端部引入和均匀径向引出系统的数值为

$$(\Delta p_{hl} - \Delta p_{fl})_0 = -\frac{2}{3}\Delta p_f \tag{3.59}$$

反之, 对于均匀径向引入和单侧端部引出系统则为

$$(\Delta p_{hl} - \Delta p_{fl})_0 = \frac{2}{3}\Delta p_h \tag{3.60}$$

将表 3.2 中最小流量管的位置 $(x/L)_{min}$ 值代入式(3.55)和式(3.56), 则分别得出 U 型和 Z 型系统最小流量管的 $(\Delta p_{hl} - \Delta p_{fl})_{min}$ 值, 它们分别为 $(\Delta p_h - \Delta p_f)$ 和 Δp_h。因此在计算 Z 型连接系统的最大流量偏差(ρ_1 值最小)时, 在式(3.48)中的 $(\Delta p_{hl} - \Delta p_{fl})_0 - (\Delta p_{hl} - \Delta p_{fl})$ 值应为

$$(0.71\Delta p_h - 0.79\Delta p_f) - \Delta p_h = -0.29\Delta p_h - 0.79\Delta p_f$$

表 3.3 列出了对应于表 3.2 中各系统的 $(\Delta p_{hl} - \Delta p_{fl})_0 - (\Delta p_{hl} - \Delta p_{fl})_{min}$ 值的计算公式。

表3.3　对应于表3.2中各系统的 $(\Delta p_{hl} - \Delta p_{fl})_0 - (\Delta p_{hl} - \Delta p_{fl})_{min}$ 值计算公式

序号	$(\Delta p_{hl} - \Delta p_{fl})_0 - (\Delta p_{hl} - \Delta p_{fl})_{min}$ 值	序号	$(\Delta p_{hl} - \Delta p_{fl})_0 - (\Delta p_{hl} - \Delta p_{fl})_{min}$ 值
1	$-0.29\Delta p_h + 0.79\Delta p_l$	5	$-0.33\Delta p_h + 0.33\Delta p_l$
2	$-0.33\Delta p_h + 0.33\Delta p_l$	6	$-0.27\Delta p_h - 0.66\Delta p_l$

续表 3.3

序号	$(\Delta p_{hl} - \Delta p_{fl})_0 - (\Delta p_{hl} - \Delta p_{fl})_{min}$ 值	序号	$(\Delta p_{hl} - \Delta p_{fl})_0 - (\Delta p_{hl} - \Delta p_{fl})_{min}$ 值
3	$0.14\Delta p_h - 0.45\Delta p_l$	7	$-0.77\Delta p_h - 0.58\Delta p_l$
4	$-0.33\Delta p_h + 0.33\Delta p_l$		

以上分析的都是对应于水平放置的联箱,并且假设两联箱直径相同。如果联箱垂直或倾斜放置,则在计算联箱中的压力变化时还要考虑到重位压降的影响。如果在式(3.48)中联箱影响项与其分母项的比值小于0.05,则联箱压力变化的影响可以不计。

对于复杂的联箱连接系统,为了进行上述计算,首先,应根据两联箱各区段的实际流速计算并绘出联箱中的静压变化曲线;然后,绘出沿联箱长度两个联箱间的压差分布曲线;再通过作图或计算法求出平均压差管、平均流量管和最大偏差管的位置。当分配联箱和汇集联箱的直径不同时,对表3.3所列各系统亦需按此法重新进行计算。

3.5　减小热偏差的方法

由式(3.5)可见,热偏差 ρ_r 是由于吸热不均和流量偏差引起的,因此减小热偏差的问题又归结于减小吸热不均和减小流量偏差的问题。

由于差异的存在是绝对的,虽然采取许多结构上和运行上的措施可以显著地减小热偏差,但是要完全消除热偏差却是不可能的。为了减小热偏差,必须采用较复杂的结构和增大运行费用,过分地降低热偏差值将需要较大的投资,因此需要知道受热面的容许热偏差值。如果实际的热偏差值小于容许热偏差值,则管子的金属工作可靠。

3.5.1　容许热偏差

受热面的容许热偏差是由管子金属工作可靠性这一条件决定的。它与受热面的类型、受热面中工质的焓增量和管子金属材料等因素有关。由于管壁金属温度与管内工质的温度有关,因此按照金属的最高容许温度可以确定工质的最高容许温度(容许焓值)。按此,根据热偏差公式(3.1)可以写出容许热偏差的计算公式如下:

$$(\rho_r)_x = \frac{i_x - i_j}{i_0 - i_j} \qquad (3.61)$$

式中　i_x——最高容许出口焓;

　　　i_0——平均工况管的出口焓;

　　　i_j——并联管组的进口焓。

过热器受热面的容许热偏差是根据钢材的最高容许温度决定的,在锅炉的各种受热面中,它的容许热偏差值最小。锅炉的参数越高,其过热蒸汽温度越接近于钢材的容许温度,故其容许热偏差值较小。低压锅炉的蒸汽温度较低,可以容许有较大的热偏差。

在高压以上的大容量锅炉中,过热器位于较高温的烟气区,比中、低压锅炉的过热器具有较大的吸热不均匀性,其容许热偏差值又较小,因此对流量偏差提出了更严格的要求。

蒸发受热面的容许热偏差值是根据受热面出口的容许质量含汽率决定的。例如,对于给水品质较差的直流锅炉,为了避免盐分沉积在高温烟区的辐射受热面上,一般取下辐射区出口含汽率为 0.8,如该处最大容许含汽率为 0.95,则其容许热偏差为

$$(\rho_r)_x = \frac{\Delta i_{rs} + 0.95r}{\Delta i_{rs} + 0.8r} \approx 1.18$$

式中　　Δi_{rs}——进入蒸发管的水的欠焓;

　　　　r——汽化潜热。

在一次上升或多次上升型垂直水冷壁蒸发管组中,根据不出现传热恶化、保证相邻鳍片管的鳍片壁温差不大于一定的温度(为避免产生过大的热应力,一般要求不高于 50 ℃)以及工质中间混合和分配的条件,分别规定出各片管组的容许热偏差值。

低循环倍率锅炉为了避免蒸发管出口蒸汽过热,一般规定出口含汽率不大于 0.9。如锅炉的循环倍率为 1.4(出口含汽率为 0.715),则其容许热偏差约为 1.26。

强制循环锅炉的循环倍率较高,平均工况管的含汽率较低,如其出口最大含汽率仍按 0.8~0.9 的要求,显然可容许有较大的热偏差。此型锅炉中如具有水平、下降或上升—下降管件时,为了保证正常的流动和传热工况,要求在各管中水速不低于一定值,因此要限定流量偏差。

自然循环锅炉的循环倍率更高。因此其蒸发受热面具有更大的容许热偏差值。由于自然循环锅炉具有自调节性,即进入蒸发管的水流量随该管的吸热量增加而增大,因此不存在因热偏差值过大而破坏的事故。但是,在自然循环锅炉中仍要防止吸热不均匀性,要防止个别管因受热较弱而产生停滞、倒流等故障。

省煤器受热面的容许热偏差更大,它也决定于受热面的容许出口含汽率。例如,沸腾式钢管省煤器的出口容许含汽率小于 0.8;在铸铁省煤器中不容许沸腾,一般要求出口水温至少比沸腾温度低 30~40 ℃,按此也可以定出容许热偏差值。

一般情况下,对流省煤器管的吸热不均匀性很小,因此其容许流量偏差直接取决于容许热偏差值。由于省煤器一般放在尾部烟道内,其受热面热负荷较低,烟气温度也较低,即使有很大的热偏差也不致使管子破坏。只有放在炉膛或高温烟气区的作为悬挂管的省煤器管子例外,这种管子可能由于热偏差而被破坏。

3.5.2　减小吸热不均匀性和流量偏差的方法

保证受热面金属的工作可靠性可通过两种途径:一是提高容许热偏差值;二是减小实际的热偏差。为了提高容许热偏差值,须采用能耐更高温度的金属,这种方法是不经济的,特别是对于高温过热器,随着金属容许温度的提高,金属的价格急剧提高,因此这种方法很少采用。

减小实际的热偏差值就要求吸热均匀和流量分布均匀。此二者与运行工况和设备结构有关,因此必须从这两方面来着手。运行方面的措施是减小吸热不均匀性,更重要的是从结构上采取措施。下面着重叙述结构上的措施。

1. 采用中间混合联箱

采用中间混合联箱后,将受热面分成串联的几个部分,使每部分受热面的工质焓增量减小,容许热偏差值增高。

在过热器和省煤器中,一般在采用中间混合联箱的同时,还采用左右交叉的办法(图3.27)。此时既可以减小受热面左右两侧吸热不均的影响,同时也减小了烟道的中部和边缘管子的吸热不均的影响。

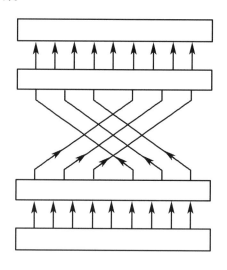

图3.27　中间混合与左右交叉相结合的连接方式

在直流锅炉的蒸发受热面中,也可以采用中间混合联箱以提高受热面的容许热偏差。在装设蒸发受热面的中间混合联箱时,应特别注意防止汽水混合物的分配不均匀性。

这种联箱必须采用水平放置。当联箱立式放置时将不可避免地有汽水分离,结果使上面部分管子进汽多而下面部分管子进水多。在水平联箱中引出管的位置最好是在联箱的最低点,如采用两排管引出时,则两排管的位置应该对称。联箱的长度不宜过长,联箱愈长,则分配不均的可能性愈大。

当汽水混合物由联箱端部引入时,可以在联箱入口处装设加速管(图3.28)。由于在加速管中,汽水混合物的流速增大,使汽水良好混合,汽流中的水集中在联箱的中部而不是沿下部联箱壁流动,因此可以使汽水混合物分配均匀。这种方法对于长联箱的效果不大,并且还增大了给水泵的电能消耗。

同理,保持联箱中汽水混合物的轴向速度大于一定值也可以得到较好的分配效果。当汽水混合物的速度大于破膜临界速度时,管壁上的水膜将被撕破成水滴随汽流带走。按此理论,只有当轴向汽流速度等于或大于破膜速度时才能得到良好的分配效果。但是,实践证明,当轴向速度与破膜临界速度之比≥0.45时,已可得较满意的分配效果。

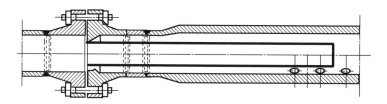

图3.28　加速管

当汽水混合物由联箱侧面多点分散引入时,也可得到较好的分配效果。此时为保证进入各引入管的汽水混合比分配均匀,可采用分配器(图 3.29),先将汽水混合物分成几股。在设计时如能保证准则 Fr/We(傅鲁德数与韦伯数之比)大于其临界值 $(Fr/We)_{\mathrm{lj}}$,则出口各支管中汽水混合物的质量含汽率的偏差 Δx 可小于 1。

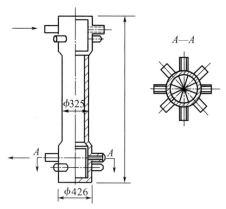

图 3.29　汽水混合物分配器

$$\frac{Fr}{We} = \frac{W_{\mathrm{h}}^{2}\rho_{\mathrm{h}}D}{\sigma}$$

式中　W_{h}——分配器中间混合段或缩口中汽水混合物轴向流速,m/s;

　　　ρ_{h}——汽水混合物的密度,kg/m^3;

　　　D——分配器中间段或缩口的内径,m;

　　　σ——水的表面张力系数,N/m。

在 10 MPa 以上的压力范围内,可取

$$(Fr/We)_{\mathrm{lj}} = 23\ 000$$

各支管中的质量含汽率偏差 Δx 代表支管中的最大含汽率与分配器中的平均含汽率之差,即

$$\Delta x = x_{\max} - \bar{x}$$

2. 按受热面热负荷分布情况划分管组

由于沿炉子的高度和宽度受热面的热负荷分布不均,为了减小吸热不均匀性,可以按热负荷分布情况来划分管组。

在自然循环锅炉中,为了减小沿水冷壁宽度的吸热不均匀性,在沿炉子宽度上将水冷壁分为若干个管组。在强制循环和直流锅炉中也是如此。

在水平回绕的直流锅炉蒸发管中,为了减小沿炉膛高度热负荷不均对水平管带吸热不均匀性的影响,一般要求管带的高度不大于 3 m。大型锅炉由于受到工质流速的限制,管带高度过高时,可将蒸发受热面管子分成两股或三股并绕。

为减小吸热不均匀性,对流过热器亦沿烟道宽度分组(图 3.30)。在此系统中,除采用中间混合联箱和交叉管外,热段过热器沿烟道宽度又分成串联的两组,蒸汽由两侧管组进

入中间的管组前还经过一次混合,因此,这种过热器系统的热偏差较小。

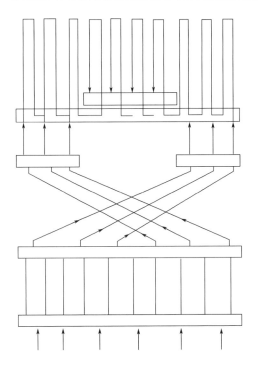

图 3.30　中间混合和交叉的过热器连接系统

3. 正确选择联箱的结构和连接形式

联箱中的压力变化对于各种受热面的影响不同。在过热器受热面中,正确地选择联箱尺寸及其连接形式具有特别重要的意义,因为过热器管子烧坏的最主要原因之一就是流量分布不均。当采用端部引入和引出的联箱时,由于联箱中蒸汽的轴向速度较大,联箱中的压力变化对流量分布起显著的影响,特别是当受热面管子不长、阻力不大时,联箱中压力变化的影响更大。

在蒸发受热面中,由于管内汽水混合物的流速较大,流动阻力较大,因此联箱中压力变化的影响小,可不计。但是,由于联箱中汽水混合物分布不均将直接影响到各管中工质流量的分布均匀性,对于分配汽水混合物的联箱应在结构上应给予特殊考虑。

对于加热水受热面(省煤器),由于容许存在较大的热偏差,同时,在省煤器联箱中的水速较小,其压力变化也不大,因此可以较随意地选择联箱的结构和连接形式。

减小联箱中压力变化影响的方法有下列几种。

(1)采用多点均匀引入和引出的联箱连接系统。

(2)加大联箱直径以减小联箱中的压力变化。特别是汇集联箱,由于在同一联箱轴向速度下其压力变化较大,在汇集联箱中蒸汽的比容也较大,因此应采用较大的直径。

(3)增大受热面管子的阻力,如加装节流孔圈。

(4)不采用分配联箱,即将过热器管与锅筒直接相连。这种方法曾在旧型锅炉中应用,由于不便于运输和安装,因此目前不用。应当指出,由锅筒多点引出蒸汽对于均衡锅筒蒸汽空间负荷和改善汽水分离是有好处的。

虽然高压锅炉过热器的容许热偏差值较小,但是它对联箱的结构和连接形式的要求并不一定比中压锅炉严格。因为高压锅炉过热器受热面较大,管子较长,为保证管壁温度所需质量流速较大,所以受热面管子的阻力较大;另一方面,由于高压蒸汽的比容减小,联箱中轴向蒸汽速度也较小,因此高压锅炉过热器联箱的压力变化的影响可能较小。

4. 加装节流孔圈

如前所述,在受热面管子的入口加装节流孔圈也可以减小热偏差。在直流锅炉和强制循环锅炉中常用加装节流孔圈的方法来分配流量。加装节流孔圈亦可消除或减小由于重位压降的差异和联箱中压力变化所引起的流量分布不均匀性。

在分配汽水混合物的联箱上引出的管子入口处不能加装节流孔圈,因为此时汽水混合物分配不均会导致很大的流量偏差,在进入蒸汽多的管子内工质流量反而减小。蒸发管组在装置中间联箱后,由于容许热偏差增大,即使在第一级管子的入口处不是汽水混合物,亦可不加装节流孔圈。

除以上所述各种减小吸热不均和流量分配不均的方法外,在设计时还应注意保证各并联管的结构相同、阻力系数相同及节距均匀等。减少并联工作管数也可以减小不均匀性,但将使工质的流速加大、阻力增加,故一般情况下不宜采用。

第4章 自然循环蒸汽锅炉的水动力计算

4.1 自然循环蒸汽锅炉的水动力计算原理

由锅筒、联箱和管子(上升管、下降管、蒸汽引出管等)相互串联而组成的封闭系统称为循环回路(图4.1)。

循环回路可分为简单循环回路和复杂循环回路,图4.1所示的为简单循环回路。它由几根几何形状、尺寸及吸热情况相同的并联的上升管和下降管与锅筒、联箱组成,与其他循环回路无关,是独立的循环回路。复杂循环回路由几个回路组成,这几个回路或共用下联箱,或共用下降管,或共用上联箱。由于复杂循环回路中的各回路互相有关联,因此各回路的流量分配受各自的结构尺寸、吸热及运行工况变动的影响。在水流量小的回路中容易出现循环故障。

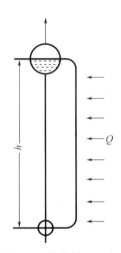

图 4.1 简单循环回路

进入循环回路的水流量 G_0 与该回路出口处的蒸汽量 D 之比 K 称为该循环回路的循环倍率,即

$$K = \frac{G_0}{D} \tag{4.1}$$

每个回路都有自己的循环倍率,且各不相同。各回路的循环流量之和与各回路上升管出口处蒸发量之和的比值为整个锅炉的循环倍率。循环倍率是衡量锅炉水循环可靠性的指标之一,循环倍率越小,说明上升管中汽多,当蒸发管中循环倍率小于 $2\sim2.5$ 时,可能出现传热恶化现象。

循环倍率 K 与蒸汽的质量含汽率 x 互为倒数关系,即

$$K = \frac{1}{x} \tag{4.2}$$

4.1.1 自然循环的工作原理

在图4.1所示的简单循环回路中,水在上升管中受热,部分蒸发成汽,因此上升管中的工质为汽水混合物。由于上升管中汽水混合物的密度比下降管中水的密度小,使下联箱两侧流体柱质量不等,因此此时在下联箱 A 截面上的工质受到来自左右两侧的压力也不同。左侧为下降管,由于水密度大,因此作用于 A 的静压较大;右侧为上升管,由于汽水混合物密度小,因此作用于 A 的静压较小,致使 A 处工质自左向右流动,形成水循环。这种靠两侧

流体密度不等而形成的水循环称为自然循环。

4.1.2　自然循环水动力计算的基本方程

稳定流动时,若不计加速压降,下降管侧与上升管侧作用在联箱 A 处的压力应相等,即

$$p_g + h\rho_j g - \Delta p_{ld,j} = p_g + h\rho_s g + \Delta p_{ld,s}$$

式中　p_g——锅筒内蒸汽压力,Pa;

　　　h——循环回路的高度,m;

　　　ρ_j, ρ_s——下降管中水的密度及上升管中汽水混合物的压头密度,kg/m^3;

　　　$\Delta p_{ld,j}, \Delta p_{ld,s}$——下降管及上升管中工质的流动阻力,Pa。

经整理得

$$h\rho_j g - \Delta p_{ld,j} = h\rho_s g + \Delta p_{ld,s} \tag{4.3}$$

$$h(\rho_j - \rho_s)g = \Delta p_{ld,j} + \Delta p_{ld,s} \tag{4.4}$$

式中,等号左侧的项称为循环回路的运动压头,它是使水循环的动力,用符号 S_{yd} 表示,即

$$S_{yd} = h(\rho_j - \rho_s)g \tag{4.5}$$

若下降管中为饱和水,式(4.5)又可写成

$$S_{yd} = h(\rho' - \rho_s)g \quad (Pa) \tag{4.6}$$

式(4.4)中等号右侧两项之和为循环回路的总阻力 $\sum \Delta p$,即

$$\sum \Delta p = \Delta p_{ld,j} + \Delta p_{ld,s} \quad (Pa) \tag{4.7}$$

在稳定流动时,循环回路的运动压头用于克服工质流动时所产生的总阻力,运动压头愈大,所能克服的总阻力也愈大,表明水的循环流量愈大,循环强烈。

运动压头减去上升管的流动阻力后,得到的剩余压头用于克服下降管的流动阻力,并称此剩余压头为有效压头,用符号 S_{yx} 表示,即

$$S_{yx} = S_{yd} - \Delta p_{ld,s} \quad (Pa) \tag{4.8}$$

在稳定流动时,循环回路的有效压头等于循环回路中下降管的阻力,即

$$S_{yx} = \Delta p_{ld,j} \quad (Pa) \tag{4.9}$$

式(4.3)和式(4.9)为自然循环水动力计算的基本方程。

4.1.3　自然循环水动力计算的方法

1. 有效压头法

有效压头法以式(4.9)为基准,即在稳定循环时,工作点的有效压头等于下降管的流动阻力。工作点可通过三点法作图求得。假设 3 个循环流量(或假设 3 个循环速度),求出对应此 3 个循环流量(或循环速度)下的下降管流动阻力和有效压头,并在同一个图上画出下降管流动阻力、有效压头随循环流量(或循环速度)而变的关系曲线,即 $\Delta p_{ld,j} = f(G_0)$ 和 $S_{yx} = f_1(G_0)$[或 $\Delta p_{ld,j} = f(W_0)$ 和 $S_{yx} = f_1(W_0)$],两曲线的交点 A 即为稳定循环时的工作点(图 4.2)。A 点所对应的流量为工作时回路的循环流量,A 点对应的压头为工作时循环回路的有效压头和下降管的流动阻力值。

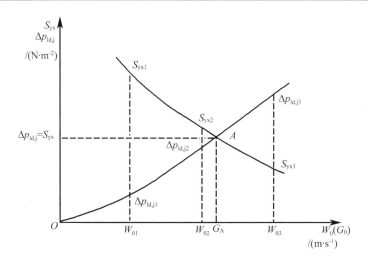

图 4.2　有效压头法确定循环回路的工作点

2. 压差法

压差法基于方程式(4.3),即下降管侧和上升管侧在锅筒与下联箱间的压差达到平衡。

$$h\rho_j g - \Delta p_{ld,j} = h\rho_s g + \Delta p_{ld,s} \quad (\text{Pa})$$

等号左侧为下降管侧的总压降,用 Δp_j 表示,即

$$\Delta p_j = h\rho_j g - \Delta p_{ld,j} \quad (\text{Pa}) \tag{4.10}$$

等号右侧为上升管侧的总压降,用 Δp_s 表示

$$\Delta p_s = h\rho_s g + \Delta p_{ld,s} \quad (\text{Pa}) \tag{4.11}$$

用压差法,也可通过三点法作图找出稳定循环时的工作点。假设 3 个循环流量(或假设 3 个循环速度),求出对应此 3 个循环流量(或循环速度)下的上升管流动阻力和重位压降,两者相加得上升管侧的总压降,并画出 $\Delta p_s = f(G_0)$ [或 $\Delta p_s = f(W_0)$] 的关系曲线;同时求出对应 3 个循环流量(或循环速度)下的下降管重位压降和流动阻力,两者相减得下降管侧的总压降,在同一个图上画出 $\Delta p_j = f_1(G_0)$ [或 $\Delta p_j = f_1(W_0)$] 的关系曲线,此两曲线的交点 A 便为稳定循环时的工作点(图 4.3)。工作点 A 对应的流量和压头,为工作时循环回路的循环流量和上升管侧总压降及下降管侧的总压降。

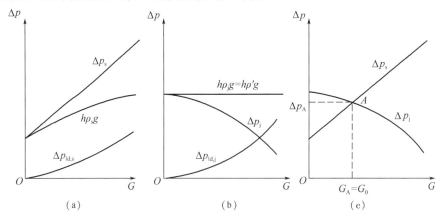

图 4.3　压差法确定循环回路的工作点

4.2　自然循环蒸汽锅炉的水动力计算方法

水动力计算是锅炉设计时的主要计算之一。它的主要任务是选择锅炉受热面汽水系统的布置方案和结构尺寸,校验锅炉受热面的工作可靠性。

在锅炉受热面布置和热力计算完成后,进行锅炉水动力计算。

简单循环回路的水动力计算步骤如下。

(1)收集原始数据,包括循环回路的结构数据和热力计算的有关数据,划分循环回路和管段,进行各回路、各管段的吸热量分配。

(2)假设 3 个计算循环回路上升管内的循环速度值,并求出 3 个相应的循环流量值。

(3)计算相应 3 个循环流量下的下降管中的水速和流动阻力,绘制下降管流动阻力与循环速度(或循环流量)的关系曲线。

(4)假设锅炉的循环倍率,计算出锅筒中锅水的欠焓、开始沸腾点的高度、加热水区段高度和含汽区段高度。

(5)计算出上升管各区段末端的蒸汽流量、各区段中的平均蒸汽折算速度、平均混合物速度和平均蒸汽容积含汽率,按这些数据由线算图及公式确定各区段中的平均截面含汽率。

(6)计算流动压头、上升管的流动阻力和有效压头。

(7)在下降管流动阻力与循环流量的关系曲线图上,画上有效压头与循环流量的关系曲线,两曲线交点即为所求工作点。工作点对应的流量为计算循环回路的循环流量。

(8)按(2)~(7)重复进行各循环回路的水动力计算,并绘制类似的水动力特性曲线。

(9)合并各个循环回路所产生的蒸汽量和工作点的循环流量,求出锅炉的循环倍率。

(10)按求得的循环倍率重新计算锅水的欠焓,并校验它与根据选取的循环倍率所求得的欠焓之间的差值是否在允许范围内,如不合格则重新进行(2)~(10)计算。

(11)进行循环可靠性校验,如不安全,应提出提高循环可靠性的措施,重新计算。

4.2.1　原始数据

1.结构数据

结构数据应包括下面的内容。

(1)在划分蒸发受热面回路时,为了减少并联管组中各管间的吸热不均和流量不均,应尽可能保证在同一管组内各管的吸热量、结构特性和阻力特性相同。

(2)各回路中上升管的管径、管数、各区段的高度和长度,倾斜段的倾斜角度,弯头个数和转弯角度,上下联箱的连接形式和其他局部阻力系数等。

循环回路高度和上升管各区段高度的确定(图 4.4)。

①循环回路高度 h,分两种情况:当上升管引入锅筒的蒸汽空间时,h 为下联箱中心线至锅筒正常水位间的垂直高度[图 4.4(a)];当上升管引入锅筒的水空间时,h 为下联箱中心线至上升管进锅筒入口处的垂直高度[图 4.4(b)]。

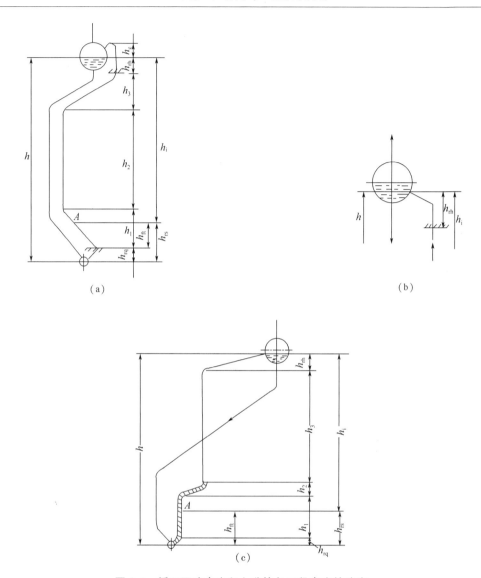

(a)　　　　　　　　　　　　　　　　　　(b)

(c)

图4.4　循环回路高度和上升管各区段高度的确定

②加热前区段高度 h_{rq}。

h_{rq} 为下联箱中心线至上升管开始受热点之间的垂直高度。冷灰斗管子受热点可按图4.5选取。

③开始沸腾点高度 h_{ft}。

当开始沸腾点在第一区段时,h_{ft} 为上升管开始受热点至开始沸腾点 A 之间的垂直高度;当开始沸腾点在第二区段时,则 h_{ft2} 为第一和第二区段的分界点至开始沸腾点 A 的垂直距离。

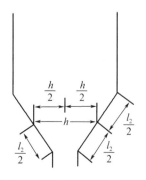

图4.5　冷灰斗管子受热点的确定

④上升管中水区段的总高度 h_{rs}。

h_{rs} 为加热前区段高度 h_{rq} 和开始沸腾点高度 h_{ft} 之和,当开始沸腾点在第二区段时,则 $h_{rs} = h_{rq} + h_1 + h_{ft2}$。

⑤上升管中各含汽区段的高度 h_i。

计算运动压头和校验循环可靠性时,应按下述规定将上升管含汽区段分成若干独立的区段。

管子有转弯且转弯前后的管段之仰角相差20°以上时,管段高度大于回路高度10%者,应在转弯处分段;热负荷与平均热负荷相差30%以上,且该管段高度大于回路高度的10%者(如卫燃带区域管子与光管、包有耐火层的管子与光管等)应在吸热不同处分段;上升管段内管径有变化或具有分支和汇流三通时,应在管径改变处分段;不受热段的高度大于回路高度的5%时,应将受热段与不受热段分开;当不受热段高度很小时,可将不受热段与其相连的最后一段受热段合在一起计算。

⑥加热后区段高度 h_{rh}。

分两种情况:当上升管引入锅筒的水空间时,h_{rh} 为上升管进入炉墙点到上升管入锅筒处的垂直高度;当上升管引入锅筒的蒸汽空间时,h_{rh} 为上升管进入炉墙点到锅筒正常水位之间的高度。

⑦上升管超出锅炉正常水位的提升高度 h_c。

当汽水混合物引入锅筒的蒸汽空间时,定义锅筒的正常水位到上升管最高点(管子中心线)之间的垂直高度为 h_c。

(3)各回路中下降管的管径、数量、高度和长度、弯头个数及转弯角度,锅筒进入下降管的入口形式,下降管与下联箱的连接方式等。

(4)对于蒸汽引出管,有上联箱时,还应有各回路中的汽水引出管内径、数量、高度和长度、倾斜角度、弯头的个数及转弯角度,超出锅筒正常水位的高度和其他局部阻力系数。

(5)汽水分离器的类型及局部阻力系数。

(6)各联箱的内径及引入引出管的位置角度等。

2. 吸热量的分配

吸热量的分配是为了确定各循环回路、各区段的吸热量。吸热量分配是否正确,对水动力计算的正确性和受热面工作的可靠性都有影响,所以应尽量做到接近实际的吸热量,在分配工作完成后,还需做一次总吸热量是否与炉内放热量平衡的校验。

上升管某区段的吸热量 Q 可按下式计算:

$$Q = \eta_r \bar{q} H_f \quad (kW) \tag{4.12}$$

式中　η_r——某管段的吸热不均匀系效;

　　　$\bar{q}$——炉膛内辐射受热面的平均热负荷;

　　　H_f——某管段的辐射受热面积,m^2。

η_r 可由下式求得:

$$\eta_r = \eta_r^q \eta_r^g \eta_r^k \tag{4.13}$$

式中　η_r^q——各炉墙间的吸热不均匀系数,对大多数的燃烧设备,可认为各面墙无吸热不均,

即 $\eta_r^q = 1$。只在前墙布置燃烧器时,后墙的 $\eta_r^q = 1.1$;竖井磨煤机的开式喷口在前墙时,后墙 $\eta_r^q = 1.2$,而对于其他各墙(前墙和两侧墙)η_r^q 相同,它可按炉墙中的热平衡求得;

η_r^g——沿炉膛高度吸热不均匀系数,可查表 4.1;

η_r^k——沿炉墙宽度各循环回路间的吸热不均匀系数,可查表 4.2。

$\bar{q}$ 可按下式求得:

$$\bar{q} = \frac{B_j Q_f}{\sum H_f} \tag{4.14}$$

式中　B_j——计算燃料消耗量,kg/s;

Q_f——每千克燃料在炉膛内的辐射放热量,kJ/kg;

$\sum H_f$——炉膛内的总辐射受热面面积,m^2。

表 4.1　沿炉膛高度吸热不均匀系数

炉膛形式和燃料种类	区段	η_r^g	η_r^{Max}
燃用烟煤和贫煤的干态除渣煤粉炉膛	下部 1/3 高度	1.0	1.5
	中部 1/3 高度	1.3	1.5
	上部 1/3 高度	0.7	1.0
同上,燃用褐煤、铣切泥煤和油页岩	下部 1/3 高度	1.1	1.3
	中部 1/3 高度	1.2	1.3
	上部 1/3 高度	0.7	1.1
液态除渣煤粉炉膛	焊销钉敷盖区段	1.0	1.2
	无销钉敷盖区段	1.3	1.6
	总高度 2/3 以下上部 1/3 高度	0.7	0.9
燃气和燃油的炉膛	下部 1/3 高度	1.2	1.5
	中部 1/3 高度	1.1	1.5
	上部 1/3 高度	0.7	0.9
层燃炉膛	不分段	1.0	1.5

表 4.2　沿炉墙宽度各循环回路间的吸热不均匀系数

一侧墙上循环回路的数目	η_r^k	
	受热最强的回路	受热最弱的回路
1 个或 2 个	1.0	1.0
3 个或 4 个	1.1	0.9
5 个或 6 个	1.2	0.8

续表 4.2

一侧墙上循环回路的数目	η_r^k	
	受热最强的回路	受热最弱的回路
7 个或 8 个	1.3	0.7
9 个或大于 9 个	1.3	0.6

各排蒸发排管吸收的炉膛内辐射热量,按照与各排管子的角系数成正比的关系进行分配。各排管子的角系数可查图 4.6。

第一排管子的角系数直接由图 4.6 查得,其余各排管子的角系数则按下列近似公式计算。

第二排管子的角系数为

$$x_2 = x_2'(1 - x_1)$$

第三排管子的角系数为

$$x_3 = x_3'(1 - x_1 - x_2)$$

第 n 排管子的角系数为

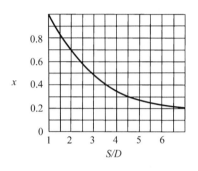

图 4.6   排管的角系数

$$x_n = x_n'(1 - x_1 - x_2 - \cdots - x_{n-1}) \tag{4.15}$$

式中 $x_1, x_2', x_3', \cdots, x_{n-1}, x_n$——按图 4.6 查得的相应各排管子的角系数。

$1 - (x_1 + x_2 + \cdots + x_n)$ 之值,代表投射到蒸发受热面以后的受热面上的炉内辐射热量与投射到炉膛出口窗的辐射热量之比。

双面水冷壁各层吸热量的分配也按上述方法进行。

蒸发排管的对流吸热量和管间辐射吸热量也应分配到各排管子上,当管子排数小于 4 时,可按各排管子的受热面比例来分配对流吸热量,当管子排数大于 4 时,可先采用作图法求得各排管子之间的烟温差 $(T_{n-1} - T_n)$,然后再按下式求出各排管子的吸热量 Q_n:

$$Q_n = Q \frac{T_{n-1} - T_n}{T_1 - T_2} \quad (kW) \tag{4.16}$$

式中 Q_n——第 n 排管子的吸热量,kW;

Q——蒸发排管的总吸热量(包括对流吸热量和管间辐射吸热量),kW;

T_{n-1}、T_n——第 n 排管子前、后的烟气温度,℃;

T_1、T_2——整个对流排管前后的烟气温度,℃。

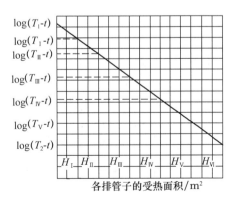

图 4.7   蒸发排管对流吸热量的分配

当蒸发排管前、后的最大温差 Δt_d 和最小温差 Δt_x 之比 $(\Delta t_d / \Delta t_x) \leqslant 1.7$ 时,图 4.7 中的纵坐标可直接用烟气和工质温度之差值 $(T - t)$,而不必用 $\log(T - t)$ 值。各排管子的总吸热量应等于它的辐射吸热量和对流吸热量之和。

3. 循环流速的选取

水动力计算的任务之一是求得稳定工况时的工作点,所以必须先假设 3 个循环速度。工业锅炉上升管的循环速度 W_0 的值可按表 4.3 选取,中压以上各型锅炉上升管中的循环速度可按表 4.4 的范围选取。

表 4.3　工业锅炉上升管的循环速度

管件名称	循环速度范围/$(m \cdot s^{-1})$
直接引入锅筒的水冷壁	$0.5 \sim 1.5$
具有上联箱的水冷壁	$0.2 \sim 1.0$
双面爆光水冷壁	$0.6 \sim 2.0$
小容量锅炉机组的水冷壁	$0.2 \sim 0.8$
第一排管前的三排管子	$0.5 \sim 1.7$
第一排管的其余各排管子	$0.1 \sim 0.8$
第二及第三排管	$0.1 \sim 0.5$

表 4.4　中压以上各型锅炉上升管中的循环速度

锅筒压力/MPa		$4 \sim 6$	$10 \sim 12$	$14 \sim 16$	$17 \sim 19$
锅炉蒸发量/$(t \cdot h^{-1})$		$35 \sim 240$	$160 \sim 420$	$400 \sim 670$	≥ 800
循环速度/$(m \cdot s^{-1})$	直接引入锅筒的水冷壁	$0.5 \sim 1$	$1 \sim 1.5$	—	—
	有上联箱的水冷壁	$0.4 \sim 0.8$	$0.7 \sim 1.2$	$1 \sim 1.5$	$1.5 \sim 2.5$
	双面水冷壁	—	$1 \sim 1.5$	$1.5 \sim 2$	$2.5 \sim 3.5$
	蒸发排管	$0.4 \sim 0.7$	$0.5 \sim 1$	—	—

由表 4.3 和表 4.4 可知,自然循环锅炉的循环速度与循环回路的蒸发量(即锅炉的负荷)有关。当负荷增加时,由于上升管中工质的密度减小,流动压头增加,因此 W_0 也增加。但当负荷增加到一定值以后,再继续增加时,上升管中工质密度的下降减慢,而因为质量含汽率 x 的增加使上升管的流动阻力增加较快,所以 W_0 反而下降。在高负荷时,负荷变化对 W_0 影响不大,循环比较稳定。

压力增大,饱和水与饱和蒸汽的密度差减小,按理 W_0 应降低,但由于高压炉的循环倍率较小,又采用了较大的下降管与上升管、蒸汽引出管与上升管的截面比(f_j/f_{ss}、f_{yc}/f_{ss}),因此 W_0 反而增高。

相应于 W_0 的循环流量 G_0 按下式计算:

$$G_0 = W_0 f_{ss} \rho' \quad (kg/s) \tag{4.17}$$

式中　f_{ss}——计算回路中所有上升管内流通截面积之和，m^2。

4.2.2　下降管流动阻力的计算

用选取的 W_0，可按下式计算下降管中的水速 W_j。

$$W_j = W_0 \frac{f_{ss}}{f_j} \quad (m/s) \tag{4.18}$$

式中　f_j——计算回路中所有下降管的流通截面积之和，m^2。

一般下降管不受热，所以下降管的流动阻力 $\Delta p_{ld,j}$ 可按单相工质计算，即

$$\Delta p_{ld,j} = \left(\lambda \frac{l_j}{D} + \sum \xi_j \right) \frac{W_j^2}{2} \rho' \tag{4.19}$$

式中　l_j——下降管的总长度，m；

$\sum \xi_j$——下降管的局部阻力系数之和，一般情况下为进口阻力系数 ξ_j、转弯阻力系数 ξ_{wd} 和出口阻力系数 ξ_c 之和，即

$$\sum \xi_j = \xi_j + \sum \xi_{wd} + \xi_c \tag{4.20}$$

式中，$\sum \xi_{wd}$——下降管中各个弯头的转弯阻力系数之和。

4.2.3　锅水欠焓的计算

由于热水段的运动压头较低，因此在蒸汽锅炉中只计含汽区段的运动压头。为此，首先需要确定开始沸腾点的位置。为了精确地计算运动压头值，也需考虑静压的修正，即开始沸腾点的饱和水焓不是按锅筒内的压力来确定的，而是按沸腾点所在处的实际压力来确定的。当锅水焓未达饱和时，还需要先求出锅水的欠焓才能确定开始沸腾点的位置。

锅水的欠焓可按进、出锅筒的工质和热量平衡方程式求出，分两种情况。

(1)锅筒内无蒸汽清洗装置。

当锅筒内无蒸汽清洗装置(图 4.8)时，锅筒的工质和热量平衡方程式为

$$KDi + Di'' = Di'_{sm} + (K-1)Di' + Di''$$

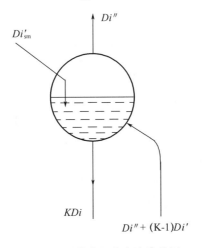

图 4.8　锅筒内无蒸汽清洗装置

整理后得

$$\Delta i = i' - i = \frac{i' - i'_{sm}}{K} \qquad (4.21)$$

式中　Δi——按锅筒中压力计算的锅水的欠焓,kJ/kg;

　　　i'——锅筒压力下的饱和水焓,kJ/kg;

　　　i——锅筒中锅水的焓,kJ/kg;

　　　i'_{sm}——由省煤器出口进入锅筒的给水焓,kJ/kg;

　　　K——锅炉的循环倍率。各型锅炉和循环倍率可参考表4.4的数据选取。

　　表4.4 中循环倍率的数值指锅炉额定负荷(D_H)下的 K 值。对于有分段蒸发的锅炉,表4.4 中的 K 适用于净段蒸发量。当做低负荷的水动力计算时,低负荷(D_d)下的循环倍率 K 可按下式计算:

$$K_d = \frac{K}{0.15 + 0.85D_d/D_H} \qquad (4.22)$$

表 4.5　锅炉额定负荷的循环倍率

锅炉机组	压力/bar	负荷/ (t · h^{-1})	循环倍率 K
超高压	140 ~ 185	200 ~ 650	8 ~ 5
高压	80 ~ 140	80 ~ 250	14 ~ 6
中压单锅筒包括分联箱式锅炉	35 ~ 80	40 ~ 200	30 ~ 20
双锅筒	15 ~ 35	30 ~ 200	65 ~ 45
三锅筒和四锅筒小容量锅炉	13 ~ 35	30 ~ 200	55 ~ 35
沸腾管束不大	30 ~ 45	10 ~ 40	35 ~ 25
	30 ~ 45	< 15	60 ~ 40
沸腾管束较大	< 15	< 15	20 ~ 100
	15 ~ 30	< 15	100 ~ 50
高热负荷船用锅炉(中压)	40 ~ 70	50 ~ 100	10 ~ 6
高热负荷船用锅炉(低压)	18 ~ 30	50 ~ 100	25 ~ 15

　　由式(4.21)可知,循环倍率越大,锅水欠焓越少。

　　(2)锅筒内装有蒸汽清洗装置。

　　当锅筒内装有蒸汽清洗装置(图4.9)时,进出锅筒的工质和热量平衡方程式为

$$Di'' + K(D + \Delta D)i = Di''_{sm} + (D + \Delta D)i'' + (K - 1)(D + \Delta D)i'$$

式中　ΔD——在蒸汽清洗过程中被冷凝的蒸汽量,t/h。

　　若给水量和锅筒出口的蒸汽流量为 D,给水中用于清洗蒸汽的给水份额为 C,则在清洗过程中被冷凝的蒸汽量可由下述热平衡方程式求得:

$$\Delta Dr = CD(i' - i''_{sm})$$

$$\Delta D = \frac{CD(i' - i''_{sm})}{r} \qquad (4.23)$$

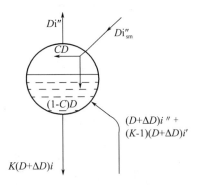

图 4.9　锅筒内装有蒸汽清洗装置

式中　r——汽化潜热，kJ/kg。

将式(4.23)及 $r = i'' - i'$、$G_0 = K(D + \Delta D)$ 关系式代入工质与热量的平衡方程式，经整理最后得

$$
\begin{aligned}
\Delta i &= \frac{i' - i''_{sm}}{K} \frac{D(1 - C)}{D + \Delta D} = \frac{i' - i''_{sm}}{K} \frac{1 - C}{1 + \dfrac{\Delta D}{D}} \\
&= \frac{i' - i''_{sm}}{G_0} D(1 - C) \\
&= \frac{i' - i''_{sm}}{K} \frac{1 - C}{1 + \dfrac{C(i' - i''_{sm})}{r}}
\end{aligned}
\tag{4.24}
$$

在下述情况下可以认为锅水的欠焓为零。

(1)在省煤器中水已沸腾。

(2)当全部给水送入蒸汽清洗装置里清洗蒸汽时。

(3)省煤器出口的水虽未沸腾，然而蒸发管中产生的蒸汽有一半以上送入锅筒的水空间并能与给水接触时。

(4)对于个别的给水不能直接进入的循环回路。

(5)当蒸汽被带入下降管且蒸汽冷凝时的放热量足以将下降管中的循环水加热到饱和温度时。

如果进入下降管的循环水带汽量已定，即 x(质量含汽率)和 φ_j(截面含汽率)也已定，由于带汽，使循环水欠焓的减小值(Δi_{dq})可按图 4.10 查得。如果该值大于按式(4.21)或式(4.24)求得的欠焓值，则表示蒸汽只部分被冷凝，所以下降管中还剩有部分蒸汽，其剩余的汽量可由图 4.10 反查出来。

如果将有欠焓的给水部分或全部直接送到锅筒内下降管入口处，则可增加进入下降管的循环水的欠焓，此时的欠焓值根据给水在该循环水中所占的份额来决定。

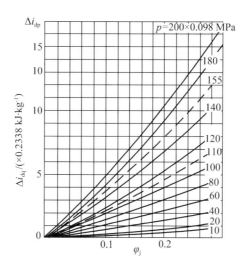

图 4.10　下降管带汽时水欠焓的修正值

4.2.4　开始沸腾点高度的确定

开始沸腾点高度是根据该点真实压力下水的焓值来确定的。

如图 4.4 所示,当开始沸腾点的位置处于第一区段上的 A 处,考虑到水柱的静压力变化和下降管及 A 以下的上升管的流动阻力后,则在该点真实压力下的饱和水焓为

$$i_{\text{ft}} = i + \Delta i + \left(h_{\text{j}} - h_{\text{rq}} - h_{\text{ft1}} - \frac{\sum \Delta p}{\rho' g}\right)\rho' g \frac{\Delta i'}{\Delta p} 10^{-5} \tag{4.25}$$

式中　i——锅筒中锅水的焓,kJ/kg;

Δi——锅筒压力下锅水的欠焓,kJ/kg;

h_{j}——下降管的高度(下联箱中心线到锅筒中正常水位的垂直距离),m;

h_{rq}——加热前区段高度,m;

h_{ft1}——在第一区段的开始沸腾点的高度,m;

$\sum \Delta p$——下降管和 A 点以下的上升管的流动阻力之和,当循环回路的高度大于 3 m

时,$\sum \Delta p$ 可只计下降管的流动阻力,即 $\sum \Delta p = \Delta p_{\text{ld,j}}$;当循环回路的高度小于 3 m 时,

$\sum \Delta p$ 可为下降管流动阻力及下联箱进入上升管的入口阻力之和,即 $\Delta p_{\text{ld,j}} + \Delta p_{\text{j}}$,Pa;

$\dfrac{\Delta i'}{\Delta p}$——压力每变化 1 bar 时饱和水焓的变化值,此值与压力有关,计算时按锅筒压力

值计算。

开始沸腾点的焓 i_{ft} 还可以从 A_1 点以前工质所吸收或者散失的热量的总和来决定,即

$$i_{\text{ft}} = i \pm \Delta i_{\text{j}} + \frac{Q_1}{h_1 G_0} h_{\text{ft1}} \tag{4.26}$$

式中　Δi_{j}——在下降管中每千克水所吸收(为正号)或放出(为负号)的热量,kJ/kg;

Q_1——第一加热区段的每秒的吸热量,kJ/s;

h_1——第一加热区段的高度,m;

G_0——循环流量,kg/s。

式(4.25)与式(4.26)相等得

$$i + \Delta i + \left(h_{\mathrm{j}} - h_{\mathrm{rq}} - h_{\mathrm{ft1}} - \frac{\sum \Delta p}{\rho' g} \right) \rho' g \frac{\Delta i'}{\Delta p} 10^{-5} = i \pm \Delta i_{\mathrm{j}} + \frac{Q_1}{h_1 G_0} h_{\mathrm{ft1}}$$

经整理,第一区段开始沸腾点高度的计算公式为

$$h_{\mathrm{ft1}} = \frac{\Delta i \mp \Delta i_{\mathrm{j}} + \left(h_{\mathrm{j}} - h_{\mathrm{rq}} - \dfrac{\sum \Delta p}{\rho' g} \right) \rho' g \dfrac{\Delta i'}{\Delta p} 10^{-5}}{\dfrac{Q_1}{h_1 G_0} + \rho' g \dfrac{\Delta i'}{\Delta p} 10^{-5}} \tag{4.27}$$

按照此式计算时,下降管吸热时,Δi_{j} 前取"－"号,因为下降管吸热时,h_{ft1} 偏小;反之,下降管散热时,Δi_{j} 前取"＋"号。一般情况下,如果下降管不受热,又保温,则 $\Delta i_{\mathrm{j}} = 0$。

因为锅水欠焓较大,开始沸腾点在第二区段时,可按与上述相同的方法计算,即

$$i_{\mathrm{ft2}} = i + \Delta i + \left(h_{\mathrm{j}} - h_{\mathrm{rq}} - h_1 - h_{\mathrm{ft2}} - \frac{\sum \Delta p}{\rho' g} \right) \rho' g \frac{\Delta i'}{\Delta p} 10^{-5} \tag{4.28}$$

$$i_{\mathrm{ft2}} = i \pm \Delta i_{\mathrm{j}} + \frac{Q_1}{G_0} + \frac{Q_2}{h_2 G_0} h_{\mathrm{ft2}} \tag{4.29}$$

经整理,可得开始沸腾点在第二区段时 h_{ft2} 的计算公式为

$$h_{\mathrm{ft2}} = \frac{\Delta i \mp \Delta i_{\mathrm{j}} + \left(h_{\mathrm{j}} - h_{\mathrm{rq}} - h_1 - \dfrac{\sum \Delta p}{\rho' g} \right) \rho' g \dfrac{\Delta i'}{\Delta p} 10^{-5} - \dfrac{Q_1}{G_0}}{\dfrac{Q_2}{h_2 G_0} + \rho' g \dfrac{\Delta i'}{\Delta p} 10^{-5}} \tag{4.30}$$

式中　Q_2——第二区段每秒的吸热量,kJ/s;

h_2——第二区段的高度,m。

4.2.5　回路运动压头的计算

1. 上升管中水段高度及含汽段高度的确定

开始沸腾点在第一区段时,

$$h_{\mathrm{rs1}} = h_{\mathrm{rq}} + h_{\mathrm{ft1}} \tag{4.31}$$

开始沸腾点在第二区段时,

$$h_{\mathrm{rs2}} = h_{\mathrm{rq}} + h_1 + h_{\mathrm{ft2}} \tag{4.32}$$

含汽区段的高度为循环回路的高度减去水段的高度,即

$$h_{\mathrm{q}} = h - h_{\mathrm{rt}} \tag{4.33}$$

2. 各区段蒸汽量的计算

开始沸腾点在第一区段时,第一区段出口的蒸汽量 D_1 由热平衡方程式可得,即

$$D_1 = \frac{Q_1 - G_0(\Delta i \pm \Delta i_{\mathrm{j}})}{r} \tag{4.34}$$

式中　r——锅筒压力下的汽化潜热,kJ/kg。

如果开始沸腾点在第二区段,则 D_1 为 0,第二区段出口的蒸汽量 D_2 为

$$D_2 = \frac{Q_1 + Q_2 - G_0(\Delta i \pm \Delta i_{\mathrm{j}})}{r} \tag{4.35}$$

上述两式中,当下降管受热时,D_1 与 D_2 均增加,所以 Δi_{j} 前的符号取" $-$ ";反之,散热时取" $+$ "。

以后各区段出口的蒸汽量为

$$D_{i,\mathrm{c}} = D_{i,\mathrm{j}} + \frac{Q_i}{r} \tag{4.36}$$

式中　$D_{i,\mathrm{c}}, D_{i,\mathrm{j}}$ ——某计算区段进口和出口的蒸汽量,kg/s;

　　　Q_i ——某计算区段的吸热量,kJ/s。

各区段管内的平均蒸汽量 $\overline{D_i}$,其值为该段进出口蒸汽量的算术平均值

$$\overline{D_i} = \frac{D_{i,\mathrm{j}} + D_{i,\mathrm{c}}}{2} \tag{4.37}$$

加热后区段中的蒸汽量为上升管最后一段受热段出口的蒸汽量,加热后区段中的蒸汽量不变。

3. 各区段中平均截面含汽率的计算

先求出各区段中的平均蒸汽折算速度 $\overline{W_0''}$ 、平均汽水混合物速度 $\overline{W_{\mathrm{h}}}$ 、平均容积含汽率 $\overline{\beta}$ (或平均的质量含汽率 $\overline{x}$),然后查图或代入公式求出各区段中的平均截面含汽率 $\overline{\varphi}$ 。

4. 运动压头的计算

由式(4.6)可知,运动压头的计算公式为

$$S_{\mathrm{yd}} = h(\rho' - \rho_{\mathrm{a}})g$$

式中　ρ_{s} ——上升管中汽水混合物的密度。

用压头密度代入上式,得

$$S_{\mathrm{yd}} = h[\rho' - \rho' + \varphi(\rho' - \rho'')]g = h\varphi(\rho' - \rho'')g \tag{4.38}$$

所以,上升管各区段运动压头的计算公式为

$$S_{\mathrm{yd},i} = h_{\mathrm{q},i}\,\overline{\varphi_i}(\rho' - \rho'')g \tag{4.39}$$

式中　$h_{\mathrm{q},i}$ ——上升管某含汽区段的高度,m;

　　　$\overline{\varphi_i}$ ——上升管某含汽区段中的平均截面含汽率。

整个循环回路的总运动压头为各区段运动压头之和,即

$$S_{\mathrm{yd}} = \sum S_{\mathrm{yd},i} \tag{4.40}$$

4.2.6　上升管流动阻力的计算

上升管的流动阻力包括加热水区段的流动阻力和含汽区段的流动阻力。有上联箱时,还包括蒸汽引出管中的流动阻力;当上升管(或蒸汽引出管)引入到锅筒汽空间时,还有汽水混合物提升超过锅筒正常水位的提升阻力;当锅筒内采用阻力较大的一次分离设备时,

还应计入汽水分离设备的阻力。

1. 加热水区段流动阻力按单相工质的流动阻力计算公式计算,即

$$\Delta p_{\mathrm{ld,rs}} = \left(\lambda \frac{l_{\mathrm{rs}}}{D} + \sum \zeta_{\mathrm{jb,rs}} \right) \frac{W_0^2}{2} \rho' \tag{4.41}$$

式中　l_{rs}——加热水区段的长度,m;

$\sum \zeta_{\mathrm{jb,rs}}$——加热水区段中局部阻力系数之和,一般情况下为进口阻力系数与加热水段中各弯头的阻力系数之和;当上升管入口装有节流孔圈时,$\sum \zeta_{\mathrm{jb,rs}}$ 为节流孔圈阻力系数(对应管中流速)和该区段中各弯头阻力系数之和,此时不再计入由下联箱进入上升管的入口阻力系数。

2. 受热含汽区段的流动阻力

受热含汽区段是指由开始沸腾点至上升管的受热终点。此区段管内工质为汽水混合物,且质量含汽率沿管长不断增加。其流动阻力应按两相流动公式计算,即

$$\Delta p'_{\mathrm{ld,q}} = \lambda \frac{l_{\mathrm{q}}}{D} \frac{W_0^2}{2} \rho' \left[1 + \psi \, \overline{x} \left(\frac{\rho'}{\rho''} - 1 \right) \right] + \sum \left\{ \zeta_{\mathrm{jb,q}} \frac{W_0^2}{2} \rho' \left[1 + x \left(\frac{\rho'}{\rho''} - 1 \right) \right] \right\} \tag{4.42}$$

式中　l_{q}——上升管受热含汽区段的总长度,m;

$\overline{x}$——上升管受热含汽区段中的平均质量含汽率;

$\zeta_{\mathrm{jb,q}}$——上升管受热含汽区段中的各局部阻力系数,它包括各弯头阻力系数和出口阻力系数;

x——局部阻力所有处的质量含汽率,求转弯阻力时,可用该弯头所在区段的平均质量含汽率或弯头处的 x;求出口阻力时,则用出口处的 x。

由于此区段内沿管长 x 不断变化,因此各项局部阻力应分别求出再叠加。

3. 受热后含汽区段的流动阻力

该区段由上升管受热终点算至上升管出口。当上升管引入锅筒蒸汽空间时,超出锅筒正常水位区段的流动阻力也包括在该区段的流动阻力中。此区段由于不受热,因此其内的质量含汽率不变化,各项局部阻力可合在同一公式中计算,即

$$\Delta p'_{\mathrm{jb,rh}} = \lambda \frac{l_{\mathrm{rh}}}{D} \frac{W_0^2}{2} \rho' \left[1 + x_{\mathrm{c}} \psi \left(\frac{\rho'}{\rho''} - 1 \right) \right] + \sum \left\{ \zeta'_{\mathrm{jb,rh}} \frac{W_0^2}{2} \rho' \left[1 + x_{\mathrm{c}} \left(\frac{\rho'}{\rho''} - 1 \right) \right] \right\} \tag{4.43}$$

式中　l_{rh}——上升管受热终点到上升管进入锅筒(或联箱)的长度,m;

x_{c}——上升管受热含汽区段出口处的质量含汽率;

$\zeta'_{\mathrm{jb,rh}}$——上升管受热后含汽区段中各局部阻力系数之和,一般为各转弯阻力系数和出口阻力系数之和。

4. 有上联箱时,蒸汽引出管中的流动阻力

蒸汽引出管中流动阻力的计算方法同上升管含汽区段的计算方法。值得一提的是,此时计算公式中所用的 W_0 已非上升管中的 W_0,而应代入蒸汽引出管中的 W_0。

5. 汽水混合物引入锅筒蒸汽空间时的提升阻力

该区段的流动阻力已计入加热后含汽区段的流动阻力中。在锅筒正常水位以上区段,由于上升管侧为汽水混合物,而下降管侧水位以上为蒸汽空间,此时上升管侧汽水混合物柱的质量比下降管侧汽柱的质量大,因此形成了一个与原来方向相反的运动压头,使原运动压头值下降。提升阻力即是指此反方向的运动压头,并作为上升管阻力的一部分来考虑的,称为汽水混合物超过锅筒正常水位的提升阻力 Δp_c,计算公式为

$$\Delta p_c = h_c \rho_h g - h_c \rho'' g$$

将式(1.29)代入上式得

$$\Delta p_c = h_c g [\varphi_c \rho'' + (1 - \varphi_c) \rho'] - h_c \rho'' g = h_c (1 - \varphi_c)(\rho' - \rho'') g \qquad (4.44)$$

式中　　h_c——上升管超出锅筒正常水位的高度,m;

φ_c——上升管受热终点处的截面含汽率。

6. 如采用阻力较大的一次分离设备(如旋风分离器等),则上升管流动阻力中应计入汽水分离设备的阻力 Δp_{fl}

上升管的总流动阻力 Δp_{ss} 为

$$\Delta p_{ss} = \Delta p_{ld,rs} + \Delta p'_{ld,q} + \Delta p'_{ld,rh} + \Delta p_c + \Delta p_{fl} \qquad (4.45)$$

4.2.7　循环特性曲线的绘制

上升管的有效压头为循环回路的总运动压头与上升管总流动阻力之差,即

$$S_{yx} = S_{yd} - \Delta p_{ss} \qquad (4.46)$$

在稳定循环时,为了确定工作点的循环流量(或循环流速)和有效压头,可利用回路的有效压头和下降管的流动阻力随循环流量(或 W_0)的变化关系曲线的交点而得到。因为在稳定循环时,有效压头应与下降管流动阻力相平衡。所谓循环特性曲线即指有效压头、下降管流动阻力与循环流量的关系曲线。

假设3个循环速度 W_0,得相应的3个下降管流动阻力和3个有效压头值,以循环速度(或循环流量 G_0)为横坐标,$\Delta p_{ld,j}$ 和 S_{yx} 为纵坐标绘制 $\Delta p_{ld,j} = f_1(W_0)$ 曲线和 $S_{yx} = f_2(W_0)$ 曲线。两曲线的交点 A 即为此简单循环回路的工作点,A 点对应的 W_0(或 G_0)和 S_{yx} 即为稳定循环时回路内的循环流量和有效压头,如图4.11所示。

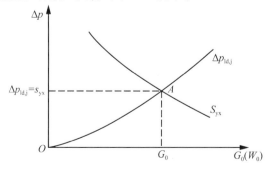

图4.11　简单回路的循环特性曲线

4.2.8　校验选用的循环倍率是否正确

各个循环回路的水动力计算完成后,便可由作图法得到各循环回路工作时的循环水量和回路出口处的蒸发量,分别相加即得锅炉的总循环流量 $\sum G_0$ 和总产汽量 $\sum D$,所以整台锅炉实际循环倍率为 $K' = \sum G_0 / \sum D$。把 K' 代入式(4.21)或式(4.24)重新计算锅水的欠焓 $\Delta i'$,并与按假设的 K 值计算而得的锅水欠焓 Δi 进行比较,若不满足不等式 $|\Delta i' - \Delta i| \not> 0.5\Delta i'$ 或当 $\Delta i'$ 的绝对值小于 4.186 kJ/kg 时,$|\Delta i' - \Delta i| \not> 2.1$ kJ/kg,则认为假设的 K 可行;如果误差大于上述规定范围,则需重新做水动力计算,此时重新假设的循环倍率应与 K' 值相近。

4.3　复杂循环回路的水循环特性

复杂回路是指有两个或两个以上的回路共用某一部件(上、下联箱或下降管)而组成的。求复杂回路的工作点时,首先要把组成复杂回路的特性曲线画出来,然后将这些特性曲线合并,最后找出复杂回路的工作点。

合并循环特性曲线必须遵守两个基本原理:一是工质的物质平衡;二是作用于工质上的力平衡。按此原理得循环特性曲线的合并方法为:并联的各管组在同一压差下工作,且循环流量为各管组的流量之和;串联的各管组则在同一流量下工作,但压差为各管组压差之和。所以,对并联管组,循环特性曲线按压差相等、流量相加进行合并;对串联管组,循环特性曲线则按流量相等、压差相加进行合并。

4.3.1　串联循环回路的特性曲线

具有上联箱和蒸汽引出管的串联回路(图 4.12)中,上升管 1 与蒸汽引出管 3 为串联。绘制串联回路的循环特性曲线时,先分别画出上升管 1 与蒸汽引出管 3 的有效压头曲线 S_1 与 S_3,然后按流量相等、压差相加的原则把 S_1 与 S_3 叠加成 S_{1+3} 曲线,它与下降管流动阻力

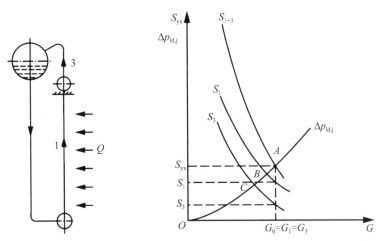

图 4.12　串联循环回路的特性曲线

曲线的交点即为稳定循环时的工作点。工作点对应的流量为该回路的循环流量 G_0。过工作点画等流量线与 S_1、S_3 交于 B 和 C 两点，则 B、C 两点对应的有效压头值即为工作时上升管与蒸汽引出管的有效压头值。

4.3.2　具有共同下降管的平行管排

具有共同下降管的平行管排(图 4.13)，如锅炉中的对流排管。管排 1、管排 2、管排 3、管排 4 并联于上、下锅筒，由于各排管子的吸热不同，因此不能作为简单回路，它们有共同的下降管。管组 1、管组 2、管组 3、管组 4 为并联，它们两端的压差相等，各管组中的流量之和为回路的循环流量。

绘制循环特性曲线时，首先分别画出管组 1、管组 2、管组 3、管组 4 的有效压头随流量而变化的关系曲线 S_1、S_2、S_3 和 S_4，然后按压差相等、流量相加的原则将 S_1、S_2、S_3 和 S_4 叠加成有效压头曲线 $S_{1+2+3+4}$。在同一图中再画出共用下降管的流动阻力随流量而变化的关系曲线 $\Delta p_{\mathrm{ld,j}}$，此曲线与 $S_{1+2+3+4}$ 曲线的交点 A 即为该复杂回路的工作点。A 点所对应的有效压头值为各排管组的有效压头值。G_1、G_2、G_3、G_4 分别为稳定流动时管排 1、管排 2、管排 3、管排 4 中的流量，即 A 点对应的循环流量为复杂回路的循环流量，它等于 G_1、G_2、G_3、G_4 之和。

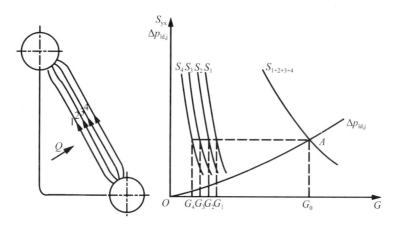

图 4.13　具有共同下降管的平行管排及其循环特性曲线

4.3.3　具有共用下联箱的复杂回路

在图 4.14 中，管组 I 中上升管 1 与蒸汽引出管 3 为串联，管组 II 中上升管 2 与蒸汽引出管 4 也为串联，而管组 I 与管组 II 两端为公用的下联箱和锅筒，所以管组 I 与管组 II 为并联。

绘制此复杂回路的循环特性曲线时，首先分别画出管组 I、管组 II 的上升管与蒸汽引出管的有效压头曲线 S_1、S_2、S_3 和 S_4，同一管组中的上升管与蒸汽引出管的有效压头曲线按流量相等、压差相加的原则叠加，得到管组 I、管组 II 总的有效压头曲线 S_{I}、S_{II}；然后再将 S_{I} 与 S_{II} 两曲线按压差相等、流量相加的原则叠加成 $S_{\mathrm{I+II}}$ 曲线，此曲线与下降管流动阻力曲线的交点 A 即为工作点。从 A 点引等压线与 S_{I}、S_{II} 两线相交于 B、C 两点，B 点、C 点所

对应的流量 G_I、G_{II} 为管组 I、管组 II 中的流量。从 B 点引出等流量线与 S_1、S_3 两线相交于 D、E 两点，D 点、E 点所对应的有效压头值为工作时上升管 1 与蒸汽引出管 3 的有效压头值，同理可求得上升管 2 与蒸汽引出管 4 在稳定循环时的有效压头值。而 A 点所对应的流量为整个复杂回路的循环流量 G_0。

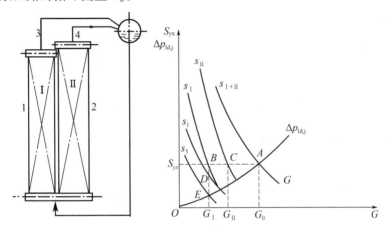

图 4.14　共用下联箱的复杂回路及其循环特性曲线

4.3.4　具有集中下降管的复杂回路

在这种回路中，把集中下降管至各回路的配水管的流动阻力计入上升管的流动阻力中。

在图 4.15 中，管组 I 中配水管 5、上升管 1 和蒸汽引出管 3 为串联。管组 II 中配水管 6、上升管 2 和蒸汽引出管 4 也为串联。而管组 I 与管组 II 一端为公用的锅筒，另一端在公共的集中下降管中的 K 点，所以管组 I、管组 II 为并联。

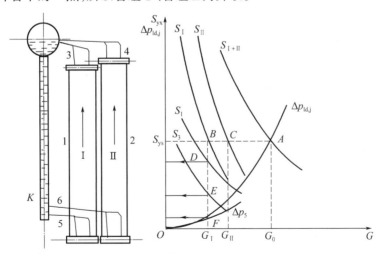

图 4.15　集中下降管的复杂回路及其循环特性曲线

绘制此复杂回路的循环特性曲线时，先分别画出管组 I 中配水管 5 的流动阻力曲线 Δp_5 及上升管 1 和蒸汽引出管 3 的有效压头曲线 S_1、S_3，三者按流量相同、压差相加的原则叠加,组成管组 Ⅰ 的有效压头曲线 $S_1(S_I = S_1 + S_3 - \Delta p_5)$。用同样的方法可得管组 Ⅱ 的有效压头曲线 $S_{II}(S_{II} = S_2 + S_4 - \Delta p_6)$。管组 Ⅰ、管组 Ⅱ 为并联,故再将 S_I 与 S_{II} 按压差相等、流量相加的原则进行叠加,得到总的有效压头曲线 S_{I+II},此曲线与集中下降管的流动阻力曲线的交点即为工作点。从工作点引等压线与 S_I、S_{II} 两线相交于 B、C 两点,B 点、C 点所对应的流量为管组 Ⅰ、管组 Ⅱ 中的流量。再由 B 点引等流量线与 S_1、S_3、Δp_5 三线相交于 D、E、F 三点,三点对应的压头为稳定流动时上升管 1、蒸汽引出管 3 的有效压头和配水管 5 中的流动阻力值。同理可求出上升管 2、蒸汽引出管 4 的有效压头和配水管 6 的流动阻力值。

4.4　循环故障和循环可靠性的校验

为保证蒸发受热面管壁安全可靠运行,需满足管子内壁保持有一层连续水膜来冷却管壁,受热管内不沉积水垢和沉渣,保证向各上升管正常供水。

当循环速度过低时,易使气泡堆积在管子的弯头、焊缝处或微倾斜管段上,在水平管中还将形成汽水分层,一旦蒸汽接触受热的管壁,将导致管壁因过热而产生鼓包、胀粗甚至爆管。W_0 过小还可能沉积水垢和沉渣。

循环倍率过小时,冷却管子内壁的水膜可能遭到破坏,也将导致管壁因过热而损坏。

下降管发生故障(下降管带汽)将影响对上升管的正常供水。此外,如果下降管带汽,且进入各上升管的汽水分配不均,也将引起上升管的循环故障。

当上升管内出现停滞、自由面($W_0 \approx 0$)、倒流、汽水分层或循环倍率过小,下降管出现带汽等,将破坏循环可靠性条件。因此在水动力计算后,还必须校验循环的可靠性。

4.4.1　停滞、自由面及倒流

在平行并联的垂直上升管中,如果不计联箱中静压的变化,则各上升管均在同一压差下工作。但各平行管的吸热和结构不可能完全一样,所以各管中流量也不相同。由于水动力计算是按管组的平均工况进行的,因此校验时必须考虑偏差管的实际情况。

如图 4.16 所示的平行并列上升管组,当不计管内的加速压降时,平均工况管和某一偏差管的压降平衡方程式为

$$\sum \xi_0 \frac{(\rho W)_0^2}{2} \bar{v}_0 + h \bar{\rho}_0 g = \sum \xi \frac{(\rho W)^2}{2} \bar{v} + h \bar{\rho} g$$

(4.47)

式中　　$\sum \xi_0$ ——各平行并联管平均的总阻力系数;

　　　$\bar{v}_0, \bar{\rho}_0$ ——平行并列上升管在平均工况下工质的平均比容和平均密度;

　　　$\sum \xi$ ——某一偏差管的总阻力系数;

　　　$\bar{v}, \bar{\rho}$ ——某一偏差管中工质的平均比容和平均密度。

当并联各管吸热不同时,在吸热小的管子中,工质的平均密度较大,重位压降也较大。

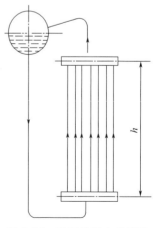

图 4.16　平行并列上升管组

当重位压降大到等于平均工况管内的总压降时,此时为保证压降平衡,式(4.47)中右侧第一项流动阻力为零,即吸热小的偏差管中的工质流速为零,这种工况称为停滞。

当偏差管的吸热更小时,其内的工质密度将更大,重位压降也更大,直至管内的重位压降大于平均工况管内的总压降时,为保证压降平衡,式(4.47)中右侧第一项流动阻力应为负值,即在吸热小的偏差中,工质的流动方向已与原来的流动方向相反,变成了向下流动,称此工况为倒流。

在上升管引入锅筒蒸汽空间的结构中,循环停滞时会在上升管某一位置上形成一个水面,称为自由面。上升管引入蒸汽空间时,不会发生倒流。

由上述分析可知,产生停滞、自由面和倒流的主要原因是并联各管的吸热不均。此外,当汽水混合物进入并联各管时,如果进入各管的汽水分配不均,则在水多汽少的管内也可能产生停滞、自由面或倒流。

4.4.2 停滞的校验

流动停滞的校验如图 4.17 所示,S_{yx} 代表平均工况管的有效压头曲线,而 S_{min} 代表受热最弱的偏差管的有效压头曲线。

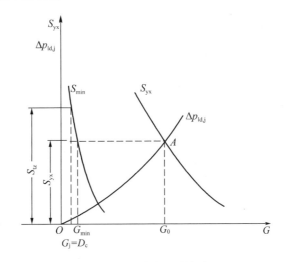

图 4.17 流动停滞的校验

一般认为,当某根吸热最弱的上升管入口的进水量 G_j 等于该管出口的蒸汽量 D_c 时,就属于循环停滞,与此相应的有效压头称为停滞时的有效压头,用符号 S_{tz} 表示。由图 4.18 可见,如果工作点的有效压头 S_{yx} 小于停滞时的有效压头 S_{tz},则受热最弱管中的流量 G_{min} 大于停滞时管内工质的流量 G_j,表示管内水多,循环安全。基于上述原理,再考虑一定的安全系数,不发生循环停滞的条件为

$$\frac{S_{tz}}{S_{yx}} > 1.1 \sim 1.2 \tag{4.48}$$

式中 S_{tz}——吸热最弱的偏差管中停滞时的有效压头,Pa;

S_{yx}——工作点所对应的有效压头,Pa;

1.1 ~ 1.2——不产生停滞的安全余量系数。

当预计实际运行工况与计算工况相差较大或当并联管组具有总高度大于加热管段高度20%的倾斜管段时,式(4.48)中安全余量系数应取1.2。

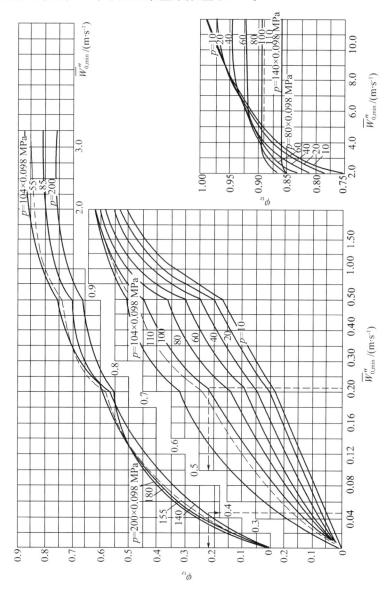

图 4.18　停滞时受热垂直上升管的平均截面含汽率

由于停滞管内流速很小,因此管内的流动阻力可忽略不计,这时有效压头在数值上等于运动压头,所以停滞时的有效压头可按运动压头的公式求得,即

$$S_{tz} = (h_1\varphi_{tz,1}K_{\alpha,1} + h_2\varphi_{tz,2}K_{\alpha,2} + \cdots + h_n\varphi_{tz,n}K_{\alpha,n} + h_{rh}\varphi_{tz}K_{\alpha,rh})(\rho' - \rho'')g \quad (4.49)$$

式中　h_1, h_2, h_n——上升管受热各区段的高度,m;

　　　h_{rh}——上升管加热后区段的高度,m;

　　　$\varphi_{tz,1}, \varphi_{tz,2}, \varphi_{tz,n}$——上升管受热各区段停滞时的平均截面含汽率,可由图4.18查得;

　　　φ'_{tz}——上升管加热后区段停滞时的截面含汽率,可由图4.19查得;

$K_{\alpha,1}$,$K_{\alpha,2}$,$K_{\alpha,n}$,$K_{\alpha,rh}$——上升管各区段水平倾角的修正系数,可由图 2.6 查得,对于垂直管段,$K_{\alpha}=1$。

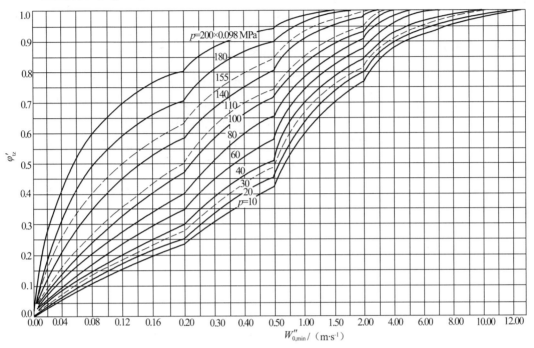

图 4.19　停滞时不受热垂直上升管的平均截面含汽率

查图 4.18 和图 4.19 时所用的 $\overline{W}''_{0,min}$ 为管组中受热最弱管中的平均蒸汽折算速度,它可按下式求得

$$\overline{W}''_{0,min} = \eta_{r,min}\eta_m\overline{W}''_0 \qquad (4.50)$$

式中　$\eta_{r,min}$——管组的最小吸热不均系数,它与一面墙上布置的回路(或流程)数有关,可由表 4.6 查得;

η_m——受热面积不均系数,它为吸热最小管的受热面积 H_{min} 与平均工况管受热面积 H_0 之比值,即 $\eta_m=H_{min}/H_0$;

$\overline{W}''_0$——上升管各区段中平均蒸汽折算速度,m/s。

表 4.6　最小吸热不均系数

一面墙上的回路或流程数目	$\eta_{r,min}$	$\eta_{r,max}$
1,2	0.5	1.3
3	0.6	1.2
4,5,6	0.7	1.1
大于 6	0.8	1.1

注:①在自然循环锅炉中单独划分出来的管数不超过 10 根的角部管组,其不均匀系数可采用 $\eta_{r,min}=0.8$ 及 $\eta_{r,max}=1.2$;
②对炉膛四角切成斜边,而斜边上具有 3 或 4 根角部管的角部管组,其 $\eta_{r,min}$ 应比表 4.6 中所列的数值大 0.1。

式(4.49)中水平倾角的修正系数也按图 2.6 查得,但此时查图所用的停滞管内的平均汽水混合物速度按下式计算:

$$\overline{W_{\mathrm{h}}} = \overline{W''_{0,\min}}\left(1 + \frac{\rho''}{\rho'}\right) \tag{4.51}$$

因为停滞管中进口的水量等于出口的蒸汽量,当管径不变时,有

$$W_0\rho' = W''_{0,\min}\rho'' = 2\overline{W''_{0,\min}}\rho'' \tag{4.52}$$

式中 $W''_{0,\min}$, $\overline{W''_{0,\min}}$——停滞管中出口的蒸汽折算速度和平均的蒸汽折算速度,m/s。

将式(4.52)代入混合物的计算公式(1.31)便可得式(4.51)。

求 S_{tz} 时,若管子上部不受热段的高度 h_{rh} 小于最后一段受热段高度的 15%,不受热段可与最后一段受热段并在一起计算,而不必单独计算。

4.4.3　自由面的校验

当上升管由锅筒的蒸汽空间引入时,循环停滞将在上升管内形成自由面。因此,自由面实际上是停滞的一种特殊工况。

当满足下述不等式时,管组中受热最弱管中不会产生自由面。

$$\frac{S'_{\mathrm{tz}}}{S_{\mathrm{yx}}} > 1.1 \sim 1.2 \tag{4.53}$$

式中 S'_{tz}——产生自由面时吸热最弱管中的有效压头,Pa,它可由下式求得

$$S'_{\mathrm{tz}} = S_{\mathrm{tz}} - \Delta p'_{\mathrm{c}} \tag{4.54}$$

式中 $\Delta p'_{\mathrm{c}}$——产生自由面管内,将汽水混合物提升到锅筒正常水位以上的提升阻力,Pa。

$\Delta p'_{\mathrm{c}}$ 按下式求得

$$\Delta p'_{\mathrm{c}} = h_{\mathrm{c}}(1 - \varphi'_{\mathrm{tz}})(\rho' - \rho'')g \tag{4.55}$$

式中 h_{c}——上升管超出锅筒正常水位的高度,m;

φ'_{tz}——停滞管内受热后区段的截面含汽率,它可用停滞管出口的蒸汽折算速度 $W''_{0,\min}$,由图 4.19 查得。

4.4.4　倒流的校验

偏差管的倒流校验如图 4.20 所示,左侧,$S_{\mathrm{yx,dl}}$ 表示并联管中受热最弱管子倒流时的有效压头曲线;右侧,S_{yx} 代表并联上升管组平均工况管子的有效压头曲线。$S_{\mathrm{yx,dl}}$ 曲线最低点所对应的有效压头值称为倒流压头,用符号 S_{dl} 表示。

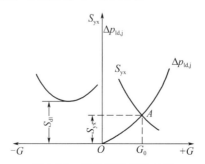

图 4.20　偏差管的倒流校验

由图(4.20)可知,若工作点的有效压头 S_{yx} 小于 S_{dl},则不可能产生倒流故障,再考虑一定的安全余量系数,不发生倒流的条件为

$$\frac{S_{dl}}{S_{yx}} > 1.1 \sim 1.2 \tag{4.56}$$

式中　S_{dl}——倒流压头,Pa,可按下式求得

$$S_{dl} = S_{dl}^b (h - h_{rh}) \tag{4.57}$$

式中　S_{dl}^b——每米高度的有效压头,称有效比压头(又称倒流比压头),它可由图 4.21 查得,Pa/m;

　　　$h - h_{rh}$——产生压头的高度,倒流时,原来加热后区段变成了加热前区段,此区段不产生压头,故应将其减去,m。

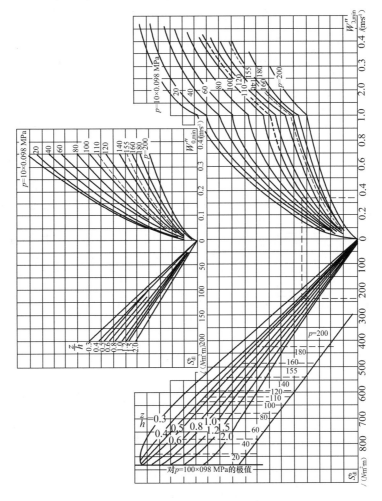

图 4.21　有效比压头计算曲线

查图 4.21 时所用的值 z/h 为单位管子高度的总阻力系数,其中 h 为循环回路的高度(无上联箱时),z 为总阻力系数。即 $z = \lambda \dfrac{l}{D} + \sum \xi_{jb}$。

$\overline{W}''_{0,\min}$ 为受热最弱管中的蒸汽平均折算速度。下降流动时,由于水柱的静压逐渐增大,使汽水混合物中蒸汽的含量逐渐减小,因此受热最弱管中的蒸汽平均速度还要再小些,其值可由下式求得

$$\overline{W}''_{0,\min} = \eta_{r,\min}\eta_m\overline{W}''_{0p} - \Delta\overline{W}''_0 h \tag{4.58}$$

式中　$\overline{W}''_{0p}$——下降流动时,管件的蒸汽平均折算速度,m/s,它可按下式计算:

$$\overline{W}''_{0p} = \frac{h_n\overline{W}''_{0n} + h_{n-1}\overline{W}''_{0n-1} + \cdots + h_1\overline{W}''_{01} + h_{rq}\overline{W}''_{0rq}}{h_n + h_{n-1} + \cdots + h_1 + h_{rq}} \tag{4.59}$$

由于在倒流管中,各管段仍按原来编号,但工质自上而下流动,愈往下蒸汽愈多,计算自上而下进行,因此式中原 n 段在先,原加热前区段现为最后一段。式中 $\overline{W}''_{0n}$、$\overline{W}''_{0n-1}$、$\overline{W}''_{01}$ 为各段中蒸汽的平均折算速度,按自上向下流动方向重新确定,不计锅水的欠焓。$\overline{W}''_{0rq}$ 为受热前管段中的蒸汽折算速度,它等于下降流动时出口的蒸汽折算速度。

$\Delta\overline{W}''_0$ 为每下降 1 m,由于储蓄热导致的蒸汽折算速度减小值,单位 m/s,它可根据锅筒压力 p 及 $\eta_{r,\min}\eta_m\overline{W}''_{0p}$ 乘积由图 4.22 查得。

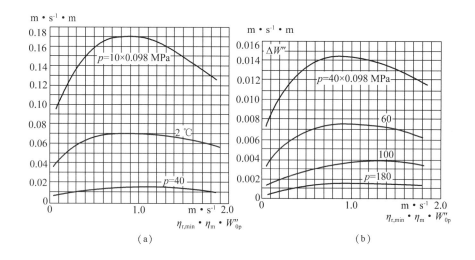

图 4.22　倒流时汽水混合物的蒸汽折算速度减小值

4.4.5　汽水分层及水平管中最小流速的校验

为保证受热的水平管或水平倾角小于 15°的微倾斜管段壁温正常,应防止管内产生汽水分层。清除汽水分层所必需的质量流速可由图 4.23 查得。

为防止在水平或微倾斜管段内沉积沉渣,在额定负荷下平均循环速度应不小于 0.4 m/s。

由于在水平管段内要保证不分层需要较大的流速,因此一般自然循环锅炉内最好不采用水平的或水平倾角小于 15°的受热蒸发管段。

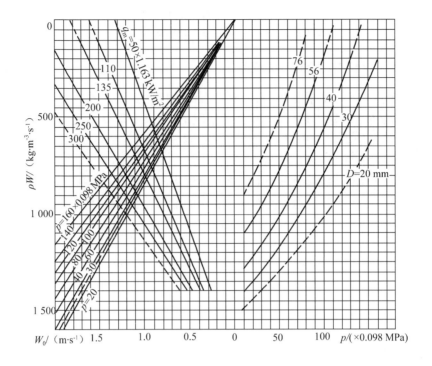

图 4.23　清除汽水分层的最小质量流速

4.4.6　壁温校验

在受热的蒸发管内,只要不出现传热恶化,即可保证正常的壁温。只有在压力高于 110 bar 的锅炉或受热面局部热负荷高于 465.2 kW/m² 时,才需进行壁温校验。校验壁温应对受热最强的管子进行,即应选择受热面热负荷最大的管组并乘最大的吸热不均系数 $\eta_{r,max}$。

4.4.7　下降管工作可靠性的校验

自然循环锅炉中,如果工质由锅筒带汽进入下降管或在下降管中产生蒸汽,将使下降管的重位压降下降,循环回路的运动压头减小,下降管的流动阻力增加,使循环减弱,进入上升管的循环水量减少,因此可能造成循环故障。

当下降管带汽很多时,如果进入各上升管的汽水分配不均,则在汽少水多的上升管中可能出现循环的停滞(自由面)或倒流,而在汽多的上升管中又因过热而导致管子烧坏。

因此,一般在校验下降管工作可靠性时,是以下降管中不出现蒸汽为条件的。

下降管中出现蒸汽有以下几个原因。

(1)由于下降管受热而产生蒸汽。

(2)在下降管入口处形成旋涡斗,将锅筒蒸汽空间内的蒸汽带入下降管。

(3)在下降管入口处因静压降低到小于锅筒内工作压力时,锅水自汽化而产生蒸汽。

(4)锅水进入下降管时,将锅筒水空间中的蒸汽部分带入下降管。

（5）运行中,当锅炉的压力下降时,下降管内水的自汽化等。

下降管中是否带汽,可视具体情况,校验下列诸项中的几条或全部。

1. 在受热的下降管中是否有汽的校验

现代大型锅炉下降管是不受热的,因此没有汽化问题。仅在省煤器受热面不大,锅水欠焓较大时,才希望下降管受热,因为在这种情况下,如果下降管不受热,开始沸腾点的高度很高,当循环回路的高度较小时,可能因运动压头过小而使循环减弱。为了提高循环的可靠性,可使下降管受热,使水升温,但不汽化。

当进入下降管的水已达锅筒压力下的饱和温度时,不汽化的条件是下降管中所吸收的热量小于下降管中水由于静压力增高而使饱和水的焓增加所需的热量,即

$$\left(h_{\mathrm{j}} - \frac{\Delta p_{\mathrm{ld,j}}}{\rho' g} \right) \rho' g \frac{\Delta i'}{\Delta p} 10^{-5} > \eta_{\mathrm{r,ma}\,n} \Delta i_{\mathrm{j}} \tag{4.60}$$

式中　$\eta_{\mathrm{r,ma}\,n}$——沿炉墙宽度最大的吸热不均匀系数,对锅炉管束,一般可取为 $1.2 \sim 1.3$；

　　　Δi_{j}——每千克循环水在下降管中的焓增,它可按下式计算：

$$\Delta i_{\mathrm{j}} = \frac{Q_{\mathrm{j}}}{G_{\mathrm{j}}} \tag{4.61}$$

式中　Q_{j}——下降管的吸热量,kJ/s；

　　　G_{j}——通过下降管的水量,kg/s。

当进入下降管的水具有一定的欠焓时,不汽化的条件是：下降管中水所吸收的热量小于进入下降管中水的欠焓与水由于静压增高而使饱和水焓增加所需热量之和,即

$$C\Delta i + \left(h_{\mathrm{j}} - \frac{\Delta p_{\mathrm{ld,j}}}{\rho' g} \right) \rho' g \frac{\Delta i'}{\Delta p} 10^{-5} > \eta_{\mathrm{r,ma}\,n} \Delta i_{\mathrm{j}} \tag{4.62}$$

式中　C——考虑具有欠焓的给水与由上升管进入锅筒的循环水混合的均匀性系数；当采用多孔管沿锅筒长度均匀给水时,$C = 0.7$；采用开式管局部地方给水时,$C = 0.5$。

2. 下降管入口处形成旋涡斗

当下降管入口以上的水位较低、入口水速较大时,可能在下降管入口处形成旋涡斗,此时锅筒水面上部的蒸汽将随水一起旋入下降管中,造成下降管大量带汽。

下降管入口处能否形成旋涡斗与下面一些因素有关。

开始形成旋涡斗时的水位高度称为临界高度 h_{lj},如果下降管入口以上的水位高度大于 h_{lj},则不会形成旋涡斗；但 h_{lj} 又与许多因素有关,当下降管内径 D 及下降管中水速增加时,h_{lj} 值增大,即愈易形成旋涡斗。此外,h_{lj} 还与锅筒水容积中的轴向水速、蒸汽和水的参数、下降管的位置和锅内设备的布置有关。综上所述,影响因素很多,情况也较复杂,为了防止形成旋涡斗,一般应使下降管入口以上的水位高度 h_{s} 不小于 4 倍下降管的内径；下降管进口水速不大于 3 m/s；不宜采用大直径的下降管；如果采用大直径的下降管,则应在其入口处加装栅板或十字板入口处栅板,不应使 W_{r}(入口速度)过小等等。

3. 下降管入口处自汽化的校验

如果下降管入口动压与入口阻力损失之和超过下降管入口以上水柱的静压,下降管入

口处的压力将低于锅筒压力,入口处的饱和水(为锅筒压力下的饱和水)将自沸腾而产生蒸汽,堵在下降管入口处,妨碍水进入下降管。为防止入口处自汽化,应满足下述不等式

$$h_s \rho' g > \frac{W_j^2}{2} \rho' + \xi_j \frac{W_j^2}{2} \rho' \qquad (4.63)$$

式中　h_s——下降管入口到锅筒正常水位的高度,m;

　　　W_j——下降管中的水速,m/s;

　　　ξ_j——下降管入口的阻力系数。

如果取 $\xi_j = 0.5$,则只要 h_s 满足下述不等式,便不产生自汽化,即

$$h_s > 11.5 \frac{W_j^2}{2g} \qquad (4.64)$$

如果 ξ_j 为其他值,则 h_s 应满足

$$h_s > (1 + \xi_j) \frac{W_j^2}{2g} \qquad (4.65)$$

由上述可知,为防止下降管入口产生自汽化和旋涡斗,要求下降管入口上有一定的水位高度,所以下降管应布置在锅筒的最低处。

4. 带汽入下降管

当汽水混合物进入锅筒水空间且上升管与下降管相距很近时,进入下降管的水流可能将气泡一并带入下降管,造成下降管带汽。为避免带汽进入下降管,应考虑管子的布置和锅内设备的形式,下降管的入口位置应低于上升管,两者的距离应不小于250~300 mm。当小于此间距时,应在上升管与下降管之间加装隔板。锅内设备应尽量避免锅筒内水面发生波浪和汽流撞击,以减少因波浪和撞击使汽空间的蒸汽进入水空间。此外,下降管中水速不能过大,否则将使带汽量增加。

4.5　循环回路的自补偿性和设计与布置

4.5.1 循环回路的自补偿性

对于由一组下降管和一组上升管组成的循环回路,假设下降管中循环水的欠焓为零,并且上升管的加热水区段的高度小(可不计),则回路的流动压头与上升管的循环速度的关系为

$$hg(\rho' - \rho_s) = \sum \xi_s \frac{W_0^2}{2} \rho' \left[1 + x\psi \left(\frac{\rho'}{\rho''} - 1 \right) \right]$$
$$+ \sum \xi_j \frac{2_0^2}{2} \left(\frac{f_s}{f_j} \right)^2 \rho' \qquad (4.66)$$

由式(4.66)可见,自然循环锅炉的循环速度与循环回路的蒸发量(锅炉的负荷)有关。一方面锅炉负荷的增加,汽水混合物的密度 ρ_s 减小,流动压头增加,循环速度也增大。另一方面,锅炉负荷的增加,回路产汽量的增加,质量含汽率 x 增加,流动阻力增加,循环速度下降。因此,当锅炉负荷增加时,由于上升管中汽水混合物的密度 ρ_s 减小,流动压头增加,循

环速度也增大。但是,当锅炉负荷的增加到一定值以后,负荷继续增加时 ρ_s 的下降率减慢,而流动阻力增加快,因此循环速度不再增加,反而下降,循环速度随负荷的变化如图 4.24 所示。

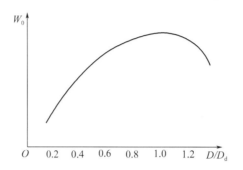

图 4.24　循环速度随负荷的变化

由此可知,高负荷时循环情况较稳定。大多数的循环事故发生在低负荷工作的时候。

当锅炉的压力增高时,饱和水和饱和蒸汽的密度差减小。按理,超高压和亚临界压力下的自然循环锅炉的循环速度应比一般高、中压锅炉小,实际上其循环速度却比高、中压锅炉高,这是由于超高压和亚临界压力的锅炉循环倍率较小(平均质量含汽率高)、$\rho'/\rho'' - 1$ 值小和采用较大的下降管与上升管流通截面积比 f_j/f_s 的缘故。

4.5.2　循环回路的设计与布置

为确保循环回路工作可靠,根据对循环故障产生原因的分析,在设计与布置循环回路时,应考虑下述一些主要原则和具体建议。

1. 循环回路

应尽可能设计成简单的循环回路;同一回路中的各根并联管子,其吸热大小、结构尺寸等方面情况应尽量相同。对容量较大的锅炉,一面墙上的上升管可根据上述要求划分成 3 个或 3 个以上的回路;小容量的工业锅炉,一面墙上的上升管可处于同一回路;低压小容量锅炉的循环高度不得太低。

2. 上升管

上升管管径一般多采用内径为 $\phi 30 \sim \phi 60$ mm 的管子,工业锅炉多采用 $\phi 51 \sim \phi 63.5$ mm 的管子。双面水冷壁和燃油锅炉的上升管径可取大些,燃用低热值的劣质煤及炉膛高度低的锅炉,应取用直径较小的管子。

上升管的结构应尽量简单,转弯少,阻力系数小;上升管最好直接引入锅筒,不用上联箱以减少阻力;上升管最好引入锅筒水空间,若从汽空间引入,则超出锅筒正常水位的提升高度应尽量减小。

为防止汽水分层,受热的上升管中不应有水平管段和水平倾角小于 15° 的微倾斜管段。在工业锅炉中,当采用受热联箱时(如链条炉的防焦箱、受热的沸腾炉的埋管上联箱等),上升管应由受热联箱的顶部引出,且管端不应伸入联箱,以避免联箱顶部因积汽而过热损坏。

3. 蒸汽引出管

如果需用上联箱,则上联箱到锅筒的蒸汽引出管应尽量做到长度短,弯头少;由同一上联箱引出的各根蒸汽引出管应保证其结构尺寸大致相同。蒸汽引出管应引入锅筒的蒸汽空间,因为引入水空间时,如果并联于同一上联箱的各蒸汽引出管汽水分配不均,有可能在汽少水多的蒸汽引出管中发生倒流;蒸汽引出管根数减少,阻力增加,影响循环的可靠性。正对倒流的蒸汽引出管的那根上升管还可能产生停滞。蒸汽引出管引入蒸汽空间时,提升高度 h_e 应尽可能的小,引入锅筒的位置应尽可能沿锅筒长度均匀布置。当采用旋风分离器时,蒸汽引出管也可以由水空间引入锅筒。

为减少蒸汽引出管的阻力,提高循环的可靠性,蒸汽引出管管径应采用比上升管直径大的管子,并保证有足够的截面积,一般采用内径为 $\phi 80 \sim \phi 150$ mm 的管子。工业炉常用 $\phi 89 \sim \phi 133$ mm 的管子,蒸汽引出管的总流通截面积 $\sum f_{yc}$ 与同一回路中各上升管的总流通截面积 $\sum f_{ss}$ 之比按表 4.7 推荐值取用。

表 4.7　蒸汽引出管的总流通截面积 $\sum f_{yc}$ 与同一回路中各上升管的总流通截面积 $\sum f_{ss}$ 之比

锅筒压力	低压	40～60	100～120	140～160	170～190
截面比	0.3～0.4	0.35～0.45	0.4～0.5	0.5～0.7	0.6～0.8

对于双面水冷壁回路,应比表中数值再增大 60%～70%,对于热负荷大、高度矮、阻力大的循环回路应取大值。

4. 下降管

减少下降管阻力可提高循环的可靠性,因此,下降管结构应尽量简单,长度短,弯头少。下降管管径应大于上升管管径,一般采用管内径为 $\phi 80 \sim \phi 140$ mm 的管子。采用集中下降管时,管内径为 $\phi 180 \sim \phi 550$ mm。工业锅炉上的下降管管径一般多采用 $\phi 89 \sim \phi 133$ mm的管子。

下降管应有足够的流通截面,同一循环回路中,各下降管的总流通截面积 $\sum f_j$ 与各上升管的总流通截面积 $\sum f_{ss}$ 之比可按表 4.8 中的推荐值取用。

表 4.8　下降管的总流通截面积 $\sum f_j$ 与上升管的总流通截面积 $\sum f_{ss}$ 之比

锅筒压力/bar		低压	40～60	100～120	140～160	170～190
截面比	分散下降管	0.2～0.3	0.2～0.3	0.35～0.45	0.5～0.6	0.5～0.7
	集中下降管			0.3～0.4	0.4～0.5	0.5～0.6

注:1 bar = 0.1 MPa。

对于双面水冷壁回路,应比表中数值再增大 60%～70%。

一个回路中的下降管根数希望能多一些,不希望只采用一根下降管。当采用集中下降管时,同一下降管连接的回路不宜过多,最好不超过 5 ~ 6 个,以免循环回路过于复杂,对循环不利。

当可能产生旋涡斗时,可在下降管入口处加装栅板或十字板,栅板装置如图 4.25(a)所示,十字板装置如图 4.25(b)所示。

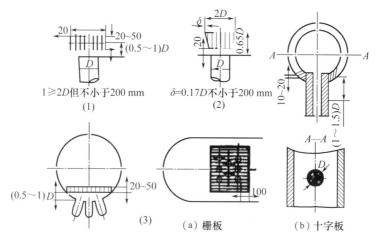

图 4.25　下降管入口处加装栅板或十字板

为防止在下降管入口处形成旋涡斗和自汽化,下降管应由上锅筒底部引出。对于双锅筒的水管锅炉,若需由下锅筒引出下降管,则不应在下锅筒底部沉渣区引出,一般可在下锅筒中心线偏下一些引出。下降管一般应由上锅筒引出,当对流排管各管的吸热偏差很大时,也可部分或全部由下锅筒引出。

为防止下降管带汽,下降管进口水速建议不大于表 4.9 中的数值。

表 4.9　下降管进口水速推荐值

锅筒压力/bar	40 ~ 60	100 ~ 120	140 ~ 160	170 ~ 190
下降管进口水速/($m \cdot s^{-1}$)	≤3	≤3.5	≤3.5	≤4

为使受热下联箱的受热部分均能得到水的冷却,链条炉防焦箱的下降管应由端部或端侧引入。

5. 联箱及其与管子的连接

为防止联箱内压力变化对流量分配产生影响,联箱直径不宜过小,且引入管与引出管最好沿联箱长度均匀地分散引入和分散引出,其次为"Ⅱ"形连接,应避免"Z"形连接。

为避免由下联箱进入各上升管的水量分配不均,下降管与上升管间夹角应尽可能接近90°,避免采用180°的夹角,避免下降管与上升管、上升管与排污管、上升管与蒸汽引出管、下降管与排污管的中心线重合。

受热的联箱应水平布置,以防止进入各上升管的汽水不均而引起循环事故。

第5章 强制循环锅炉水动力计算

5.1 强制循环锅炉的水动力特性

5.1.1 强制循环技术出现的背景

在开发亚临界参数锅炉技术的初期,曾经认为汽包压力达到 18.6 MPa 时,自然循环不可靠。为了提高循环的安全裕度,提出了在蒸汽回路中采用低压循环泵加水冷壁内螺纹管的新技术。循环泵给蒸汽回路的水循环提供了足够的流动压头,其提供的压头范围大约为 0.25~0.35 MPa。根据计算数据可知,亚临界参数锅炉的水循环系统总阻力约为 0.25~0.28 MPa。因此,强制循环锅炉的循环流动压头与自然循环锅炉相比,提高了 1.5 倍以上,可以显著提高水循环的可靠性。

5.1.2 强制循环泵对循环特性的影响

为了尽量减小循环泵的体积,必须限制循环泵的流量,在蒸汽流量一定的条件下,只能减少蒸发回路的循环流量,因此强制循环锅炉的循环倍率比较小,一般为 $K = 2 \sim 2.5$。循环倍率降低,意味着水冷壁管内工质的质量含汽率被提高,质量含汽率的变化范围达到 $r \geqslant 0.4 \sim 0.5$。此时,根据设计和计算要求,需要减小水冷壁管径,采用强制循环的 300 MW 锅炉,水冷壁管子规格一般为 $\phi 45 \times 6$ mm 左右;采用强制循环的 600 MW 锅炉,水冷壁管子规格一般为 $\phi 50.8 \times 5.59$ mm 左右。水冷壁普遍采用碳钢管。管径减小,必然增大阻力,但循环泵提供的富裕压头,足以保证循环流动的稳定性。质量含汽率提高,使限制产生膜态沸腾的安全裕度降低。但采用内螺纹管,足以抵抗膜态沸腾导致的传热恶化,使水冷壁的安全裕度大幅提高。

5.1.3 强制循环主要表现为强制流动特性

强制循环锅炉的水动力特性既具有自然循环的特性,又具有强制流动的特性。由于循环泵提供的压头比循环回路中的重位压差提供的流动压头提高了 1.5 倍左右,因此强制循环锅炉蒸发回路的水动力特性主要呈现强制流动的特性。为了防止流量分配不均与热偏差引起的水动力不稳定性和脉动以及传热恶化现象的产生,水冷壁入口处一般都安装节流圈,使得吸热较强的水冷壁管内保持较高的质量流速。在低负荷运行时,仍可用循环泵提供循环动力,因此强制循环锅炉的循环可靠性高,水冷壁传热性能好,热惯性较小,能够适应快速调峰的要求,这种技术主要应用于采用四角燃烧方式的 300 MW 和 600 MW 级亚临界参数锅炉上,在调峰运行方面显示出了较强的优势。

5.2　循环特性参数之间的关系

判断亚临界参数锅炉循环安全性的主要参数是质量含汽率及与其密切相关的水冷壁热流密度、实际蒸发量、循环流速和结构参数等。采用质量含汽率表示的循环特性参数的函数关系能够直接反映出各参数之间的制约关系。

5.2.1　质量含汽率与结构参数及循环特性参数的关系

设 F、w_0、G、x、N_s、d 和 ρ 分别为水冷壁的流通截面、循环流速、循环流量、水冷壁蒸发量、质量含汽率、水冷壁管子根数、水冷壁管内径和饱和水密度,它们之间的关系是

$$x = \frac{D}{G} \tag{5.1}$$

$$G = \rho' W_0 F \tag{5.2}$$

$$x = \frac{D}{\rho' W_0 N \frac{\pi d^2}{4}}$$

$$= \frac{1}{\rho' W_0} \frac{D}{F} \tag{5.3}$$

$$q_f N_S L_P = G\Delta i + D\gamma \tag{5.4}$$

1. 水冷壁热负荷与结构参数及循环特性参数的关系

设 q_f、s、L_p、γ 和 Δi 分别为水冷壁平均热负荷、管子节距、水冷壁管平均长度、汽化潜热和上升管入口水欠焓,其余符号同上。它们之间关系是

$$q_f N_s L_P = G\Delta i + D\gamma \tag{5.5}$$

$$q_f s L_P N_s = G(\Delta i + x\gamma) \tag{5.6}$$

$$q_f = \frac{\rho' W_0 \frac{\pi d^2}{4}}{s L_p}(x\gamma + \Delta i)$$

$$= \frac{\pi \rho' W_0 d^2 \frac{\pi d^2}{4}}{4 s L_p}(x\gamma + \Delta i) \tag{5.7}$$

2. 炉膛周界与循环特性参数及结构参数的关系

设 U 为炉膛周界,其余符号同上。近似认为 $N = U/S$,它们之间的关系是

$$U = \frac{DS}{\rho' W_0 \frac{\pi d^2}{4} x} \tag{5.8}$$

图 5.1 给出了循环倍率 K、循环流速 W_0 与 D/F 的关系。

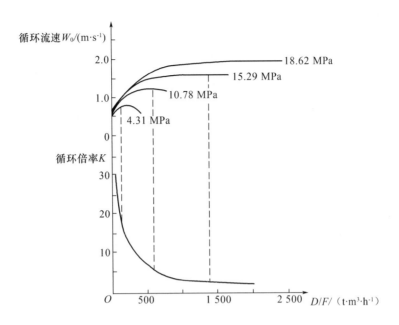

图 5.1　循环倍率 K、循环流速 W_0 与 D/F 的关系

　　从上述关系式中可以看出,控制质量含汽率的数值就制约了循环流速、热流密度及D/F等参数,通过调节各参数的数值可以控制合理的质量含汽率。根据上述的关系式,可以计算出接近实际的循环特性参数和水冷壁结构参数。根据计算数据,还可以从数量关系上进一步说明,对于 300 MW 级锅炉机组可以灵活选择循环方式。对于 600 MW 级锅炉,当燃煤性质及炉膛周界相近时,增大水冷壁管径也可以实现自然循环,数据见表 5.1。

表 5.1　600 MW 级锅炉炉膛结构比较

厂名	北仑港电厂	北仑港电厂	邯峰电厂
机组序号	1	2	1、2
炉膛尺寸 (宽×深)/m	19.558×16.432	19×17.4	上炉膛 34.48×15.631 下炉膛 34.48×9.525
高度/m	58.2	55.65	39.68
水冷壁规格	ϕ 50.8×5.59	ϕ 60.3×6.5	88.9/82.55/95.25/69.85
循环方式	强制循环	自然循环	自然循环
燃烧方式	四角燃烧	对冲燃烧	W 型火焰
机组功率/MW	600	600	660

　　根据表中的数据不难知道,循环方式虽然与燃烧方式有一定关系,但这种关系并非绝对不能改变。实际上,选择循环方式与选择燃烧方式一样,没有绝对的优劣之分或不可跨越的界限。在各种技术日趋成熟的今天,采用强制循环方式和采用自然循环方式一样,只

不过是机组性能需要的一种选择而已。

　　基于上述分析,采用四角燃烧的 600 MW 亚临界参数锅炉也可以选择内螺纹管水冷壁 + 自然循环方式,但需要对炉膛周界、水冷壁管径、循环回路设计和热负荷分布等问题进行全面深入的研究。

5.3　超临界参数锅炉的水动力及传热特性

5.3.1　工质的热物理特性对水动力及传热特性的影响

1. 工质大比热特性的影响

　　超临界参数锅炉的技术关键是水冷壁。经过长期的发展,螺旋管管圈与垂直管屏水冷壁成为目前的主流技术。

　　两者的不同点:螺旋管圈是适用于变压运行,而垂直管屏适用于定压运行。

　　两者的共同点:

　　(1)在高负荷运行工况下,水冷壁都在超临界压力下工作,管内工质温度随着吸热量的增加而提高。

　　(2)工质比容在拟临界温度附近的大比热区内发生急剧变化,但工质温度变化不大。

　　(3)压力越高,拟临界温度向高温区推移,大比热特性逐渐减弱。

　　超临界压力下工质的大比热特性,如图 5.2 所示。图示曲线表明,超临界压力下,对应一定的压力,工质存在一个大比热区。对应比热最大值的温度称为拟临界温度。工质温度低于拟临界温度时,工质为水;工质温度高于拟临界温度时,工质为汽。所以,工质最大比热对应的拟临界温度点也称为相变点。

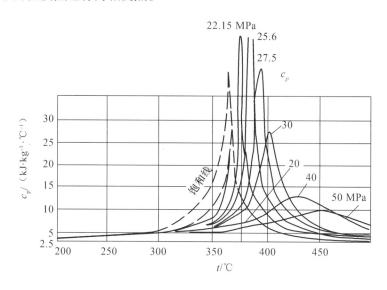

图 5.2　超临界压力下工质的大比热特性

大比热区内工质比容的急剧变化,必然导致工质的膨胀量增大,从而引起水动力不稳定和类膜态沸腾,因而温度随吸热变化很多。根据超临界压力下工质的热物理特性,控制下辐射区水冷壁的吸热量,尤其是将下辐射区水冷壁出口的工质温度控制在对应工质压力的拟临界温度下时,工质的大比热区避开受热最强的燃烧器区域是超临界锅炉机组设计和运行的关键。

2. 超临界压力下的类膜态沸腾

超临界压力下水冷壁管内可能发生的类膜态沸腾,主要是由管子内壁面附近流体的黏度、比热、导温系数和比容等物性参数发生了显著变化而引起的。图 5.3 给出了水和蒸汽的物理性质与温度的关系曲线,这些物性参数随温度升高而剧烈变化。超临界压力下工质热物理性质的急剧变化对管子传热特性的主要影响表现在以下几个方面。

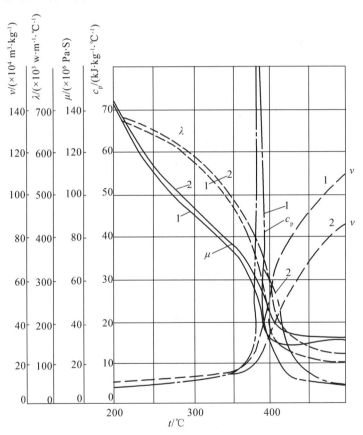

图 5.3　水和蒸汽的热物理性质与温度的关系曲线

1—$p = 25$ MPa;2—$p = 30$ MPa

(1)由于管子壁面处流体的温度与管子中心的流体温度不同,因此管子中心的流体黏度大,而壁面处的流体黏度降低。例如,当工质温度在 300 ~ 400 ℃范围内时,管内壁面处的工质黏度约为管中心工质黏度的 1/3,由此产生黏度梯度,引起流体紊流传热层流化。

(2)在边界层中的流体密度降低,产生浮力,促使紊流传热层流化。

（3）边界层中的流体导热系数也随着温度高升、降低，又使导热性差的流体与管壁接触，当进口温度较低时，壁面处的流体速度远小于管中心的流体速度，这又使流动层流化。

显而易见，在管子热负荷较大时可能导致传热恶化。超临界压力下由于工质热物理特性变化导致的这种传热恶化现象类似于亚临界参数下的膜态沸腾，称为类膜态沸腾。

3. 其他因素影响

已有的研究表明，超临界压力下的传热恶化还与水冷壁热负荷、工质的质量流速及工质欠焓有关。传热恶化首先发生在工质欠焓最大的管子入口处，工质欠焓越大，受热面热负荷越高，发生传热恶化的位置越提前。因此管子入口不应该布置在热负荷最高的燃烧器区域。同时，在任何负荷下，都需要达到满足正常传热要求的质量流速。

西安交通大学和哈尔滨锅炉厂的研究认为，在超临界压力下，采用内螺纹管和光管的传热性能差不多，只要控制适当的热负荷并维持较高的质量流速，内螺纹管和光管都不会发生传热恶化。

5.3.2　垂直管屏水冷壁的水动力特性

1. 垂直管屏水冷壁的优点和问题

垂直管屏水冷壁以其结构简单、容易实现膜式壁结构的优势而被广泛采用。为了保证炉膛下辐射区水冷壁管内的质量流速，下辐射区水冷壁的流路一般设计成 2～3 次垂直上升。在现代大功率锅炉机组上，为了避免产生较大的热偏差并提高工质的质量流速，仅采用二次垂直上升的形式，两个流路之间用不受热的下降管相连接。

由于出现了中间联箱，使工质重新分配且第一流路出口的工质温度升高，比容增大，因此进入第二流路的工质流量分配不均。另一方面，工质流量减少，质量流速降低，使得工质流量分配的不均匀程度增大。这些不利因素叠加在一起，有可能导致受热较强的水冷壁管中流量反而减少，使个别管子处于危险的工作状态。因此，按照目前的技术，垂直管屏水冷壁对变压运行的适应性较差。

2. 800 MW 超临界参数锅炉水冷壁的工作特点

位于葫芦岛市的绥中电厂引进的苏联 800 MW 超临界锅炉采用垂直管屏水冷壁。锅炉汽水系统分为两个完全独立的调节流程，每个流程的水冷壁下辐射区采用两次垂直上升。锅炉给水温度为 277 ℃，经过省煤器及悬吊管加热后，温度提高到 320 ℃，进入水冷壁下辐射区。在下辐射区水冷壁的一次垂直上升管屏（即第一流程）中，工质温度升为 55 ℃。下辐射区水冷壁的二次垂直上升管屏（即第二流程）中，工质温度为 25 ℃。工质到达下辐射区水冷壁第二流程出口处时被加热到 400 ℃，上辐射区水冷壁也采用两次垂直上升管屏。

下辐射区水冷壁出口的工质经过混合，进入上辐射区水冷壁的两个流程继续加热后，工质温升为 26 ℃。在水冷壁出口处工质温度达到 429 ℃。水冷壁中工质温升约为 109 ℃。

锅炉设计时为了保证下辐射区的水冷壁安全工作，控制下辐射区水冷壁出口工质的最高温度不超过 410～430 ℃。下辐射区水冷壁第二流程出口处的工作压力为 31.5 MPa 左右，这一压力对应的拟临界温度（即定压比热最大处的工质温度）约为 410 ℃。因此，控制极限温度实际上是为了防止相变点下移到燃烧器区域,即防止工质对应压力下的大比热区处于受热最强的燃烧区域,主要目的是防止下辐射区水冷壁发生类膜态沸腾。其次是防止工质比容急剧变化导致的水动力多值性以及防止过热器超温。

在超临界压力下,水冷壁管中工质温度不像亚临界压力下那样具有相同的沸腾温度,工质温度随吸热量变化,由于热偏差的影响,各管中的工质温度是不同的。这将导致各管中工质的膨胀量不尽相同,工质膨胀量过大时将会产生水动力的多值性。为了保证水动力稳定,在额定负荷时,下辐射区第一流程垂直上升管屏中工质的质量流速高达 2 339 kg/(m² · s),第二流程垂直上升管屏中的质量流速仍然保持在 2 000 kg/(m² · s)以上。为了避免出现低负荷运行时的水动力不稳定和脉动问题,锅炉采用全压启动方式。

800 MW 超临界参数锅炉的水冷壁只有在启动初期起水冷壁作用,当启动分离器转入干态运行后,水冷壁和过热器的作用基本相近,只不过水冷壁中的工质温度低一些。根据这一特点,本章给出了水冷壁系统流程图(图5.4),下辐射区水冷壁流程图(图5.5)和过热器系统的流程图(图5.6)。

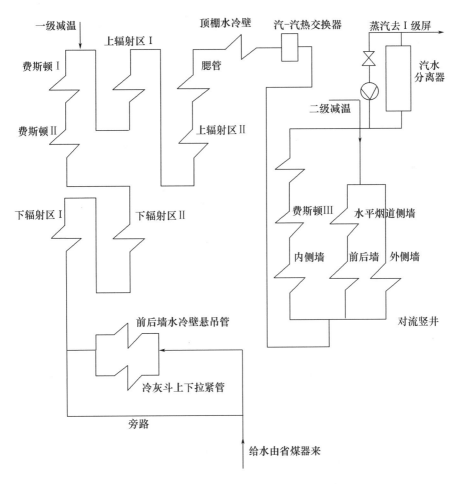

图 5.4　水冷壁系统流程图

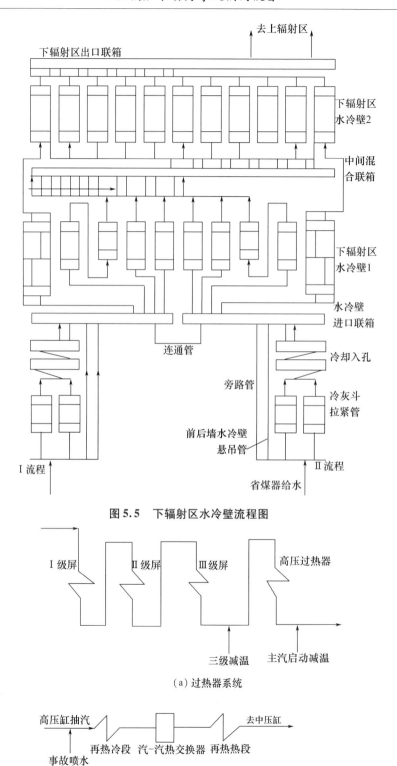

图 5.5　下辐射区水冷壁流程图

（a）过热器系统

（b）再热器系统

图 5.6　过热器系统的流程图

　　从图 5.4 和图 5.5 可以看出,下辐射区 Ⅰ、Ⅱ 流程中各水冷壁管组的吸热量不同,并各管组流程长度不同,且各管组进口工质压力和温度不同。因此,各管屏的阻力不同,各管屏的进口、出口压力和温度也不相同。

　　表 5.2 给出了机组负荷为 800 MW 时锅炉受热面的工作参数、工质焓增和吸热量。

表 5.2　机组负荷为 800 MW 时锅炉受热面的工作参数、工质焓增和吸热量

序号	受热面名称	进口温度/℃	进口压力/MPa	出口温度/℃	出口压力/MPa	温升/℃	工质焓增/(kJ·kg⁻¹)	吸热量/(kJ·s⁻¹)
1	省煤器	277	31.36	312	31.26	235	175.24	60 051.21
2	下辐射区 Ⅰ	320	31.07	375	31.16	55	356.75	96 468.01
3	下辐射区 Ⅱ	375	31.36	400	30.97	25	338.06	91 486.64
4	上辐射区 Ⅰ	403	30.87	415	30.28	12	266.73	91 230.69
5	上辐射区 Ⅱ	417	29.79	429	28.62	12	184.54	63 280.64
6	腮管	429	28.52	455	28.22	26	189.39	64 943.72
7	顶棚水冷壁	455	28.13	463	27.54	8	57.17	19 576.72
8	费斯顿 3	455	27.05	458	26.85	3	20.9	1 425.42
9	竖井包墙	455	26.95	460	26.85	5	29.15	3 392.13
10	Ⅰ级屏	444	26.66	466	26.36	22	123.75	4 4719.07
11	Ⅱ级屏	466	26.17	487	26.07	21	132.64	47 894.13
12	Ⅲ级屏	487	26.07	511	25.97	24	94.81	34 233.99
13	高温过热器	500	25.68	545	25.28	45	163.3	59 547.74
14	冷段再热器	296	3.88	448	3.7	155	373.88	110 724.6
15	热段再热器	437	3.7	545	3.62	108	249.98	36 827.05

　　如图 5.5 所示,下辐射区 Ⅰ、Ⅱ 流程的系统组成比较复杂。表 5.2 给出的压力和温度只是具有代表性的个别管组的数据。实际上,各管组进出口压力和温度并不相同,不过其他管组的数据基本接近表 5.2 中给出的数据。

3. 800 MW 超临界参数锅炉的主要特点

　　(1)在防止水动力多值性和脉动问题方面,主要采取了下面的技术措施。

　　①将水冷壁分为独立的两个流路,独立控制两个流路的给水流量及温度。

　　②采用较高的质量流速,并采用全压启动方式。

　　③控制下辐射区水冷壁出口的温度,使工质大比热区避开热负荷较高的燃烧器区域,以避免工质比容剧烈变化引起过大的汽水膨胀量。

　　(2)在消除热偏差方面,主要采取了下面的措施。

①采用工质旁路,减小下辐射区水冷壁第一流程中工质温度偏差。

②减小下辐射区水冷壁第二流程中工质温升。

③沿水冷壁流程,工质进行了多次混合和左右交叉。

④采用烟气再循环,降低燃烧器区域水冷壁的热负荷,使炉内烟气温度分布趋于均匀。

⑤采用较高的质量流速和全压启动、定压运行方式。

(3)在防止发生类膜态沸腾导致的水冷壁超温方面,主要采取了下面的措施。

①控制下辐射区水冷壁出口的温度,使工质大比热区避开热负荷较高的燃器区域,以避免吸热最强区域中工质热物理特性的剧烈变化。

②增大燃烧器节距,设置烟气再循环,降低燃烧器区域水冷壁的壁面热负荷。

③采用较高的质量流速和定压运行方式。

④水冷壁采用耐温能力较高的合金钢管。

(4)简化了旁路系统,不设高压旁路和低压旁路,只设置大旁路系统(快速启动旁路)。启动系统和控制系统以及启动操作随之简化。因此,800 MW 直流锅炉的启动过程和启动操作不同于国内现有的 500 MW 和 600 MW 直流锅炉。

5.3.3 螺旋管圈水冷壁的动力特性

1. 螺旋管圈水冷壁的优势

从理论上分析,螺旋管圈水冷壁具有下述优势。

(1)工作在下辐射区的水冷壁同步经过受热最强的区域和受热最弱的区域。

(2)工质在下辐射区一次性沿着螺旋管圈上升,没有中间联箱,在工质比容变化最大的阶段避免了再分配。

(3)不受炉膛周界的限制,可灵活选择并列工作的水冷壁管子根数和管径,保证较大的质量流速。

螺旋管圈水冷壁的这些优点,使得水冷壁能够工作在热偏差最小和流量偏差最小的良好状态。因此,其水动力稳定性较高,不会产生停滞和倒流,可以不装节流圈,最适合变压运行。

2. 螺旋管圈水冷壁结构及主要参数

(1)石洞口第二发电厂的 600 MW 超临界参数锅炉即采用螺旋管圈水冷壁,管子规格为 $\phi 38 \times 5.6$ mm,材料为 13CrMo44,由 316 根管盘旋至炉膛折角下部,盘旋圈数为 1.74 圈,螺旋管倾角为 13.95°。100% MCR 工况时的质量流速为 2 800 kg/(m² · s),螺旋管出口处的工质温度控制在 413 ℃,水冷壁出口处的工质温度控制在 433 ℃。直流运行工况的最小质量流速为 980 kg/(m² · s)。

(2)显而易见,螺旋管圈水冷壁尽管在结构上与垂直管屏水冷壁不同,在运行方式上也存在差别,但它们在超临界压力下的工作参数(压力和温度)几乎一致。下辐射区水冷壁出口的工质温度的控制,主要取决于超临界压力下工质的热物理特性,即在相同的工作压力下,无论是垂直管屏水冷壁,还是螺旋管圈水冷壁,下辐射区水冷壁出口的工质温度都应控制在不高于相应压力的拟临界温度下,即将工质吸热能力最强的大比热区避开热负荷最高的燃烧器区域,推移到热负荷较低的区域。

3. 变压运行时螺旋管圈水冷壁的工作特点

(1)超临界参数锅炉变压运行时,工作压力随负荷变化。在75% MCR 负荷以下时,水冷壁在亚临界压力区工作,管内工质是汽水混合物,比容变化比较大。此时如果管外热流密度过高,不仅容易引起膜态沸腾,还会引起较大的工质热膨胀。

(2)超临界压力锅炉在低负荷变压运行时,下辐射区出口的压力比较低,在50% MCR 负荷时的中间点压力为13 MPa,这时饱和汽的比容是水比容的8.1倍以上,汽水的比容差显著增大。

(3)低负荷运行时,螺旋管圈进口工质温度降低,工质欠焓增大,当部分水冷壁结渣或积灰或火焰偏移时将使各水冷壁管的沸腾点不同步地推迟,此时尽管水冷壁的总流量不变,但各管内工质流量分配不均或流量时大时小,从而出现流动不稳定现象。因此应特别注意低负荷下的水动力不稳定性。负荷越低,压力越低,越容易出现水动力不稳定性。

(4)变压运行的超临界直流锅炉启动时处于无压或低压状态,随着燃烧率的增加,工质温度和压力不断提高,使冷壁管中的汽水膨胀从而使得水冷壁出口的流量远大于给水量,这将影响到分离器的水位变化特性和系统的水动力稳定性。在75% MCR 负荷以上时,水冷壁进入临界压力和超临界压力区工作,影响水动力稳定性和传热特性的主要因素是工质的大比热特性。

4. 热偏差对螺旋管圈水冷壁安全性的影响

实际运行经验表明,直流锅炉的水动力不稳定性多数是在低负荷且水冷壁热负荷分布不均匀的情况下形成的。水冷壁热负荷分布主要取决于火焰中心位置的偏移及受热面结渣和积灰等条件,即影响水动力稳定性的主要因素是炉内过程引起的热偏差。在热偏差的作用下,管屏间或管内流量重新分配,在热负荷高的管屏或管子内,加热水区段变短,汽水两相流及蒸汽过热区段变长,使流动阻力大幅度增加,导致流量自动减少。

实际运行经验还表明,即使是螺旋管圈水冷壁,也会存在不同程度的热偏差。螺旋管圈水冷壁的受热偏差主要取决于螺旋圈数和火焰偏斜程度。例如,超临界压力600 MW 锅炉水冷壁的盘旋圈数仅为1.74,盘旋圈数减少,并列工作的管子根数将增加,沿高度方向上热负荷分布不均匀对螺旋管圈水冷壁同样会造成较大的热偏差。超临界参数600 MW 锅炉曾经因为四角火焰燃烧调正存在偏差,导致低负荷时炉膛火焰充满程度不好,火焰向后墙偏斜,使得锅炉在50% MCR 及以下的负荷范围内运行时,后墙水冷壁出现超温现象。低负荷时水冷壁超温的原因不仅与热偏差增大有关,而且与水冷壁中工质流量减少、质量流速降低有关。机组负荷高于60% MCR 时,火焰偏斜程度减弱,水冷壁中工质流量逐渐增大,超温现象逐渐缓减。

5. 燃料投入速度及减温水量对水动力特性的影响

在升温、升压的过程中,随着燃料量的增加,尤其是直吹式系统增投磨煤机时,一方面炉内燃烧放热量增大,引起热敏感性较强的水冷壁吸热量剧烈变化,管内汽水比容变化速度加快;另一方面为控制汽温还需要增加减温水量,如果减温水量较大,水冷壁中工质流量就减少得多。因此,实际运行中总是有多种不利因素同时影响着水动力的稳定性。

5.3.4　超临界参数锅炉采用管屏水冷壁的变压运行技术

一般认为,采用垂直管屏水冷壁的直流锅炉不适合变压运行。但是,如果根据变压运行的需要采取一些新技术,采用垂直管屏水冷壁的直流锅炉实现变压运行也是可能的。这些技术措施如下。

(1)设置过热器的旁路系统,根据需要控制过热器的蒸汽参数和流量。

(2)根据管子的吸热分布在流程管子入口加装不同孔径的节流阀,减小工质比容变化引起的流量偏差。

(3)采用内螺纹管克服在亚临界压力范围内可能出现的膜态沸腾。

(4)在低温烟道内布置蒸发器,解决低压下蒸发吸热不足的问题并保证进入水冷壁的工质处于湿蒸汽区。

(5)在水冷壁出口布置节流阀或旁路系统,在机组低负荷变压运行时,水冷壁在超临界压力下定压运行,过热器在亚临界压力下运行,机组进入高负荷运行阶段时,过热器转入超临界压力运行。

世界上超临界参数锅炉的工作参数机组技术比较先进的日本三菱公司、美国燃烧工程公司及苏尔寿公司等研究机构目前正在致力于垂直管屏水冷壁变压运行的研究工作。

5.3.5　超临界参数锅炉的水动力及传热特性分析

当超临界参数锅炉的工作参数进一步提高,过热器出口的压力达到 31 MPa 或更高时,水冷壁中工质压力将达到 37 MPa 或更高。根据超临界压力下工质的热物理特性可知,水冷壁中工质大比热特性将随压力升高而减弱,对应压力的大比热值减小,拟临界温度向高温区移动。例如,工质压力由 31 MPa 提高到 40 MPa,对应的拟临界温度由 410 ℃提高到 430 ℃,定压比热的最大值约降低 52%;压力由 31 MPa 提高到 50 MPa,对应的拟临界温度由 410 ℃提高到 460 ℃,定压比热的最大值约降低 63%。

工质黏度、密度、导热系数等热物理参数也随压力和温度而变化,但受压力影响比较小,而受温度的影响较大。在 250~550 ℃ 的范围内,工质密度和工质黏度随温度变化最大。在 150~550 ℃的范围内,导热系数随温度变化最大。在工质压力为 40 MPa、温度为 300~460 ℃的范围内,随温度升高,工质黏度约降低 70%,导热系数约降低 68%。压力提高到 50 MPa,在 300~460 ℃的范围内,随温度升高,工质黏度约降低 50%,导热系数约降低 57%。

当蒸汽压力提高到 40 MPa 时,水冷壁中工质压力低于 50 MPa,50 MPa 压力对应的拟临界温度大约为 460 ℃。仅就下辐射区水冷壁所用的钢材而言,与蒸汽压力为 25 MPa 的超临界参数锅炉相比,所需金属材料耐温能力的提高小于 50 ℃。

可以预见,超临界参数锅炉的水动力特性将趋于稳定化。由于类膜态沸腾造成的传热恶化的程度也将减弱,但因工质黏度和导热系数随温度变化较大,仍需注意防止类膜态沸腾引起的传热恶化。不过,在防止类膜态沸腾方面,不存在难以解决的技术难题。根据超临界压力下工质大比热区不出现传热恶化的经验判别公式 $q/(\rho W) \leqslant 0.42$ kJ/kg 可知,在高负荷运行条件下,只要控制下辐射区水冷壁中质量流速达到 2 000 kg/(m²·s),水冷壁最大热负荷不超过 840 kJ/(m² · s),国内 600 MW 超临界压力锅炉水冷壁最大热负荷为 407.070 kJ/(m² · s),质量流速可达 2 800 kg/(m² · s);在低负荷运行条件下,根据经验判别公式,控制下辐射区水冷壁中质量流速可达 800 kg/(m² · s),水冷壁最大热负荷不超过 336 kJ/(m² · s),可以避免传热恶化问题。

发展超超临界参数锅炉的主要问题是随着工质温度和压力的进一步提高,水冷壁、汽水分离器、过热器、再热器等受热面,联箱及连接管道等需要耐高温、高强度的高级金属材料。因此,发展超超临界参数锅炉的技术关键是金属材料。

5.4　强制循环锅炉的水动力计算

从循环方式来说,强制循环锅炉与低循环倍率锅炉的工作原理完全相同,其差别仅在于循环倍率不同。现代大容量强制循环锅炉的循环倍率一般为 4,不小于 3.5,中小容量强制循环锅炉的循环倍率更高(约 6 ~ 10),而低循环倍率锅炉的循环倍率仅为 1.2 ~ 2。因此将两种锅炉的计算合在一起介绍。

5.4.1　工作特点

两种锅炉具有下面的共同特点。

(1)与自然循环锅炉相比,具有两个特点:一是强制循环,即工质靠循环泵的推动在锅炉受热面内强迫流动;二是强制分配,即应用节流孔圈来分配进入各循环回路的工质流量。

(2)当锅炉负荷改变时,如循环泵的台数不变,则循环流量仅随循环回路和循环泵的特性稍有改变。当锅炉负荷改变时循环流量基本不变,因此锅炉的循环倍率近似地与锅炉的负荷成反比。如果额定负荷下能保证工作可靠,则在低负荷运行时工作也可靠,因此,如果低负荷下循环泵的运行台数不变,只做额定负荷下的水动力计算。

(3)锅炉的循环倍率决定锅炉的经济型、运行可靠性、运行机动性、锅炉的结构和运行特性。如循环泵工作可靠,则锅炉的循环倍率越高,越容易保证运行可靠性,但循环倍率越高,锅炉的金属消耗量大,制造成本高;循环泵的台数多、容量大、电耗大,运行经济性差。近十多年来,随着技术水平的提高,锅炉的循环倍率也日益降低。循环倍率低,则锅炉启动停炉时间短、机动性强。循环倍率还影响到锅炉的结构和运行特性,例如,强制循环锅炉用锅筒,低循环倍率锅炉则用直径较小的汽水分离器,两种锅炉的流量分配原则和节流孔圈装设方式不同,运行调节特点也不相同。

5.4.2　计算方法

由于这两种锅炉的循环回路结构近似自然循环锅炉,因此其水动力计算方法基本上与自然循环锅炉相同,只是在循环回路的下降管中加装了再循环泵,此时下降系统的压差由重位压差、流动阻力和循环泵的压头组成。在手工计算时也按锅筒(或分离器)的压力来选取工质物性参数。加热水区段高度按"当地"真实压力计算,即

$$h_{rs} = h_{rq} + \frac{\Delta i + (\Delta p_b \cdot 10^5 + \Delta p_{xs} + \Delta p_{ys} - h_{rq}\rho'g - \Delta p_{rs})\frac{\Delta i'}{\Delta p} \cdot 10^{-5}}{\frac{Q_1}{h_1 M_x} + \frac{\Delta i'}{\Delta p}\rho'g \cdot 10^{-5}} \quad (m) \quad (5.9)$$

式中　h_{rq}——加热前区段高度,由下联箱中心线至开始加热点的高度,m;

　　　Δp_{b}——循环泵的压头,bar;

　　　$\Delta p_{\mathrm{xs}},\Delta p_{\mathrm{ys}}$——循环泵的吸水管和压水管的总压差,包括重位压降和流动阻力,N/m²;

　　　Δp_{rs}——加热水区段的压差,可以只计算配水管(对于低循环倍率锅炉)和节流孔圈的阻力,N/m²。

　　　Δi——按锅筒中心压力计算的锅水欠焓,kJ/kg;

　　　Q_1——第一加热区段的每秒吸热量,kJ/s 或 kW;

　　　h_1——第一加热区段的高度,m;

　　　M_x——锅炉的总循环流量,即进入下降管的水流量,$M_x = K(D + \Delta D)$,kg/s;

　　　$\dfrac{\Delta i'}{\Delta p}$——压力每变化 1 bar 时饱和水焓的变化值,kJ/(kg·bar),此值与压力有关,计算时按锅筒压力选取。

　　两种锅炉的水动力计算又分为设计计算和校验计算两种。设计计算是在已确定的循环回路结构尺寸和循环倍率下预先分配进入各循环回路的流量,计算的任务是选取节流孔圈和循环泵。校验计算是已知循环回路的结构和节流孔圈的尺寸及循环泵的特性,计算的任务是决定锅炉的循环倍率和进入各回路的流量。两种计算的最后一项任务是校验工作可靠性。

　　为完成上述任务,首先做回路各环节在不同流量下的压降计算并绘制水动力特性曲线。在校验计算时,通过锅炉的总特性曲线与循环泵特性曲线的交点可求得循环倍率并反查出进入各回路的流量。设计计算时根据已选取的各回路的流量计算压差,最后按压差平衡的条件来选取节流孔圈和循环泵的压头。在设计计算时,由于各回路的流量、蒸发量已知,其上升系统既可以从下联箱往上计算,也可以从锅内(或分离器)往下计算。应用电子计算机计算时可以按各段的真实压力选取工质的物性参数。

5.4.3　循环倍率的选取

　　两种锅炉的循环倍率根据下面的原则来选取。

　　(1)保证上升管内必需的质量流速。循环倍率大,可以提高上升管中的工质质量流速。各上升管的最低质量流速是根据保证传热良好、正常流动工况(例如,水平管不产生汽水分层、下降流动时能带走气泡等)、水动力特性稳定(保证水动力特性单值性,不产生脉动)等条件决定的。在确定最低质量流速时还应考虑到由于吸热不均和阻力不均所造成的流量偏差。

　　(2)保证传热良好。循环倍率降低,则上升管出口汽水混合物的质量含汽率增大,在锅炉运行所达到的热负荷范围内,在超高压以上的锅炉中可能出现沸腾传热恶化。按现有资料分析,当锅炉的循环倍率大于 3 时,即能保证正常传热,因此目前大容量强制循环锅炉的循环倍率多选取为 4,设计时要求各蒸发管的循环倍率不小于 3。上述界限值 3 也是具有安全裕度的。实际上,即使进入传热恶化区,只要结构设计和质量流速选取得当,也能保证锅炉安全运行。低循环倍率锅炉由于循环倍率很低,对质量流速的选取和流量分配的要求更加严格。

　　(3)能选配合适的循环泵。一般中小型锅炉只用一台循环泵,另有一台备用。大型锅炉多是两台以上并联运行,只有一台备用泵,近代已开始取消备用泵,仅在运行泵的容量上留有裕量。当锅炉蒸发量不变时,循环倍率降低,要求循环泵的流量减小而压头增高。

(4)考虑锅炉的结构、制造和运行的要求。从结构和制造上,降低循环倍率可以缩小锅筒和各种管子(吸水管、压水管和上升管等)的直径,但对节流孔圈的选取要求严格,必须按热负荷分布来分配流量。从运行上看,循环倍率的大小与锅炉在变负荷时的工作可靠性密切有关。对于利用工业余热的强制循环锅炉,其吸热量随生产工艺过程可能有较大的变化,循环倍率就应该选取大一点。

5.4.4　流量的分配

强制循环锅炉的工作可靠性在很大程度上取决于是否正确分配进入各循环回路的工质流量。低循环倍率锅炉循环水的富裕量小,加之亚临界压力下可能出现传热恶化问题,流量分配更成为决定锅炉运行可靠性的关键问题。

影响并联管的流量分配的因素有 4 种:一是由于在分配联箱和汇集联箱中的压力变化使并联各管的压差不相同;二是由于产生水动力特性的多值性;三是由于并联各管的阻力系数不均;四是由于并联各管的吸热不均。以上 4 种因素都会导致流量偏差。

在强制循环和低循环倍率锅炉中,联箱的压力变化与管组的总压降相比,影响不大,一般可以不计。强制循环锅炉中的多值性问题下面还将专题讨论,在一次上升的蒸发管中不会产生多值性。一般并联蒸发管的阻力系数相差 5% ~ 10%,即使与吸热不均所引起的热流量偏差重合,对流量偏差的影响也不大(不到 5%)。在这种情况下,对流量分配影响最大的是由吸热不均引起的热流量偏差。

如前所述,自然循环锅炉在吸热不均时有自补偿性,强制循环锅炉也不是都没有自补偿性。在同一压差下工作的并联水平、下降和上升 - 下降蒸发管没有自补偿性,在吸热量大的流量下,都可能有自补偿性。但是,这是当蒸发管进口处没有装节流孔圈时的流量分配特性,当进口装节流孔圈后,重位压降的影响减小,自补偿性消失。

根据各管的阻力系数和吸热情况分别加装不同孔径的节流孔圈可以完全按需要分配流量,实际上节流孔圈只能分几个等级,对工况相近的管子装同一种节流孔圈。循环倍率较大的强制循环锅炉容许流量偏差大,可以分级装节流孔圈甚至装设相同的节流孔圈使流量趋于均衡即可满足安全可靠的要求。计算分析和实践证明,为减小热流量偏差,水平管的节流孔圈阻力与流动阻力比约取为 1,中压锅炉和垂直上升管的节流比可以小些。

亚临界低循环倍率锅炉容许流量偏差小,对传热恶化也较敏感,加之其管径较小、管束较多,不可能在每根蒸发管入口装节流孔圈,只能将节流孔圈装在配水管上,因此必须按各管组的吸热量分配进入各管组的总流量,并通过计算校核在管组中每根管子的流量。计算证明,在这种循环倍率下,也只有在一定压力下尚有可能存在自补偿性。

根据各蒸发管出口含汽率 x_c(等于循环倍率的倒数)相同的原则,可按下式预先分配进入各管组(回路)的循环流量:

$$M_x = \frac{Q_x}{(rx_c + \Delta i)} \quad (\text{kg/s}) \tag{5.10}$$

式中　Q_x——循环回路的吸热量,kW;

　　　r——汽化潜热,kJ/kg;

Δi——进入回路的循环水的欠焓,kJ/kg。

5.4.5　工作可靠性的校验

1. 工作可靠性的指标

两种锅炉驯化可靠性的指标是受热管的壁温、不出现流量脉动、水动力特性是单值的、不出现循环的停滞和倒流及在再循环泵中不产生蒸汽。

在垂直蒸发管中为保证壁温正常,要求在受热最强的偏差管中工质的质量含汽率不超过传热恶化时的界限值χ_{jx}。对于压力低于 11 MPa 的锅炉,如蒸发管的循环倍率大于 3,可以不做校验。

2. 水平及微倾斜蒸发管上部管壁过热度的计算

根据大量的试验数据,米洛波尔斯基等整理出一套水平及微倾斜管蒸发区段($0.02 < x < 1$)上部管壁过热度(上部内壁温与沸腾水温之差)的计算公式。

当水平管均匀受热时,

$$\Delta t = A_1 \frac{q D_m^{1.1}}{\lambda \delta x^{0.15}(\rho W)} \quad (℃)(此公式缺少指数) \tag{5.11}$$

式中　q——管内壁热负荷,W/m²;

D_m——管子的内径,m;

λ——金属的导热系数,W/(m² · ℃);

δ——管壁厚度,m;

x——质量含汽率;

ρW——质量流速,kg/(m² · s)。

此式适用于计算管子节距与管外径之比 s/D 较大的对流蒸发管、沸腾式省煤器管和水冷壁管。

对于排得很密的靠墙水冷壁管,如直流锅炉的水冷壁管,其 s/D 接近于 1,管壁温度工况与上述情况不同。在分层流动时管子上部并不受到强烈的加热,此时最高壁温点由上母线移向上侧,同时管壁的过热度 Δt 较均匀受热时的 Δt 小。对于这种单侧加热的水平管的计算公式为

$$\Delta t = A_2 \frac{q D_m^{1.1}}{\lambda \delta x^{0.15}(\rho W)} \quad (℃)(此公式缺少指数) \tag{5.12}$$

在燃烧器及入孔处的水冷壁管由于沿管子四周加热,因此按均匀加热情况计算。

如果管子不是水平放置,而是与水平线成一定的倾角 α 放置,则随 α 角的增加过热度减小。在超高压(14 ~ 18 MPa)下,增加倾角10°将使管壁过热度降低约一半。在中高压下,当 $\alpha = 10°$ 时,过热度基本消除。在 $p > 14$ MPa 时,对于倾角为10°的管子,其上部管壁的过热度按下式计算:

$$\Delta t = A_3 \frac{q D_m^{1.1}}{\lambda \delta x^{0.15}(\rho W)} \quad (℃)(此公式缺少指数) \tag{5.13}$$

在式(5.11)、式(5.12)、式(5.13)中 A_1、A_2、A_3 为与工质压力有关的系数,可按图 5.7

查取。

当利用式(5.11)、式(5.12)、式(5.13)计算开始蒸发点的管壁过热度时,取 $x = 0.02$。

水平加热管的上、下管壁温差没有计算公式,对于直流锅炉,在一般的受热面热负荷和质量流速下,当均匀加热时,Δt 不大于 40℃;当单侧加热时,Δt 不大于 20 ℃。

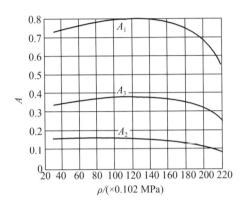

图 5.7　不同压力下的系数 A_1、A_2 和 A_3 值

3. 水平及微倾斜蒸发管的传热恶化区

由于水平及微倾斜蒸发管有两相流体分布不对称性的问题,因此其传热恶化范围比垂直管大得多,并且水平管的上母线处比下母线处先发生传热恶化现象。在上母线处发生传热恶化现象以后,在相当长一段管段内,下母线处的壁温仍接近于饱和温度。在下母线处发生传热恶化时,其壁温最大值也比上母线处低。在相同的条件下,垂直管发生传热恶化的界限含汽率大于水平管上母线的数值,而与下母线的数值相近。随着质量流速的增加和压力降低,此差异逐渐缩小,一般界限含汽率按上母线确定。

对于沿管子周界均匀加热或从上部加热的水平蒸发管,在不同压力下的界限含汽率见表 5.3。

表 5.3　水平蒸发管的界限含汽率

p/MPa	1 ~ 5	> 5 ~ 10	> 10 ~ 15	> 15 ~ 17
x_{jx}^p	0.3	0.2	0.1	0

当压力超过 17 MPa 时,可能在欠热水区段出现传热恶化。

在倾斜管中,由于同样存在不对称性,因此其传热恶化范围大于垂直管而小于水平管。当沿管子周界均匀加热或从上部加热时,倾斜管的界限含汽率可按下式计算:

$$x_{jx}^\alpha = x_{jx}^p + (x_{jx} - x_{jx}^p) b_\alpha \tag{5.14}$$

式中　$x_{jx}^\alpha, x_{jx}^p, x_{jx}$——在同一给定条件下的倾斜管、水平管和垂直管的界限含汽率;

b_α——考虑水平倾角(α)的修正系数,$b_\alpha = \alpha/90$。

当管径在 40 mm 以下的水平管和倾斜管单侧加热时,对于管子节距与管径之比 $s/D \leq$

1.5 的全焊式水冷壁和 $s/D \leqslant 1.2$ 的水冷壁管,其界限含汽率可取与垂直管相同。

水平蒸发管在传热恶化区的放热系数的最小值 $\alpha_{\min}^p$ 按以下方法选取。对于 $D \leqslant 40$ mm 的管子当单侧或从下部加热时,其 $\alpha_{\min}^p$ 取值与垂直管相同,即按图 1.16 查取;对于沿周界均匀加热或从上部加热的管径大于 15 mm 的管子,其放热系数按下式计算:

$$\alpha_{\min}^p = \alpha_{\min} \frac{0.015}{D} \quad [\,\mathrm{W}/(\mathrm{m}^2 \cdot ℃)\,] \tag{5.15}$$

式中　$\alpha_{\min}$——垂直管传热恶化时额最小放热系数,$\mathrm{W}/(\mathrm{m}^2 \cdot ℃)$;

　　　　D——管子外径,m。

脉动和停滞倒流的校验按第 3 章要求进行。对于垂直上升管,当下、上联箱之间的压差 $\Delta p > h\rho'g$ 时,(h 为上下联箱间的上升管高度)可以不做停滞和倒流的校验。在下降流动的管件内为防止停滞和倒流,要求工质的质量流速 $\rho W < 500$ $\mathrm{kg}/(\mathrm{m}^2 \cdot \mathrm{s})$。

在强制循环锅炉的垂直上升管和分配联箱内及下面的上升 – 下降管件内都不会产生水动力特性的多值性。对于低循环倍率锅炉,由于循环倍率较低,进入蒸发管的循环水欠焓较大,当高压加热器解列时应做校验。

4. 再循环泵的工作可靠性

两种锅炉的工作可靠性都与再循环泵的可靠性有关。为防止循环泵产生气蚀,要求在任何运行工况下再循环泵进口处不出现蒸汽。为此,要求在锅炉最大负荷下循环泵前吸水管的压差值大于循环泵的必需气蚀裕量,后者用必需的净正吸水压头(NPSH)$_x$ 表示,即

$$h\rho g - (\Delta p_{\mathrm{ld}})_{xs} \geqslant 1.1(\mathrm{NPSH})_x \rho g \quad (\mathrm{N}/\mathrm{m}^2) \tag{5.16}$$

式中　ρ——吸水管中水的密度,kg/m^3;

　　　　h——由锅筒水位至循环泵进口的高度,m;

　　　　$(\mathrm{NPSH})_x$——单位也是 m。

当进入吸水管的水具有欠焓 Δi 或带汽(带汽时 Δi 为负值)并且在锅炉降压时,再循环泵进口不出现蒸汽的条件是:

$$\Delta i + \left[\,h\rho g - (\Delta p_{\mathrm{ld}})_{xs} - \Delta p_{\mathrm{bj}}\,\right] \frac{\partial i'}{\partial p} \times 10^{-5} \geqslant \left(\frac{1}{W}\frac{\partial i'}{\partial p} + \frac{M_{\mathrm{j}}}{\rho W f}c_{\mathrm{j}}\frac{\partial t}{\partial p}\right)\frac{\partial p}{\partial \tau} \quad (\mathrm{kJ}/\mathrm{kg})$$

$$\tag{5.17}$$

式中　$(\Delta p_{\mathrm{ld}})_{xs}$——吸水管的流动阻力,$\mathrm{N}/\mathrm{m}^2$;

　　　　Δp_{bj}——循环水进入循环泵叶轮时的进口阻力损失,N/m^2;

　　　　W, f——水速和管截面积,m/s,m^2;

　　　　$\dfrac{\partial i'}{\partial p}$——当压力变化时饱和水焓的变化,$\mathrm{kJ}/(\mathrm{kg} \cdot \mathrm{bar})$;

　　　　$M_{\mathrm{j}}, c_{\mathrm{j}}$——吸水管金属的质量和比热,kg,$\mathrm{kJ}/(\mathrm{kg} \cdot ℃)$。

　　　　$\dfrac{\partial t}{\partial p}$——金属温度随压力的变化,计算时取等于压力变化时饱和水温度的变化,$℃/\mathrm{bar}$。

由式(5.17)可得容许降压速度计算公式为

$$\frac{\partial p}{\partial \tau} = \frac{\Delta i + \{h\rho g - (\Delta p_{\mathrm{ld}})_{\mathrm{xs}} - \Delta p_{\mathrm{bj}}\}\frac{\partial i'}{\partial p} \times 10^{-5}}{\frac{1}{W}\frac{\partial i'}{\partial p} + \frac{M_{\mathrm{j}}}{\rho Wf}c_{\mathrm{j}}\frac{\partial t}{\partial p}} \quad (\mathrm{bar/s}) \tag{5.18}$$

如果已知循环泵的$(\mathrm{NPSH})_{\mathrm{x}}$值,则式(5.18)又可写为

$$\frac{\partial p}{\partial \tau} = \frac{\Delta i + \{h\rho g - (\Delta p_{\mathrm{ld}})_{\mathrm{xs}} - (\mathrm{NPSH})_{\mathrm{x}}\}\frac{\partial i'}{\partial p} \times 10^{-5}}{\frac{1}{W}\frac{\partial i'}{\partial p} + \frac{M_{\mathrm{j}}}{\rho Wf}c_{\mathrm{j}}\frac{\partial t}{\partial p}} \quad (\mathrm{bar/s}) \tag{5.19}$$

如果不计式(5.17)右端第二项降压时金属储蓄热的变化并将该式写为$\partial p/\partial \tau$的函数式,通过求导数可得容许降压速度最大时的吸水管水速为

$$W = \left[\frac{\Delta i + h\rho g \frac{\partial i'}{\partial p} \times 10^{-5}}{3\left(\sum \xi_{\mathrm{jb}} + \lambda \frac{l}{D}\right)\frac{\rho}{2}\frac{\partial i'}{\partial p} \times 10^{-5}}\right]^{\frac{1}{2}} \quad (\mathrm{m/s}) \tag{5.20}$$

由以上各式可见,为提高循环泵的可靠性,应选取合理的吸水管水速和管径、增大吸水管的高度(将循环泵放在最低点)、减小吸水管的阻力系数和提高循环水的欠焓。

5.5　直流锅炉的水动力计算

5.5.1　直流锅炉水动力计算的特点

根据直流锅炉水动力计算的任务和直流锅炉的具体情况,其水动力计算有以下几个特点。

(1)在不同负荷下,通过直流锅炉各受热面的工质流量是已知的,因此,在水动力计算时,首先应确定在此总流量下的压降和在各并联汽水系统中的水量分配,在此基础上,再校验其工作可靠性并提出提高可靠性的措施。

(2)为了确定在串联和并联的复杂系统中的流量分配和分析水动力特性的多值性,在手工计算时,必须借助于绘制水动力特性曲线。为此,对每一个管组或管段,仍需要先假设几个流量并做压降计算,再绘制整个系统的总水动力特性$[\Delta p = f(M)]$曲线,最后,按已知的总流量从总特性曲线反求出工作压差和在各并联管中的流量。

在新设计锅炉时,也可以根据并联管组的热负荷情况预先分配进入各管组的流量(或选取质量流速),然后进行压降计算,各并联管组间的压降差值用节流孔圈补偿。

(3)由于直流锅炉的工质流量与锅炉负荷成正比,为保证低负荷下的运行可靠性,除额定负荷下的水动力计算外,还要低负荷及锅炉启动工况下的水动力计算。给水泵的压头按额定负荷选取。

为了校验偏差管的工作可靠性,除对平均工况管进行计算外,还要做偏差管的计算。

(4)直流锅炉的水动力计算顺序与工质的流程方向相反,即先计算末段过热器。在计算各段受热面压降时,工质的物性参数按该段的平均压力选取。当管段的压降不大(<2 bar)及超临界压力下,可按出口联箱中压力(即该管段计算起点的压力)选取。

（5）由于按"当地"压力选取物性参数,因此开始沸腾点可以直接按热量平衡来决定。例如,假设管段内沿管长为

$$l_{zf} = \frac{xrl}{\Delta i_{gd}} \tag{5.21}$$

加热水段长为

$$l_{rs} = l - l_{zf} \tag{5.22}$$

1. 水动力特性曲线的绘制

为了校验偏差管的工作状况,在水动力特性图上除绘制整个管组的水动力特性曲线外,还要绘制偏差管的特性曲线。每一根特性曲线代表在给定的结构和吸热量下,管件中工质流量与压降的关系。

在第3章和第4章已介绍了各种管件的水动力特性曲线及其绘制方法,这里只补充两点。

（1）倒流特性曲线的绘制。

如图3.15所示,其第二、三象限中的水动力特性曲线为倒流曲线。在倒流时,除重位压降外,所有各压降均取与正流时相反的符号。

除原设计的工质流向为下降（即管组的分配联箱在上部）外,在做倒流特性计算时,其工质的进口焓应取为正流时的出口焓,如果出口为汽水混合物,则应取饱和水的焓 i' 作为进口焓。

由于倒流的偏差管与正向流动管在同一压差下工作,而其进口焓又与正向流动管的流量有关,因此不能用一个进口焓来计算整个倒流特性曲线,在绘制倒流特性曲线时必须先绘制辅助特性曲线,其步骤如下。

先假设一个管组压差,从正流曲线上得正流的流量值并求出正流时的出口焓;以该焓值作为倒流时的进口焓（或用 i'）,假设3个倒流流量（它们可为正流时流量的50%、100%和150%）,计算出3个倒流压差,绘出压差与流量的关系曲线;从后一曲线与原假设管组压差的交点可得倒流时的实际流量。

按上述步骤再做出几个点,即可连成倒流特性曲线。

（2）多值性特性曲线的绘制。

为了校核水动力特性曲线的多值性,或从多值性特性曲线确定稳定性,需要绘制水动力特性曲线。

为掌握多值性区的特性曲线走向,在该区域的流量值要取得密些,否则不能确定多值性的最低点。

在计算和绘制多回程管件的多值性曲线时,还应该考虑到各回程的吸热不均匀性。

由于在启动工况和低负荷时进入蒸发受热面的给水欠焓较大,可能出现多值性,因此应绘制不同进口欠焓下的水动力特性曲线。

2. 工作可靠性的校验

直流锅炉的蒸发受热面工作可靠性校验项目有流量偏差、热偏差和管壁温度的校验,水动力特性单值性的校验,脉动校验,停留和倒流校验等。脉动校验只有亚临界压力锅炉

才进行。

　　直流锅炉流量偏差的校验可以用两种方法:一是从偏差管的水动力特性曲线查其工作流量;二是按式(4.10)计算流量偏差值(一般情况下,该式中的联箱内压力变化项可以不计)。两种情况下的流量偏差都与偏差管的吸热不均系数 η_r 有关。在绘图时利用 η_r 来确定偏差管的吸热量,在应用公式计算时,先假设偏差管的热偏差 ρ_r 值,得偏差管 $\bar{v}$ 和 $\bar{\rho}$ 值,再按式(4.10)求流量偏差 ρ_j;由式(4.5)即得对应的 η_r 值。在校验前应绘制 $\rho_1 = f(\eta_r)$ 关系曲线,校验时按实际的 η_r 值查流量偏差。过热受热面的热偏差用偏差管出口工质温度 t_0 来表示。知道偏差管的工质流量、进口焓和偏差管的吸热量,不难求出 t_0 值。应当对工质温度最高、受热面热负荷最大的管件进行校验,校验时 η_r 应选取锅炉运行工况中可能出现的最大值。

　　在直流锅炉的蒸发受热面中存在质量含汽率从 0 ~ 1 的全部区段,应特别注意对可能出现沸腾传热恶化的工质焓区做管壁温度的校验,如果不能保证正常的温度工况,则必须提高工质的质量流速或采用内螺纹管等措施。

　　当管组的水动力特性曲线出现多值性时,如果管组的工作压差高于特性曲线最小极值点的压差值时,仍可保证不会因多值性而引起流量偏差,为此,要求管组内工质的质量流速不小于最小极值点的质量流速的 1.5 倍。

　　为校验亚临界压力锅炉水平管的单值性和特性曲线的必要陡度,可以不绘图而直接按式(4.28)校验。对于水平管,可以采用加节流孔圈的方法来保证单值性和必需的特性曲线陡度;对于上升 - 下降管件,不宜用节流孔圈来保证单值性,因为它所需节流度很大,只能采用改变结构的措施。在这管件中可以用节流孔圈来消除流量偏差。

　　亚临界压力直流锅炉的垂直上升和水平上升管件的特性一般都是单值的,但可能出现停滞和倒流。停滞和倒流的校验按锅炉的最低负荷进行,只对开始汽化那一形成做校验,此后的管段的吸热不均匀性和结构差别很大时,也应做校验。

　　关于停滞、倒流和脉动等校验方法详见第 4 章。

3. 直流锅炉受热面系统的设计原则

　　为保证直流锅炉汽水受热面系统的工作可靠性,在设计时应遵循以下原则。

　　(1)尽可能减小热偏差和流量偏差。为此,要求在同一管组中各管的结构一致、吸热均匀;当受热面系统分成几股时,如果没有控制流量分配的措施,要求每股间结构和吸热相近;超临界压力锅炉还可以加装中间混合联箱,以减小管组的焓增值。

　　(2)在系统布置上应注意防止流动故障。例如,将分配联箱放在下部,汇集联箱在上部;不采用下降流动系统;为防止脉动,在加热区段用小管径等。

　　(3)防止汽水混合物分配不均。由省煤器出来的工质应具有一定的欠焓(一般要求为 160 kJ/kg);蒸发受热面系统尽可能不装中间混合联箱,当装设中间联箱时,应采取保证取水分配均匀的措施,最好将中间混合联箱装在质量含汽率大于 0.7 处。

　　(4)保证必需的质量流速,又尽可能减小阻力损失。目前比较常用的措施为采用逐级放大的管径,即在炉膛下部用小管径。变管径处应放在热负荷较低的地方(也是含汽率较高区段)。必需的最小质量流速按最低负荷考虑,它应照顾到防止传热恶化、脉动、停滞和倒流等多方面的要求。也可以采用低负荷再循环系统。

（5）为防止积盐和管壁超温，临界压力以下的整个区和超临界压力的焓值大于 1 600 kJ/kg 的区应放在离火焰中心区域较远的热负荷较低区。

（6）如果加装节流孔圈，节流孔圈应装在受热面的入口处并保证在任何工况下该处为单相水。

5.6 低质量流速直管技术

大容量锅炉的水冷壁通常采用多回路管屏或螺旋管圈以保证其具有较低的壁面温度和较小的工质温度偏差。而采用这两种管屏在解决以上问题的同时也带来了无法克服的缺陷：支吊复杂、管内流动阻力较大、制造和运行成本增加。与之相比较，垂直管屏结构简单，管内流动阻力较小。变压运行适应性好，可以有效节约成本。但是，其本身存在的热敏感性强、水动力稳定性差等问题一直制约着它的发展。Benson 低质量流速垂直管屏直流技术（低质量流速 OTU 技术）可以解决这个问题。该技术中，采用称之为 Benson 管的优化内螺纹管，使采用垂直管屏的直流锅炉水冷壁中产生自然循环特性，有效降低特性偏差，使得锅炉在很低的质量流速下依然能够安全地运行，因此受到了高度重视。

1. Benson 管原理与特点

管内工质的阻力特性决定了受热面的水力流动情况，进而影响了管子布置的可行性与安全性。一般的管内阻力由重位压降 Δp_{zw}、摩擦压降 Δp_{mc} 和加速压力降 Δp_{js} 组成。在亚临界压力范围内，由于加速压降 Δp_{js} 很小，可以将之忽略。在受热一定的条件下，摩擦压降 Δp_{mc} 与重位压降 Δp_{zw} 随质量流速的变化，如图 5.8 所示。可以看到，当质量流速小于该负荷下的临界质量流速 G_0 时，重位压降 Δp_{zw} 的变化率大于流动阻力的变化率，因此重位压降为管内阻力的控制部分。在这种情况下，若管子吸热增加，管内工质平均密度会减小，引起重位压降 Δp_{zw} 减小，流动阻力亦即摩擦压降 Δp_{mc} 增大。因此，受重位压降 Δp_{zw} 的控制，总阻力 Δp_{total} 降低，管内工质流速必须增大，以弥补总阻力的降低。当质量流速大于 G_0 时，管内总阻力受流动阻力控制，当工质吸热增大时，管内含汽率增大，流动阻力迅速增加从而总阻力增大，引起管内质量流速降低。因此，当质量流速小于 G_0 时，吸热量增大，流速也增大。这种流动特性被称为正流量响应特性，此时流动具有自补偿能力，因此又被称为自然循环特性；当质量流速大于 G_0 时，吸热量增大，流速减小，这种流动特性被称为负流量响应特性或直流特性。在超临界压力下，各阻力的变化类似于两相流，因此以上特性在超临界压力时也会出现。

上述流动特性普遍存在于管内流动中。不同的热负荷对应的临界质量流速有所不同。热负荷越大，重位压降随质量流速的变化越缓慢，临界质量流速降低。故水冷壁内工质质量流速应该小于最大热负荷下的临界质量流速才能保证水冷壁在额定热负荷下也具有自补偿特性。在自然循环锅炉中，通过提高循环倍率可以使得回路在具有自补偿能力的范围内安全运行。而对于直流锅炉，不得不提高工质质量流速以防止传热恶化。此时直流锅炉已失去了自补偿特性，运行在负流量响应特性区域。在低质量流速下工作的水冷壁，尤其是使用光滑管的水冷壁，根本无法满足传热需要。而内螺纹管通过改变管子结构，在考虑传热需要的同时，兼顾考虑管内工质具有较好的应用前景。

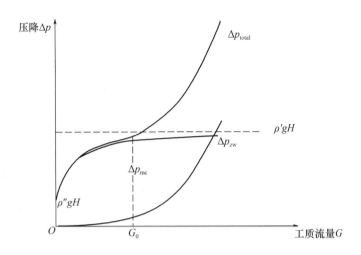

图 5.8　Benson 管原理

　　研究表明,采用内螺纹管可以推迟甚至抑制传热恶化,在高干度区域也很难形成膜态沸腾。现在用于锅炉中的内螺纹管主要分为单头内螺纹管和多头内螺纹管。单头内螺纹管造成的流体紊流效应很大,可以有效推迟或抑制传热恶化,但是其摩擦阻力压力降很大,耗能大,因此成本高,造价比较昂贵。普通的多头内螺纹管摩擦阻力较单头的小,但是其造成的紊流效应没有单头的大。西门子公司通过 20 多万个试验数据在各种内螺纹管中优选一种内螺纹管,称为 Benson 内螺纹管(简称 Benson 管)。和以上两种内螺纹管相比,Benson管具有非常高的冷却能力,即使在质量流速很低的情况下,传热特性依然良好。Benson 管的另一个优势是在保证壁面附近强烈的紊流的同时,管内摩擦阻力降低。

　　垂直管屏直流锅炉具有结构简单、流动阻力小、成本低等特点,因此在锅炉逐渐大型化的过程中越来越受到重视,而 Benson 管低质量流速技术的出现更加推动了这一技术的进步,Benson 低质量流速垂直管屏的结构如图 5.9 所示。

　　Benson 低质量流速垂直管屏直流技术,在满足低质量流速的同时能够保证水冷壁不发生传热恶化。试验表明,工质质量流速降到 1 000 kg/(m² · s)时,就出现类似于汽包炉的自然循环特性。因此降低了管屏对热偏差的敏感程度,减少了管屏出口工质的温度偏差,保证了锅炉的安全运行。采用 Benson 管的垂直管屏将有效降低成本,在保证锅炉安全运行的前提下能够简化锅炉支吊,降低成本与给水泵能耗,提高发电机组的供电效率,使锅炉启动负荷低,启动简单。对于螺旋管圈,通常在35% 左右就需要采用再循环方式,而采用

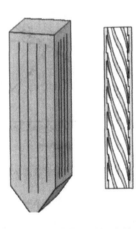

图 5.9　Benson 低质量流速垂直管屏的结构

低质量流速的 Benson 锅炉,其最小直流负荷降到20%左右仍能安全运行。

2. 低质量流速 OTU 技术应用分析

我国姚孟电厂1号炉的改造成功是 Benson 低质量流速 OTU 技术在世界锅炉技术中的第一次应用。该电厂采用了 Mitsui 公司提供的锅炉改造方案。水冷壁采用较大直径的 Benson 管进行低质量流速设计。改造前,该锅炉在 100% BMCR(Boiler Maximum Continue Rate,锅炉最大连续蒸发量,主要是在满足蒸汽参数,炉堂安全情况下的最大出力)负荷时的工质质量流速高于 1 800 kg/(m² · s),流动特性呈现直流特性,当发生吸热偏差时,吸热最多的管子流量最小,极易发生传热恶化,造成水冷壁管温度急剧增加。改造后,该锅炉的工质质量流速不到改造前的 40%,BMCR 负荷时,工质质量流速最高仅为 687 kg/(m² · s)。此时水冷壁系统的流动特性呈现自然循环特性,具有自补偿能力,吸热最多的管子中流量最大,极大改善了传热条件,降低了管壁温度以及热偏差,如图 5.10 所示。实践证明,虽然改造后的水冷壁管内工质质量流速很低,但是即使在最恶劣的条件下,其流动特性也是非常稳定的,水冷壁得到有效冷却,能够保证锅炉的安全运行。

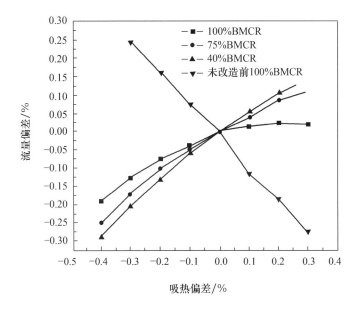

图5.10 姚孟电厂1号炉改造前后流动特性比较

实际上,低质量流速垂直管屏的矛盾在 800 MW 以下锅炉中普遍存在。由于可以采用螺旋管圈以提高质量流速,避免使用或者尽量较少使用具有自然循环特性的内螺纹管,而大于 800 MW 容量时垂直管屏的工质流速已经可以满足传热的需要。因此,一般认为在煤粉锅炉中,可以避免使用包括 Benson 管在内的内螺纹管。这一认识已经为大量的实践所证实。

但是,循环流化床锅炉中,垂直管屏是不可避免的,这是由炉内流动对受热面的冲刷磨损特点决定的,因此在超临界条件下,垂直管屏是唯一的选择。与此同时,由于流化速度的限制,水冷壁的周界长度比较大,在此条件下,对于 600 MW 以下容量,其管内质量流速不可避免的较低。因此,超临界循环流化床锅炉要重点考虑的问题之一是水冷壁低质量流速下的传热和流动对管子结构的要求。这一问题已经引起人们的高度重视。

传热对质量流速的要求严重依赖于受热面的热流及其不均匀性。研究表明,在煤粉锅炉中,热流密度严重不均,而在循环流化床锅炉中热流密度不仅较低,而且热流的不均匀性要小得多(图 5.11)。这一分布特点是由循环流化床锅炉内部的流动、燃烧特点决定的。因此,即使在较低的管内质量流速条件下,依然可以得到较小的热偏差。所以循环流化床内条件并不严峻。尽管 FW 公司也认为在循环流化床中可以不需要采用内螺纹管,但是为了设计的安全性,还是在燃烧室上部采用内螺纹管。

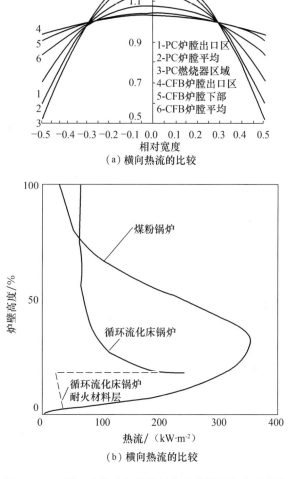

图 5.11　　循环流化床与煤粉炉水冷壁热流密度的比较

ABB 公司提出的 24.1 MPa/538 ℃/538 ℃滑压运行超临界循环流化床锅炉,也是采用普通内螺纹管垂直管屏,以推迟或抑制传热恶化。

FW 公司在波兰的 Lagisza 电厂安装了世界上第一台 460 MW 超临界循环流化床,如图

5.12 所示。锅炉即采用低质量流速 OTU 技术。由于采用了 Benson 垂直管屏技术,安全负荷时管屏出口处管壁温度偏差仅为 35 ℃,管屏入口到分离器入口处压力降为 0.27 MPa。

图 5.12　　460 MW 超临界循环流化床

以图 5.11 所示的热流密度,对稀相区截面尺寸为 17 430 mm × 25 394 mm,布风板距离顶棚为 63 040 mm 的炉膛进行计算,计算中水冷壁的外径为 32 mm 的,壁厚为 8 mm,管节距为 44 mm,在水冷壁管内工质质量流速为 1 460 kg/(m² · s)。管子结构选择光滑管,普通内螺纹管和 Benson 管。

以单根管某高度上的微元管段(1 m)作为计算单元,进行该单元的水动力计算。通过逐段的水动力计算,完成整根管的水动力计算,每一计算单元内,取统一的热负荷强度,工质参数取平均值。模型中忽略了燃烧过程及传热过程对燃烧室烟气侧温度的影响。在完成单管水动力计算的基础上,再进行并联管组的计算。假定工质各管流量出口压力,根据在出口集箱处流体的均压条件,考察全部垂直管的最终出口压力是否满足均压条件,不满足则修正并联管的流量,重新进行计算;然后将各回路在同一压降下流量相加,与设计流量比较。误差不满足许可范围时,改变假定压力,直到计算流量值与设计值相差满足误差要求为止。

计算过程中采用二分法,多次迭代逼近。

计算结果表明,即使使用光滑管,管子出口蒸汽温度的偏差最大 45 ℃,水冷壁压降为 0.22 MPa。若采用普通内螺纹管,温度偏差最大为 36 ℃,水冷壁压降为 0.44 MPa。若采用 Benson 管,温度偏差最大为 28 ℃,水冷壁压降为 0.25 MPa 如图 5.13 所示。

可见,采用内螺纹管,尤其是采用低质量流速 OTU 技术,蒸汽温度的偏差得到相当的改善。一般看来,采用光滑管是可行的,但是在炉膛上部,由于热流密度的分布趋于不均匀(图 5.11),因此在该区域采用内螺纹管,可以有效改善蒸汽温度的非均匀程度。

因此,低质量流速 OTU 技术是一种全新的设计思路,通过采用优化的内螺纹管,使得水冷壁在较低的工质流量下产生自然循环特性,既降低了整个流动回路的压降损失,又保证了锅炉的安全运行,并降低了电站成本。

低质量流速 OTU 技术是基于煤粉锅炉发展起来的,且这种新技术与超临界循环流化床燃烧技术(SUC – CFB)的结合将使得这种新型锅炉在市场中更具竞争力。循环流化床锅炉占地面积小,可以有效降低污染物排放,且燃料适应性好,能够满足日益严格的环保要求,可有效解决资源紧张的问题;而超临界技术将使得循环流化床的运行更加灵活,电站效率

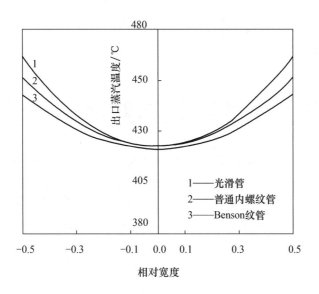

图 5.13　不同管子类型水冷壁出口蒸汽温度

进一步提高,再加上低质量流速 OTU 技术,循环流化床的优势将会进一步体现,并能有效降低锅炉成本。采用这些技术的循环流化床凭借其优良的性能将会成为未来锅炉发展的重要方向之一。

第6章 不稳定工况对水循环的影响

锅炉在某一负荷下长期运行,并保持热量平衡和物质平衡,称此种工况为稳定工况。实际上,在锅炉运行过程中,经常由于内部扰动(燃料有质与量的变化,给水量及空气量的变化等)和外部扰动(电负荷、供汽量及给水温度等的变化),使稳定工况遭到破坏。由一种稳定工况到另一种稳定工况的变动过程称为不稳定过程,相应的工况称为不稳定工况。

两相流动的不稳定性是指系统受到瞬时扰动后偏离原来的稳定状态且不能恢复原状态,是一种宏观不稳定。由于两相流的复杂性,造成两相流不稳定的因素很多,因此两相流不稳定性的类型很多,在锅炉及蒸汽发生器中经常遇到的两相流不稳定性的类型如下。

6.1 两相流不稳定性的分类

6.1.1 两相流多值性流量偏移

两相流多值性流量偏移是一种静态不稳定,最早是由 Ledinegg 提出的,故又称为 Ledinegg 不稳定。其特征是沸腾流道的压降 – 流量特性曲线(又称流道的水动力特性曲线)具有多值性,也即存在随流量增加而压降反而减小的斜率负区,如图 6.1 中曲线 2 所示。

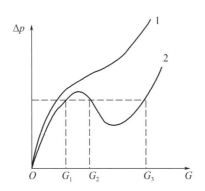

图 6.1 水动力特性曲线

1—单值特性曲线;2—多值特性曲线

此时,虽然并联管的总流量不变,并联管两端的压降也相同,但各管内的流量可能各不相同,而且管内的流量还可能发生偏移,时大时小,在并联管间将造成很大的热偏差。图 6.2 表示水平管圈中出口干度与流量的关系,在图 6.2 中所示的条件下,出口干度可能在 $x = 0.04$、0.11 和 0.80 间偏移,这样大的热偏差显然是不允许的。

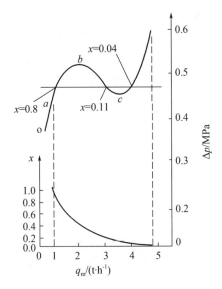

图 6.2　水平管圈的水动力不稳定曲线

由计算得到的垂直管的水动力特性曲线如图 6.3 所示,图中反映了热负荷对特性曲线的影响。水动力特性曲线的多值性不仅引起静态的流量偏移,还将引发压力降型流动不稳定性,因此在设计时应尽量避免,而将水动力特性曲线设置成单值性的,如图 6.1 中曲线 1 所示。

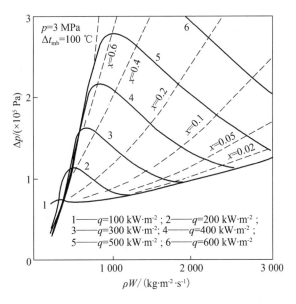

图 6.3　垂直管的水动力特性曲线

1. 沸腾起始点脉动

在两相流不稳定性的试验中,当出口流体开始沸腾时,在通道内由于气泡的形成和长大会引起流量的脉动,典型的起始点质量流速脉动与壁温脉动的曲线如图 6.4 所示。其特点是脉动的周期长、波幅大,在脉动过程中伴随有密度波脉动。根据试验结果,脉动周期可达 100~200 s,流量脉动的幅值可达平均流量的 2.5~3 倍,管壁温度脉动的幅值可达 300~400 ℃。起始点脉动仅在很低的含汽率下发生,当进一步增加热负荷,管内形成连续的两相流时,起始点脉动即消失。起始点脉动一般在高过冷度条件下发生,当入口过冷度小于 60 ℃时,起始点脉动没有发生。起始点脉动存在的压力范围大约在 10 MPa 以下,当压力超过 10 MPa 时,起始点脉动就不再发生。质量流速增加,将使脉动的幅值和周期减小,即热负荷增加,脉动的幅值增大。

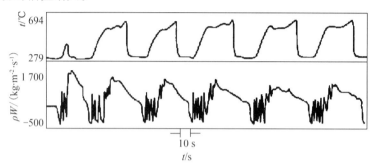

图 6.4　起始点质量流速脉动与壁温脉动的曲线

$p = 5$ MPa;$G = 973.5$ kg·m^{-2};$\Delta t = 90$ ℃;$\beta = 0.417$;$q = 302.8$ kW·m^{-2}

2. 压力降型脉动

压力降型脉动是静态不稳定与动态不稳定复合而成的,发生在静态水动力特性曲线的负斜率段,是一种系统脉动。其周期取决于系统中蒸汽的容积和可压缩性,包括受热管上游部分充气的脉冲箱的压缩性。压力降型脉动的机理可从稳态下的压降关系式分析得出,压力降型脉动的流动及循环示意图如图 6.5 所示。

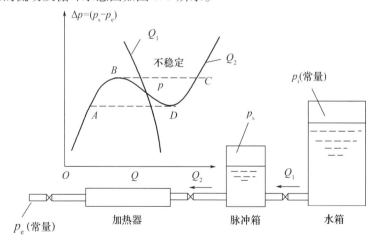

图 6.5　压力降型脉动的流动及循环示意图

$$(p_i - p_s)_o = kQ_1^2 \tag{6.1}$$

$$(p_s - p_e)_o = f(Q_2) \tag{6.2}$$

式中　o——稳态；

　　　　p_i, p_e——供水箱内压力和出口的压力，均为常数；

　　　　p_s——脉冲箱内的压力；

　　　　k——常数，表示供水箱与脉冲箱之间的摩擦压降；

　　　　Q_1, Q_2——脉冲箱进、出口流量；

　　　　f——系统压力降与进口流量 Q_2 的函数关系。对于任何稳定的工作点，流量 $Q = Q_1 = Q_2$ 必须满足上面两等式。

由于 p_i 和 p_e 为常数，画出两条 p_s 随 Q 变化的曲线：一条代表从式(6.1)得出的 p_s 与 Q_1 的函数关系(阀门特性)；另一条代表从式(6.2)得出的 p_s 与 Q_2 的函数关系(系统稳态特性)。任何一个稳定的工作点均为这两条曲线的交点，如图6.5 所示的 p 点。假如两曲线交点在 $\mathrm{d}(p_s - p_e)_o/\mathrm{d}Q_2 < 0$ 的区域中，p_s 的少量增加，将使 Q_2 的减小大于 Q_1。由于 Q_1 大于 Q_2，脉冲箱中的液位将升高，p_s 将进一步增加，系统变为不稳定。并且液体存积在脉冲箱内使其中压力增加，工作点将沿沸腾曲线从点 p 移到点 B。这里没有稳定的两曲线相交点。由于脉冲箱进、出口流量的不平衡，过程不会停止在 B 点，流量将移到 C 点。C 点的 Q_2 大于 Q_1，此时通过受热管的流量增加而使脉冲箱抽空。由于脉冲箱内气体减压，压力 p_s 降低，工作点沿曲线从 C 点移到 D 点，又使流量移至 A 点。整个过程在沿一定的路线 $ABCDA$ 重复进行。

上述过程解释了压力降型脉动的一般现象，并给出了脉动周期的正确估计，同时也解释了在压力降型的升压区出现密度波型脉动的原因。因为升压区对应于工作点在曲线的 AB 分支上，这是密度波型脉动发生的区段，所以可以看到在循环的此区段发生密度波型脉动。

产生压力降型脉动必不可少的压缩容积由受热管上游的脉冲箱提供。然而在长的试验区段内部的压缩性也可能大到足以产生压力降型脉动。

压力降型脉动的周期由与压缩容积有关的时间常数决定，而不是像密度波型脉动那样，由流体在受热管内的流过时间所决定。其周期一般都大于试验所得的密度波型脉动的周期。由试验得到的压力降型脉动的流量脉动与壁温脉动曲线如图6.6 所示。

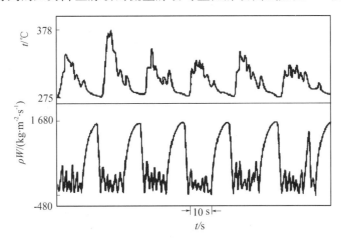

图 6.6　由试验得到的压力降型脉动的流量脉动与壁温脉动曲线

$p = 3$ MPa；$\rho W = 1\ 123.9$ kg · m^{-2} · s^{-1}；$\Delta t = 90$；$\beta = 0.33$；$q = 474.8$ kW · m^{-2}

由图 6.6 可知,脉动周期约为 30 ~ 100 s,流量脉动的幅值可达平均流量的 3 倍,壁温波动的幅度可达 200 ~ 300 ℃,因此在系统中发生压力降型脉动是非常危险的。

根据试验结果,系统压力增加,对稳定性有利;质量流速增加,可提高稳定性,进口节流可使稳定性增加,而出口节流则使稳定性降低;进口过冷度对稳定性的影响比较复杂,过冷度增加可使加热水段阻力增加,对稳定性有利,但过冷度增加使水动力特性曲线的陡度增加,对稳定性不利,同时过冷度增加使出口含汽率减小,受热管的总阻力减小,对稳定性不利,因而要根据压力、质量流量和热负荷等条件具体分析,在一般情况下,过冷度增加可使稳定性提高,系统的可压缩性增加则对稳定性不利。

3. 密度波型脉动

密度波型脉动是最常见的一种脉动,脉动的周期较短。单纯的密度波型脉动发生在水动力特性曲线的正斜率段。其产生的原因是高密度与低密度的两相混合物交替流过加热段,造成阻力与传热特性的相应变化,压力与流量的反馈导致了进口流量的自维持脉动。其脉动机理可用图 6.7 所示的简化系统进行分析。

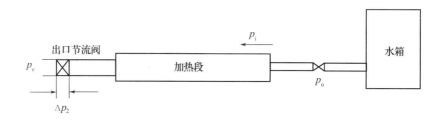

图 6.7 密度波型脉动机理的简化系统

图 6.7 中,将两相区阻力全部集中在受热管后面所加的节流圈上,以 Δp_2 表示;p_o 为受热管进口的压力;p_i 为系统进口的压力;p_e 为系统的出口压力。在 p_i 和 p_e 保持不变的条件下,当热负荷增加时受热管内的蒸汽量增加,混合物的密度降低。低密度工质体积增加,在出口节流处形成汽塞,使 Δp_2 猛增,p_o 增加,阻止流体进入,甚至引起倒流。一旦低密度混合物通过节流圈,Δp_2 减小,压力变化以压力波的速度立即反馈到进口,p_o 减小,进口流量增加。工质迅速通过受热管,汽化量很小,形成高密度波。高密度波通过节流圈后,蒸发量逐渐增加,Δp_2 增加,使进口流量再次减小。一旦压差与流量变化满足一定的相位关系,流量的脉动就会自维持。如果两相流阻力不是集中在出口节流阀,而是分布在整个受热管上,则引起密度波脉动的机理是相同的。由试验得到的密度波型脉动的流量脉动与壁温脉动曲线如图 6.8 所示。

脉动周期约为 2 ~ 10 s,与流过受热管的时间有关。流量脉动的幅值可达平均流量的 3 倍,壁温脉动的幅度约为 10 ~ 30 ℃,其危险性比压力降型脉动小。但由此引起受热管内起沸点位置及壁温脉动,可引起受热管疲劳损坏,另外,由于密度波脉动常发生在高干度区,受热管出口易引发传热恶化,由此引起受热管因干涸而过热烧毁,因此同样是要避免发生的。根据试验结果,密度波脉动随压力、质量流速和进口节流的增加而趋于稳定,随出口节流的增加而趋于不稳定,进口过冷度的影响则比较复杂,一般当过冷度 Δt_{sub} 大于 40 ℃后,增加过冷度对稳定有利。

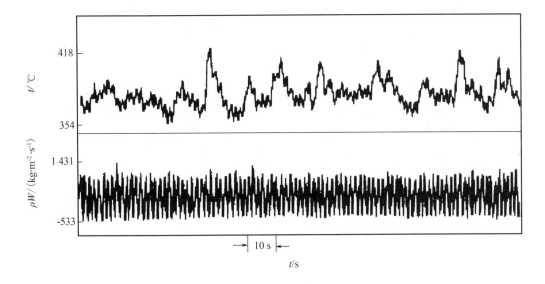

图 6.8　由试验得到的密度波型脉动的流量脉动与壁温脉动曲线

$p = 5$ MPa；$\rho W = 1\ 123.9$ kg · m^{-2} · s^{-1}；$\Delta t = 60$ ℃；$\beta = 0.50$；$q = 547.2$ kW · m^{-2}

4. 热力型脉动

热力型脉动一般与密度波型脉动叠加出现，它的产生由密度波型脉动来触发。它产生的机理是：在密度波型脉动的基础上，随着热负荷的增加，出口干度不断增加，在流量脉动的低谷出现膜态沸腾，蒸汽层代替了管壁表面的液体层，传热系数下降，管壁温度上升，在流量脉动的波峰处，核态沸腾又取代了膜态沸腾，对管壁有一定的冷却，可使管壁温度下降，当系统满足一定条件时，膜态沸腾与核态沸腾交替出现，管壁温度随之发生很大的变化。由于管壁材料的热惯性，管壁温度变化有较大的时间滞后，形成了较大的壁温脉动周期和较大的脉动幅值。

热力型脉动的流量脉动周期与密度波型脉动相同，但它能引起较大的壁温飞升，是造成管壁实际烧毁的主要原因。

由试验得到的热力型脉动的流量脉动与壁温脉动曲线如图 6.9 所示。

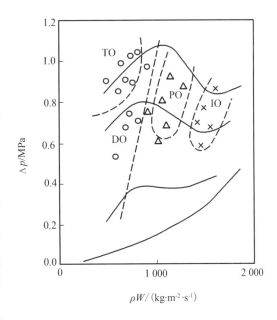

图 6.9　由试验得到的热力型脉动的
流量脉动与壁温脉动曲线

IO——起始点脉动；PO——压力降脉动；
DO——密度波脉动；TO——热力型脉动

流量脉动的周期与密度波脉动相似,壁温脉动的周期有较大的延长,可达 80 ~ 100 s,脉动的幅度可达 500 ~ 600 ℃,因而极易造成管子的烧毁。

5. 并联管的管间脉动

在并联管系统中,如果系统内具有足够的可压缩容积,则受热管可能发生整体脉动,即所有受热管发生同相位的流量与其他参数的脉动,其基本规律与上述单管内发生的脉动类型及其在水动力特性曲线上的位置相似。如果系统内没有可压缩容积,则可能在两个管子之间发生反相的流量和其他参数的脉动,而并联管系统的总流量与总压降保持不变,称为并联管的管间脉动,该脉动的类型属于密度波脉动,但比单管中的密度波脉动容易发生得多。在并联管系统中,也可能发生一根管子的脉动较大而另外几根管子的反向脉动较小的情况,也即在一根管子中流量的增加由另外几根管子的减少来平衡。由此可见,由对称的两根管子组成的并联管,其间发生的管间脉动为最大的脉动,因此在研究脉动的起始条件及基本规律时,用两根并联管进行研究即可。如果具有更多的并联管,其间发生的脉动程度可能小于两根管间的脉动。如果在系统内有一定的可压缩容积,而管间也具有管间脉动的条件,则在并联管中也可发生整体脉动与管间脉动的重叠,即在管间发生反相脉动的同时,系统的总流量和总压降也发生脉动,因此在并联管中发生脉动的类型是十分复杂的,其中以反相的管间脉动最为重要。

两相流动不稳定性的研究,最早都是通过试验找出影响不稳定性的参量或参数组合(无因次准则),然后组成判别条件,作为设计和运行的分析依据;后来当两相流特性方程组模型建立后,特别是新的控制理论出现后,配以计算机的辅助,才使不稳定性的解析分析得以实现。

解析分析一般都从两相流解析数学模型开始建立守恒方程组,可以把非线性的方程组包括一些结构式进行有限差分离散,然后进行数值计算。从预设流量脉动量出发,在给定参数条件下计算流量、压差和温度随时间的变化,即可得到许多组解。这种方法称为时域分析法。因为它概括条件全面,所以分析的结果适用于具体工程对象,但通用性有时会受到限制,通常不稳定性的解析分析多用这种方法。

另外一种分析方法是把非线性特性方程组进行线性化,根据线性化后的微分方程研究其稳定条件。这里也有不同的方法:可以利用小扰动原理求得对应增量的微分方程,然后进行 Laplace 变换,获得流量随热量(在已给定的其他条件下)的传递函数 $G(s)$,由此找出系统的特征方程,求出特征根 s,根据特征根来判断系统的稳定性。或者把传递函数 $G(s)$ 看成为另一种描述系统特性的运动微分方程式,此时 s 成为复变量。在复数坐标平面上画出开环传递函数矢量端点随 ω 的变化曲线,这条曲线称为幅频特性曲线 $G(j\omega)$。由此判断系统的稳定性,只要是输出不对输入进行反馈的开环幅频特性 $G(j\omega)$ 曲线不包围复平面上的 $(1,0)$ 点,则系统在闭环状态(输出对输入有反馈)下是稳定的。这种方法称为频域分析法。频域分析结果具有较大的通用性。可以从一个系统推广到其他系统。

6.2　典型不稳定性分析

6.2.1　Ledinegg 不稳定性

设系统压降为 $\Delta p_s = \Delta p_F + \Delta p_a + \Delta p_g$，驱动压头为 Δp_d，在稳定情况下，$\Delta p_d = \Delta p_s$。在出现流量偏斜时，设系统惯性为 $I = \rho L/A$（L、A 分别为管路长度和流通截面积），流速偏斜为 Δu，则动量平衡式为（按常规，此处用 t 表示时间）

$$I(\mathrm{d}u/\mathrm{d}t) = \Delta p_d - \Delta p_F \tag{6.3}$$

取用小扰动情况，$u = u + \Delta u$，$\Delta p_d = \Delta p_d + \mathrm{d}\Delta p_d$，$\Delta p_F = \Delta p_F + \mathrm{d}\Delta p_F$，则得到增量方程为

$$I\frac{\mathrm{d}\Delta u}{\mathrm{d}t} = \frac{\mathrm{d}\Delta p_d}{\mathrm{d}u}\Delta u - \frac{\mathrm{d}\Delta p_l}{\mathrm{d}u}\Delta u \tag{6.4}$$

如果将 $\Delta u = \varepsilon e^{\omega t}$ 代入，则

$$\frac{\mathrm{d}\Delta p_d}{\mathrm{d}u} - \frac{\mathrm{d}\Delta p_F}{\mathrm{d}u} = I\omega \tag{6.5}$$

$$\omega = \frac{\mathrm{d}\Delta p_d/\mathrm{d}u - \mathrm{d}\Delta p_F/\mathrm{d}u}{I} \tag{6.6}$$

也可以从式(6.4)进行 Laplace 变换，则

$$I\frac{\mathrm{d}\Delta u}{\mathrm{d}t} - \left[\frac{\mathrm{d}\Delta p_d}{\mathrm{d}u} - \frac{\mathrm{d}\Delta p_F}{\mathrm{d}u}\right]\Delta u = 0 \tag{6.7}$$

$$Is\frac{1}{s^2} - \Delta u(0) - \left[\frac{\mathrm{d}\Delta p_d}{\mathrm{d}u} - \frac{\mathrm{d}\Delta p_F}{\mathrm{d}u}\right]\frac{1}{s^2} = 0 \tag{6.8}$$

但是

$$\Delta u(0) = 0 \tag{6.9}$$

即

$$s = \left[\frac{\mathrm{d}\Delta p_d}{\mathrm{d}u} - \frac{\mathrm{d}\Delta p_F}{\mathrm{d}u}\right]\frac{1}{I} \tag{6.10}$$

s 为复数，为了使 Δu 不能随时间增大，即避免不稳定性，不管是式(6.6)还是式(6.10)，都需使方括号中数值为负，此时 ω 和 s 小于 0。所以稳定条件为

$$\frac{\mathrm{d}\Delta p_d}{\mathrm{d}u} < \frac{\mathrm{d}\Delta p_F}{\mathrm{d}u} \tag{6.11}$$

即系统的压头斜率需小于阻力斜率。在系统阻力特性图中(图 6.10)，工作点为 A 时，对于水平的压头曲线（相当于并联管路公共压头），如图 6.10 所画的压头曲线是不稳定的，极易产生流量漂移。对于垂直的压头曲线（相当于系统由一定流量的泵供应压头），运行是稳定的。

对于斜切压头曲线，只要保证 $\mathrm{d}\Delta p_d/\mathrm{d}u$ 小于 $\mathrm{d}\Delta p_F/\mathrm{d}u$（即在 A 点三次方系统曲线的斜率），就都是稳定的。后一种情况，即压头曲线的斜率角大于 90°且小于系统曲线斜率角的情况，属于自然循环回路的压头曲线。

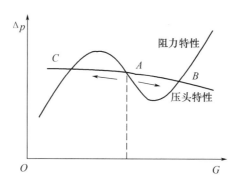

图 6.10　Ledinegg 不稳定曲线

6.2.2　自然循环不稳定性

垂直布置的自然循环受热管,与其相对应的有不受热的下降管,于是受浮力的作用,产生驱动压头。设以米为单位的驱动压头为 H,则

$$H = \alpha_e(L_e + L_r) \qquad (6.12)$$

式中　α_e, L_e——受热段出口处的空泡率与当量压头长度;

　　　L_r——提升段("烟囱")长度。

根据质量与能量守恒,H 随时间(仍用 t 表示时间)的变化率为

$$\frac{\mathrm{d}H}{\mathrm{d}t} = \frac{Q}{A\rho_1\lambda_{1g}}\left(1 - \frac{Z_1}{L}\right) - \alpha_e u_e \qquad (6.13)$$

式中　Q——介质体积流量;

　　　A——流通截面积;

　　　Z_1——沸腾起始点位置($x = 0$);

　　　L——流道总长;

　　　u_e——出口流速。

由式(6.12)、式(6.13)消去 α_e 得

$$\frac{\mathrm{d}H}{\mathrm{d}t} = \frac{Q}{A\rho_1\lambda_{1g}}\left(1 - \frac{Z_1}{L}\right) - \frac{u_e}{L_e + L_r}H \qquad (6.14)$$

稳定工况时 $\mathrm{d}H/\mathrm{d}t = 0$,于是

$$H_0\frac{u_e}{L_e + L_r} = \frac{Q}{A\rho_1\lambda_{1g}}\left(1 - \frac{Z_1}{L}\right) \qquad (6.15)$$

由式(6.15)减去式(6.14)得

$$\tau_B\frac{\mathrm{d}H}{\mathrm{d}t} = H_0 - H \qquad (6.16)$$

式中　$\tau_B = (L_e + L_r)/u_e$,即介质流过含汽区的时间。

如果由于浮力产生的驱动压头 H 发生扰动 $\Delta H = H - H_0$,而使流速产生微量变动 Δu,则可得

$$\tau_B\frac{\mathrm{d}(\Delta H)}{\mathrm{d}t} = -\Delta H + \frac{\mathrm{d}H_0}{\mathrm{d}u}\Delta u \qquad (6.17)$$

稳定情况下的阻力平衡式和扰动情况下的阻力平衡式分别为

$$I \frac{\mathrm{d}u}{\mathrm{d}t} = H - F_{\mathrm{F}} \tag{6.18}$$

$$I \frac{\mathrm{d}^2(\Delta u)}{\mathrm{d}t^2} = \Delta H - \frac{\mathrm{d}F_{\mathrm{F}}}{\mathrm{d}u}\Delta u \tag{6.19}$$

将式(6.19)对 t 微分,求得 $\mathrm{d}(\Delta H)/\mathrm{d}t$,代入式(6.17),同时将式(6.19)中的 ΔH 代入式(6.17),可得

$$I \frac{\mathrm{d}^2(\Delta u)}{\mathrm{d}t^2} + \left(a + \frac{I}{\tau_{\mathrm{B}}} \right)\frac{\mathrm{d}\Delta u}{\mathrm{d}t} + \frac{C + a}{\tau_{\mathrm{B}}}\Delta u = 0 \tag{6.20}$$

式中　　$a = (\mathrm{d}F_{\mathrm{F}}/\mathrm{d}u)_0$;

$C = (\mathrm{d}H/\mathrm{d}u)_0$。

取 $\Delta u = e^{\omega t}$。结果可得

$$I\omega^2 + \left(A + \frac{I}{\tau_{\mathrm{B}}} \right)\omega + \frac{C + a}{\tau_{\mathrm{B}}} = 0 \tag{6.21}$$

由(6.21)式可知,如果 $C + A < 0$,ω 为正值,系统不稳定,此时相当于 $\mathrm{d}F_{\mathrm{F}}/\mathrm{d}u < \mathrm{d}H/\mathrm{d}u$。如果 $a + I/\tau_{\mathrm{B}} = 0$,$C + a > 0$,则 ω 为虚数,系统流量呈不发散的脉动,这就相当于 $\mathrm{d}F_{\mathrm{F}}/\mathrm{d}u + I/\tau_{\mathrm{B}} = 0$,$\mathrm{d}F_{\mathrm{F}}/\mathrm{d}u = \mathrm{d}H/\mathrm{d}u$。如果 $C + a > 0$,即 $\mathrm{d}F_{\mathrm{F}}/\mathrm{d}u > \mathrm{d}H/\mathrm{d}u$,则 ω 为负数,系统稳定,此即相当于一般自然循环的水动力特性,其 F_{F} 的斜率角小于 $90°$,H 的斜率角大于 $90°$。

在炉内热负荷增加而给水流量不变的情况下,开始时,锅筒中的水位由于蒸发管排出的汽量增加而增高;后来,由于蒸发量增大后给水量未增加,水位又逐渐降低。

如上所述,当锅炉负荷发生大幅度快速变化时,引来压力剧烈的波动,即压力变化速度很大,可能引起水循环事故,所以需进行不稳定工况时的水动力计算。其任务是确定允许的压力变化速度,使变工况时实际的压力变化速度处于允许的范围之内,以保证不发生循环故障。

6.3　允许升压速度

升压过程中各循环参数的变化,如图 6.11 所示。锅筒压力 p 由某一压力开始以一定的速度升高,然后又稳定在一个新的数值上。工质的饱和温度 t_{bh} 随压力的增加无滞后地相应增加,使工质和金属的蓄热量增加,因此产生的蒸汽量 G_{q}(即 W_0'')减少,有效压头 S_{yx} 减小,循环速度降低。在受热的管子中,由于含汽量较少,储水量较多,升压时的储蓄热就比热负荷大的管子多,因此产汽量更少,有效压头更低。由此可知,升压期间,各管内产汽量差别更大,相当于减小了循环回路的吸热量和加大了循环回路各管间的吸热不均匀性,故产生循环停滞或倒流的可能性也增加。

在升压时,上升管的吸热量用于两个方面:一是用于产生蒸汽;二是用于增加管内工质(蒸汽和水)及管壁金属的储蓄热。压力增加时,工质和金属所增加的储蓄热 Q_{cx} 可用下式计算:

$$Q_{\mathrm{cx}} = G' \frac{\partial i'}{\partial p} \frac{\partial p}{\partial \tau} + G'' \frac{\partial i''}{\partial p} \frac{\partial p}{\partial \tau} + G_{\mathrm{js}} C_{\mathrm{js}} \frac{\partial t}{\partial p} \frac{\partial p}{\partial \tau} \tag{6.22}$$

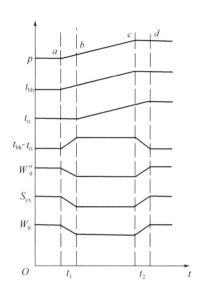

图 6.11　升压过程中各循环参数的变化

p—锅筒压力；t_{bh}—工质的饱和温度；t_{ri}—上升管进口水温；

W_0''—蒸汽折算速度；S_{yx}—有效压头；W_0—循环速度

式中　G'，G''——上升管内水和蒸汽的质量，kg；

$\dfrac{\partial i'}{\partial p}$——每变化 1 bar 压力时饱和水焓的变化；

$\dfrac{\partial p}{\partial \tau}$——压力变化速度，即单位时间内压力的变化；

$\dfrac{\partial i''}{\partial p}$——每变化 1 bar 压力时饱和蒸汽焓的变化；

G_{js}——上升管的金属质量，kg；

C_{js}——金属比热；

$\dfrac{\partial t}{\partial p}$——每变化 1 bar 压力时饱和温度的变化。

G' 和 G'' 可按下式计算：

$$G' = (1 - \varphi)\rho'fl \qquad\qquad (6.23)$$
$$G'' = \varphi\rho''fl \qquad\qquad (6.24)$$

式中　φ——上升管内的截面含汽率；

f——上升管的内截面积，m²；

l——上升管的长度，m。

式(6.22)中右端各项分别代表水、蒸汽和金属的储蓄热的变化值。由于水蒸气的储蓄热小，与水相比可忽略不计；又假设并联管组中各上升管的金属储蓄热相同，所以总储蓄热 Q_{cx} 与管内的储水量成正比。

在锅炉设计和运行时，应以不产生循环停滞和倒流的条件来决定容许的升压速度。

以不产生循环停滞为条件时，受热弱的上升管中不产生停滞的条件为：工作点的有效

压头等于或小于停滞压头,即

$$S_{yx} \leqslant h\varphi_{tz}(\rho' - \rho'')g \tag{6.25}$$

式中　S_{yx}——并联上升管组的有效压头,为工作点相应的有效压头值,Pa;

　　　　h——上升管的高度,m;

　　　　φ_{tz}——受热弱的上升管产生停滞时的截面含汽率。

由式(6.25)可知

$$\varphi_{tz} = \frac{S_{yx}}{h(\rho' - \rho'')g} \tag{6.26}$$

用 φ_{tz} 值去查图 4.19 便可得停滞管内平均的蒸汽折算速度 $\overline{W''}_{0,\min}$ 值。根据此 $\overline{W''}_{0,\min}$ 值,可求得受热弱的上升管在产生停滞时的吸热量为

$$Q_{tz} = 2\rho'' \overline{W''}_{0,\min} f\gamma \tag{6.27}$$

式中　γ——汽化潜热,kJ/kg。

如果以 $Q_{\min}$ 代表受热弱的上升管的吸热量,则由于升压使该管产生停滞,用于工质和金属的储蓄热为

$$Q_{cx} = Q_{\min} - Q_{tz} \tag{6.28}$$

将式(6.22)代入式(6.28),忽略蒸汽的储蓄热,便得允许的升压速度计算公式为

$$\frac{\partial p}{\partial \tau} \leqslant \frac{Q_{\min} - Q_{tz}}{G' \dfrac{\partial i'}{\partial p} + G_{js}C_{js}\dfrac{\partial t}{\partial p}} \tag{6.29}$$

式中,G' 可按式(6.23)计算,但计算时 φ 用式(6.26)中的 φ_{tz} 代入。

同理,亦可以不产生倒流为条件,决定允许的升压速度。以不产生停滞和倒流作为条件时,选取两个允许升压速度中的较小者,作为锅炉运行时的允许升压速度。

由式(6.29)的推导过程可知,Q_{tz} 是按工作点相应的 S_{yx} 值确定的。实际上,升压时所有上升管都储蓄热量,故循环回路中产生的蒸汽减少,使 φ_{tz} 和 Q_{tz} 均减小。因此,实际的允许升压速度比按式(6.29)求得的值大,为了修正这一误差,可在式(6.29)右端乘修正倍数,修正后的计算公式为

$$\frac{\partial p}{\partial \tau} \leqslant \frac{Q_{\min} - Q_{tz}}{G' \dfrac{\partial i'}{\partial p} + G_{js}C_{js}\dfrac{\partial t}{\partial p}}\left(\frac{Q}{Q - Q_{tz}}\right) \tag{6.30}$$

式中　Q——上升管的平均吸热量,kJ/s。

6.4　允许降压速度

降压时,工质的饱和温度随之降低,上升管内的水和金属放出储蓄热,使上升管内产生的蒸汽量增加。在受热弱的上升管中,由于水量多,因此放出的储蓄热也多。如果降压时下降管中不产生蒸汽(锅水欠焓较大时),则降压相当于增大了循环回路的热负荷,减少了各并联上升管的吸热不均匀性,反而使循环可靠性增加。

如果降压时下降管中发生汽化,则促使水循环的运动压头下降,下降管阻力增加,循环减弱。在受热弱的上升管内就可能出现循环流速过小、停滞或倒流等循环故障。当下降管

内水速度较小时,由于下降的水流不易带走蒸汽泡,因此降压时下降管汽化的危害性较大。在计算标准中规定,当下降管内水速小于 0.8 m/s 时,应以下降管内不产生蒸汽为条件,来决定允许降压速度。

当下降管中吸热量与降压时下降管中水和金属放出的储蓄热量之和刚好等于将下降管中的水加热到沸腾所需要的热量时,认为下降管内不出现蒸汽,按此条件,热量平衡方程式为

$$G_i \frac{\partial i'}{\partial p} \frac{\partial p}{\partial \tau} \frac{\partial l_j}{\partial W_j} + G_{jj} C_{js} \frac{\partial t}{\partial p} \frac{\partial p}{\partial \tau} + Q_j + G_j \Delta i_{dq} = G_i \frac{\partial i'}{\partial p} 10^{-5} (h_j \rho' g - \Delta p_{ld,j}) + G_j \Delta i$$

(6.31)

式中 G_i——过下降管的循环水量,kg/s;

G_{jj}——下降管的金属质量,kg;

l_j, h_j——下降管的长度和高度,m;

W_j——下降管中的水速,m/s;

Q_j——下降管的吸热量,J/s;

Δi_{dq}——每千克循环水由于下降管带汽所增加的焓,kJ/kg;

Δi——锅水的欠焓,如有带汽则此欠焓为零,kJ/kg。

由上式可得,当下降管中水不汽化时,决定允许降压速度的公式为

$$\frac{\partial p}{\partial \tau} \leqslant \frac{G_i \frac{\partial i'}{\partial p} 10^{-5} (h_j \rho' g - \Delta p_{ld,j}) + G_j \Delta i - Q_j - G_j \Delta i_{dq}}{G_i \frac{\partial i'}{\partial p} \frac{l_j}{W_j} + G_{jj} C_{js} \frac{\partial t}{\partial p}}$$

(6.32)

当下降管中的水速大于 0.8 m/s 时,在下降管中容许产生少量蒸汽,此时应按上升管内不出现停滞或倒流的条件来决定允许的降压速度。

允许降压速度是由作图法求得的,具体求法如下。

预先选定两个降压速度,然后求出相应于这两个降压速度的停滞压头、倒流压头和下降管流动阻力,这两组数值加上已知的稳定工况(即降压速度 $\frac{\partial p}{\partial \tau}$ 为 0 时)的一组数值,便可在横坐标为 $\frac{\partial p}{\partial \tau}$、纵坐标为停滞压头、倒流压头及下降管流动阻力的图上找出允许降压速度。即是按 3 组数值画出停滞压头、倒流压头、下降管流动阻力随降压速度的变化曲线 S_{tz}、S_{dl} 和 $\Delta p_{ld,j}$。S_{tz} 和 $\Delta p_{ld,j}$ 两线交点所对应的降压速度值为不发生停滞的允许降压速度;S_{dl} 和 $\Delta p_{ld,j}$ 两线交点所对应的降压速度值为不产生倒流的允许降压速度,这两个降压速度中的较小者,为既不发生停滞又不产生倒流的允许速度。为此,在作图前可先比较 3 组数值中的停滞压头和倒流压头,只需取两者中较小者(如图 6.12 中取了停滞压头值)来作图,此曲线与 $\Delta p_{ld,j}$ 曲线的交点 A 所对应的 $\frac{\partial p}{\partial \tau}$ 值,便是所要求的允许降压速度;如果两线无交点,则表示预先选定的降压速度不会发生循环的停滞和倒流。

允许降压速度应按下降管中流速最小和停滞、倒流安全裕度最小的循环回路来决定。

预先选定的两个降压速度,其中一个可按降压前稳定工况时的锅筒内压力和下降管中的水速由图 6.13 查得,另一个降压速度值可取查得数值的 1.5～2 倍。

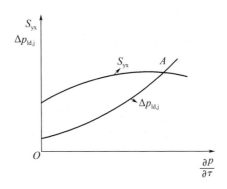

图 6.12　允许降压速度的确定

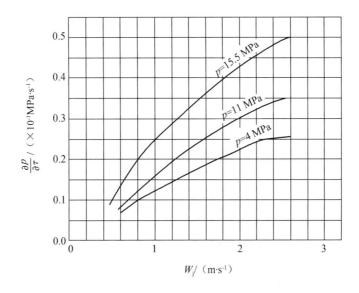

图 6.13 允许压降速度与锅炉压力及下降管中水速的近似关系曲线

在求受热最弱管的停滞或倒流压头时,要考虑该管中由于压力降低而放出的储蓄热量,这部分热量所产生的蒸汽,使管内蒸汽折算速度产生的平均增量为

$$\Delta \overline{W_0''} = \frac{Q_{cx}}{2f\rho''r} \tag{6.33}$$

式中　Q_{cx}——受热最弱的上升管降压时所放出的储蓄热,当不计蒸汽的储蓄热时,可按下式求得

$$Q_{cx} = \left(G' \frac{\partial i'}{\partial p} + G_{js}G_{js} \frac{\partial t}{\partial p} \right) \frac{\partial p}{\partial \tau} \tag{6.34}$$

式中　G'——受热最弱的上升管中水的质量,kg;

　　　G_{js}——受热最弱的上升管的金属质量,kg。

所以,受热最弱的上升管中的平均蒸汽折算速度($\overline{W_{0,min}''}$)为原稳定工况下平均蒸汽折

算速度与 $\overline{\Delta W_0''}$ 之和,即

$$\overline{W_{\min}''} = \eta_{r,\min}\eta_m \overline{W_0''} + \overline{\Delta W_0}\qquad(6.35)$$

根据 $\overline{W_{\min}''}$ 值可由图 4.19 查得停滞时的截面含汽率 φ_{tz},将算得的 φ_{tz} 代入下式,便可得停滞时的有效压头 S_{tz}

$$S_{tz} = h\varphi_{tz}(\rho' - \rho'')g\qquad(6.36)$$

降压时,由于下降管中形成蒸汽,此时阻力 Δp_j 应包括下降管的流动阻力;又由于下降管中带汽,而使重位压降减小的值,即

$$\Delta p_j = \Delta p_{td,j} + h_j\varphi_j(\rho' - \rho'')g\qquad(6.37)$$

式中　　$\Delta p_{td,j}$——下降管的流动阻力,Pa;

　　　　φ_j——下降管中的截面含汽率。

为求 φ_j 需知下降管中平均的质量含汽率 x_j,可按下式求得

$$x_j = \frac{Q}{2\rho' W_j f_j r}\qquad(6.38)$$

式中　　Q——降压时用于使水蒸发的热量,可按下式求得

$$Q = \left(G_j \frac{\partial i' l_j}{\partial p W_j} + G_{jj}C_{js}\frac{\partial t}{\partial p}\right)\frac{\partial p}{\partial t} + Q_j + G_j\Delta i_{dq}$$
$$- G_j(h_j p'g - \Delta p_{td,j})\frac{\partial i'}{\partial p}10^{-5} - G_j\Delta i\qquad(6.39)$$

根据计算和实际运行经验,对一般自然循环锅炉,允许升压和降压速度远大于实际运行中可能出现的压力变化速度。因此,在一般情况下,可不必进行不稳定工况的水循环校核计算,仅在某些特殊情况下,如受热段高度很小、热负荷不均匀性很大或负荷波动幅度很大等情况下,才有进行校验的必要。

计算分析证明,锅炉的压力越高,其容许的升压和降压速度越大(它们在运行中的压力变化也越大);循环回路的热负荷越高,容许的升压和降压速度也越大;并联上升管组的吸热不均匀性大(r 值小),则容许的升压和降压速度也越小。

对于高压和超高压自然循环锅炉,其循环水的欠焓较大,只要其受热上升管高度大于 10 m,并且在稳定工况条件下的循环可靠性裕度较大,可以不做容许降压速度的校验。此时其容许降压速度高于锅炉实际运行中遇到的降压速度。在超高压以上的锅炉中,如吸热不均匀系数 r 大于 0.5,也可以不做容许升压速度的校验。在大部分情况下,特别是当热负荷较小时,容许升压速度小于降压速度。

上述近似计算公式基本上符合实际情况,可用它们分析各因素对允许压力变化速度的影响。

第7章 蒸汽的净化

合格的蒸汽品质是保证锅炉和汽轮机安全经济运行的重要条件,也是保证用汽企业产品质量的重要条件。

蒸汽品质通常用单位质量的蒸汽中所含杂质总质量的多少来表示,蒸汽中含杂质愈多,蒸汽品质愈差。在低压工业锅炉中,也可用蒸汽的湿度大小来表示蒸汽品质的好坏,湿度愈大,蒸汽品质愈差。

若饱和蒸汽中含有过多的水和杂质,当它流经过热器时,会由于水的蒸干而使杂质沉积在过热器的受热面内壁上,致使管壁温度升高,严重时将使管子烧坏。其次,过多的水分带入过热器还将使过热汽出口温度降低。

当杂质被过热蒸汽带入汽轮机时,蒸汽在汽轮机中膨胀做功,随着压力不断降低,杂质的溶解度也降低,原来溶解在高压蒸汽中的杂质,就会在喷嘴、叶片等流通部分沉积下来,使流通截面减少,叶片粗糙度增加,叶片的型线改变,从而使汽轮机的阻力增加,降低出力和效率。

如果杂质沉积在蒸汽管道上的阀门处,则可能使阀门的动态失灵,并造成阀门漏汽。

因此,为保证锅炉和汽轮机的正常工作,为保证产品质量,对蒸汽品质应有严格的要求。

根据电厂长期运行的经验,为确保锅炉、汽轮机的安全经济运行,蒸汽品质应符合 GB/T 12145—2016《火力发电机组及蒸汽动力设备水汽质量》规定的蒸汽质量标准,见表 7.1。

表 7.1 蒸汽质量标准

过热蒸汽压力 /MPa	钠(Na)质量比 /(μg·kg⁻¹)		氢(H₂)电导率 /(μS·cm⁻¹)		二氧化硅(SiO₃)质量比/(μg·kg⁻¹)		铁(Fe)质量比 /(μg·kg⁻¹)		铜(Cu)质量比 /(μg·kg⁻¹)	
	标准值	期望值	标准值	期望值	标准值	期望值	标准值	期望值	标准值	期望值
3.8~5.8	≤15	—	≤0.30	—	≤20	—	≤20	—	≤5	
5.9~15.6	≤5	≤2	≤0.15*	—	≤15	≤10	≤15	≤10	≤3	≤2
15.7~18.3	≤3	≤2	≤0.15*	≤0.10*	≤15	≤10	≤10	≤5	≤3	≤2
>18.3	≤2	≤1	≤0.10	≤0.08	≤10	≤5	≤5	≤3	≤2	≤1

*表面式凝汽器、没有凝结水精除盐装置的机组,蒸汽的脱气氢电导率标准值不大于 0.15 μS/cm,期望值不大于 0.10 μS/cm;没有凝结水精除盐装置的直接空冷机组,蒸汽的氢电导率标准值不大于 0.3 μS/cm,期望值不大于 0.15 μS/cm。

对于低压工业锅炉,则要求饱和蒸汽达到下述标准:对有过热器的水管锅炉,饱和蒸汽的湿度不大于1%;对无过热器的工业用水管锅炉,饱和蒸汽的湿度不大于3%;对无过热器的工业用烟火管锅炉,饱和蒸汽的湿度不大于5%。

7.1 蒸汽污染的原因及其影响因素

7.1.1 蒸汽污染的原因

蒸汽中的杂质主要来源于锅炉的给水。在锅筒型锅炉中,带杂质的给水进入锅炉后,不断蒸发产生蒸汽,给水中的杂质只有少量被蒸汽带走,大部分的杂质则留在锅水中。因此锅水含杂质量比给水大得多。当蒸汽中带有含杂质多的锅水时,就使蒸汽带有杂质(盐类等),蒸汽由于携带锅水而带盐分的现象被称为水滴状带盐(又称机械携带)。对于中、低压锅炉,这几乎是蒸汽被污染的唯一原因。

对于高压以上的锅炉,蒸汽除了因带锅水而被污染外,还由于本身能直接溶解某些盐类而被污染,而且压力越高,溶解的盐量越多,品种增加,成为主要的带盐原因。

1. 水滴状带盐

水滴状带盐的多少取决于蒸汽携带水分的多少和水滴中含盐量的大小。蒸汽携带的水分可以用蒸汽的湿度来表示。所谓蒸汽的湿度是指蒸汽中所带水滴的质量(G_s)占蒸汽总质量(G_q)的百分数,即

$$\omega = \frac{G_s}{G_q} \times 100\% \tag{7.1}$$

由盐平衡方程式可得蒸汽水滴状带盐量为

$$S_q^0 = \frac{\omega}{100} S_s \tag{7.2}$$

式中　S_s——产生水滴的水中的含盐量,mg/kg。

S_s一般为锅水的含盐量,当有蒸汽清洗装置时,则为清洗水的含盐量。

2. 蒸汽的溶盐

高压以上的蒸汽(包括饱和蒸汽和过热蒸汽)具有直接溶解某些盐类的能力,并且其溶解能力与压力及盐的种类有关。当压力一定时,蒸汽中的溶盐量与水中的溶盐量成一定比例,即水中的溶盐量减小时,蒸汽中溶盐量也随之减少。

某种盐类溶解在蒸汽中的数量S_q^m与溶解在水中(与蒸汽接触的水中)的数量S_s^m之百分比称为某种盐的分配系数a^m,即

$$a^m = \frac{S_q^m}{S_s^m} \times 100\% \tag{7.3}$$

所以,某种盐的饱和蒸汽中的溶盐量为

$$S_q^m = \frac{a^m}{100} S_s^m \tag{7.4}$$

溶于蒸汽中的总盐量 S_q^r 为

$$S_q^r = \sum \frac{a^m}{100} S_s^m \tag{7.5}$$

蒸汽的总带盐量 S_q 为水滴状带盐和溶盐之和,即

$$S_q = S_q^r + S_q^s = \frac{\omega}{100} S_s + \sum \frac{a^m}{100} S_s^m \tag{7.6}$$

如果用总携带系数 κ 来表示蒸汽带盐的多少,则有

$$\kappa = \frac{S_q}{S_s} \times 100\%$$

可见总携带系数 κ 为蒸汽中的含盐量和水中含盐量的百分比。所以

$$S_q = \frac{\kappa}{100} S_s \tag{7.7}$$

当只有水滴状带盐时,比较式(7.2)和式(7.7)可知,

$$\kappa = \omega \tag{7.8a}$$

同时存在水滴状带盐和溶盐时,由式(7.6)可知,某种盐的携带系数 κ^m 为

$$\kappa^m = \omega + a^m \tag{7.8b}$$

7.1.2　蒸汽带水及其影响因素

锅筒内的水滴来自两个方面:一是气泡破裂形成的水滴;一是机械打碎形成的水滴。

当上升管引入锅筒水空间时,气泡上升至水面,破裂时将形成大量的细小水滴。当具有很大动能的汽水混合物冲击水面、冲击锅筒内部装置或互相撞击时,也将产生大量飞溅的水滴。此外,波浪的互相撞击,大水滴落回锅水时也将溅起一些水滴。这些水滴进入蒸汽空间后,有一部分较大的水滴靠自重落回水空间,而其余的则被蒸汽带走,造成蒸汽带水。

在上升蒸汽流中的水滴能否被带走可通过下面的力平衡方程式来分析。

水滴在上升汽流中受 3 个力的作用:汽流的作用力、重力和浮力,三者的力平衡方程式为

$$\frac{\pi}{6} d_s^3 \rho'' g + \xi \frac{W''^2}{2} \rho'' \frac{\pi}{4} d_s^2 = \frac{\pi}{6} d_s^3 \rho' g \tag{7.9}$$

当水滴较小、汽流向上的作用力与浮力之和大于水滴的重力时,这些水滴将被带走,这种水滴称为可传送水滴。当水滴直径较大、重力大于汽流对水滴的作用力及浮力之和时,水滴将落回水空间。

由上式可得

$$W'' = \sqrt{\frac{4g(\rho' - \rho'')d_s}{3\xi\rho''}} = W_f \tag{7.10}$$

$$d_s = \frac{3\xi\rho''W''^2}{4g(\rho' - \rho'')} = d_f \tag{7.11}$$

式中　d_s——水滴直径,m;

　　　W''——蒸汽上升速度,m/s;

　　　ξ——汽流对水滴的摩擦系数;

W_f——飞升速度，m/s；

d_f——飞升直径，m。

由式(7.10)和式(7.11)可知，当水滴直径一定时，能将水滴带走的最小蒸汽速度称为飞升速度；当蒸汽上升速度一定时，能被汽流带走的最大水滴直径称为飞升直径，小于飞升直径的水滴均能被带走。

影响蒸汽带水的因素很多，但主要的因素有：锅炉的负荷、锅筒内蒸汽空间高度、锅筒压力及锅水含盐量。下面介绍影响蒸汽带水的主要因素。

1. 锅炉的负荷(即蒸汽速度)

锅炉负荷对湿度的影响具体表现在 3 个方面：蒸汽速度增加，蒸汽对水滴的传送能力增大，由式(7.11)可知，相应的水滴飞升直径增大，即较大的水滴也能被带走，所以带水增加；锅炉负荷增加，水空间的含汽量增多，锅水胀起更高，使蒸汽空间高度减小，蒸汽湿度增加；蒸汽速度增加，单位时间内通过蒸发表面气泡量增多，所以破泡形成的水滴和湿度增加。

在锅筒压力、锅筒尺寸及锅水含盐量一定的条件下蒸汽湿度与锅炉负荷的关系曲线如图 7.1 所示。

图中曲线可用下式近似地表示：

$$\omega = AD^n \tag{7.12}$$

式中　ω——蒸汽湿度，%；

A——系数，与压力和汽水分离装置的结构及锅水含盐量有关；

n——与锅炉负荷有关的指数。

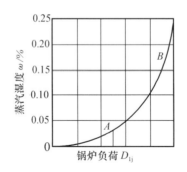

图 7.1　在锅筒压力、锅筒尺寸及锅中含盐量一定的条件下蒸汽湿度与锅炉负荷的关系曲线

由图 7.1 可见，随着锅炉负荷的增加，蒸汽湿度增加，且蒸汽湿度的增加存在着 3 个区域：在 A 点以前，蒸汽带水量很少，只携带细微的水滴，而且随负荷的增加湿度增加不大；A 点以后，蒸汽湿度随负荷增加而迅速增加；B 点以后，蒸汽湿度急剧增加，因为此时蒸汽将带走大量飞溅的水滴。A 点称为临界点，其对应的蒸汽负荷称为临界负荷 D_{lj}。

根据试验，在各个区域内，指数 n 的值约为：第一区域，$\omega \leqslant 0.03\%$，$n = 1 \sim 3$；第二区域，$\omega = 0.03\% \sim 0.2\%$，$n = 2.5 \sim 4$；第三区域，$\omega > 0.2\%$，$n = 8 \sim 10$。

锅炉的蒸汽负荷可用蒸发面负荷或蒸汽空间负荷来表示。通过单位锅筒内水面面积的蒸汽量称为蒸发面负荷。当蒸汽流量用容积表示时,称为蒸发面体积负荷R_s($m^3/m^2 \cdot h$),当蒸汽流量用质量流量表示时,称为蒸发面质量负荷 R'_s($kg/m^2 \cdot h$),即

$$R_s = \frac{Dv''}{F} \tag{7.13}$$

$$R'_s = \frac{D}{F} \tag{7.14}$$

式中　D——锅炉负荷,kg/h;

　　　v''——锅筒压力下蒸汽的比容,m^3/kg;

　　　F——锅筒内水表面面积,m^2。

通过锅筒内蒸汽空间单位容积的蒸汽流量称为蒸汽空间负荷。当蒸汽流量用容积流量表示时,称为蒸汽空间容积负荷 R_v($m^3/m^2 \cdot h$),当蒸汽流量以质量流量表示时,称为蒸汽空间质量负荷 R'_v($kg/m^3 \cdot h$),即

$$R_v = \frac{Dv}{V} \tag{7.15}$$

$$R'_v = \frac{D}{V} \tag{7.16}$$

式中　V——锅筒内蒸汽空间的容积,m^3。

蒸发面负荷与蒸汽空间负荷大时,说明锅筒尺寸相对较小,使汽水分离的条件变坏。但若蒸发面负荷与蒸汽空间负荷较小时,又要求锅筒尺寸大,也不经济。因此需确定一个较为合理的数值。

在不同的压力下,蒸汽湿度与蒸汽空间容积负荷的关系如图7.2所示,试验时蒸汽空间高度约为0.6 m。

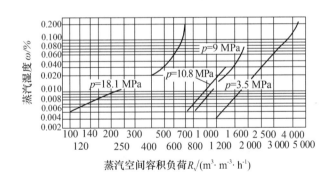

图7.2　在不同的压力下蒸汽温度与蒸汽空间容积负荷的关系

蒸汽湿度的允许值可根据蒸汽品质的要求来确定,亦即根据锅水的含盐量确定出蒸汽的允许湿度,然后由图7.2查出蒸汽空间容积负荷的允许值。

低压工业锅炉蒸汽空间容积负荷的推荐值见表7.2。

在确定锅筒尺寸时尚需考虑一定的安全裕度。

对大容量的锅炉,由于锅筒内主要靠汽水分离元件来进行汽水分离,因此蒸汽空间负荷显得不那么重要。对于低压工业锅炉,特别是锅筒内只有较简单的均匀蒸汽的设备,汽

水分离主要靠重力分离,这时,蒸汽空间容积负荷应取推荐值或小于推荐值,并应特别注意防止锅筒内局部地区蒸汽速度过大。

表 7.2　低压工业锅炉蒸汽空间容积负荷的推荐值

锅筒压力/bar	4	7	10	13	16
$R_v/(\mathrm{m^3 \cdot m^{-3} \cdot h^{-1}})$	630 ~ 1 310	610 ~ 1 280	610 ~ 1 250	580 ~ 1 200	570 ~ 1 150

锅筒压力/bar	25	44	110	155	
$R_v/(\mathrm{m^3 \cdot m^{-3} \cdot h^{-1}})$	540 ~ 1 080	800 ~ 1 000	350 ~ 400	250 ~ 300	

2. 蒸汽空间高度

当蒸汽空间高度较小时,大量的较粗的水滴可到达蒸汽空间顶部并被蒸汽引出管抽走,所以即使蒸汽速度不大,蒸汽湿度也会很大;当蒸汽空间高度增大时,较大水滴在未到达蒸汽引出管的高度时,由于失去初速,靠自重落回水中,因此,当蒸汽速度一定时,蒸汽空间高度增加,能到达抽汽口高度的水滴减少,所以蒸汽湿度下降;当蒸汽高度再增大时,较粗的水滴均不能到达蒸汽引出管,靠其重力落回水中,此时蒸汽中只带走小于飞升直径的水滴,因此,在这种情况下,高度再增加对蒸汽湿度已无影响了。

蒸汽空间高度与蒸汽湿度的关系如图 7.3 所示,由图可知,当蒸汽空间高度为 0.6 m 左右时,蒸汽湿度随蒸汽空间高度的变化已很小,此时,采用过大的锅筒,对汽水分离并无必要,反而会增加金属耗量,造成浪费。但工业锅炉锅筒直径不应小于 1.0 m。

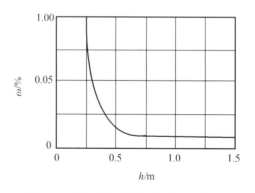

图 7.3　蒸汽空间高度与蒸汽湿度的关系

3. 锅水含盐量

锅水含盐量越大,锅水的表面张力就越大,气泡膜要在很薄时才破裂,所以形成的水滴越小,被蒸汽带走的水滴也越多;锅水含盐量,特别是碱性物质增大时,气泡不易破裂,其在水面的"寿命"较长,所以易在水面堆积很多气泡,严重时将形成很厚一层泡沫,使蒸汽空间高度大大下降,造成蒸汽大量带水。另外,锅水含盐量大时,气泡的聚合能力减弱,所以气泡尺寸较小,上浮速度较慢,使锅水胀起更高,蒸汽湿度增加。

锅水含盐量增加,湿度不变,但因带走的水滴中含盐量增加,蒸汽带盐也增多。

蒸汽湿度与锅水含盐量的关系,如图7.4所示。在一定的负荷下,当锅水含盐量在一定范围内提高时,蒸汽湿度保持不变。当锅水含盐量达到一定值后,蒸汽湿度随其增加急剧上升,这是由于形成了泡沫层。这时的含盐量称为临界含盐量(S_{lj}),它与蒸汽压力、负荷、锅水中杂质成分、蒸汽空间高度及汽水分离装置各种因素有关。目前对中压以上的锅炉建议采用的锅水最大允许含盐量见表7.3。锅内水处理的自然循环蒸汽锅炉和汽水两用锅炉标准及锅外水处理的自然循环蒸汽锅炉和汽水两用锅炉水质见表7.4及表7.5。

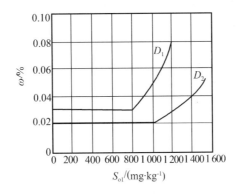

图7.4　蒸汽湿度与锅水含盐量的关系

表7.3　中压以上的锅炉建议采用的锅水最大允许含盐量

锅筒压力 /bar	锅内装置形式		含盐量 /(mg · kg⁻¹)	SiO_2 质量分数 /(mg · kg⁻¹)
44	简单机械分离装置		300 ~ 400	25 ~ 30
	旋风分离器		600 ~ 1 000	25 ~ 30
	分段蒸发	净段	400	10
		盐段	2 000	50
110	简单机械分离		150 ~ 300	2.0
	旋风分离器		350	2.0
	简单机械分离、蒸汽清洗		300	4.0
	旋内分离器、蒸汽清洗		500	4.0
	分段蒸发 蒸汽清洗	净段	300	3.0
		盐段	1 500	15
155	旋风分离器、无清洗		300	0.4 ~ 0.5
	旋风分离器、有清洗		400	1.5 ~ 2.0
181	旋风分离器、无清洗		150	0.2

表7.4　锅内水处理的自然循环蒸汽锅炉和汽水两用锅炉标准

水样	项目	标准值
给水	浊度/FTU	≤20.0
	硬度/(mmol·L⁻¹)	≤4
	pH(25 ℃)	7.0~10.5
	油质量浓度/(mg·L⁻¹)	≤2.0
	铁质量浓度/(mg·L⁻¹)	≤0.30
锅水	全碱度/(mmol·L⁻¹)	8.0~26.0
	酚酞碱度/(mmol·L⁻¹)	6.0~18.0
	pH(25 ℃)	10.0~12.0
	电导率(25 ℃)/(μS·cm⁻¹)	≤8.0×10³
	溶解固形物质量浓度/(mg·L⁻¹)	≤5.0×10³
	磷酸根质量浓度/(mg·L⁻¹)	10~50

表7.5　锅外水处理的自然循环蒸汽锅炉和汽水两用锅炉水质

水样	额定蒸汽压力/Mpa		$p \leq 1.0$		$1.0 < p \leq 1.6$		$1.6 < p \leq 2.5$		$2.5 < p < 3.8$	
	补给水类型		软化水	除盐水	软化水	除盐水	软化水	除盐水	软化水	除盐水
给水	浊度/FTU		≤5.0							
	硬度/(mmol·L⁻¹)		≤0.03							≤5×10⁻³
	pH(25 ℃)		7.0~10.5	8.5~10.5	7.0~10.5	8.5~10.5	7.0~10.5	8.5~10.5	7.0~10.5	8.5~10.5
	电导率(25℃)/(μS·cm⁻¹)		—	≤5.5×10²	≤1.1×10²	≤5.5×10²	≤1.0×10²	≤3.5×10²		≤80.0
	溶解氧*质量浓度/(mg·L⁻¹)		≤0.10		≤0.050					
	油质量浓度/(mg·L⁻¹)		≤2.0							
	铁质量浓度/(mg·L⁻¹)		≤0.30							≤0.10
锅水	全碱度[b]/(mmol·L⁻¹)	无过热器	4.0~26.0	≤26.0	4.0~24.0	≤24.0	4.0~16.0	≤16.0	≤12.0	
		有过热器	—		≤14.0			≤12.0		
	酚酞碱度/(mmol·L⁻¹)	无过热器	2.0~18.0	≤18.0	2.0~16.0	≤16.0	2.0~12.0	≤12.0	≤10.0	
		有过热器	—			≤10.0				
	pH(25℃)		10.0~12.0						9.0~12.0	9.0~11.0
	电导率(25 ℃)/(μS/cm)	无过热器	≤6.4×10³		≤5.6×10³		≤4.8×10³		≤4.0×10³	
		有过热器	—	—	≤4.8×10³		≤4.0×10³		≤3.2×10³	
	溶解固形物质量浓度/(mg·L⁻¹)	无过热器	≤4.0×10³		≤3.5×10³		≤3.0×10³		≤2.5×10³	
		有过热器	—		≤3.0×10³		≤2.5×10³		≤2.0×10³	

续表7.5

水样	额定蒸汽压力/Mpa	$p \leqslant 1.0$		$1.0 < p \leqslant 1.6$		$1.6 < p \leqslant 2.5$		$2.5 < p < 3.8$	
	补给水类型	软化水	除盐水	软化水	除盐水	软化水	除盐水	软化水	除盐水
锅水	磷酸根质量浓度 /($\text{mg} \cdot \text{L}^{-1}$)	—			$10 \sim 30$				$5 \sim 20$
	亚硫酸根质量浓度 /($\text{mg} \cdot \text{L}^{-1}$)	—			$10 \sim 30$				$5 \sim 10$
	相对碱度				< 0.2				

注1:对于额定蒸发量小于或等于4 t/h,且额定蒸汽压力小于或等于1.0 Mpa,电导率和溶解固形物指标可执行表7.4。

注2:额定蒸汽压力小于或等于2.5 Mpa的蒸汽锅炉,补给水采用盐处理,且给水导电率小于10 μS/cm的,可控制锅水 pH(25 ℃)下限不低于9.0、磷酸根下限不低于5 mg·L⁻¹。

* 对于供蒸汽轮机用汽的锅炉给水溶解氧应小于或等于0.050 mg·L⁻¹。

b 对于蒸汽质量要求不高,并且无过热器的锅炉,锅水全碱度的上限值可以适当放宽,但放宽后锅水的 pH(25 ℃)不应超过上限。

4. 压力

压力增加,蒸汽的密度增加,汽水间的密度差减小,由式(7.11)可知,当蒸汽速度一定时,飞升直径增大,即较大的水滴也将被带走,所以蒸汽湿度增加;而且压力增高,水的表面张力减小,形成的水滴直径较小,更易被蒸汽带走。因此,压力越高,允许的蒸汽流速越小。

7.1.3 蒸汽溶盐及其影响因素

高压和超高压时蒸汽的一个重要特性是蒸汽本身具有直接溶解某些盐类的能力。这是因为随着压力的提高,蒸汽的密度不断增加,并逐渐接近水的密度,因此蒸汽的性能也逐渐接近水的性能。水能溶解盐类,蒸汽也能直接溶解盐类了。并且与水一样,对各种盐类的溶解能力有很大的不同,亦即各种盐类的分配系数有很大的差别。由于蒸汽的溶盐具有选择性,因此蒸汽中的溶盐量又称为选择性携带。

下面分述影响溶盐大小的因素。

1. 压力

蒸汽溶解某种盐量的大小可用下式表示:

$$S_q^m = \frac{a^m}{100} S_s^m \qquad (7.17)$$

式中 a——分配系数,与压力及盐分的种类有关,它们的关系式为

$$a = \left(\frac{\rho''}{\rho'}\right)^n \qquad (7.18)$$

指数 n 取决于盐分的种类,常见的一些盐类的分配系数与压力关系如图7.5所示。指数 n 查表7.6。

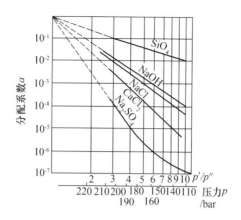

图7.5 常见的一些盐类的分配系数与压力的关系

表7.6 常见的一些盐类的指数 n

盐分种类	SiO_2	NaOH	NaCl	$CaCl_2$	Na_2SO_4
n 值	1.9	4.1	4.4	5.5	8.4

由图7.5可见,压力增加,各种盐分的分配系数迅速增大,当达到临界压力时,分配系数等于1。所以压力增加,蒸汽溶盐增加。在高压以上的锅炉中,蒸汽溶盐比水滴状带盐多得多,如在110 bar时,SiO_2 等盐类的分配系数已达1%而蒸汽的湿度一般为0.01%～0.03%,此时溶盐量约为水滴带盐的90倍。可见在高压锅炉中,蒸汽溶解硅酸是影响蒸汽质量的主要因素。

2. 盐分的种类

可将锅炉锅水中的各种盐分分成3类。第一类盐分为硅酸(如 SiO_2、H_2SiO_3、H_2SiO_5 及 H_4SO_4),其分配系数最大,在 80 bar 时,$a = 0.5\%$ ～ 0.6%;在 110 bar 时,$a = 0.1\%$;在 180 bar时,$a = 8\%$。高压蒸汽品质主要取决于硅酸盐类溶解的多少。第二类盐分为 NaOH、NaCl、$CaCl_2$ 等,这类盐分的分配系数比硅酸低得多,但到超高压时,其分配系数也能达到相当的数值(如 NaCl,在 110 bar 时,$a = 0.0006\%$;在 180 bar 时,$a = 0.3\%$)。因此,当压力超过 140 bar 时,除考虑蒸汽溶解硅酸之外,还应考虑第二类盐分的溶解携带。第三类盐分是一些很难溶于蒸汽的盐分(如 Na_2SO_4、Na_3PO_4、Na_2SiO_3 等),其分配系数很小,压力为 200 bar时,$a = 0.02\%$。所以对于自然循环锅炉,可不考虑第三类盐分的携带。

3. 锅水的碱度和含盐量

在锅水中同时存在着硅酸和硅酸盐两种形态,饱和蒸汽溶解这两种盐的能力很不相同,以硅酸形态存在于锅水中的有 H_2SiO_3(SiO_2、H_2O)、$H_2Si_2O_5$($2SiO_2$、H_2O)、H_4SiO_4(SiO_2、$2H_2O$)等,属于第一类盐,饱和蒸汽对其溶解能力很大。锅水中的硅酸盐主要是 Na_2SiO_3、$Na_2Si_2O_5$ 等,它们属于很难溶于饱和蒸汽的第三类盐。当锅水中同时存在硅酸和硅酸盐时,根据锅水的条件不同可互相转化,硅酸和强碱作用形成硅酸盐,而硅酸盐又可以水解成

为硅酸,它们存在着下列平衡关系:

$$Na_2SiO_3 + 2H_2O \rightleftharpoons H_2SiO_3 + 2NaOH \tag{7.19}$$

$$Na_2SiO_3 + H_2O \rightleftharpoons 2NaOH + SiO_2 \tag{7.20}$$

$$Na_2Si_2O_5 + H_2O \rightleftharpoons 2NaOH + 2SiO_2 \tag{7.21}$$

如果锅水中苛性钠碱度增加,(即 pH 增大,OH⁻ 离子浓度增大)则反应反程式向左进行,使锅水中的硅酸含量减少,硅酸盐含量增多,所以蒸汽中硅酸的含量减少,即硅酸的分配系数减小。按式(7.18)计算 a_{SiO_2} 的指数,n 随 pH 增加而增加,见表 7.7。硅酸的实际分配系数与 pH 的关系如图 7.6 所示。在实际运行中锅水碱度也不能过大,试验表明,当pH > 12 时,对硅酸分配系数的影响已逐渐减小,pH 太大反而使锅水表面形成很厚的一层泡沫,使蒸汽水滴状带盐量增加,同时还可能引起碱性腐蚀。

表 7.7　指数 n 与 pH 的关系

pH	7.8 ~ 9	10.3	11.3	12.1
n	1.8	1.95	2.1	2.4

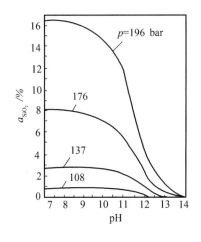

图 7.6　硅酸的实际分配系数与 pH 的关系

对应一定的压力,某种盐类的分配系数也已定。此时蒸汽中溶解某种盐类的量取决于与蒸汽接触的水中该类盐分的含量,水中含盐多,蒸汽中溶解的盐也多。

7.2　锅炉的排污与分段蒸发

7.2.1　锅炉的排污

由 7.1 节可知,无论是水滴状带盐还是蒸汽溶盐都与锅水的含盐量有关,为了保证合格的蒸汽品质,各种锅炉对炉水的品质均有一定的要求,锅炉的给水中虽然杂质含量比炉水要小很多,但由于不断蒸发产生蒸汽,蒸汽带走的盐量小于同质量给水带入的盐量,结果将使锅水含盐量越来越大。为使锅水含盐量维持在允许的范围内,以保证合格的蒸汽品质。在锅炉运行中,可采用排去一部分含盐量大的锅水,而代之含盐量小的给水的办法来实现,这种放掉部分锅水的方法称为排污。

锅炉排污是提高蒸汽品质的重要措施之一,按其原理来讲,排污量越大,锅水含盐量及蒸汽带盐量越小。但排污量大将造成工质和热量的损失,因此对排污的大小应加以适当的控制。排污量一般用排污率来表示,它表示排污水量占锅炉蒸发量的百分比,即

$$p = \frac{D_{pw}}{D} \times 100\% \tag{7.22}$$

式中　p——排污率;

　　　D_{pw}——排污水量,kg/h;

　　　D——锅炉的蒸发量,kg/h。

根据技术、经济比较,不同类型的电厂最大的允许排污率见表7.8,最小排污率一般不得小于0.5%。工业锅炉的排污率也应控制在2%～5%以内。

表7.8　不同类型的电厂最大的允许锅炉排污率

补给水处理方法	凝汽式电厂	热电厂
化学除盐或凝结水	1	2
化学软化水	2	5

锅炉的排污方法有两种:定期排污和连续排污。

定期排污,又称为间断排污或底部排污,它的排污点设在各循环回路下联箱底部及下锅筒底部,以排除经处理后水渣和磷酸盐所形成的软质沉淀等,当然也同时排走了一部分锅水。其排污持续时间很短,但排出沉淀物的效果很好。排污的次数和多少,可根据蒸汽品质或锅水品质的要求而定。

连续排污也称为表面排污,它的排污点多装在锅筒内锅水杂质浓度最大处或水表面处,以排走杂质浓度最大的锅水及水表面的悬浮物、油等污物。低压小容量锅炉可只设定期排污。

7.2.2　分段蒸发

由上述可知,要提高蒸汽品质必须降低锅水含盐量,要降低锅水含盐量又必须提高给水品质或增大排污量。这将增加水处理的费用和增加工质及热量的损失,是不经济的。

如果有意地在锅筒内造成锅水浓度差,并使大部分蒸汽从含盐量低的锅水中出来,而在含盐量大的锅水中进行排污,这样就可以在不提高给水品质及不增大排污量的情况下使蒸汽品质得到保证。分段蒸发就是为实现上述目的而采取的一个有效方法。

分段蒸发是在锅筒内装一隔板,把锅水分成两个区域,炉内两段蒸发系统如图7.7所示。隔板下部有一连通管相通。两个区域有各自独立的循环回路。给水全部进入连接受热面多的区域,这个区域称为净段。净段的一部分锅水由连通管流入连接受热面较少的区域,排污从这个区域引出,故称此区域为盐段。

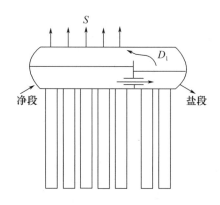

图 7.7　炉内两段蒸发系统

净段至盐段的锅水,对净段来说是排污,其水量较大(为锅炉蒸发量的10%以上),所以净段的锅水含盐量较低,由净段产生的蒸汽品质比较好。净段排至盐段的锅水,对盐段来说是给水,所以盐段的给水含盐量较大,再经过连接盐段回路的蒸发,段锅水的含盐量更大,与不分段时比较,若排掉同样多的盐量由盐段排出的排污量就可以减少。虽然自盐段出来的蒸汽品质较差,但由于它的数量不大,与由净段出来的蒸汽混在一起,总的蒸汽品质还是比不分段时的蒸汽品质要高。

分段蒸发时,总的蒸汽品质与盐、净段的蒸汽品质和数量有关,净段蒸汽的品质较高,似乎净段汽量越多越好。但实际上并非如此,因为净段蒸发率(净段产汽量 D_{I} 与锅炉负荷之比的百分数)越大,盐段的蒸发率(盐段产汽量 D_{II} 与锅炉负荷之比的百分数)就越小,即净段的"排污"量就越少。这样反而使净段锅水含盐量增多,净段蒸汽品质变坏,结果总的蒸汽品质随之下降。所以盐段的蒸发率既不是越大越好,也不是越小越好,而是存在一个最佳的数值。在这个最佳数值下,当排污量与给水品质不变时,总蒸汽品质最好。最佳盐段蒸发率需通过计算求得,一般盐段蒸发率为10% ~ 20%。

理论上讲,分段蒸发的分段数目越多,效果越好。但实际上,分段数过多时会使结构复杂,且效果也不很显著,所以一般只采用两段蒸发或三段蒸发。在三段蒸发系统中,一般以锅内作为第二段,以锅外旋风分离器作为第三段,如图7.8所示。

随着水处理技术日益提高,给水含盐量完全可以控制在 $0.5\ \mu g \cdot kg^{-1}$ 以下,因此我国超高压的锅筒型锅炉一般都不再采用分段蒸发了。

7.3　汽水分离装置

7.3.1　汽水分离设备的作用

由7.2节可知,蒸汽携带盐分是由于蒸汽携带含盐的水滴和蒸汽自身溶解盐分造成的,因此净化蒸汽就必须减少水滴状带盐和蒸汽的溶盐。

为减少水滴状带盐,首先应选择合适的锅筒尺寸,使其具有足够的蒸汽空间和水空间。对锅筒内的汽水分离设备,应能起到下述作用。

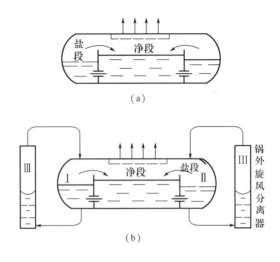

图 7.8　三段蒸发系统

（1）进行汽水分离，它包括两个过程：首先是将蒸汽从大量水中分离出来，这个过程称为粗分离（又称一次分离）；然后再从湿蒸汽中将水滴分离出来，称此过程为细分离（又称二次分离）。

（2）消除和减小汽水混合物的动能、防止和减轻水滴的粉碎和飞溅、避免混合物冲撞水面等以减少水滴的生成和带走。

（3）防止水面形成泡沫。

（4）均匀蒸发面负荷和蒸汽空间负荷，以防止局部地区蒸汽速度过高，充分利用蒸汽空间进行重力分离。

7.3.2　汽水分离的基本原理

汽水分离装置的设计，采用下述基本原理。

（1）重力分离：利用蒸汽与水的重度差进行自然分离。

（2）离心分离：利用汽水混合物旋转时，汽、水所受离心力的不同进行汽水分离。

（3）惯性分离：利用汽水混合物流在改变方向时，汽和水的惯性力不同进行汽水分离。

（4）膜式分离：使水黏附在金属壁面上或水膜上，向下流入水空间进行汽水分离。

7.3.3　常用的锅内设备

国产高压和超高压锅筒型锅炉锅筒内部装置如图 7.9 所示。主要锅内设备有锅内旋风分离器、蒸汽清洗装置、波形板分离器和匀汽孔板等。

中压锅筒型锅炉锅筒内部装置如图 7.10 所示。主要锅内设备有锅内旋风分离器、波形板分离器和匀汽孔板等。

工业锅炉常用的锅内设备组合方案如图 7.11（a）～（g）所示。图 7.11（a）为带有过热器的水管锅炉的锅内设备组合方案；图 7.11（d）及图 7.11（h）为无过热器水管锅炉锅内设备的组合方案，后者可用于锅筒直径较小、对蒸汽品质要求较高的场合；图 7.11（g）为烟管或烟水管锅炉锅内设备的组合方案,主要锅内设备有水下孔板、缝隙挡板、挡板、蜗壳式分离器、匀汽孔板、抽汽孔管和波形板分离器及新研制的带钩的缝隙挡板等。

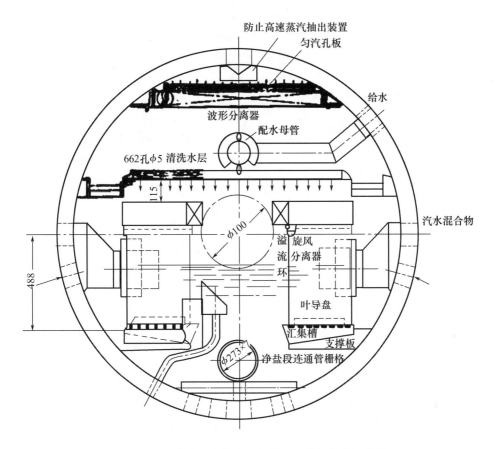

图 7.9　国产高压和超高压锅筒型锅炉锅筒内部装置

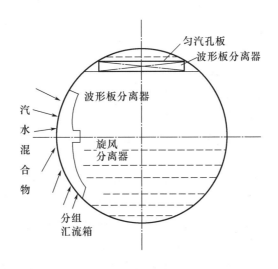

图 7.10　中压锅筒型锅炉锅筒内部装置

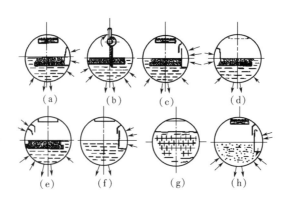

图 7.11　工业锅炉常用的锅内设备组合方案

综上所述,主要的锅内设备归结如下。

(1)粗分离设备,包括锅内旋风分离器、挡板、缝隙挡板等。

(2)细分离设备,包括波形板分离器、蜗壳式分离器等。

(3)均匀蒸发面负荷及均匀蒸汽空间的设备,包括水下孔板、匀汽孔板、小孔式集汽管等。

(4)减少蒸汽溶盐的设备,包括清洗装置。

(5)其他锅内设备,包括配水装置、排污管、加药管、防止下降管产生旋涡斗的栅板、十字板等。

7.4　常用的几种锅内装置的设计

7.4.1　粗分离装置

1. 锅内旋风分离器

旋风分离器是一种分离效果很好的粗分离装置,被广泛地应用于中压、高压和超高压的锅炉上。其主要作用为进行汽水粗分离、平稳地消除汽水混合物的动能。由于蒸汽不通过锅筒中水空间,可避免形成泡沫层和锅水膨胀,能在锅水含盐较高的条件下工作。旋风分离沿锅筒长度均匀布置时,可均匀蒸汽空间负荷。

锅内旋风分离的形式很多,但分离原理一样,都是利用离心分离。

锅内旋风分离器的结构如图 7.12 所示。它由筒体、波形板顶帽、底板和导向叶片及溢流环等部件组成。汽水混合物切向进入筒体,产生旋转运动,密度大的水在离心力的作用下被甩向筒壁,使水面呈抛物面形,并通过筒部导向叶片平稳地流入水空间。蒸汽由筒体中心部分上升,通过顶帽进入蒸汽空间。

筒体:常用的有柱形筒体[图 7.12(a),图 7.12(b)]和导流式筒体[如图 7.12(c)]两种,直径采用 φ260、φ290、φ315、φ350 mm 这 4 种,大容量锅炉多用 φ290、φ315 和 φ350

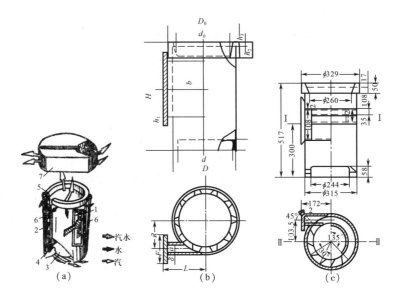

图 7.12　锅内旋风分离器的结构
1—进口法兰;2—筒体;3—底板;4—导向叶片;5—溢流环;6—拉杆;7—波形板顶帽

这 3 种,小容量锅炉可采用 ϕ 260 和 ϕ 290 两种。导流式筒体结构广泛应用于超高参数的锅炉上,由于它在筒体内部加装了导流板,使离心分离的作用加强,每个旋风分离器的允许负荷可比同直径的柱形筒体的旋风分离器提高 20% 左右。

为了防止呈抛物面的水膜旋转到顶部时被蒸汽带走,在筒体顶部装有溢流环。溢流环的间隙既要保证水膜顺利溢出,又要防止蒸汽由此流出。

波形板顶帽:旋风分离顶部装有波形板分离器,它可以进一步分离蒸汽中的水分,同时还可以增加蒸汽端的阻力,使筒内蒸汽上升均匀,并降低筒内抛物面形的水面。

波形板可立式布置也可水平布置。立式布置可提高分离效果。中压锅炉主要用水平式波形板方形顶帽。而高压和超高压锅炉则主要用立式波形板圆形顶帽,如图 7.13 所示。

筒底:为了防止抛物面水位底部太低,蒸汽穿出筒底,通常用圆形底板将筒底中间封死,而在底板与筒体间的环形缝中装置导向叶片,旋转方向与上部水流旋转方向一致,以使排水平稳地流入水空间。由于进入水空间的水是旋转的,容易引起锅筒内水位偏斜,因此,可采用左旋与右旋的旋风分离器交错排列的布置,使相邻的旋风分离器排水的旋转方向相反,则可保持水位的平稳。

旋风分离器的主要设计数据为汽水混合物的入口速度和旋风分离器的负荷。

汽水混合物的入口速度愈高,离心分离的效果愈好,但使旋风分离器的阻力大大增加,对水循环不利,因此应选择一合适的汽水混合物入口速度,一般情况下,可按表 7.9 选取。

表 7.9　汽水混合物入口速度

锅炉压力/bar	13	16	25	中压	高压	超高压
入口速度/(m·s^{-1})	6.5~9.0	6.0~8.5	5.5~8.0	5.0~8.0	4.0~6.0	4.0~6.0

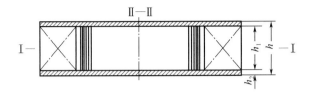

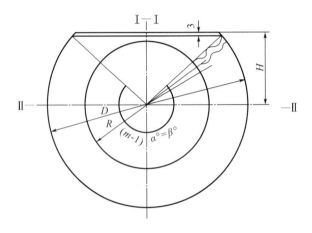

图 7.13　立式波形板圆形顶帽

旋风分离器的负荷取决于旋风分离器筒体内的蒸汽上升速度,一般建议在中压时不大于 0.7 m/s,高压时不大于 0.4 m/s。旋风分离器的允许负荷见表 7.10。

表 7.10　旋风分离器的允许负荷

锅筒压力/bar	锅内旋风分离器内径/mm			
	ϕ260	ϕ290	ϕ315	ϕ350
13	1.2~1.5	1.5~1.8	—	—
16	1.3~1.6	1.6~2.0	—	—
25	1.5~1.9	1.8~2.4	—	—
44	2.5~3.0	3.0~3.5	3.6~4.0	4.0~4.5
110	4.0~5.0	5.0~6.0	6.0~7.0	7.0~8.0
155	—	7.0~7.5	8.0~9.0	9.0~11.0

旋风分离器的底部应没入锅筒正常水位下 200 mm,以防止筒内蒸汽由筒底窜出。为防止筒底排水中的蒸汽进入下降管,在筒底下部应装有单独或共用的托盘。

其中 44 bar 时的推荐值是指用水平布置波形板顶帽的旋风分离器,如用立式波形板圆形顶帽,其值可增加 20%~25%。

　　锅内旋风分离器的布置方式有 3 种:单位式、分组汇流箱式和整组汇流箱式。一般常用分组汇流箱式锅内旋风分离器(图 7.14)。它是在锅筒内按循环回路划分几个汇流箱,每个汇流箱与一定数量的旋风分离器相连接。考虑到多台旋风分离器并联连接时负荷分配不均,此时采用表 7.10 中允许负荷的下限为宜。

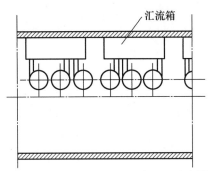

图 7.14　分组汇流箱式锅内旋风分离器

2. 挡板

　　当汽水混合物从锅筒汽空间较高位置引入,而且汽水混合物的入口速度较低时,可在管子入口处装置挡板,如图 7.15 所示。

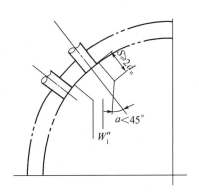

图 7.15　挡板汽水分离装置

　　当汽水混合物碰撞到挡板时,动能被减弱,然后混合物流动被迫转向下流。此时因水受到的惯性力大于蒸汽,大部分水被甩向空间,而蒸汽携带少量小水滴由板间流出后又转向上流去。因此,挡板的作用是消除或削弱汽水混合物的动能,并使汽、水初步分离。
　　设计挡板时,主要控制板间的出口蒸汽流速和合理的结构。
　　挡板间的出口蒸汽流速为 W_1'' 可按表 7.11 选取。

表 7.11　挡板间的出口蒸汽流速 W_1''

压力/bar	4	7	10	13	16	25	中压	高压
$W_1''/(\mathrm{m \cdot s^{-1}})$	2.9~4.4	2.3~3.5	2~3	1.8~2.7	1.6~2.5	1.3~2	1~1.5	<1

　　为了不使汽水混合物直冲挡板,以免水滴被打碎,挡板与管子中心线夹角不应大于45°,进口混合物速度也不宜太高,一般中压炉应小于 3 m/s,高压炉应在 2～2.5 m/s 范围内。否则,混合物速度太高,将使水滴碰得太碎,而引起二次携带。

　　为防止挡板上的水膜不被蒸汽流撕破,应将正对入口的挡板布置得离入口远些,其间距 S 应大于或等于引入管内径的两倍($S \geqslant 2d_n$),如图 7.15 所示。

　　每排管子应装一单独的挡板。两端用挡板封死,防止蒸汽由两端窜出。挡板与锅筒连接处应密封。

3. 缝隙挡板

　　当汽水混合物由锅筒中心线上下 30°左右的位置处引入时,可采用缝隙挡板,如图 7.16所示。这种挡板多用于中、低压锅炉。

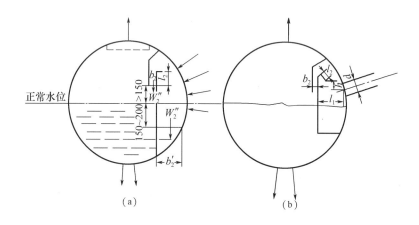

图 7.16　缝隙挡板汽水分离装置

　　汽水混合物进入锅筒后,进入由上、下挡板组成的缝隙,靠转向时汽水所受惯性力的不同进行汽水粗分离,并减弱汽水混合物的动能。

　　设计缝隙挡板的主要数据为缝隙挡板间的蒸汽流速 W_2'',可按表 7.12 选取。缝隙挡板下挡板与锅筒壁间的水流速度为 W_2'。

表 7.12　缝隙挡板间的蒸汽流速 W_2''

压力/bar	4	7	10	13	16	25
$W_2''/(\text{m}\cdot\text{s}^{-1})$	2.5～4.1	2.3～3.3	1.7～2.9	1.5～2.6	1.4～2.3	1.1～1.9

　　W_2''的校验计算公式为

$$W_2'' = \frac{D_2 v''}{3.6 b_2 l_2} \tag{7.23}$$

式中　D_2——流经缝隙挡板的蒸汽量,t/h;

　　　　v''——锅筒压力下饱和蒸汽的比容,m³/kg;

b_2——缝隙的宽度,m;

l_2——缝隙的长度,m。

缝隙挡板的下挡板与锅筒内壁的最小间距 b_2' 应保证水流速度 W_2' 较低,否则易造成水流带汽,引起锅水膨胀或可能带汽入下降管,影响水循环的可靠性。对低压锅炉,W_2' 可取 0.5 ~ 1.0 m/s;对于中压锅炉,W_2' 可取小于 0.2 m/s。

W_2' 的校验计算公式为

$$W_2' = \frac{D_2(K-1)v'}{3.6b_2'l_2} \tag{7.24}$$

式中　K——锅炉的循环倍率;

v'——锅筒压力下饱和水的比容,m^3/kg。

组成缝隙挡板上、下挡板的重叠长度 l_2' 应等于或大于两倍的缝隙宽度 b_2,以迫使汽流向下流动。当缝隙太宽时,可用分流板将宽缝分成平行的两条或几条狭缝,并保证相邻两板的重叠长度大于缝隙宽度的两倍。

上挡板的下缘与锅筒正常水位的距离应不小于 150 mm,以避免缝隙出口汽流直接冲撞水面而引起大量的二次水滴。下挡板的下边缘应没入正常水位下 150 ~ 200 mm,以形成可靠的水封,防止蒸汽由下挡板底部窜出。

不允许汽水混合物直冲下挡板的上边缘或缝隙通道,否则将使蒸汽带水增多。

由冷态试验台上观察到:汽水混合物进入容器后直冲到下挡板上,被分离的大部分水沿下挡板向下流入水空间,但还有一部分水可越过下挡板的上沿进入缝隙通道,使由缝隙出来的蒸汽湿度仍然较大。经过改进,若将下挡板上沿做成钩状[图 7.16(b)],并称这种结构为带钩的缝隙挡板,则被分离下来的水基本上全部由进汽侧进入水空间,从而使由缝隙中出来的蒸汽湿度大大下降。

带钩缝隙挡板的主要设计数据与缝隙挡板相同,仍为上、下挡板间的蒸汽流速 W_2',其值仍查表 7.12。其结构尺寸如图 7.16(b)所示,下挡板离蒸汽引出管入口中心的距离 l_1 应等于或大于蒸汽引出管内径 d 的 2 ~ 2.5 倍,即 $l_1 \geq (2 ~ 2.5)d$。下挡板上部弯钩最低处离蒸汽引出管入口中间的距离 $h_1 \geq d$。下挡板上部弯钩的长度 $l_2 = 50 ~ 60$ mm。下挡板上部弯钩的转弯角度 $\alpha = 50° ~ 60°$(与垂直线间的夹角)。在蒸汽流经的通道中,最狭处的宽度应大于缝隙宽度 b_2。其他数据和结构尺寸与缝隙挡板相同。

7.4.2　细分离装置

1. 波形板分离器

波形板分离器,如图 7.17 所示。经过粗分离后的湿蒸汽,由锅筒汽空间上升,低速进入由多块波形板排列组成的弯曲通道,在弯曲通道中做曲线运动的水滴在离心力的作用下被甩到波形板上,并被黏附形成水膜,然后靠自重流到板下沿,当水滴积至一定大小后就落回水空间,使湿蒸汽进一步得到分离。波形板分离器被广泛采用在中、高压的锅炉上。低压工业锅炉中,若对蒸汽品质要求较高,也可采用。

波形板分离器分为水平式布置[图 7.17(a),图 7.17(b)]和立式[图 7.17(c)]两种。水平式布置时,上流蒸汽与疏水流向对冲,蒸汽速度太大时将阻碍水滴落入水空间,疏水条件遭到破坏,使分离效果下降。立式布置时,疏水条件较好,分离效果比水平式布置好,可允许较大的板前蒸汽流速,缺点是要占据较大的空间高度。

设计波形板分离器时,主要要限制波形板分离器前的蒸汽上升速度 W_3''。水平式布置波形板分离器的最大蒸汽允许速度 $(W_{max}'')_p$,可按下式计算或按表7.13选取。

$$(W_{max}'')_p = 0.4\sqrt{\frac{g}{\rho''}}\sqrt[4]{\sigma(\rho' - \rho'')} \tag{7.25}$$

式中　　g——重力加速度,m/s^2;

　　　　ρ',ρ''——锅筒压力下饱和水及饱和蒸汽的密度,kg/m^3;

　　　　σ——锅筒压力下饱和水的表面张力系数,N/m。

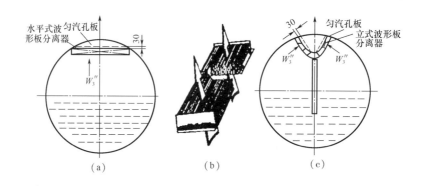

图 7.17　波形板分离器

立式布置波形板分离器的最大蒸汽允许速度 $(W_{max}'')_l$,可按下式计算或按表7.13选取。

$$(W_{max}'')_l = \varepsilon\sqrt{\frac{g}{\rho'}}\sqrt[4]{\sigma(\rho' - \rho'')} \tag{7.26}$$

式中　　ε——系数,无清洗装置时,$\varepsilon = 1.2$,有清洗装置时 $\varepsilon = 0.9$。

波形板用 $0.8 \sim 1.2$ mm 的钢板压成。相邻两板的间距为 10 mm。两板间不应有直通部分。

表 7.13　水平式布置波形板分离器的最大蒸汽允许速度 $(W_{max}'')_p$

压力/bar	7	13	25	44	110	155
$(W_{max}'')_p/(m \cdot s^{-1})$	0.88	0.65	0.45	0.32	0.14	0.09
$(W_{max}'')_p$ 有清洗装置时/$(m \cdot s^{-1})$	—	—	—	0.72	0.32	0.2
$(W_{max}'')_p$ 无清洗装置时/$(m \cdot s^{-1})$	2.64	1.95	1.35	0.96	0.42	0.27

波形板分离器应与匀汽孔板配合使用,以均匀蒸汽空间负荷。蒸汽先经波形板,后经匀汽孔板,两者间距可取 $30 \sim 40$ mm。

立式布置波形板分离器时,波形板底管应装疏水管,疏水管应插入锅筒最低水位以下。

2. 蜗壳式分离器

蜗壳式分离器结构如图 7.18 所示。湿蒸汽由蜗壳式分离器的上部切向进入蜗壳,靠离心力的作用将汽水分开,蒸汽进入蜗壳内的集汽管,被分离下来的水则流入蜗壳下部的疏水管,起到细分离的作用。其次,由于蜗壳内装有集汽管,因此它还起到沿锅筒长度方向均匀蒸汽空间负荷的作用。

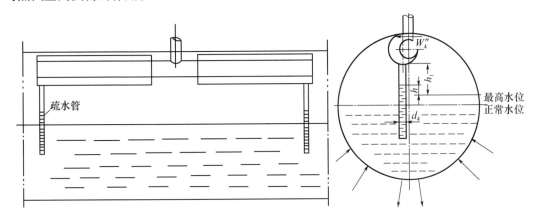

图 7.18　蜗壳式分离器结构

蜗壳式分离器适用于对蒸汽品质要求较高、负荷不大的低压工业锅炉。

设计锅壳式分离器主要限制流经分离器最狭断面处的最大蒸汽速度,此速度太大时,分离器阻力太大,使疏水管中水位升高,严重时将使疏水管变成抽水管。为此,在蜗壳式分离器中,最小蒸汽流通截面上的蒸汽速度 W_4'',不得超过表 7.14 中的最大允许蒸汽速度 W_{max}''。

表 7.14　蜗壳式分离器的最大允许蒸汽速度 W_{max}''

压力/bar	4	7	10	13	16	25
$W_{max}''/(\mathrm{m \cdot s^{-1}})$	15.8	13	11.5	10	9.4	7.6

W_4'' 可按下式计算:

$$W_4'' = \frac{Dv''}{3.6f_4} \tag{7.27}$$

式中　f_4——蜗壳式分离器中最小的蒸汽流通截面积,$\mathrm{m^2}$。

蜗壳式分离器最低点到锅筒中最高水位的距离 h_1、疏水管中的水位与锅筒中高水位的差值 h,它们之间的比值应满足下述不等式:

$$\frac{h_1}{h} \geqslant 2.5 \tag{7.28}$$

同时应满足

$$\Delta h = h_1 - h_2 > 50 \text{ mm} \tag{7.29}$$

式中　h——由于蒸汽流经蜗壳式分离时产生阻力。

因此分离器中的压力较锅筒内压力低,疏水管中的水位高于锅筒中水位,两者之差为

$$h = \frac{\Delta p_f}{(\rho' - \rho'')g} = 0.051 \frac{(W_4'')^2 \rho''}{\rho' - \rho''} \tag{7.30}$$

式中　Δp_f——蒸汽流经蜗壳式分离器的阻力,按 W_4'' 计算,Pa。

蜗壳式分离器中最小蒸汽流通截面处的缝隙宽度 b_4,可接下式确定:

$$b_4 = \frac{Dv''}{3.6 n_f W_4'' L_4} \tag{7.31}$$

式中　L_4——蜗壳式分离器中最小蒸汽流通截面处每根缝隙的长度,m;

　　　n_f——蜗壳式分离器中最小蒸汽流通截面处缝隙的数目(各条缝等长时)。

蜗壳式分离器下疏水管的内径 d_4,可按下式计算:

$$d_4 = 0.188 \sqrt{\frac{D}{\rho' W_4' n_4 n_4'}} \tag{7.32}$$

式中　W_4'——疏水管中的水速,$W_4' < 0.4$ m/s;

　　　n_4'——蜗壳式分离器的个数;

　　　n_4——每个分离器上疏水管的根数。

疏水管的底部应没入水空间。为防止水空间的上升气泡进入疏水管而阻碍疏水的顺利下流,一般可在疏水管的出口处焊一段直径为 $\phi100$ mm、高为 100 mm 左右的圆管,圆管底部封死,顶部板上开有 $\phi10 \sim \phi12$ mm 的小孔 6 ~ 8 个,疏水管插入圆管的高度可取 60 ~ 80 mm,如图 7.19 所示。

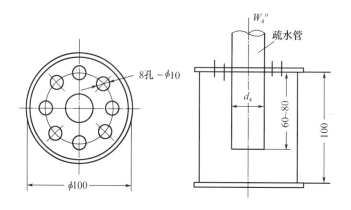

图 7.19　疏水管底部结构

蜗壳式分离器的集汽管的设计与下述集汽管相同。

分离器应尽量布置在蒸汽空间的顶部,入口缝隙在分离器的高处,以增加蒸汽空间的高度。分离器应尽量布置得长些,以充分利用蒸汽空间。

7.4.3　均匀蒸发面负荷及均匀蒸汽空间的设备

1. 水下孔板

水下孔板是布置在锅筒水空间的均匀开孔的平板,如图 7.20 所示。利用蒸汽穿孔时的

节流作用,使孔板下形成一层汽垫,蒸汽由各个小孔流出,可起到均匀蒸发面负荷和蒸汽空间负荷的作用。此外,水下孔板还可消除汽水混合物的动能。它被广泛地用于低压工业锅炉。

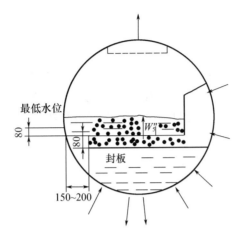

图 7.20　水下孔板

　　为保证孔板下有汽垫层,必须选择合适的蒸汽穿孔平均流速 W_5'' 和保证一定的封板高度。蒸汽穿孔平均流速 W_5'' 可按表 7.15 中的推荐值选取。考虑到锅炉可能降压运行,设计时可取表中的较小值。

表 7.15　蒸汽穿孔平均流速 W_5''

压力/bar	4	7	10	13	16	25	中压
$W_5''/(\mathrm{m \cdot s^{-1}})$	3 ~ 8.4	2.5 ~ 6.5	2 ~ 5.5	2 ~ 4.8	2 ~ 4.3	1.5 ~ 3.3	2 ~ 3

　　水下孔板上小孔的直径可取 $\phi 8 \sim \phi 12$ mm,孔太小易堵塞;孔太大,小孔数少时,会使蒸汽上升不均匀。

　　水下孔板总开孔数 $\sum n_5$ 可按下式求得

$$\sum n_5 = 3.537 \times 10^3 \frac{D_5 v''}{W_5'' d_5} \tag{7.33}$$

式中　D_5——流经水下孔板的蒸汽量,t/h,当全部蒸汽经过水下孔板时,D_5 为锅炉的蒸发量;当部分蒸汽经过水下孔板时,D_5 为流经水下孔板的蒸汽量,此蒸发量可按引入水下孔板的蒸发管的吸热量计算;

　　　　d_5——水下孔板上小孔的直径,mm。

　　为保证孔板下积存一定高度的汽垫层,孔板四周应围有高 80 mm 左右的封板。

　　水下孔板应水平放置于锅筒最低水平下 80 mm 左右处;水下孔板侧端与锅筒内壁的间距可取 150 ~ 200 mm,以保证水下孔板上的水畅通下流。孔板应尽可能布置得长些,并均匀开孔。

　　水下孔板区域尽可能不布置下降管,若孔板区布置有下降管,则下降管入口距水下孔板应保持一定的高度,为防止入口处发生自汽化,此高度应大于 $1.5\dfrac{W_{j}^2}{2g}+0.08$ m,为防止产生旋涡斗,此高度应大于 $4d_j+0.08$ m,当不能满足后者时,应在下降管入口处加装栅板或十字板。

2. 匀汽孔板

匀汽孔板是布置在锅筒顶部的一块孔板(图 7.21)。利用匀汽孔板的阻力,使蒸汽沿锅筒长度、宽度均匀上升,可防止局部地区因蒸汽速度过高而使蒸汽湿度增加,有利于重力分离。它适用于各种容量的锅炉,可以单独使用,也可与其他细分离器(如波形板分离器等)配合使用。

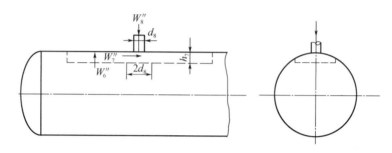

图 7.21　匀汽孔板结构

蒸汽穿孔平均速度 W_6'' 是匀汽孔板的主要设计数据,低压、中高压锅炉匀汽孔扳的英汽穿孔平均速度 W_6'' 值可分别按表 7.16 和表 7.17 选取。查表时需用的开孔率 φ 值为小孔的总截面积与匀汽孔板总面积之比,即

$$\varphi = \frac{\sum n_6 \pi d_6^2}{4L_6 b_6} \tag{7.34}$$

式中　　$\sum n_6$——匀汽孔板上的总开孔数;

d_6——匀汽孔板上小孔直径,m;

L_6——匀汽孔板的总长度,m;

b_6——匀汽孔板的宽度,m。

表 7.16　低压锅炉匀汽孔板的蒸汽穿孔平均速度 W_6'' 取值范围

	压力/bar	4	7	10	13	16	25
W_6'' /(m·s⁻¹)	对抽汽孔管和 φ = 0.15～0.32 的均汽孔板	23～27	21～25	18.5～22.5	17～20.5	15～18.5	13～16
	对 φ < 0.15 的匀汽孔板	19～22	17～20	15～18	13～16	12～15	10～13

表 7.17　中、高压锅炉匀汽孔板的蒸汽穿孔平均速度 W_6'' 取值范围

压力/bar	中压	高压	超高压
$W_6''/(\text{m} \cdot \text{s}^{-1})$	8 ~ 12	6 ~ 8	4 ~ 6

匀汽孔板的小孔直径一般可取 $\phi 5 \sim \phi 12$ mm，容量小的锅炉取小值。孔间距不应大于 50 mm，板厚为 3 ~ 4 mm。

匀汽孔板的总开孔数 $\sum n_6$ 可按下式求得

$$\sum n_6 = 353.7 \times 10^3 \frac{Dv''}{W_6'' d_6^2} \tag{7.35}$$

式中　D——锅炉的蒸发量，t/h；

　　　d_6——匀汽孔板上小孔的直径，mm。

为保证沿孔板长度抽汽均匀，应使匀汽孔板上部弓形截面中的最大纵向蒸汽速度 W_7'' 与蒸汽穿孔平均速度 W_6'' 满足下述不等式：

$$W_7'' \leqslant \frac{1}{2} W_6'' \tag{7.36}$$

当蒸汽由匀汽孔板上部均匀引出或在匀汽孔板上中间引出（指小容量锅炉只有一根主蒸汽引出管，且由匀汽孔板上部中间引出的情况）时，W_7'' 可按下式计算

$$W_7'' = \frac{Dv''}{7.2 n_8 F_7} \tag{7.37}$$

式中　n_8——匀汽孔板上部饱和蒸汽引出管的根数；

　　　F_7——匀汽孔板上部弓形截面面积，它可根据锅筒内径 D_{gn} 和弓形高度 h_7（图 7.21）按图 7.22 查得或按下式求得

$$F_7 = \frac{\pi \theta}{360} R^2 - \frac{1}{2} b \sqrt{R^2 - \left(\frac{b}{2}\right)^2} \tag{7.38}$$

式中　θ——匀汽孔板对应的圆心角（图 7.22），（°）。

饱和蒸汽引出管内的蒸汽速度 W_8'' 应满足下述不等式，以防止饱和蒸汽引出管入口处因静压降低很多而造成抽汽不均。

$$W_8'' \leqslant 0.7 W_6'' \tag{7.39}$$

如果不能满足式（7.39），则应在饱和蒸汽引出管下部加一盲板，或者正对蒸汽引出管入口处的匀汽孔板上不开孔。盲板的直径和不开孔的圆面积直径应大于或等于饱和蒸汽引出管内径的两倍。盲板的高度应保证由盲板四周流入假想圆柱表面（$2\pi d_8 h_9$）中的蒸汽速度满足 $W_9'' \leqslant 0.7 W_6''$，如图 7.23 所示。

如果不满足不等式（7.35）和式（7.38）（或 $W_9'' \leqslant 0.7 W_6''$），为保证抽汽均匀，需开不等距开孔。

取抽汽不均匀系数 B 为第 n 排孔的抽汽量与第一排孔（最远离主汽管的那排孔）的抽汽量之比。设计匀汽孔板时，可按下述步骤进行。

（1）匀汽孔板至主蒸汽引出管入口的高度 h_7 可取 80 ~ 100 mm。

（2）取抽汽不均匀系数 $B \leqslant 1.1$，一般可先取 $B = 1.05 \sim 1.1$。

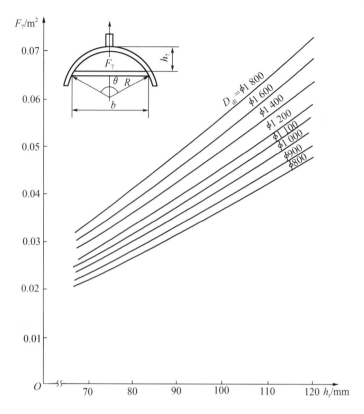

图 7.22　匀汽孔板上部弓形截面面积的确定

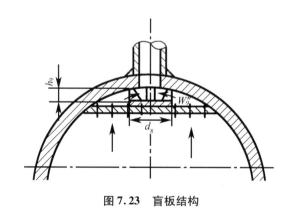

图 7.23　盲板结构

（3）相当阻力系数 ξ_{xd} 可按下式计算：

$$\xi_{xd} = 2 + \lambda \frac{l^2}{D_{dl}} \frac{(n+1)(2n+1)}{6n^2} \tag{7.40}$$

式中　　λ——摩擦阻力系数；

　　　　l——第一排孔到第二排孔间的长度，m；

　　　　D_{dl}——匀汽孔排上弓形截面的当量直径，m；

　　　　n——匀汽孔板上纵向方向自第一排至主汽管间孔排数。

ξ_{xd} 经计算，可近似地取 2.15。

（4）穿孔阻力系数 ξ_{k}。

（5）计算匀汽孔板上纵向的最大蒸汽速度 W_7''。

（6）根据 W_7''、B 和 ξ_{xd}/ξ_k，由图7.24查出蒸汽平均穿孔速度 W_6''。

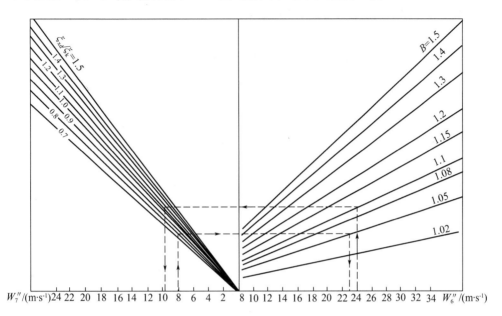

图7.24　匀汽孔板不等距开孔时的蒸汽平均穿孔速度

其余数据和尺寸同前。

匀汽孔板应尽量布置得长些，在满足式（7.36）的前提下，匀汽孔板应尽量布置在锅炉顶部，以增加汽空间的有效高度。

匀汽孔板两端封死，四周应密封。

3. 小孔式集汽管

小孔式集汽管是一根布置在锅筒蒸汽空间顶部的多孔管子，如图7.25所示。利用蒸汽穿过孔时的节流作用，使蒸汽沿锅筒长度方向均匀分布。它只适用于低压小容量锅炉且对蒸汽品质要求不高的场合，也可用于蜗壳式分离器中。

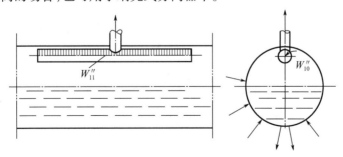

图7.25　小孔式集汽管

小孔式集汽管的主要设计数据为蒸汽穿孔的平均速度 W''_{10},它可按表 7.16 选取,即 $W''_{10} = W''_6$

小孔直径一般可取 $\phi 6 \sim \phi 12$ mm,孔间距不应大于 50 mm。

抽汽孔管中最大纵向蒸汽流速 W''_{11} 应满足下式,即

$$W''_{11} \leqslant 0.5 W''_{10} \tag{7.41}$$

满足上述条件时,抽汽孔管的管径 d_{11},可按表 7.18 取用。

表 7.18　抽汽孔管的管径 d_{11}
(只适用一根饱和蒸汽引出管在中间、二侧抽汽时的情况)

D /(t·h^{-1})	压力/bar			
	4	7	10	13
0.5	$\phi 102 \times 4$	$\phi 102 \times 4$	—	—
1	$\phi 102 \times 4$	$\phi 102 \times 4$	$\phi 102 \times 4$	$\phi 89 \times 4$
2	$\phi 133 \times 4$	$\phi 133 \times 4$	$\phi 108 \times 4$	$\phi 108 \times 4$
4	—	$\phi 159 \times 4.5$	$\phi 159 \times 4.5$	$\phi 133 \times 4$
6	—	$\phi 219 \times 6$	$\phi 219 \times 6$	$\phi 159 \times 4.5$

抽汽孔管应布置在锅筒顶部,小孔应开在管子的上半部,抽汽孔管应尽量做得长些。饱和蒸汽引出管最好由抽汽孔管的中间引出。在孔管底部应开 $1 \sim 2$ 个 $\phi 5$ mm 的小孔,以排除管中少量水分。

7.5　蒸汽的清洗

经过粗分离后的蒸汽,再经过一层清洗水(一般为给水)加以清洗,以降低蒸汽的溶盐和蒸汽所带水滴中的含盐量。

由前述可知,对于某种盐分,在一定的压力下,溶解于饱和蒸汽中的含盐量与溶解于饱和水中的含盐量成一定的比例,这个比例即为该种盐的分配系数 a^m,可由式(7.42)确定:

$$a^m = \frac{S_q^m}{S_s^m} \times 100\% \tag{7.42}$$

蒸汽是由锅水产生的,蒸汽中含某种盐分的量与锅水中含该种盐分的量之比的百分数为 a^m,此时处于平衡状态。当由锅水中产生的蒸汽进入清洗装置,与含盐量少的清洗水接触时,对应于相同的 a^m 值溶解于蒸汽中的某种盐分相对多了,此时多余的盐分便会置换到清洗水中去,以达到新的平衡。因此蒸汽含盐量会大大下降。

7.5.1　影响蒸汽清洗效果的主要因素

1. 清洗水量

增加清洗水量,可使清洗水的含盐量下降,因此使蒸汽溶盐下降,也可使蒸汽携带水滴

的含盐量下降。在高压锅炉中,可用全部给水进行蒸汽的清洗,以提高蒸汽的品质。但在超高压锅炉中,仅用部分给水清洗蒸汽,这样可以增加下降管中水的欠焓,防止下降管产生自汽化;同时,由于下降管中水温较低,使循环回路的运动压头增加,对水循环有利。此外,在超高压锅炉中,由于省煤器出口水的欠焓很大,若用全部水清洗蒸汽,将使蒸汽的冷凝量增加,从而要求水冷壁的实际产汽量增加,对汽水分离不利,因此,超高压锅炉中,用30% ~50%的给水作为清洗水即可。

2. 清洗水的品质

清洗水越干净,清洗蒸汽过程中物质扩散也越强烈,清洗效果也越好。提高清洗水的pH,蒸汽溶硅酸的分配系数减小,蒸汽品质提高。

3. 清洗前蒸汽的品质

进入清洗装置的蒸汽品质越好,使清洗水的含盐量下降,所以洗后的蒸汽品质也越好。洗汽前的蒸汽品质也取决于水滴状带盐,因此,采用清洗装置时,也要求严格控制锅水品质和提高汽水粗分离效果。

4. 清洗水层的厚度

由于清洗蒸汽时,物质扩散是在清洗水层中、清洗水上层的泡沫层中和蒸汽空间中(蒸汽与飞溅的清洗水滴相接触时进行)进行的,其中以在泡沫层中的物质扩散为主,因此清洗水层不必太厚,一般为40 ~50 mm。

5. 通过清洗水层的蒸汽流速

此速度过大,将使清洗后蒸汽的带水量增加,但此速度太小,又会使蒸汽与清洗水的接触面积减少而影响清洗效果。其数值可按推荐值选取。

7.5.2　清洗装置

高压和超高压的锅炉上常用的清洗装置为穿层式清洗装置。目前普遍采用的穿层式清洗装置有钟罩式和平孔板式两种,如图 7.26 所示。

钟罩式清洗装置[图 7.26(a)]由底盘和带孔的顶罩两部分组成。蒸汽以 W''_f 的速度从两块底盘的中间进入清洗装置,在底盘与顶罩之间经两次转弯,以 W''_k 的速度穿过孔板及清洗水层。给水由配水装置均匀地分配到底盘的一侧,然后流到另一侧,通过堵板溢流到锅筒的水空间,清洗装置沿锅筒长度的两端需有封板封死,以防止蒸汽不通过清洗水层而短路。

钟罩式清洗装置适用于高压炉,主要设计数据为蒸汽穿孔速度 W''_k 和蒸汽穿缝速度 W''_f,要求 $W''_k = 1.0 ~1.2$ m/s;$W''_f < 0.8$ m/s。

平孔板式清洗装置[图 7.26(b)]由一块块平孔板组成,相邻两块平孔板间用 U 形卡相连。用来清洗蒸汽的给水由配水管均匀地分配到平孔板上,然后通过溢流挡板溢流到锅筒水空间。蒸汽自下而上通过小孔,由清洗水层穿出,进行起泡清洗。

平孔板清洗装置可用于高压锅炉和超高压锅炉。它的主要设计数据是蒸汽的穿孔速

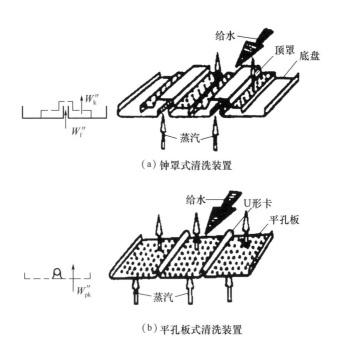

（a）钟罩式清洗装置

（b）平孔板式清洗装置

图 7.26　目前普遍采用的穿层式清洗装置

度 W''_{pk}，W''_{pk} 太大，使蒸汽带水增多；W''_{pk} 太小，将使清洗孔板上出现干孔板区，影响清洗效果。对于高压炉和超高压锅炉，$W''_{pk}=1.3\sim1.6$ m/s（超高压时取小值）。平孔板由 $2\sim3$ mm 的钢板制成，小孔直径为 $\phi5\sim\phi6$ mm。

比较钟罩式和平孔板式两种清洗装置，平孔板式清洗装置具有下述优点。

（1）结构简单，制造安装方便。

（2）有效清洗面积比钟罩式清洗装置大三分之一左右。

（3）阻力约比钟罩式清洗装置小二分之一。

（4）清洗装置前的蒸汽上升均匀。

平孔板式清洗装置的缺点是：在低负荷时可能出现干孔板区，使清洗效果恶化。由于平孔板式清洗装置具有很多优点，因此，得到了广泛的应用。

第8章 热水锅炉水动力学

热水锅炉是高温供热系统中的一项主要设备。由于高温供热具有蓄热量大、输送损失小、投资省、调节灵活等优点,并且与蒸汽供热相比,热水采暖的热效率高、供热范围较大。因此,热水锅炉已成为一项重要的节能设备,并且得到了很快的发展。

与蒸汽锅炉相似,热水锅炉的循环方式也可分为强制循环、自然循环和半强制循环。为了保证锅炉安全工作,必须进行水动力计算和安全性校验。热水锅炉水动力计算的任务是:选择锅炉受热面水循环系统的合理布置方案和结构尺寸;校核锅炉受热面的工作可靠性并提出提高可靠性的措施。对于强制循环锅炉,还有一项任务,即确定锅炉总压降,以便选择合适的循环泵。

8.1 自然循环热水锅炉水动力计算

8.1.1 循环回路内水的温度水平

热水锅炉自然循环回路与蒸汽锅炉自然循环回路的主要差别如下。

(1)蒸汽锅炉自然循环回路中,下降管入口水温总是接近于饱和温度,下降管内水的密度按照饱和水密度计算。热水锅炉自然循环回路中,下降管入口水温取决于锅炉循环倍率及锅筒内水流的混合和分配状况。

(2)蒸汽锅炉的循环倍率恒大于1.0。热水锅炉的循环倍率,无论对于单个回路还是对于整个锅炉都可能大于1.0,也可能小于1.0。

图8.1所示为单一循环回路锅炉的情况。锅炉供水量为 $G(\text{kg/s})$,出水温度(供水温度)为 $t_r(\text{℃})$,回水温度为 $t_h(\text{℃})$。则水在锅炉中的温升 δt 为

$$\delta t = t_r - t_h \quad (\text{℃}) \tag{8.1}$$

若循环回路中的循环流量为 $G_1(\text{kg/s})$,循环回路入口水温(即下降管入口水温)和出口水温分别为 t' 和 $t''(\text{℃})$。则水在循环回路中的温升 δt_1 为

$$\delta t_1 = t' - t'' = \frac{Q_1}{G_1 C_p} \quad (\text{℃}) \tag{8.2}$$

式中　Q_1——循环回路吸热量,kJ/s;

　　　C_p——水的定压比热,kJ/(kg·K)。

循环回路的循环倍率定义为:水在锅炉中的温升 δt 与水在循环回路中的温升 δt_1 的比值,即

$$K_1 = \frac{\delta t}{\delta t_1} \tag{8.3}$$

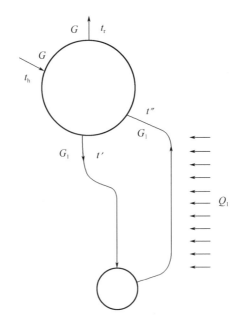

图 8.1　单一循环回路锅炉的情况

可见,回路循环倍率的物理意义是:某自然循环回路中,流过受热面的水流量与按强制流动、各管水温升相同的并联受热面内的水流量之比。

水在循环回路中的温升 δt_1 既可能大于水在锅炉中的温升 δt,也可能小于水在锅炉中的温升 δt。由式(8.3)可见,循环回路的循环倍率 K_1 既可能大于 1.0,也可能小于 1.0。这主要取决于水在锅筒内的分配和混合情况。

图 8.2 所示为循环倍率大于 1.0 的单一循环回路锅炉的情况。在图 8.2(a)中,进入下降管的水流量除了全部的供水量 G 之外,还有一部分是上升管回流的水流量($G-G_1$)。若循环回路的吸热量为 Q_1(kJ/s),则水在锅炉中的温升为

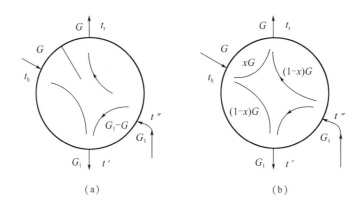

图 8.2　循环倍率大于 1.0 的单一循环回路锅炉的情况

$$\delta t = t_r - t_h = t'' - t_h = \frac{Q_1}{GC_p} \quad (℃) \tag{8.4a}$$

水在循环回路中的温升为

$$\delta t_1 = t'' - t' = \frac{Q_1}{G_1 C_p} \quad (℃) \tag{8.4b}$$

循环回路的循环倍率 K_1 为

$$K_1 = \frac{t'' - t_h}{t'' - t'} = \frac{G_1}{G} \tag{8.5}$$

由于循环回路的水流量 G_1 大于锅炉供水量 G,即下降管入口水温 t' 大于锅炉回水温度 t_h,使循环回路的循环倍率 $K_1 \geqslant 1.0$。下降管入口水温 t' 为

$$t' = t_r - \frac{\delta t}{K_1} = t_h + \left(1 - \frac{1}{K_1}\right)\delta t \quad (℃) \tag{8.6}$$

在这种情况下,下降管入口水温 t' 随回路循环倍率 K_1 的增大而增高,上升管出口水温 t'' 不随回路循环倍率 K_1 而变化。

若有部分回水短路进入热水供出管,如图 8.2(b)所示。当短路份额为 x 时,循环回路的入口水温和出口水温分别为

$$t' = t_r - \left(\frac{\delta t}{K_1} + \frac{x}{1-x}\right)\delta t \quad (℃) \tag{8.7a}$$

$$\delta t = t_r + \left(\frac{x}{1-x}\right) \quad (℃) \tag{8.7b}$$

与图 8.2(a)的情况相比,整个回路中水的温度提高了 $\left(\dfrac{x}{1-x}\right)\delta t$。因此,短路份额 x 越大,循环回路中的水温将严重增高。因此在设计锅筒内部装置时应尽量防止回水的短路。

图 8.3 所示为循环倍率 K_1 小于 1.0 的单一循环回路。在图 8.3(a)中,从回路出来的水全部进入热水供水管,不再回流入下降管。循环回路的入口水温和出口水温分别为

$$t' = t_h \quad (℃) \tag{8.8a}$$

$$t'' = t_r + \left(\frac{1}{K_1} - 1\right) \quad (℃) \tag{8.8b}$$

显然,循环回路的循环倍率 K_1 越小,回路的出口水温 t'' 越高。

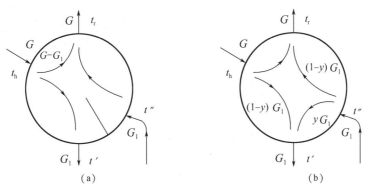

图 8.3　循环倍率小于 1.0 的单一循环回路

若从回路出来的热水部分地回流入下降管,其份额为 y,如图 8.3(b)所示。这时循环回路入口水温和出口水温分别为

$$t' = t_h + \left(\frac{y}{1-y}\right)\frac{\delta t}{K_1} \quad (℃) \tag{8.9a}$$

$$t'' = t_r + \left(\frac{1}{K_1} - 1\right)\delta t + \left(\frac{y}{1-y}\right)\frac{\delta t}{K_1} \quad (℃) \tag{8.9b}$$

与图 8.3(a)情况相比,整个回路的温度水平提高了 $\left(\dfrac{y}{1-y}\right)\dfrac{\delta t}{K_1}$。循环回路的循环倍率 K_1 越小,回路的出口水温越高,显然这是不利的,所以在设计锅内装置时应注意防止这样的回流。

由以上分析可知:①当循环回路的循环倍率 $K_1 > 1.0$ 时,为了降低回路的温度水平,锅筒内部装置要保证全部回水进入下降管,而从回路出来的热水应最小量地回流入下降管。此时可实现 $t'' = t_r$, $t' > t_h$。②当循环回路的循环倍率 $K_1 < 1.0$ 时,锅筒内部装置要保证回路出来的热水全部进入热水供出管,而回水则最大量地进入下降管。此时可实现 $t' = t_h$, $t'' > t_r$。③将 $K_1 > 1.0$ 和 $K_1 < 1.0$ 两种情况相比,前者的回路出口水温较后者低,因而工作条件较为优越,但能否实现循环回路的循环倍率大于 1.0,取决于回路的吸热、结构设计等因素。④为使循环回路达到最低的温度水平,图 8.2(b)和图 8.3(b)的情况应尽量避免发生。

实际的热水锅炉总是由多回路组成的。与单一循环回路一样,它也有相应的循环回路的循环倍率和全炉循环倍率。全炉循环倍率是所有循环回路内循环水量之和与锅炉供水量的比值,即

$$K = \frac{G_1 + G_2 + \cdots + G_n}{G} \tag{8.10}$$

式中　$G_1, G_2, \cdots, G_n$——各循环回路内的循环水量,kg/s;

　　　G——锅炉供水量,kg/s。

若各循环回路的吸热量分别为 $Q_1, Q_2, \cdots, Q_n$(kJ/s),则循环回路的循环倍率与全炉循环倍率有如下关系

$$K = K_1\left(\frac{Q_1}{Q}\right) + K_2\left(\frac{Q_2}{Q}\right) + \cdots + K_n\left(\frac{Q_n}{Q}\right) \tag{8.11}$$

式中　Q——各循环回路吸热量之和,kJ/s。

$$Q = Q_1 + Q_2 + \cdots + Q_n$$

图 8.4 所示为全炉循环倍率大于 1.0 的多回路情况。循环回路 1 和循环回路 2 中的热水进入锅筒后,部分热水又回流到下降管中。根据热量平衡,下降管入口水温 t'、循环回路 1 和循环回路 2 的出口水温 t_1''、t_2'' 分别为

$$t' = t_r - \frac{\delta t}{K} \quad (℃) \tag{8.12a}$$

$$t_1'' = t_r + \left(\frac{1}{K_1} - \frac{1}{K}\right)\delta t \quad (℃) \tag{8.12b}$$

$$t_2'' = t_r + \left(\frac{1}{K_2} - \frac{1}{K}\right)\delta t \quad (℃) \tag{8.12c}$$

当 $K_1 = K_2 = K$ 时,循环回路 1 和循环回路 2 的出口水温相同,即 $t_1'' = t_2'' = t_r$。当 $K_1 \neq K_2 \neq K$

时,循环回路的循环倍率小于全炉循环倍率,其回路出口水温高于热水温度 t_r。因此,设计锅炉时宜使各循环回路的循环倍率相接近。

图8.5 所示为全炉循环倍率小于 1.0 的多回路情况。这时回水进入锅筒后,除进入下降管外,部分回水进入热水供水管。显然,循环回路 1 和循环回路 2 的入口水温都是回水温度 $t_1'' = t_h + \dfrac{\delta t}{K_1}$,循环回路的出口水温分别为

$$t_1'' = t_h + \frac{\delta t}{K_1} \quad (\text{℃}) \tag{8.13a}$$

$$t_2'' = t_h + \frac{\delta t}{K_2} \quad (\text{℃}) \tag{8.13b}$$

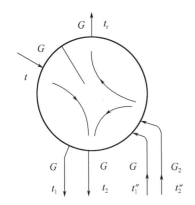 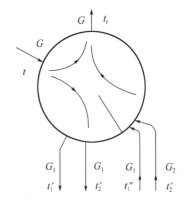

图8.4 全炉循环倍率大于 1.0 的多回路情况 　　图8.5 全炉循环倍率小于 1.0 的多回路情况

当全炉循环倍率小于 1.0 时,循环回路的循环倍率 K_1、K_2 均小于 1.0。循环回路的循环倍率越小,其出口水温越高。所以设计时应力求使各回路的循环倍率相接近。

综上分析可知:①锅筒内水流的混合和分配严重影响循环回路内的温度水平。在设计中应予以密切注意,并正确设计锅筒内部装置。②要确定循环回路内的温度水平,必须首先确定全炉循环倍率是大于 1.0 还是小于 1.0,同时也要求出各循环回路的循环倍率。

应注意的是:循环回路的循环倍率大或小,并不意味着回路的质量流量绝对值一定大或小,而是自然循环与强制流动(直流)情况下相比较的流量比值大或小。循环倍率在水循环计算中的主要作用不在于反映流量大小,而在于确定循环回路入口水温(即下降管入口水温)的高低,从而决定整个循环回路的温度水平。循环回路入口水温按下式确定:

当 $K \leqslant 1.0$ 时,　　　　　　　　　　　　$t' = t_h$ 　　　　　　　　　(8.14a)

当 $K > 1.0$ 时,　　　　　　　　　　　　$t' = t_r - \dfrac{\delta t}{K}$ 　　　　　　　(8.14b)

8.1.2　自然循环热水锅炉水动力计算

在自然循环回路中(图8.6),由于上升管中热水的平均密度小于下降管中水的密度,形成了两液柱的密度差(即下降管和上升管的重位压降之差),依靠此压差迫使工质在循环回路内形成循环流动。

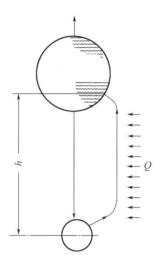

图 8.6　自然循环回路

　　若不计联箱中的压力变化和流体的加速压降时,对于图 8.6 所示的循环回路,可以写出下降管侧和上升管侧的压差平衡方程式

$$h\rho_{j}g - \Delta p_{ld,j} = h\rho_{s}g + \Delta p_{ld,s} \tag{8.15}$$

式中　h——循环回路的高度,m;

　　　　ρ_{j}——下降管中水的密度,kg/m^3;

　　　　ρ_{s}——上升管中热水的密度,kg/m^3;

　　　　$\Delta p_{ld,j}$——下降管中的流动阻力,Pa;

　　　　$\Delta p_{ld,s}$——上升管中的流动阻力,Pa。

式(8.15)又可改写为

$$hg(\rho_{j} - \rho_{s}) = \Delta p_{ld,s} + \Delta p_{ld,j} \quad (\text{Pa}) \tag{8.16}$$

　　式(8.16)左端为下降管与上升管的重位压降之差值,用于克服回路的流动阻力,故称为流动压头,记为 S,即

$$S = hg(\rho_{j} - \rho_{s}) \quad (\text{Pa}) \tag{8.17}$$

流动压头减去上升管流动阻力所得压差值称为有效压头,用符号 S_{yx} 表示,即

$$S_{yx} = S - \Delta p_{ld,s} \quad (\text{Pa}) \tag{8.18}$$

　　由式(8.16)可见,循环回路有效压头等于下降管流动阻力,即

$$S_{yx} = \Delta p_{ld,j} \quad (\text{Pa}) \tag{8.19}$$

　　式(8.15)、式(8.16)和式(8.19)描述了自然循环热水锅炉中各压头间的相互关系,与自然循环蒸汽锅炉的基本方程相同。

　　下面依次对各项计算做必要的说明。

1. 水的密度和单位温差的密度差

　　由热力学可知,水的密度与水的压力和温度有关。在一定压力下,水的密度仅与温度有关。通常可写成如下形式:

$$\rho = a + bt + ct^2 \quad (\text{kg/m}^3) \tag{8.20}$$

式中　t——水温,℃;

　　　a,b,c——系数。

在热水锅炉工作压力范围内,系数 a、b、c 列于表8.1 中。

表 8.1　系数 a、b、c 值

绝对压力/MPa	a	b	c	适用温度范围/℃
5×0.98	1 008.29	−0.280	−0.002 20	70~150
8×0.98	1 008.44	−0.280	−0.002 20	70~150
11×0.98	1 008.57	−0.281	−0.002 19	70~170
14×0.98	1 008.71	−0.281	−0.002 19	80~170
17×0.98	1 008.87	−0.281	−0.002 19	70~190
26×0.98	1 009.31	−0.282	−0.002 18	70~190

实际上压力对水的密度影响很小。若不考虑压力影响,有

$$\rho = 1\,008.8 - 0.284\,2t - 0.002\,18t^2 \quad (\text{kg/m}^3) \tag{8.21a}$$

或者

$$\rho = 1\,008.8 - 0.284\,2t - 0.002\,18\left(\frac{i}{C_\text{p}}\right) - 0.002\,18\left(\frac{i}{C_\text{p}}\right)^2 \quad (\text{kg/m}^3) \tag{8.21b}$$

式中　i——工质焓,kJ/(kg·℃)。

不同温度(或焓)下的密度差为

$$\begin{aligned}\rho_1 - \rho_2 &= 0.284\,2(t_2 - t_1) + 0.002\,18(t_2^2 - t_1^2)\\ &= 0.284\,2\frac{i_2 - i_1}{C_\text{p}} + 0.002\,18\frac{i_2^2 - i_1^2}{C_\text{p}} \quad (\text{kg/m}^3)\end{aligned} \tag{8.22}$$

单位温度差(或焓差)产生的密度差

$$\left(-\frac{\Delta\rho}{\Delta t}\right) = \frac{\rho_1 - \rho_2}{t_1 - t_2} = 0.284\,2 + 0.002\,18(t_1 + t_2) \quad [\text{kg/(m}^3\cdot℃)] \tag{8.23a}$$

$$\left(-\frac{\Delta\rho}{\Delta i}\right) = -\frac{\rho_1 - \rho_2}{i_1 - i_2} = \frac{0.284\,2}{C_\text{p}} + 0.002\,18\frac{i_2 + i_1}{C_\text{p}^2} \quad [\text{kg/(m}^3\cdot℃)] \tag{8.23b}$$

2. 循环回路流动压头

以单位温差(或焓差)产生的密度差表示的循环回路流动压头为

$$S = hg\left(-\frac{\Delta\rho}{\Delta t}\right)(\overline{t_\text{s}} - t_\text{j}) \quad (\text{Pa}) \tag{8.24a}$$

$$S = hg\left(-\frac{\Delta\rho}{\Delta i}\right)(\overline{i_\text{s}} - i_\text{j}) \quad (\text{Pa}) \tag{8.24b}$$

式中　$\overline{t_\text{s}}$——上升管中水的平均温度,℃;

　　　$\overline{i_\text{s}}$——上升管中水的平均焓,kJ/(kg·℃)。

若上升管吸热为 $Q(\text{kJ/s})$,则

$$\bar{t}_s - t_j = \frac{Q}{2C_p G} \quad (℃)$$

或

$$\bar{i}_s - i_j = \frac{Q}{2G} \quad [\text{kJ}/(\text{kg} \cdot ℃)]$$

式中 G——循环回路的循环流量,kg/s。

于是,循环回路的流动压头

$$S = hg\left(-\frac{\Delta\rho}{\Delta t}\right)\frac{Q}{2C_p G} \quad (\text{Pa}) \tag{8.25a}$$

$$S = hg\left(-\frac{\Delta\rho}{\Delta i}\right)\frac{Q}{2G} \quad (\text{Pa}) \tag{8.25b}$$

3. 下降管流动阻力

下降管流动阻力是摩擦阻力与局部流动阻力之和,为单相流体阻力,可按下式计算:

$$\Delta p_{\text{ld,j}} = \left(\lambda\frac{l_j}{D_j} + \sum\xi_j\right)\frac{W_j^2}{2}\rho \quad (\text{Pa}) \tag{8.26a}$$

式中 l_j——下降管长度,m;

D_j——下降管内径,m;

$\sum\xi_j$——下降管总局部阻力系数,包括入口、转弯、出口等局部阻力系数之和。其值可按蒸汽锅炉的数值选取;

W_j——下降管内水的速度,m/s;

λ——下降管沿程阻力系数,按下式计算:

$$\lambda = \frac{1}{4\left(\lg 3.7\dfrac{D_j}{k}\right)^2} \tag{8.26b}$$

在应用式(8.26b)时,管子的绝对粗糙度 k 对碳钢和珠光体钢管为 0.08 mm,对奥氏体钢管为0.01 mm。

若循环回路中的流量为 $G(\text{kg/s})$,下降管流通截面积为 $f_j(\text{m}^2)$,则下降管流动阻力按下式计算:

$$\Delta p_{\text{ld,j}} = \left(\lambda\frac{l_j}{D_j} + \sum\xi_j\right)\left(\frac{G}{f_j}\right)^2\frac{1}{2\rho_f} \quad (\text{Pa}) \tag{8.27}$$

当下降管不受热,且不考虑下降管的散热时,下降管内水密度按下降管入口水温 t_j 或水焓 i_j 确定,也可按下式计算:

$$\rho_j = 1\,008.8 - 0.284\,2t_j - 0.002\,18t_j^2 \quad (\text{kg/m}^3) \tag{8.28a}$$

$$\rho_j = 1\,008.8 - 0.284\,2\frac{i_j}{C_p} - 0.002\,18\left(\frac{i_j}{C_p}\right)^2 \quad (\text{kg/m}^3) \tag{8.28b}$$

当下降管受热时,下降管内水密度按平均水温 $\bar{t}_s$ 或水焓 $\bar{i}_s$ 确定,也可按下式计算:

$$\rho_j = 1\,008.8 - 0.284\,2\left(t_j + \frac{Q_j}{2C_p G}\right) - 0.002\,18\left(t_j + \frac{Q_j}{2C_p G}\right)^2 \quad (\text{kg/m}^3) \tag{8.29}$$

式中　Q_j——下降管吸热量,kJ/s。

4. 循环回路各区段平均水温和平均密度

当下降管不受热时,上升管入口水温等于下降管入口水温(即循环回路入口水温);当下降管受热时,上升管入口水温等于下降管出口水温。下降管出口水温按下式计算:

$$t_j'' = t_j + \frac{Q_j}{C_p G} \quad (℃) \tag{8.30}$$

循环回路的各区段出口水温为

$$t'' = t' + \frac{Q_n}{C_p G} \quad (℃) \tag{8.31}$$

式中　Q_n——所计算区段的吸热量,kJ/s。

在水循环计算中,假设各区段沿管长吸热均匀,则各区段的平均水温应等于该区段进口水温 t' 和出口水温 t'' 的算术平均值:

$$\bar{t} = \frac{1}{2}(t' + t'') \quad (℃) \tag{8.32}$$

各区段的平均密度按照锅炉工作压力和该区段的平均水温 $\bar{t}$ 确定,或按下式计算:

$$\bar{\rho} = 1\,008.8 - 0.284\,2\,\bar{t} - 0.002\,18\,\bar{t}^2 \quad (kg/m^3) \tag{8.33}$$

5. 上升管系统的流动阻力

若有热水引出管时,上升管系统的流动阻力是上升管流动阻力与热水引出管流动阻力之和,即

$$\Delta p_{ld,s} = \Delta p_{ld,ss} + \Delta p_{ld,yc} \quad (Pa) \tag{8.34}$$

式中　$\Delta p_{ld,ss}$——上升管流动阻力,Pa;

$\Delta p_{ld,yc}$——热水引出管流动阻力,Pa。

流动阻力是摩擦阻力与局部阻力之和,按单相流体阻力计算,即

$$\Delta p_{ld,sb} = \left(\lambda_{sb}\frac{l_{sb}}{D_{sb}} + \sum \xi_{sb}\right)^2 \frac{W_{sb}^2}{2}\bar{\rho}_{sb}$$

$$= \left(\lambda_{sb}\frac{l_{sb}}{D_{sb}} + \sum \xi_{sb}\right)\left(\frac{G}{f_{sb}}\right)^2 \frac{1}{2\bar{\rho}_{sb}} \tag{8.35a}$$

$$\Delta p_{ld,yc} = \left(\lambda_{yc}\frac{l_{yc}}{D_{yc}} + \sum \xi_{yc}\right)^2 \frac{W_{yc}^2}{2}\bar{\rho}_{yc}$$

$$= \left(\lambda_{yc}\frac{l_{yc}}{D_{yc}} + \sum \xi_{yc}\right)\left(\frac{G}{f_{yc}}\right)^2 \frac{1}{2\bar{\rho}_{yc}} \tag{8.35b}$$

式中　l_{sb}, l_{yc}——上升管和热水引出管管长,m;

D_{sb}, D_{yc}——上升管和热水引出管的内径,m;

f_{sb}, f_{yc}——上升管和热水引出管流通截面积,m^2;

$\lambda_{sb}, \lambda_{yc}$——上升管和热水引出管摩擦阻力系数,按式(8.26b)计算。

8.1.3　循环特性曲线的绘制

在进行热水锅炉水循环计算时,一般采用图解法或试凑法。图解法就是通过计算先绘制出各循环回路在一定条件(如热负荷、循环回路入口水温等)下的水循环特性曲线(压差与工质流量的关系曲线),然后将各曲线合并,得出整个锅炉的总特性曲线,求出工作点。

自然循环热水锅炉水循环特性曲线的原理与蒸汽锅炉水循环特性曲线的原理是相同的。这里只举几个例子。

1. 简单循环回路

图 8.7 所示为热负荷和循环回路入口水温一定时的简单循环回路的水循环特性曲线。在热负荷一定时,随回路流量增加,有效压头减少,同时下降管流动阻力增大。按照回路稳定工作的条件,回路的有效压头等于下降管流动阻力,两条曲线的交点 A 就是回路的工作点,由此点可得出循环回路的循环流量 G。

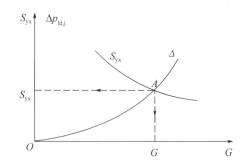

图 8.7　热负荷和循环回路入口水温一定时的简单循环回路的水循环特性曲线

2. 并联循环回路

图 8.8 所示为并联循环回路及其循环特性曲线。图中回路 1 和回路 2 在相同的压差下工作。在作图时,先求出回路 1 和回路 2 在不同流量下的有效压头,并绘制出回路 1 和回路 2 的有效压头曲线 $S_{yx,1}$ 和 $S_{yx,2}$,将此两曲线按压差相等流量相加,合并得并联循环回路的有效压头曲线 $S_{yx,1} + S_{yx,2}$。此曲线与下降管流动阻力曲线 $\Delta p_{ld,j}$ 的交点 A 就是回路的工作点,由此点可得出并联循环回路的循环流量 G,在同一下降管流动阻力下,求得回路 1 和回路 2 的循环流量 G_1 和 G_2。

对其他类型的复杂循环回路,也可按上述方法确定回路在一定热负荷和下降管入口水温(即循环回路入口水温)下的工作点。

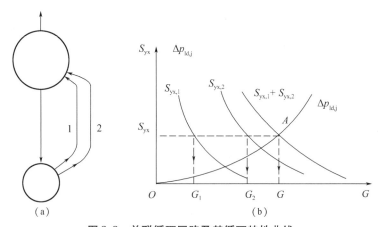

图 8.8　并联循环回路及其循环特性曲线

8.1.4 简单循环回路水循环计算方法

进行水循环计算时,基本步骤如下。

(1)收集原始数据(包括锅炉各受热面的结构数据:管径、管长、转弯角度、联箱连接形式和热力计算数据等),划分循环回路和管段并进行吸热量的分配(这一步骤可参照蒸汽锅炉的方法)。

(2)假设 3 个下降管入口水温 t'_{j1}、t'_{j2}、t'_{j3}(或者假设 3 个锅炉循环倍率 K_1、K_2、K_3,并计算出相应的下降管入口水温),一般 t'_{j1} 取回水温度 t'_h,t'_{j3} 取比出水温度 t_r 低 10 ℃左右,t'_{j2} 取 t'_{j1} 和 t'_{j3} 的中间值。

(3)在假设的每一个下降管入口水温下,再假设 3 个循环流量 G_1、G_2、G_3。

(4)按假设的 3 个 t'_j 和 3 个循环流量,分别求出 9 个下降管平均水温 t'_j 和上升管各区段的平均水温 $\bar{t}$,并求出 9 个下降管水的平均密度 $\bar{\rho}_j$ 和上升管各区段的平均密度 $\bar{\rho}$。

(5)求出循环回路的 9 个有效压头 S_{yx} 值和 9 个下降管流动阻力 $\Delta p_{ld,j}$ 值。

(6)绘制循环特性曲线,步骤如下。

①画出在 t'_{j1} 情况下的 $S_{yx}=f(G)$ 曲线和 $\Delta p_{ld,j}=f(G)$ 曲线,两曲线相交于 A 点,如图 8.9 所示。同理可得 t'_{j2}、t'_{j3} 情况下的 B 点、C 点。A、B、C 3 点各表示在下降管入口水温为 t'_{j1}、t'_{j2}、t'_{j3} 时该循环回路的工作点,其对应的流量 G_A、G_B、G_C,即为在 t'_{j1}、t'_{j2}、t'_{j3} 时该循环回路的循环流量。A、B、C 3 点的连线便为该循环回路在不同 t'_j 下工作点的轨迹曲线。

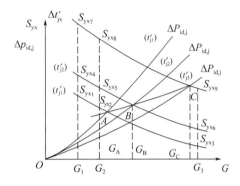

图 8.9 简单循环回路特性曲线

②每个简单循环回路都做出图 8.9 所示的循环特性曲线,便可得到在下降管入口水温为 t'_{j1} 时各循环回路中的流量 G_{A1},G_{A2},$G_{A3}\cdots$;为 t'_{j2} 时各循环回路中的流量 G_{B1},G_{B2},$G_{B3}\cdots$;为 t'_{j3} 时各循环回路中的流量 G_{C1},G_{C2},$G_{C3\cdots}$。然后求出在不同 t'_j 下整台锅炉的总循环流量 $\sum G$,即

在 t'_{j1} 时,

$$\sum G_1 = G_{A1} + G_{A2} + G_{A3} + \cdots \quad (kg/s)$$

在 t'_{j2} 时,

$$\sum G_2 = G_{B1} + G_{B2} + G_{B3} + \cdots \quad (kg/s)$$

在 t'_{j3} 时,

$$\sum G_3 = G_{C1} + G_{C2} + G_{C3} + \cdots \quad (kg/s)$$

③作各循环回路循环流量 $G=f(t'_j)$ 的关系曲线及整台锅炉总循环流量 $\sum G=f(t'_j)$ 的关系曲线,如图 8.10 所示。

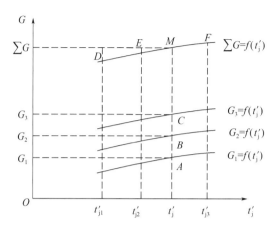

图 8.10　循环流量与下降管入口水温的曲线

④求不同下降管入口水温下锅炉的循环倍率。

$$t'_{j1}(K_1) \ \text{时，} \quad K_1 = \frac{\sum G_1}{G};$$

$$t'_{j2}(K_1) \ \text{时，} \quad K_2 = \frac{\sum G_2}{G};$$

$$t'_{j3}(K_1) \ \text{时，} \quad K_3 = \frac{\sum G_3}{G};$$

式中　G——进入锅炉的水流量，kg/s，并按式(8.14a)、式(8.14b)反求出在 K_1、K_2、K_3 下的
　　　　下降管入口水温 $t'_{j1}(K_1)$、$t'_{j2}(K_2)$、$t'_{j3}(K_3)$。

⑤求全炉的工作点。

在稳定工作条件下，各循环回路下降管入口水温只可能有一个值，因此求工作点的必
要条件应满足假设的 t'_j 与反求出的 $t'_j(K)$ 相等。根据这一条件，可用以下方法求全炉的工
作点。

a. 平分角线法。

如图 8.11 所示，在一直角坐标系中，纵坐标表示假设的 t'_j，横坐标表示 $t'_j(K)$（两坐标
比例相同），过原点作一条 45°的角平分线 OF，并作点 $x[t'_{j1}(K_1),t'_{j1}]$、$y[t'_{j2}(K_2),t'_{j2}]$、
$z[t'_{j3}(K_3),t'_{j3}]$ 的连线，此线与 OF 线的交点 M 即为全炉工作点，M 点对应的 t'_j 即为工作条
件下下降管的入口水温。

b. t'_{j1} 曲线相交法。

将假设的 3 个下降管入口水温 t'_{j1}，t'_{j2}，t'_{j3} 代入式(8.36)，求得锅炉总循环流量并绘制
$\sum G = f(t'_j)$ 曲线，作如图 8.12 所示的 $H[(\sum G)_1,t'_{j1}]$、$P[(\sum G)_2,t'_{j2}]$、$Q[(\sum G)_3,$
$t'_{j3}]$3 个点，并作 HPQ 的连线；再将图 8.10 中的曲线 DEF 画至同一图上，则两条曲线的交点
M 即为工作点，M 点对应的 t'_j 为工作条件下的下降管入口水温。

$$
\left.
\begin{aligned}
(\textstyle\sum G)_1 &= \frac{t_{\mathrm{r}} - t_{\mathrm{h}}}{t_{\mathrm{r}} - t'_{\mathrm{j1}}} G \\[2mm]
(\textstyle\sum G)_2 &= \frac{t_{\mathrm{r}} - t_{\mathrm{h}}}{t_{\mathrm{r}} - t'_{\mathrm{j2}}} G \\[2mm]
(\textstyle\sum G)_3 &= \frac{t_{\mathrm{r}} - t_{\mathrm{h}}}{t_{\mathrm{r}} - t'_{\mathrm{j3}}} G
\end{aligned}
\right\}
\tag{8.36}
$$

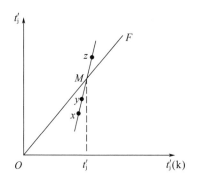

图 8.11　平分角线法求全炉工作点

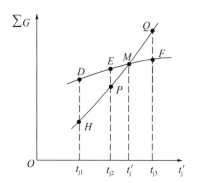

图 8.12　流量平衡法求全炉工作点

⑥求保循环回路工作点的循环流量。

将图 8.11 或图 8.12 求得的工作点时下降管入口水温 t'_{j} 画在图 8.10 的横坐标上,过 t'_{j} 作垂线与 DEF 曲线交于 M 点,与 $G_1 = f(t'_{\mathrm{j}})$、$G_2 = f(t'_{\mathrm{j}})$、$G_3 = f(t'_{\mathrm{j}})$ 曲线分别交于 A、B、C 点则 M、A、B、C 各点所对应的流量即为工作点时锅炉总循环流量 $\sum G$ 和回路 1、回路 2、回路 3 中的循环流量 G_1、G_2、G_3。

将 G_1、G_2、G_3 除以相应循环回路上升管流通截面积,可得到工作点时各循环回路上升管中的质量流速 ρW。

8.2　强制循环热水锅炉水动力计算

8.2.1　计算方法

强制循环热水锅炉水阻力计算与蒸汽锅炉中单相流体阻力计算是相同的。不考虑加速压降和联箱中的压力变化时,任一并联管组进出口联箱之间的压差为

$$
\Delta p = \Delta p_{\mathrm{ld}} \pm \bar{h}\bar{\rho}g \quad (\mathrm{Pa})
\tag{8.37}
$$

式中　Δp_{ld}——流动阻力,Pa;

　　　h——管件的垂直高度,m;

　　　$\bar{\rho}$——管内水的平均密度,kg/m³。

式(8.37)右端的第二项,上升流动时取正号,下降流动时取负号。

流动阻力为摩擦阻力与局部阻力之和,即

$$\Delta p_{\mathrm{ld}} = \lambda \frac{l}{d} \frac{G^3}{2f^2} \bar{v} + \sum \xi_{\mathrm{jb}} \frac{G^3}{2f^2} \bar{v} \quad （\mathrm{Pa}）\tag{8.38}$$

式中　λ——沿程阻力系数，按式(8.26b)计算；

$\quad\quad\sum \xi_{\mathrm{jb}}$——计算区段内总局部阻力系数，其值按蒸汽锅炉水动力计算中推荐值选取；

$\quad\quad G$——循环流量，kg/s。

在计算压降时，管内的水平密度和比容按平均水温计算，即

$$\bar{t} = t' + \frac{1}{2}\Delta t = t' + \frac{Q}{2c_{\mathrm{p}}G} \quad （℃）\tag{8.39}$$

式中　t'——管子入口水温，℃；

$\quad\quad Q$——计算区段内工质的吸热量，kW；

$\quad\quad c_{\mathrm{p}}$——水的定压比热，$c_{\mathrm{p}} = 4.186$ kJ/(kg·℃)。

水的平均密度为

$$\bar{\rho} = 1\,008.8 - 0.284\,2\,\bar{t} - 0.002\,18\,\bar{t}^2 \quad （\mathrm{kg/m^3}）\tag{8.40}$$

水的平均比容为

$$\bar{v} = \frac{1}{\bar{\rho}} \quad （\mathrm{m^3/kg}）\tag{8.41}$$

锅炉总水阻力是各串联管段压降之和，即

$$\Delta p_{\mathrm{z}} = \sum \Delta p \quad （\mathrm{Pa}）\tag{8.42}$$

可根据锅炉总水阻力 Δp_{z} 以及输送热水介质管网阻力，确定循环泵压头。

8.2.2　并联管组内各管的流量分配

在某些情况下，除了知道并联管组的总流量外，还需要知道并联管组内各根管子的流量。显然，各根管流量不仅与管组总流量有关，还与各根管本身的结构、受热等情况有关。

流量分配计算的原则是并联各管的进出口汇合点的压差相同。压差包括重位压降、摩擦压降和局部压降。其计算方法是：先对每根管子假设 3~5 个流量，计算出管的总压降，绘制压降和流量特性曲线（按吸热量不变的条件），如 Δp_1、Δp_2、Δp_3 等；再根据并联管的压差相同、流量相加原则求出总的水动力特性曲线，如图 8.13 所示；最后根据通过并联管组的总流量，确定公共压差下各管的流量 G_1、G_2、G_3 等。

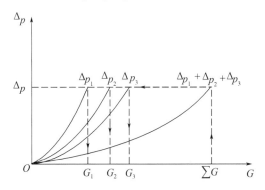

图 8.13　并联管组的流量分配

上述方法也适用于并联管组间流量分配的计算。

8.2.3　空气的排除

在强制循环热水锅炉中,采用很多上升和下降流动的管件。在这种受热面中,如果充水时未将空气排净,在运行中,当水速比较低时,可能会形成空气塞,破坏正常流动,影响受热面的正常工作。

当往垂直蛇形管中充水时,如果水流速度不大,就可能发生不满水的现象,如图 8.14 所示。在这种情况下,垂直蛇形管进口和出口之间的压差等于水柱和空气柱的重量差,即

$$\Delta p_q = p_1 - p_2 = (h_1 + h_2 + h_3)(\rho_s - \rho_q)g \quad (Pa) \tag{8.43}$$

式中　ρ_s,ρ_q——水和空气的密度,kg/m^3。

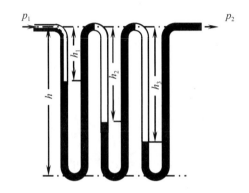

图 8.14　垂直蛇形管充水的情况

为了使水在平行并列垂直蛇形管中正常流动(排出空气),要求进出口间的压差大于 Δp_q。随着水流量的增大,空气首先从含气量较小的一根垂直蛇形管中被排除,此时,进出口间的压差取决于有水流动的管子的阻力(其重位压降为零)。当继续增加流量时,有水流动的垂直蛇形管的阻力增大。当此阻力大于 Δp 时,可将另一根产生空气栓塞的垂直蛇形管中的空气排除。由此可知,为了从垂直蛇形管中排出全部空气,应该根据从最后一个垂直蛇形管中将空气排除的条件决定充水的水流量。

有水流动的垂直蛇形管的流动阻力 Δp 为

$$\Delta p = \sum \xi \frac{(\rho W)^2}{2\rho_s} \quad (Pa) \tag{8.44}$$

式中　$\sum \xi$——垂直蛇形管的总阻力系数;

ρ_s——水的密度,kg/m^3。

管子两端产生空气栓塞的压差 Δp_q,其最大值产生于所有的下降管流动管段全部充满空气的时候,即

$$\Delta p_q = nh(\rho_s - \rho_q)g \quad (Pa) \tag{8.45}$$

式中　n——垂直蛇形管的下降流动管子的行程数;

h——关键的高度,m。

由此得出排除空气的条件为

$$\sum \xi \frac{(\rho W)^2}{2\rho_s} > nh(\rho_s - \rho_q)g$$

即

$$\rho W > 4.4\rho_s \sqrt{\frac{nh}{\sum \xi}\left(1 - \frac{\rho_q}{\rho_s}\right)} \quad (\text{kg/m}^2 \cdot \text{s}) \quad\quad (8.46)$$

当管件入口装有节流孔圈时,上式右端根号内的分母 $\sum \xi$ 变为 $\sum (\xi + \xi_j)$(ξ_j 为节流孔圈的阻力系数),因此可以减少排出空气所需的水速,即可减少流量。

式(8.46)为极限情况下所需的质量流速。实际上,根据入口联箱的位置及回程奇偶数的不同,可能产生气栓塞的管束也不同,为排出空气所需质量流速亦不同。

为排除上升 – 下降流动管件中的气体,在热水锅炉设计时,通常在每一回路的上端装设放气阀。

8.2.4　合理的流动阻力

强制循环热水锅炉压力降决定泵的压头、阻力与流速有关。为了保证锅炉安全可靠地运行,受热面内工质流速的选择应考虑以下几点。

(1)锅炉受热面中水速要选取足够高,以保证锅炉不发生过冷沸腾。为此要有(20 ~ 25)℃的欠热。

(2)工质流速的选取与管子热流密度有关。管子的热流密度 $q(\text{kW/m}^2)$ 越大,相应选择的水速也越大。

(3)循环泵的功率与流速的立方成正比。为此受热面内水速不应太大。

表8.2给出的受热面中平均水速的推荐值,是苏联在大容量燃油直流热水锅炉试验中得到的,它适用于受热面热流密度比较高,锅炉容量比较大,锅炉结构具有上升、下降流动的管屏式结构。而我国目前多为燃煤锅炉,受热面热流密度较低、热偏差又较小,并且水冷壁多呈垂直布置。当选择在受热面中水的平均水速时,可比表8.2中的推荐值适当降低。

表8.2　受热面中平均水速的推荐值

受热工况			平均水速/(m·s⁻¹)
水冷壁	上升管		0.6 ~ 0.8
	下降管	受热强	1.5 ~ 1.6
		受热弱	1.0 ~ 1.2
对流受热面	上升管		0.5 ~ 0.6
	下降管		1.0 ~ 1.2

锅炉压力降除与受热面内流速和水动力特性有关外,还与受热面之间的连接管内流速有关。流速过小,使连接管数量增多,结构复杂;流速过大,阻力将急剧上升。一般希望连接管内流速为(2.0 ~ 2.5)m/s。

8.3　热水锅炉改善水循环技术

为了提高热水锅炉循环回路的水速,在下降管入口加装喷射器是较为有效的方法。所谓喷射器是利用进入锅筒的给水压力与锅筒内的水压力之间的压力差,以较高的速度流出,引射压力较低的锅水,增加进入下降管(即循环回路)的水流量,达到提高循环水速的目的。

喷射器最主要的性质是提高被引射流体的压力,而不是直接消耗机械能。由于它具有这种性质,很多技术部门中都采用喷射器代替其他的机械增压设备(如泵、风机等)。

8.3.1　喷射器的工作过程

图 8.15 所示为喷射器的原理图,喷射器的主要部件有:工作喷嘴、接受室、混合室、扩散器。

工作流体以压力 p_p 和速度 W_p 工作进入工作喷嘴中,在工作喷嘴中,流体的压力从 p_p 降到 p_{p1},而速度从 W_p 增加到 W_{p1}。从工作喷嘴出来的工作流体进入接受室,卷吸压力较低的引射流体。工作流体和引射流体进到混合室中,进行速度的均衡,通常还伴随压力的升高。流体从混合室出来进入扩散器,速度逐渐降低,压力将继续升高。在扩散器出口处,混合流体的压力高于进入接受室时被引射流体的压力。由此可见,喷射器是把工作流体的势能转变为动能,其中部分动能传给被引射流体。混合流体在沿喷射器流动的过程中,速度渐渐均衡,使混合流体的动能又转变为势能,从而提高了混合流体的压力。

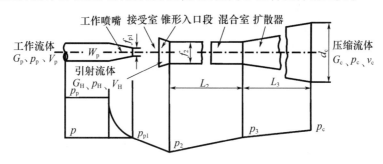

图 8.15　喷射器的原理图

8.3.2　喷射器的特性曲线

根据动量守恒定律,可得到喷射器的特性曲线方程式为

$$\frac{\Delta p_c}{\Delta p_p} = \varphi_1^2 \frac{f_{p1}}{f_3}\Big[2\varphi_2 \frac{f_{p1}}{f_{p2}} + \frac{v_H}{v_p^*}\frac{f_{p1}}{f_{H2}}u^2\Big(2\varphi_2 - \frac{1}{\varphi_4^2}\Big) - (2 - \varphi_3^2)\frac{v_c}{v_p}\frac{f_{p1}}{f_3}(1 + u^2)\Big] - \frac{\Delta p_k}{\Delta p_p} \quad (8.47)$$

式中　Δp_c——引射流体的压降,$\Delta p_c = p_c - p_H$,Pa;

　　　Δp_p——工作流体的压降,$\Delta p_p = p_p - p_H$,Pa;

　　　φ_1,φ_2,φ_3,φ_4——工作喷嘴、混合室、扩散器和混合室入口段的速度系数,其值由试验确定;

f_{p1}、f_3——工作喷嘴出口截面积和混合室截面积,m^2;

v_p、v_H、v_p^*——工作流体、引射流体和工作喷嘴出口截面上的比容,m^2/kg;

f_{H2}——引射流体在混合室入口截面上所占的流通截面积,m^2;

u——喷射系数;

Δp_k——混合室入口段静压的降低值,$\Delta p_k = p_H - p_2$,Pa。

式(8.47)表明,当喷射系数 u 给定时,喷射器所形成的压力降 Δp_c 与工作流体的可用压力降 Δp_p 成正比;比值 $\dfrac{\Delta p_c}{\Delta p_p}$ 称为喷射器形成的相对压力降,从式(8.47)可以看出它取决于喷射器流通截面比 $\dfrac{f_{p1}}{f_3}$、喷射器的各速度系数(φ_1、φ_2、φ_3、φ_4)和喷射系数 u,而不取决于工作流体的可用压力降的绝对值 Δp_p。

当忽略在混合室入口由于静压降低而引起工作流体截面改变时,式(8.47)简化得

$$\frac{\Delta p_c}{\Delta p_p} = \varphi_1^2 \frac{f_{p1}}{f_3}\left[2\varphi_2 + \left(2\varphi_2 - \frac{1}{\varphi_4^2}\right)\frac{v_H}{v_p}\frac{f_{p1}}{f_{H2}}u^2 - \left(2 - \varphi_3^2\right)\frac{v_c}{v_p}\frac{f_{p1}}{f_3}(1 + u^2)\right] \quad (8.48)$$

上式的适用条件为 $\dfrac{f_3}{f_{p1}} > 5.0$。

无扩散器喷射器的特性曲线方程式具有如下形式:

$$\frac{\Delta p_3}{\Delta p_p} = \varphi_1 \frac{f_{p1}}{f_3}\left[2\varphi_2 + \left(2\varphi_2 - \frac{1}{\varphi_4^2}\right)\frac{v_H}{v_p}\frac{f_{p1}}{f_{H2}}u^2 - 2\frac{v_c}{v_p}\frac{f_{p1}}{f_3}(1 + u^2)\right] \quad (8.49)$$

式中 Δp_3——引射流体的压降,$\Delta p_3 = p_3 - p_H$,Pa。

根据一些资料介绍,推荐的速度系数值为 $\varphi_1 = 0.95$、$\varphi_2 = 0.975$、$\varphi_3 = 0.9$、$\varphi_4 = 0.925$ 时,式(8.47)~(8.49)可简化成如下形式。

(1)有扩散器的喷射器。

$$\frac{\Delta p_c}{\Delta p_p} = \frac{f_{p1}}{f_3}\left[1.76 + \frac{f_{p1}}{f_{p2}} + 0.705\frac{v_H}{v_p}\frac{f_{p1}}{f_{H2}}u^2 - 1.074\frac{v_c}{v_p}\frac{f_{p1}}{f_3}(1 + u^2)\right] - \frac{\Delta p_k}{\Delta p_p} \quad (8.50a)$$

或

$$\frac{\Delta p_c}{\Delta p_p} = \frac{f_{p1}}{f_3}\left[1.76 + 0.705\frac{v_H}{v_p}\frac{f_{p1}}{f_{H2}}u^2 - 1.074\frac{v_c}{v_p}\frac{f_{p1}}{f_3}(1 + u^2)\right] \quad (8.50b)$$

(2)无扩散器的喷射器。

$$\frac{\Delta p_3}{\Delta p_p} = \frac{f_{p1}}{f_3}\left[1.76 + \frac{f_{p1}}{f_{p2}} + 0.705\frac{v_H}{v_p}\frac{f_{p1}}{f_{H2}}u^2 - 1.805\frac{v_c}{v_p}\frac{f_{p1}}{f_3}(1 + u^2)\right] - \frac{\Delta p_k}{\Delta p_p} \quad (8.51a)$$

或

$$\frac{\Delta p_3}{\Delta p_p} = \frac{f_{p1}}{f_3}\left[1.76 + 0.705\frac{v_H}{v_p}\frac{f_{p1}}{f_{H2}}u^2 - 1.805\frac{v_c}{v_p}\frac{f_{p1}}{f_3}(1 + u^2)\right] \quad (8.51b)$$

式中各项计算如下:

$$\frac{\Delta p_k}{\Delta p_p} = \frac{\dfrac{\varphi_1^2}{\varphi_4^2}\dfrac{v_H}{v_p}u^2}{\left[\dfrac{f_3}{f_{p1}} - \sqrt{1 + \dfrac{\Delta p_k}{\Delta p_p}}\right]^2} = \frac{1.055\dfrac{v_H}{v_p}u^2}{\left[\dfrac{f_3}{f_{p1}} - \sqrt{1 + \dfrac{\Delta p_k}{\Delta p_p}}\right]^2};$$

$$\frac{f_{p1}}{f_{p2}} = \sqrt{1 + \frac{\Delta p_k}{\Delta p_p}};$$

$$\frac{f_{p1}}{f_{H2}} = \frac{1}{\dfrac{f_3}{f_{p1}} - \dfrac{f_{p2}}{f_{p1}}}。$$

喷射器效率表达式具有如下形式：

$$\eta = u \frac{\Delta p_c}{\Delta p_p - \Delta p_c} \tag{8.52}$$

8.3.3　喷射器可达到的参数和最佳截面比

喷射器造成相对压力降 $\dfrac{\Delta p_c}{\Delta p_p}$ 与喷射器的流通截面比 $\dfrac{f_3}{f_{p1}}$ 有关。随着流通截面比 $\dfrac{f_3}{f_{p1}}$ 增大，相对压力降 $\dfrac{\Delta p_c}{\Delta p_p}$ 降低。因此，问题归结为如何选取流通截面比 $\dfrac{f_3}{f_{p1}}$，使得在该截面比下，喷射器的相对压力降达最大值。

当压降 $\Delta p(\Delta p = p_p - p_H)$ 和喷射系数 u 给定时，在喷射器造成的最大压力降（Δp_c 或 Δp_3）下，这时的流通截面比为最佳截面比。它是根据式（8.50）、式（8.51）用 $\dfrac{d(\Delta p_c)}{d\left(\dfrac{f_{p1}}{f_3}\right)} = 0$ 或者 $\dfrac{d(\Delta p_c)}{d\left(\dfrac{f_{p1}}{f_3}\right)} = 0$ 条件确定的。

$$\frac{d(\Delta p_c)}{d\left(\dfrac{f_{p1}}{f_3}\right)} = \Delta p_p \left[1.76 + \frac{d}{d\left(\dfrac{f_{p1}}{f_3}\right)}\left(\frac{f_{p1}}{f_{p2}}\frac{f_{p1}}{f_3}\right) + 0.705 \frac{v_H}{v_p^*}u^2 \frac{d}{d\left(\dfrac{f_{p1}}{f_3}\right)}\left(\frac{f_{p1}}{f_{H2}}\frac{f_{p1}}{f_3}\right) \right.$$
$$\left. - 2.148 \frac{v_c}{v_p}(1 + u^2)\frac{f_{p1}}{f_3} \right] - \Delta p_p \frac{d}{d\left(\dfrac{f_{p1}}{f_3}\right)}\left(\frac{\Delta p_k}{\Delta p_p}\right) \tag{8.53a}$$

$$\frac{d(\Delta p_3)}{d\left(\dfrac{f_{p1}}{f_3}\right)} = \Delta p_p \left[1.76 + \frac{d}{d\left(\dfrac{f_{p1}}{f_3}\right)}\left(\frac{f_{p1}}{f_{p2}}\frac{f_{p1}}{f_3}\right) + 0.705 \frac{v_H}{v_p^*}u^2 \frac{d}{d\left(\dfrac{f_{p1}}{f_3}\right)}\left(\frac{f_{p1}}{f_{H2}}\frac{f_{p1}}{f_3}\right) \right.$$
$$\left. - 3.61 \frac{v_c}{v_p}(1 + u^2)\frac{f_{p1}}{f_3} \right] - \Delta p_p \frac{d}{d\left(\dfrac{f_{p1}}{f_3}\right)}\left(\frac{\Delta p_k}{\Delta p_p}\right) \tag{8.53b}$$

通过数值计算方法求解上述微分方程。经数据回归整理，得到最佳截面比 $\left(\dfrac{f_3}{f_{p1}}\right)_{cr}$ 下喷射器可达到的相对压力降 $\left(\dfrac{\Delta p_c}{\Delta p_p}\right)_{cr}$ 或 $\left(\dfrac{\Delta p_3}{\Delta p_p}\right)_{cr}$。

1. 有扩散器喷射器

当 $0.2 \leqslant u \leqslant 2.0$ 时，

$$\left(\frac{f_3}{f_{\mathrm{p1}}}\right)_{\mathrm{cr}} = 1.468\ 1 + 3.929\ 5u^{1.412\ 7} \tag{8.54a}$$

$$\left(\frac{\Delta p_{\mathrm{c}}}{\Delta p_{\mathrm{p}}}\right)_{\mathrm{cr}} = -0.020\ 85 + \frac{0.2}{u} - \frac{0.019\ 8}{u^2} \tag{8.54b}$$

当 $u > 2.0$ 时,

$$\left(\frac{f_3}{f_{\mathrm{p1}}}\right)_{\mathrm{cr}} = 0.512\ 8\left[2.165 + 2.38u + 0.41u^2\right]$$
$$+ \left[(0.046 + 1.023u + 2.8u^2 + 1.951\ 6u^3 + 0.168u^4)^{0.5}\right] \tag{8.54c}$$

$$\left(\frac{\Delta p_{\mathrm{c}}}{\Delta p_{\mathrm{p}}}\right)_{\mathrm{cr}} = \left[1.39(1 + u)^2 - 0.91nu^2\right]^{-1} \tag{8.54d}$$

式中　　　$n = \dfrac{\left(\dfrac{f_3}{f_{\mathrm{p1}}}\right)_{\mathrm{cr}}}{\left(\dfrac{f_3}{f_{\mathrm{p1}}}\right)_{\mathrm{cr}} - 1}$。

2. 无扩散器喷射器

当 $0.2 \leqslant u \leqslant 2.0$ 时,

$$\left(\frac{f_3}{f_{\mathrm{p1}}}\right)_{\mathrm{cr}} = 2.198\ 8 + 6.208\ 6u^{1.295\ 5} \tag{8.55a}$$

$$\left(\frac{\Delta p_3}{\Delta p_{\mathrm{p}}}\right)_{\mathrm{cr}} = -0.011\ 43 + \frac{0.122\ 24}{u} - \frac{0.012\ 33}{u^2} \tag{8.55b}$$

当 $u > 2.0$ 时,

$$\left(\frac{f_3}{f_{\mathrm{p1}}}\right)_{\mathrm{cr}} = 1.525\ 7 + 2.051\ 3u + 0.625u^2$$
$$+ (0.276\ 3 + 2.156\ 6u + 4.063\ 6u^2 + 2.564\ 1u^3 + 0.391u^4)^{0.5} \tag{8.55c}$$

$$\left(\frac{\Delta p_3}{\Delta p_{\mathrm{p}}}\right)_{\mathrm{cr}} = 0.429\left[(1 + u)^2 - 0.390\ 6nu^2\right]^{-1} \tag{8.55d}$$

比较式(8.54)和式(8.55)可以看出,在相同的喷射系数 u、工作流体具有的压力降 Δp_{p} 的情况下,无扩散器喷射器的最佳截面比 $\left(\dfrac{f_3}{f_{\mathrm{p1}}}\right)_{\mathrm{cr}}$ 比带有扩散器喷射器的最佳截面比大;无扩散器喷射器造成的压力降比 $\left(\dfrac{\Delta p_3}{\Delta p_{\mathrm{p}}}\right)_{\mathrm{cr}}$ 比带扩散器喷射器造成的相对压力降 $\left(\dfrac{\Delta p_{\mathrm{c}}}{\Delta p_{\mathrm{p}}}\right)_{\mathrm{cr}}$ 小 30% ~ 70%。扩散器是喷射器的十分有效的一部分,取消扩散器会导致可达到压力降的严重降低。

当给定喷射系数 u 时,要求确定喷射器可达到的压力降 Δp_{c} 或 Δp_3(或者 Δp_{p})时,可用式(8.54)或式(8.55)求得。

8.3.4　加喷射器后循环回路水循环计算

加喷射器后循环回路的基本方程为

$$h\rho_{\mathrm{j}}g - \Delta p_{\mathrm{ld,j}} + \Delta p = h\rho_{\mathrm{s}}g + \Delta p_{\mathrm{ld,s}} \quad (\mathrm{Pa}) \tag{8.56}$$

式中　Δp——喷射器提供的压力, $\Delta p = \Delta p_c$, Pa。

其他符号意义与式(8.15)相同。

令

$$\Delta p_{ld} = \Delta p_{ld,j} + \Delta p_{ld,s} - (\rho_j - \rho_s)hg \quad (Pa) \tag{8.57}$$

称为回路阻力。式(8.56)简化得

$$\Delta p = \Delta p_{ld} \tag{8.58}$$

即喷射器提供的压力用于克服回路阻力。由此可见,在给定状态下,喷射器的工作点将由喷射器的特性曲线与回路阻力特性曲线的交点来确定,如图8.16所示。

式(8.57)中下降管流动阻力 $\Delta p_{ld,j}$ 和上升管流动阻力 $\Delta p_{ld,s}$ 按单相流体阻力进行计算。

对于结构、吸热一定的循环回路,加喷射器后水循环计算和喷射器可达到的参数计算按下述进行:根据回路水循环的要求,确定所期望的回路水流量 G 或者循环水速。

根据锅炉总循环水量确定每一循环回路的喷射器的工作流体流量 G_p,按下式确定所需的喷射系数 u:

$$u = \frac{G - G_p}{G_p} \tag{8.59}$$

按式(8.57)计算回路阻力 Δp_{ld}(即 Δp_c)。由式(8.54)和(8.55)确定喷射器可用的压降 Δp_p 和最佳截面比 $\left(\dfrac{f_3}{f_{pl}}\right)_{zj}$。

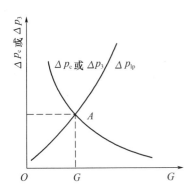

图 8.16　喷射器的工作点

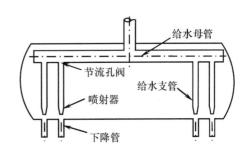

图 8.17　锅炉给水系统示意图

实际锅炉由多个循环回路组成,锅炉给水系统示意图如图8.17所示。各循环回路由于结构、吸热等差异,将造成各回路的喷射器压降($\Delta p_{p,i}$ 或 $p_{p,i}$)不相同($i = 1, 2, \cdots, n$)。此外各喷射器在同一锅炉给水压力 p_{gs} 下工作,由于结构布置等差异,会使各喷射器支管总压差 $\Delta p_i = p_{gs} - p_{p,i}$ 不相同。若不考虑各喷射器压降($\Delta p_i + \Delta p_{p,i}$)之间的差异,实际喷射器运行参数将偏离设计值,并影响回路水循环。因此,问题归结为如何保证各喷射器压降($\Delta p_i + \Delta p_{p,i}$)相同,并且使所需的锅炉给水压力 p_{gs} 为最小。

为满足上述条件,可以在给水支管入口加装节流孔圈。通过加装节流孔圈,改变压降 Δp_i,使各喷射压降 $\Delta p_i + \Delta p_{p,i}$ 相同。加装节流孔圈后压降为

$$1 \text{ 支管}, \Delta p_1 = p_{gs} - p_H = \Delta p_{z,1} + \Delta p_{ld,m} + \Delta p_{p,1} + \Delta p_{j1}$$
$$2 \text{ 支管}, \Delta p_2 = p_{gs} - p_H = \Delta p_{z,2} + \Delta p_{ld,m} + \Delta p_{p,2} + \Delta p_{j2}$$
$$\cdots\cdots$$
$$i \text{ 支管}, \Delta p_i = p_{gs} - p_H = \Delta p_{z,i} + \Delta p_{ld,m} + \Delta p_{p,i} + \Delta p_{ji}$$
$$\cdots\cdots$$
$$\text{第 } n \text{ 支管}, \Delta p_n = p_{gs} - p_H = \Delta p_{z,n} + \Delta p_{ld,m} + \Delta p_{p,n} + \Delta p_{jn}$$

$$(8.60)$$

并且使

$$\Delta p_1 = \Delta p_2 = \cdots = \Delta p_i = \cdots = p_n = \Delta p \quad (\text{Pa}) \tag{8.61}$$

式中　Δp_z——给水支管中压降,Pa;

$\Delta p_{ld,m}$——给水母管中流动阻力,Pa;

Δp_j——节流孔圈流动阻力,Pa。

给水支管中压降 Δp_z 是流动阻力和重位压降之差,即

$$\Delta p_z = \Delta p_{ld} - \Delta p_{zw} \quad (\text{Pa}) \tag{8.62}$$

为使锅炉给水压力 p_{gs} 为最小值,将各给水支管中 $\Delta p_z + \Delta p_{ld,m} + \Delta p_p$ 的最大值记为 $\{\Delta p\}_{max}$。则取具有 $\{\Delta p\}_{max}$ 的支管为

$$\Delta p = p_{gs} - p_H = \{\Delta p\}_{max} \quad (\text{Pa}) \tag{8.63}$$

式(8.61)~(8.63)是保证各并联喷射器在设计工况下工作和使用锅炉给水压力 p_{gs} 达最小值的约束条件。上式联立可求得各支管的节流孔圈压降 Δp_j。节流孔圈阻力系数按下式计算:

$$\xi_j = \left\{ \left[0.5 + \tau \sqrt{1 - \left(\frac{d_j}{d_0}\right)^2} \right] \left[1 - \left(\frac{d_j}{d_0}\right)^2 \right] + \left[1 - \left(\frac{d_j}{d_0}\right)^2 \right]^2 \right\} \left(\frac{d_0}{d_j}\right)^4 \tag{8.64}$$

式中　τ——系数,按"电站锅炉水动力计算方法"中推荐的数据选取;

d_j, d_0——节流孔圈和给水支管内径,m。

按式(8.64)可确定所需的节流孔圈尺寸。

在实际应用时,各节流孔圈的压差 Δp_j 可能差别很小,使各节流孔圈尺寸差别也很小。为了使节流孔圈的加工、安装方便,节流孔圈尺寸应分挡。

8.3.5　喷射器几何尺寸的计算

在工作喷嘴截面积 f_{p1} 已知而工作喷嘴中的压力降是待求得情况下,采用如下公式:

$$\Delta p_p = \frac{v_p}{2 f_p \varphi_1^2} G_p^2 \quad (\text{Pa}) \tag{8.65}$$

式中　v_p——工作流体的比容,m³/kg;

φ_1——工作喷嘴的速度系数,$\varphi_1 = 0.95$;

G_p——工作流体的流量,kg/s。

工作喷嘴距混合室的距离要由下列条件来确定,即在计算的喷射系数 u 的情况下,自由流束的终截面要与混合室的入口截面相等。因此必须确定自由流束的两个尺寸(图 8.18)。

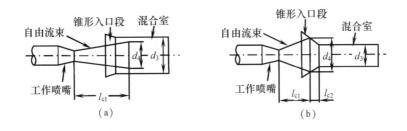

图 8.18   计算工作喷嘴距混合室的距离

自由流束的长度 l_{c1} 可由下面的近似公式来求得。

当喷射系数 $u \leqslant 0.5$ 时,

$$l_{c1} = 3.125(\sqrt{0.083 + 0.76u} - 0.29)d_1 \quad (\text{m}) \tag{8.66a}$$

当喷射系数 $u > 0.5$ 时,

$$l_{c1} = 1.42(0.37 + u)d_1 \quad (\text{m}) \tag{8.66a}$$

式中 d_1——工作喷嘴出口直径,m。

在离工作喷嘴出口截面距离为 l_{c1} 处,自由流束直径 d_4 用下面的公式求得。

当喷射系数 $u > 0.5$ 时,

$$d_4 = 1.55d_1(1 + u) \quad (\text{m}) \tag{8.67a}$$

当喷射系数 $u \leqslant 0.5$ 时,

$$d_4 = 3.4d_1\sqrt{0.083 + 0.76u} \quad (\text{m}) \tag{8.67b}$$

工作喷嘴出口截面离圆柱形混合室的入口截面距离 l_c,按下述条件确定。

当混合室的直径 d_3 大于或等于自由流束直径 d_4,即 $d_3 \geqslant d_4$ 时,

$$l_c = l_{c1} \quad (\text{m}) \tag{8.68a}$$

当混合室的直径 d_3 小于自由流束直径 d_4,即 $d_3 < d_4$ 时,

$$l_c = l_{c1} + \frac{d_4 - d_3}{2\tan\beta} \quad (\text{m}) \tag{8.68b}$$

式中 β——混合室入口段的形成线与喷射器轴线之间的夹角,可取 $\beta = 45°$。

混合室的主要用途是在混合流体进入扩散器之前均衡混合流体的速度场,使动能转换成势能的过程以最小的损失进行。为此需要一定长度的混合室才可保证混合流体速度场的均衡。喷射器的圆柱形混合室长度通常取 6 ~ 10 倍混合室直径,即

$$l_h = (6 \sim 10)d_s \quad (\text{m}) \tag{8.69}$$

扩散器的长度是根据 8° ~ 10° 的扩张角按下式确定:

$$l_g = (6 \sim 7)(d_c - d_3) \quad (\text{m}) \tag{8.70}$$

式中 d_c——扩散器的出口截面直径,即下降管内径,m。

8.4   自然循环热水锅炉水动力计算实例

8.4.1   锅炉规范

锅炉规范:额定供热量 Q_{sup} 为 7.0 MW;额定工作压力 p 为 1.0 MPa;回水温度 $t_{\text{bac,w}}$ 为

70 ℃;供水温度 $t_{\mathrm{hot,w}}$ 为 115 ℃。

锅炉为双锅筒、横置式链条炉,回水进入锅筒后分别进入前墙、后墙、两侧墙和对流管束回路中,两侧水冷壁对称布置,前墙和后墙水冷壁在 3.2 m 标高下覆盖有耐火涂料层,锅炉简图如图 8.19 所示。

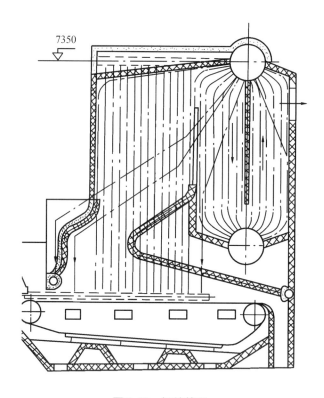

图 8.19　锅炉简图

8.4.2　锅炉结构特性计算

前墙水冷壁回路上升管划分为 3 个区段,第Ⅰ区段为覆盖有耐火涂料层的水冷壁管,第Ⅱ区段为未覆盖有耐火涂料层的水冷壁管,第Ⅲ区段为炉顶水冷壁,如图 8.20 所示。

后墙水冷壁回路上升管划分为 2 个区段,第Ⅰ区段为覆盖有耐火涂料层的水冷壁管,剩下的受热面作为第Ⅱ区段,如图 8.21 所示。

侧墙水冷壁回路上升管不分段,如图 8.22 所示。

对流管束回路不分段,循环高度取为对流管束回路的平均循环高度,并设对流管束高温区为上升管区域(共 7 排),低温区为下降管区域(共 6 排)。对流管束共有 347 根,相应的上升管区域根数为 191 根,下降管区域根数为 156 根,如图 8.23 所示。

对流管束总的流通截面积 A_o 为

$$A_o = 347 \times 0.785 \times 0.044^2 = 0.527\ 4 \quad (\text{m}^2)$$

下降管区域流通截面积 A_{dc} 为

$$A_{dc} = 156 \times 0.785 \times 0.044^2 = 0.237\ 1 \quad (\text{m}^2)$$

下降管区域流通截面积与对流管束总的流通截面积之比 A_{dc}/A_o 为

$$\frac{A_{dc}}{A_o} = \frac{0.237\ 1}{0.527\ 4} = 0.450$$

其值在推荐值 $0.44 \sim 0.48$ 范围内。

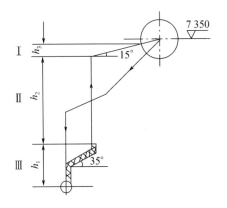

图 8.20　前墙水冷壁回路

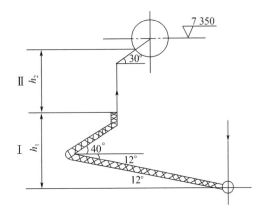

图 8.21　后墙水冷壁回路

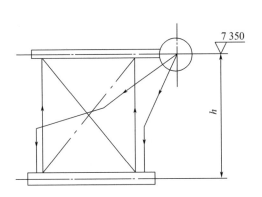

图 8.22　侧墙水冷壁回路

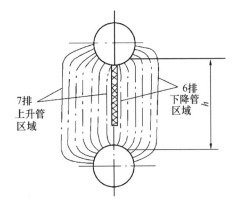

图 8.23　对流管束回路

锅炉结构特性数据见表 8.3。

表 8.3 锅炉结构特性数据

回路名称	回路元件	管径×壁厚	管子根数	截面积		各区段长度				各区段高度				各区段弯头度数及个数		
				单根管子	整个回路	与上升管截面积比	I	II	III	总长度	I	II	III	总高度	I	II	III
		$D \times \delta$	n	A	A_0	—	l_1	l_2	l_3	l	h_1	h_2	h_3	h	$\alpha-n$	$\alpha-n$	$\alpha-n$
		mm×mm	—	m²	m²	—	m	m	m	m	m	m	m	m	(°)	(°)	(°)
前墙水冷壁	上升管	51×3.5	18	0.001 52	0.027 4	—	1.5	2.56	4.1	8.16	1.02	2.46	1.21	4.69	55°-2	—	75°-1
	下降管	108×4	2	0.007 85	0.015 7	0.57	—	—	—	9.12	—	—	—	4.69	65°-1	50°-1 25°-1	—
后墙水冷壁	上升管	51×3.5	18	0.001 52	0.027 4	—	6.14	2.99	—	9.13	3.01	2.42	—	5.43	128°-1 50°-1	60°-1	—
	下降管	108×4	2	0.007 85	0.015 7	0.57	—	—	—	8.16	—	—	—	5.43	30°-1	30°-1	—
侧墙水冷壁	上升管	51×3.5	14	0.001 52	0.021 3	—	—	—	—	5.00	—	—	—	5.00	—	—	—
	下降管	108×4	2	0.007 85	0.015 7	0.74	—	—	—	8.34	—	—	—	5.00	75°-1	—	—
对流管束	上升管	51×3.5	191	0.001 52	0.290 3	—	—	—	—	4.10	—	—	—	3.70	30°-2	—	—
	下降管	51×3.5	156	0.001 52	0.237 1	0.82	—	—	—	4.10	—	—	—	3.70	30°-2	—	—

8.4.3　回路局部阻力系数计算

各循环回路局部阻力系数计算见表 8.4。

表 8.4　各循环回路局部阻力系数计算

名　称		符号	计算公式 及数据来源	前墙水冷壁			后墙水冷壁		侧墙水冷壁	对流管束
				I	II	III	I	II		
上升管	入口阻力系数	ξ_{in}	取定	0.7			0.7		0.7	0.5
	出口阻力系数	ξ_{out}	取定			1.0		1.0	1.1	1.0
	弯头阻力系数	ξ_b	$\xi_b = K\xi_o$	0.34		0.2	0.41	0.18		0.24
	总局部阻力系数	$\sum \xi_{rs,lc}$	$\sum \xi_{rs,lc} = \xi_{in} + \xi_{out} + \xi_b$	1.04		1.2	1.11	1.18	1.8	1.74
下降管	入口阻力系数	ξ_{in}	取定	0.5	0.5	0.5	0.5			
	出口阻力系数	ξ_{out}	取定	1.1	1.1	1.1	1.0			
	弯头阻力系数	ξ_b	$\xi_b = K\xi_o$	0.48	0.25	0.21	0.24			
	总局部阻力系数	$\sum \xi_{dc,lc}$	$\sum \xi_{dc,lc} = \xi_{in} + \xi_{out} + \xi_b$	2.08	1.85	1.81	1.74			

8.4.4　各受热面吸热量分配

由热力计算知,炉膛水冷壁平均热流密度 q_{av} 为 107.67 kW/m^2,炉膛出口温度 $\theta_{out,f}$ 为 893.6 ℃,对流管束烟气出口温度 $\theta_{out,conv}$ 为 220 ℃,对流管束总的受热面积 A_o 为 250.9 m^2,(其中上升管区域受热面积 A_{rs} 为 138.1 m^2),对流管束总吸热量为 3 109.46 kW(其中吸收来自炉膛的辐射吸热量为 $Q_{fr} = 320.5$ kW)。设来自炉膛的辐射热被对流管束高温区(即上升管区域)均匀吸收。

设对流管束高温区与低温区分界处的烟气温度为 $\theta(℃)$,则 θ 为

$$\frac{\lg(\theta_{out,f} - t) - \lg(\theta_{out,conv} - t)}{\lg(\theta_{out,f} - t) - \lg(\theta - t)} = \frac{A_o}{A_{rs}} \tag{8.71}$$

式中　t——对流管束内工质平均温度,℃。

t 可取为 $t = 0.5(t_{hot,w} + t_{bac,w}) = 0.5 \times (115 + 70) = 92.5(℃)$

此处,由式(8.71)可得

$$\frac{\lg(893.6 - 92.5) - \lg(220 - 92.5)}{\lg(893.6 - 92.5) - \lg(\theta - 92.5)} = \frac{250.9}{138.1}$$

求得 $\theta = 383.8$ ℃。

则对流管束下降管区域所吸收的热量 Q_{cd} 为

$$Q_{cd} = Q\frac{\theta - \theta_{out,conv}}{\theta_{out,f} - \theta_{out,conv}} = (3\ 109.46 - 320.5) \times \frac{383.8 - 220}{893.6 - 220} = 678.19(kW)$$

上升管区域总吸热量 Q_{cr} 为

$$Q_{cr} = Q - Q_{cd} = 3\ 109.46 - 678.19 = 2\ 431.27(kW)$$

表 8.5 给出了各受热面热量分配结果。

表 8.5　各受热面热量分配结果

名　称	符号	单位	前墙水冷壁	后墙水冷壁	侧墙水冷壁	对流管束
下降管吸热	Q_{dc}	kW	0	0	0	678.19
上升管吸热量第Ⅰ区	Q_1	kW	37.24	227.21	每侧 862.11 两侧 1 724.22	2 431.27
上升管吸热量第Ⅱ区	Q_2	kW	444.89	912.71		
上升管吸热量第Ⅲ区	Q_3	kW	521.27	—		

8.4.5　各回路水循环计算

假设各回路下降管入口水温为
$$t_{in,dc} = 0.5(t_{hot,w} + t_{bac,w}) = (115 + 70)/2 = 92.5(℃)$$
假设 4 个回路中循环流量 G_1、G_2、G_3 所对应的上升管中的水速如下：

G_1 对应上升管水速 $W_{rs,1}$ 约为 0.15 m·s^{-1}；

G_2 对应上升管水速 $W_{rs,2}$ 约为 0.20 m·s^{-1}；

G_3 对应上升管水速 $W_{rs,3}$ 约为 0.35 m·s^{-1}。

各回路中的循环流量取值见表 8.6。

表 8.6　各回路中的循环流量取值　　　　　　　（kg·h^{-1}）

循环流量	前墙水冷壁回路	后墙水冷壁回路	侧墙水冷壁回路	对流管束
G_1	15 000	15 000	20 000	150 000
G_2	20 000	25 000	25 000	200 000
G_3	25 000	30 000	30 000	25 0000

各回路水循环计算结果见表 8.7 ~ 8.10。

表 8.7　前墙水冷壁回路水循环计算结果

名　称	符号	单位	计算公式及来源	计算结果		
				$t_{in,dc}$		
				92.5	92.5	92.5
回路循环流量	G	kg/h	假设值	15 000	20 000	25 000
下降管出口水温	$t_{out,dc}$	℃	$t_{out,dc} = t_{in,dc} + 860Q_{dc}/G$	92.5	92.5	92.5
下降管平均水温	$t_{av,dc}$	℃	$t_{av,dc} = 0.5(t_{in,dc} + t_{out,dc})$	92.5	92.5	92.5
下降管中水的平均密度	ρ_{dc}	kg/m³	$\rho_{dc} = 1\,008.626\,3 - 0.281\,1t_{av,dc} - 0.002\,192t_{av,dc}^2$	963.87	963.87	963.87

续表 8.7

名　称	符号	单位	计算公式及来源	计算结果		
				$t_{\text{in,dc}}$		
				92.5	92.5	92.5
下降管中水速	W_{dc}	m/s	$W_{\text{dc}} = G/(3\,600 A_{\text{dc}}\rho_{\text{dc}})$	0.275	0.367	0.459
下降管中水的动力黏度	μ	Pa·s	计算获得	307.2×10^{-6}		
下降管中水的雷诺数	Re	—	$Re = d_{\text{in}} W_{\text{dc}}\rho_{\text{dc}}/\mu$	86.4×10^3	115.2×10^3	144.0×10^3
下降管沿程摩擦阻力系数	λ_{dc}	—	紊流过渡区	0.021 8	0.021 1	0.020 7
下降管总阻力系数	$\sum \xi_{\text{dc}}$	—	$\sum \xi_{\text{dc}} = \lambda_{\text{dc}} l/d_{\text{in}} + \sum \xi_{\text{dc,lc}}$	4.07	4.004	3.97
下降管流动阻力	$\Delta p_{\text{ld,dc}}$	Pa	$\Delta p_{\text{ld,dc}} = \sum \xi_{\text{dc}}\rho_{\text{dc}} W_{\text{dc}}^2/2$	148.6	260.1	402.7
下降管重位压降	$\Delta p_{\text{zw,d}}$	Pa	$\Delta p_{\text{zw,dc}} = h\rho_{\text{dc}} g$	44 346.6	44 346.6	44 346.6
上升管各段出口水温 Ⅰ	$t_{\text{out,1}}$		$t_{\text{out,1}} = t_{\text{out,dc}} + 860 Q_1/G$ $= t_{\text{out,dc}} + 860\dfrac{37.24}{G}$	94.6	94.1	93.8
Ⅱ	$t_{\text{out,2}}$	℃	$t_{\text{out,2}} = t_{\text{out,1}} + 860 Q_2/G$ $= t_{\text{out,1}} + 860 \times 444.89/G$	120.14	113.23	109.1
Ⅲ	$t_{\text{out,3}}$		$t_{\text{out,3}} = t_{\text{out,2}} + 860 Q_3/G$ $= t_{\text{out,2}} + 860 \times 521.27/G$	150.02	135.64	127.02
上升管各段平均水温 Ⅰ	t_1		$t_1 = 0.5(t_{\text{out,dc}} + t_{\text{out,1}})$	93.56	93.3	93.14
Ⅱ	t_2	℃	$t_2 = 0.5(t_{\text{out,1}} + t_{\text{out,2}})$	107.4	103.66	101.4
Ⅲ	t_3		$t_3 = 0.5(t_{\text{out,2}} + t_{\text{out,3}})$	135.08	124.43	118.05
上升管各段水的平均密度 Ⅰ	$\rho_{\text{rs,1}}$		$\rho_{\text{rs,1}} = 1\,008.626\,3 - 0.281\,1\,t_1 - 0.002\,192\,t_1^2$	963.13	963.3	963.4
Ⅱ	$\rho_{\text{rs,2}}$	kg/m³	$\rho_{\text{rs,2}} = 1\,008.626\,3 - 0.281\,1\,t_2 - 0.002\,192\,t_2^2$	953.16	955.93	957.56
Ⅲ	$\rho_{\text{rs,3}}$		$\rho_{\text{rs,3}} = 1\,008.626\,3 - 0.281\,1\,t_3 - 0.002\,192\,t_3^2$	930.65	939.7	944.9
上升管中平均水温	$t_{\text{av,rs}}$	℃	$t_{\text{av,rs}} = 0.5(t_{\text{out,dc}} + t_{\text{out,3}})$	120.26	114.07	109.76
上升管中水的平均密度	ρ_{rs}	kg/m³	$\rho_{\text{rs}} = 1\,008.626\,3 - 0.281\,1\,t_{\text{av,rs}} - 0.002\,192\,t_{\text{av,rs}}^2$	942.3	948.04	951.36

续表 8.7

名　称	符号	单位	计算公式及来源	计算结果		
				$t_{\text{in,dc}}$		
				92. 5	92. 5	92. 5
上升管中水的平均流速	W_{rs}	m/s	$W_{\text{rs}} = G/(3\ 600A_{\text{rs}}\rho_{\text{rs}})$	0. 161 4	0. 213 8	0. 266 4
上升管中水的动力黏度	μ	Pa · s	计算获得	228. 47 $\times 10^{-6}$	244. 6 $\times 10^{-6}$	255. 28 $\times 10^{-6}$
上升管中水的雷诺数	Re	—	$Re = W_{\text{rs}}d_{\text{in}}\rho_{\text{rs}}/\mu$	29. 3 $\times 10^{3}$	36. 5 $\times 10^{3}$	43. 68 $\times 10^{3}$
上升管沿程摩擦阻力系数	λ_{rs}	—	紊流过渡区	0. 027 8	0. 027	0. 026 4
上升管总阻力系数	$\sum\xi_{\text{rs}}$	—	$\sum\xi_{\text{rs}} = \lambda_{\text{rs}}l/d_{\text{in}} + \sum\xi_{\text{rs,lc}}$	7. 395	7. 247	7. 136
上升管流动阻力	$\Delta p_{\text{ld,rs}}$	Pa	$\Delta p_{\text{ld,rs}} = \sum\xi_{\text{rs}}\rho_{\text{rs}}W_{\text{rs}}^2/2$	90. 74	157. 14	240. 9
上升管各段重位压降 Ⅰ Ⅱ Ⅲ	$\Delta p_{\text{zw,1}}$ $\Delta p_{\text{zw,2}}$ $\Delta p_{\text{zw,3}}$	Pa	$\Delta p_{\text{zw,1}} = h_1\rho_{\text{rs,1}}g$ $\Delta p_{\text{zw,2}} = h_2\rho_{\text{rs,2}}g$ $\Delta p_{\text{zw,3}} = h_3\rho_{\text{rs,3}}g$	9 637. 3 23 002. 24 11 046. 96	9 639. 15 23 069. 05 11 154. 37	9 640. 3 23 108. 4 11 216. 0
上升管侧总压差	Δp_{rs}	Pa	$\Delta p_{\text{rs}} = \Delta p_{\text{ld,rs}} + \Delta p_{\text{zw,1}} + \Delta p_{\text{zw,2}} + \Delta p_{\text{zw,3}}$	43 777. 26	44 019. 7	44 205. 6
下降管侧总压差	Δp_{dc}	Pa	$\Delta p_{\text{dc}} = \Delta p_{\text{zw,dc}} - \Delta p_{\text{ld,dc}}$	44 197. 93	44 086. 47	43 943. 87

表 8.8　后墙水冷壁回路水循环计算结果

名　称	符号	单位	计算公式及来源	计算结果		
				$t_{\text{in,dc}}$		
				92. 5	92. 5	92. 5
回路循环流量	G	Kg/h	假设值	15 000	25 000	30 000
下降管出口水温	$t_{\text{out,dc}}$	℃	$t_{\text{out,dc}} = t_{\text{in,dc}} + 860Q_{\text{dc}}/G$	92. 5	92. 5	92. 5
下降管平均水温	$t_{\text{av,dc}}$	℃	$t_{\text{av,dc}} = 0.5(t_{\text{in,dc}} + t_{\text{out,dc}})$	92. 5	92. 5	92. 5
下降管中水的平均密度	ρ_{dc}	kg/m³	$\rho_{\text{dc}} = 1\ 008.626\ 3 - 0.281\ 1t_{\text{av,dc}}$ $- 0.002\ 192t_{\text{av,dc}}^2$	963. 87	963. 87	963. 87
下降管中水速	W_{dc}	M/s	$W_{\text{dc}} = G/(3\ 600A_{\text{dc}}\rho_{\text{dc}})$	0. 275	0. 459	0. 551
下降管中水的动力黏度	μ	Pa · s	计算获得	307. 23 $\times 10^{-6}$		
下降管中水的雷诺数	Re	—	$Re = d_{\text{in}}W_{\text{dc}}\rho_{\text{dc}}/\mu$	86. 4 $\times 10^{3}$	143. 97 $\times 10^{3}$	172. 76 $\times 10^{3}$

续表8.8

名　称	符号	单位	计算公式及来源	计算结果		
				$t_{in,dc}$		
				92.5	92.5	92.5
下降管沿程摩擦阻力系数	λ_{dc}	—	紊流过渡区	0.021 8	0.020 7	0.020 4
下降管总阻力系数	$\sum \xi_{dc}$	—	$\sum \xi_{dc} = \lambda_{dc} l/d_{in} + \sum \xi_{dc,lc}$	3.63	3.54	3.51
下降管流动阻力	$\Delta p_{ld,dc}$	Pa	$\Delta p_{ld,dc} = \sum \xi_{dc} \rho_{dc} W_{dc}^2 /2$	132.60	359.18	513.65
下降管重位压降	$\Delta p_{zw,dc}$	Pa	$\Delta p_{zw,dc} = h \rho_{dc} g$	51 343.7	51 343.7	51 343.7
上升管各段出口水温 I	$t_{out,1}$	℃	$t_{out,1} = t_{out,dc} + 860 Q_1 / G$ $= t_{out,dc} + 860 \dfrac{227.21}{G}$	105.53	100.316	99.01
II	$t_{out,2}$		$t_{out,2} = t_{out,1} + 860 Q_2 / G$ $= t_{out,1} + 860 \dfrac{912.71}{G}$	157.85	131.71	125.18
上升管各段平均水温 I	t_1	℃	$t_1 = 0.5(t_{out,dc} + t_{out,1})$	99.01	96.41	95.75
II	t_2		$t_2 = 0.5(t_{out,1} + t_{out,2})$	131.69	116.01	112.1
上升管各段水的平均密度 I	$\rho_{rs,1}$	kg/m³	$\rho_{rs,1} = 1\,008.626\,3 - 0.281\,1\, t_1$ $- 0.002\,192\, t_1^2$	959.3	961.15	961.6
II	$\rho_{rs,2}$		$\rho_{rs,2} = 1\,008.626\,3 - 0.281\,1\, t_2$ $- 0.002\,192\, t_2^2$	933.6	946.5	949.57
上升管中平均水温	$t_{av,rs}$	℃	$t_{av,rs} = 0.5(t_{out,dc} + t_{out,2})$	125.18	112.10	108.8
上升管中水的平均密度	ρ_{rs}	kg/m³	$\rho_{rs} = 1\,008.626\,3 - 0.281\,1\, t_{av,rs}$ $- 0.002\,192\, t_{av,rs}^2$	939.09	949.56	952.06
上升管中水的平均流速	W_{rs}	m/s	$W_{rs} = G/(3\,600 A_{rs} \rho_{rs})$	0.162	0.267	0.319 4
上升管中水的动力黏度	μ	Pa·s	计算获得	220.5 $\times 10^{-6}$	249.37 $\times 10^{-6}$	257.66 $\times 10^{-6}$
上升管中水的雷诺数	Re	—	$Re = W_{rs} d_{in} \rho_{rs} / \mu$	30.35 $\times 10^3$	44.72 $\times 10^3$	51.94 $\times 10^3$
上升管沿程摩擦阻力系数	λ_{rs}	—	紊流过渡区	0.027 6	0.026 3	0.025 9
上升管总阻力系数	$\sum \xi_{rs}$	—	$\sum \xi_{rs} = \xi_{rs} l/d_{in} + \sum \xi_{rs,lc}$	8.017	7.747	7.66
上升管流动阻力	$\Delta p_{ld,rs}$	Pa	$\Delta p_{ld,rs} = \sum \xi_{rs} \rho_{rs} W_{rs}^2 /2$	98.71	262.0	372.3

续表 8.8

名　　称	符号	单位	计算公式及来源	计算结果 $t_{in,dc}$		
				92.5	92.5	92.5
上升管各段重位压降 Ⅰ Ⅱ	$\Delta p_{zw,1}$ $\Delta p_{zw,2}$	Pa	$\Delta p_{zw,1}=h_1\rho_{rs,1}g$ $\Delta p_{zw,2}=h_2\rho_{rs,2}g$	28 326.43 22 163.69	28 381.0 22 470.4	28 394.5 22 543.0
上升管侧总压差	Δp_{rs}	Pa	$\Delta p_{rs}=\Delta p_{ld,rs}+\Delta p_{zw,1}+\Delta p_{zw,2}$	50 588.84	51 113.4	51 309.86
下降管侧总压差	Δp_{dc}	Pa	$\Delta p_{dc}=\Delta p_{zw,dc}-\Delta p_{ld,dc}$	51 211.1	50 984.5	50 830.0

表 8.9　侧墙水冷壁回路水循环计算结果

名　　称	符号	单位	计算公式及来源	计算结果 $t_{in,dc}$		
				92.5	92.5	92.5
回路循环流量	G	kg/h	假设值	20 000	25 000	30 000
下降管出口水温	$t_{out,dc}$	℃	$t_{out,dc}=t_{in,dc}+860Q_{dc}/G$	92.5	92.5	92.5
下降管平均水温	$t_{av,dc}$	℃	$t_{av,dc}=0.5(t_{in,dc}+t_{out,dc})$	92.5	92.5	92.5
下降管中水的平均密度	ρ_{dc}	kg/m³	$\rho_{dc}=1\,008.626\,3-0.281\,1t_{av,dc}$ $-0.002\,192t_{av,dc}^2$	963.87	963.87	963.87
下降管中水速	W_{dc}	m/s	$W_{dc}=G/(3\,600A_{dc}\rho_{dc})$	0.367	0.459	0.551
下降管中水的动力黏度	μ	Pa·s	计算获得	307.23×10⁻⁶		
下降管中水的雷诺数	Re	—	$Re=d_{in}W_{dc}\rho_{dc}/\mu$	115.20 ×10³	143.97 ×10³	172.70 ×10³
下降管沿程 摩擦阻力系数	λ_{dc}	—	紊流过渡区	0.021 1	0.020 7	0.020 4
下降管总阻力系数	$\sum\xi_{dc}$	—	$\sum\xi_{dc}=\xi_{dc}l/d_{in}+\sum\xi_{dc,lc}$	3.57	3.536	3.51
下降管流动阻力	$\Delta p_{ld,dc}$	Pa	$\Delta p_{ld,dc}=\sum\xi_{dc}\rho_{dc}W_{dc}^2/2$	231.87	358.90	513.20
下降管重位压降	$\Delta p_{zw,dc}$	Pa	$\Delta p_{zw,dc}=h\rho_{dc}g$	47 277.8	47 277.8	47 277.8
上升管出口水温	t_{out}	℃	$t_{out}=t_{out,dc}+860Q/G$ $=t_{out,dc}+860\dfrac{862.11}{G}$	129.6	122.2	117.2
上升管中平均水温	$t_{av,rs}$	℃	$t_{av,rs}=0.5(t_{out,dc}+t_{out})$	111.0	107.3	104.85
上升管中水的 平均密度	ρ_{rs}	kg/m³	$\rho_{rs}=1\,008.626\,3-0.281\,1t_{av,rs}$ $-0.002\,192t_{av,rs}^2$	950.4	953.2	955.05

续表8.9

名　称	符号	单位	计算公式及来源	计算结果		
				$t_{\mathrm{in,dc}}$		
				92.5	92.5	92.5
上升管中水的 平均流速	W_{rs}	m/s	$W_{\mathrm{rs}} = G/(3\,600A_{\mathrm{rs}}\rho_{\mathrm{rs}})$	0.274	0.342	0.410
上升管中水的动力黏度	μ	Pa·s	计算获得	252.0×10^{-6}	261.6×10^{-6}	268.4×10^{-6}
上升管中水的雷诺数	Re	—	$Re = W_{\mathrm{rs}}d_{\mathrm{in}}\rho_{\mathrm{rs}}/\mu$	45.5×10^3	54.8×10^3	64.1×10^3
上升管沿程 摩擦阻力系数	λ_{rs}	—	紊流过渡区	0.026 3	0.025 8	0.025 4
上升管总阻力系数	$\sum \xi_{\mathrm{rs}}$	—	$\sum \xi_{\mathrm{rs}} = \xi_{\mathrm{rs}}l/d_{\mathrm{in}} + \sum \xi_{\mathrm{rs,lc}}$	4.79	4.73	4.68
上升管流动阻力	$\Delta p_{\mathrm{ld,rs}}$	Pa	$\Delta p_{\mathrm{ld,rs}} = \sum \xi_{\mathrm{rs}}\rho_{\mathrm{rs}} W_{\mathrm{rs}}^2/2$	171.38	263.88	375.52
上升管重位压降	Δp_{zw}	Pa	$\Delta p_{\mathrm{zw}} = h\rho_{\mathrm{rs}}g$	46 616.6	46 754.75	46 845.2
上升管侧总压差	Δp_{rs}	Pa	$\Delta p_{\mathrm{rs}} = \Delta p_{\mathrm{ld,rs}} + \Delta p_{\mathrm{zw}}$	46 787.98	47 018.59	47 220.72
下降管侧总压差	Δp_{dc}	Pa	$\Delta p_{\mathrm{dc}} = \Delta p_{\mathrm{zw,dc}} - \Delta p_{\mathrm{ld,dc}}$	47 045.9	46 918.88	46 764.6

表8.10　对流管束水循环计算结果

名　称	符号	单位	计算公式及来源	计算结果		
				$t_{\mathrm{in,dc}}$		
				92.5	92.5	92.5
回路循环流量	G	kg/h	假设值	150 000	200 000	250 000
下降管出口水温	$t_{\mathrm{out,dc}}$	℃	$t_{\mathrm{out,dc}} = t_{\mathrm{in,dc}} + 860Q_{\mathrm{dc}}/G$	96.4	95.4	94.83
下降管平均水温	$t_{\mathrm{av,dc}}$	℃	$t_{\mathrm{av,dc}} = 0.5(t_{\mathrm{in,dc}} + t_{\mathrm{out,dc}})$	94.4	93.96	93.66
下降管中水的平均密度	ρ_{dc}	kg/m³	$\rho_{\mathrm{dc}} = 1\,008.626\,3 - 0.281\,1t_{\mathrm{av,dc}} - 0.002\,192t_{\mathrm{av,dc}}^2$	962.50	962.86	963.06
下降管中水速	W_{dc}	m/s	$W_{\mathrm{dc}} = G/(3\,600A_{\mathrm{dc}}\rho_{\mathrm{dc}})$	0.183	0.243	0.304
下降管中水的 动力黏度	μ	Pa·s	计算获得	300.5×10^{-6}	302.2×10^{-6}	303.2×10^{-6}
下降管中水的雷诺数	Re	—	$Re = d_{\mathrm{in}}W_{\mathrm{dc}}\rho_{\mathrm{dc}}/\mu$	25.7×10^3	34.1×10^3	42.5×10^3
下降管沿程 摩擦阻力系数	λ_{dc}	—	紊流过渡区	0.028 3	0.027 2	0.026 5
下降管总阻力系数	$\sum \xi_{\mathrm{dc}}$	—	$\sum \xi_{\mathrm{dc}} = \xi_{\mathrm{dc}}l/d_{\mathrm{in}} + \sum \xi_{\mathrm{dc,lc}}$	4.38	4.27	4.21
下降管流动阻力	$\Delta p_{\mathrm{ld,dc}}$	Pa	$\Delta p_{\mathrm{ld,dc}} = \sum \xi_{\mathrm{dc}}\rho_{\mathrm{dc}} W_{\mathrm{dc}}^2/2$	70.20	121.86	187.50
下降管重位压降	$\Delta p_{\mathrm{zw,dc}}$	Pa	$\Delta p_{\mathrm{zw,dc}} = h\rho_{\mathrm{dc}}g$	34 936.8	34 949.0	34 956.4

续表 8.10

名　　称	符号	单位	计算公式及来源	计算结果		
				$t_{\mathrm{in,dc}}$		
				92.5	92.5	92.5
上升管出口水温	t_{out}	℃	$t_{\mathrm{out}} = t_{\mathrm{out,dc}} + 860Q/G$ $= t_{\mathrm{out,dc}} + 860\dfrac{2\,431.27}{G}$	110.3	105.87	103.2
上升管中平均水温	$t_{\mathrm{av,rs}}$	℃	$t_{\mathrm{av,rs}} = 0.5(t_{\mathrm{out,dc}} + t_{\mathrm{out}})$	103.4	100.6	99.0
上升管中水的平均密度	ρ_{rs}	kg/m³	$\rho_{\mathrm{rs}} = 1\,008.626\,3 - 0.281\,1\,t_{\mathrm{av,rs}}$ $- 0.002\,192\,t_{\mathrm{av,rs}}^2$	956.2	958.1	959.3
上升管中水的平均流速	W_{rs}	m/s	$W_{\mathrm{rs}} = G/(3\,600A_{\mathrm{rs}}\rho_{\mathrm{rs}})$	0.15	0.20	0.25
上升管中水的动力黏度	μ	Pa·s	计算获得	272.7 ×10⁻⁶	280.7 ×10⁻⁶	285.7 ×10⁻⁶
上升管中水的雷诺数	Re	—	$Re = W_{\mathrm{rs}}d_{\mathrm{in}}\rho_{\mathrm{rs}}/\mu$	23.2×10³	30.0×10³	36.8×10³
上升管沿程摩擦阻力系数	λ_{rs}	—	紊流过渡区	0.028 7	0.027 7	0.026 9
上升管总阻力系数	$\sum\xi_{\mathrm{rs}}$	—	$\sum\xi_{\mathrm{rs}} = \xi_{\mathrm{rs}}l/d_{\mathrm{in}} + \sum\xi_{\mathrm{rs,lc}}$	4.41	4.32	4.24
上升管流动阻力	$\Delta p_{\mathrm{ld,rs}}$	Pa	$\Delta p_{\mathrm{ld,rs}} = \sum\xi_{\mathrm{rs}}\rho_{\mathrm{rs}}W_{\mathrm{rs}}^2/2$	47.55	82.6	126.6
上升管重位压降	Δp_{zw}	Pa	$\Delta p_{\mathrm{zw}} = h\rho_{\mathrm{rs}}g$	34 705.6	34 777.3	34 819.8
上升管侧总压差	Δp_{rs}	Pa	$\Delta p_{\mathrm{rs}} = \Delta p_{\mathrm{ld,rs}} + \Delta p_{\mathrm{zw}}$	34 753.14	34 859.9	34 946.5
下降管侧总压差	Δp_{dc}	Pa	$\Delta p_{\mathrm{dc}} = \Delta p_{\mathrm{zw,dc}} - \Delta p_{\mathrm{ld,dc}}$	34 866.6	34 827.2	34 768.9

各循环回路水循环特性曲线如图 8.24 ~ 8.27 所示。

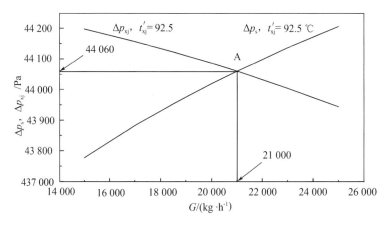

图 8.24　前墙水冷壁回路水循环特性曲线

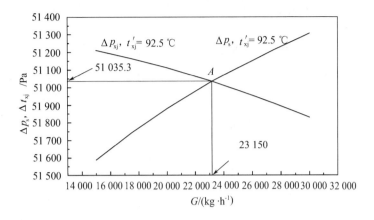

图 8.25　后墙水冷壁回路水循环特性曲线

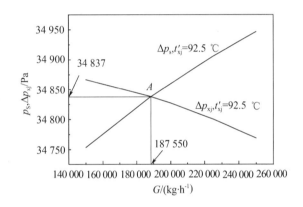

图 8.26　侧墙水冷壁回路水循环特性曲线

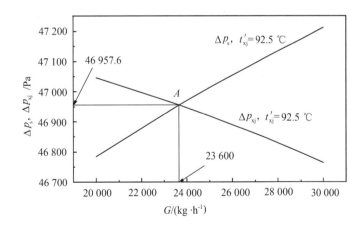

图 8.27　对流管束水循环特性曲线

由各回路水循环特性曲线,可以得到在假设的下降管入口水温下回路工作点及工作点的流量,工质流量汇总见表 8.11。

表 8.11　工质流量汇总

假设的下降管 入口水温/℃	前墙 G /(kg·h^{-1})	后墙 G /(kg·h^{-1})	侧墙 G/(kg·h^{-1})		对流管束 G /(kg·h^{-1})	总和 $\sum G$ /(kg·h^{-1})
			一侧	两侧		
92.5	21 000	23 150	23 600	47 200	187 550	278 900

计算全炉循环倍率:

锅炉总的回水量 G_{bac}(kg/h)为

$$G_{bac} = 860\frac{Q}{\Delta t} = 860 \times \frac{7\ 000}{(115-70)} \approx 133\ 778(\text{kg/h})$$

$$K = \sum G/G_{bac} = 278\ 900/133\ 778 = 2.085$$

当 $K > 1.0$ 时,$t_{in,dc} = t_{hot.w} - (t_{hot.w} - t_{bac.w})/K = 115 - (115-70)/2.085 = 93.4(℃)$

与假设的 $t_{in,dc} = 92.5$ ℃相差在 15 ℃以内,因此,计算有效。

水循环计算结果汇总见表 8.12。

表 8.12　水循环计算结果汇总

名　　称	符号	单位	计算公式及来源	前墙水 冷壁	后墙水 冷壁	侧墙水冷壁		对流 管束
						一侧	两侧	
下降管 入口水温	$t_{in,dc}$	℃	假设	92.5	92.5	92.5	92.5	92.5
回路循环流量	G	kg/h	计算值的 0.9 倍	18 900	20 835	21 240	42 480	168 795
全炉循环倍率	K	—	$K = \sum G/G_{bac}$	2.085	2.085	2.085	2.085	2.085
上升管 入口水温	$t_{in,rs}$	℃	$t_{in,rs} = t_{in,dc} + 860Q_{dc}/G$	92.5	92.5	92.5	92.5	92.5
上升管 出口水温	$t_{out,rs}$	℃	$t_{out,rs} = t_{in,rs} + 860Q_{rs}/G$	133.59	134.84	123.85	123.85	106.76
上升管中 平均水温	$t_{av,rs}$	℃	$t_{av,rs} = 0.5(t_{in,rs} + t_{out,rs})$	113.05	113.67	108.17	108.17	101.18
回路质量流速	W_m	kg/(m^2·s)	$W_m = G/(3\ 600A_o)$	191.6	211.22	277.58	277.58	161.51
上升管中水的 平均密度	ρ_{rs}	kg/m^3	$\rho_{rs} = 1\ 008.6263 - 0.281\ 1\ t_{av,rs}$ $- 0.002\ 192\ t_{av,rs}^2$	948.8	948.34	952.56	952.56	957.74
上升管中水的 平均流速	W_{rs}	m/s	$W_{rs} = G/(3\ 600A_o\rho_{rs})$	0.202	0.223	0.291	0.291	0.168 7

8.4.6　循环回路中最低、最高水速的计算

以前墙循环回路为例,回路中受热最弱、最强管各段吸热量计算结果见表8.13。

表 8.13　回路中受热最弱、最强管各段吸热量计算结果

序号	名　　称	符号	单位	公式计算及数据来源	第 I 区	第 II 区	第 III 区
1	平均工况下回路各段吸热量	Q_i	kW	选定	37.24	444.89	521.27
2	回路中管子根数	n	—	选定	18	18	18
3	受热最弱管最小吸热不均匀系数	η_{min}	—	选定	0.5	0.5	0.5
4	受热最强管最大吸热不均匀系数	η_{max}	—	选定	1.3	1.3	1.3
5	结构不均系数	η_c	—	选定	1.0	1.0	1.0
6	受热最弱管吸热量	$Q_{min,i}$	kW	$\dfrac{Q_i}{n}\eta_{min}\eta_c$	1.034	12.358	14.480
7	受热最强管吸热量	$Q_{max,i}$	kW	$\dfrac{Q_i}{n}\eta_{max}\eta_c$	2.690	32.131	37.647

由图 8.24 可知,平均工况下管组两端压差 Δp 为 44 060 Pa。

受热最弱管中两端压差计算(单根管,截面积 A 为 0.001 52 m^2):假设 G_1 为 500 kg/h, G_2 为 800 kg/h,G_3 为 1 200 kg/h,受热最弱管中两端压差计算结果见表 8.14。

受热最强管中两端压差计算(单根管,截面积 A 为 0.001 52 m^2):假设 G_1 为 1 000 kg/h, G_2 为1 400 kg/h,G_3 为 1 800 kg/h,受热最强管中两端压差计算结果见表 8.15。

表 8.14　受热最弱管中两端压差计算结果

名　　称	符号	单位	计算公式及来源	假设流量/(kg·h^{-1})		
假设流量	G	kg/h		500	800	1 200
下降管入口水温	$t_{in,dc}$	℃	计算值	93.4	93.4	93.4
下降管出口水温	$t_{out,dc}$	℃	$t_{out,dc}=t_{in,dc}+860Q_{dc}/G$	93.4	93.4	93.4
上升管各段出口水温		℃				
I	$t_{out,1}$		$t_{out,1}=t_{out,dc}+860Q_{min,1}/G$	95.18	94.51	94.14
II	$t_{out,2}$		$t_{out,2}=t_{out,1}+860Q_{min,2}/G$	116.43	107.80	103.0
III	$t_{out,3}$		$t_{out,3}=t_{out,2}+860Q_{min,3}/G$	141.34	123.36	113.37
上升管各段平均水温		℃				
I	t_1		$t_1=0.5(t_{out,dc}+t_{out,1})$	94.29	93.96	93.77
II	t_2		$t_2=0.5(t_{out,1}+t_{out,2})$	105.81	101.15	98.57
III	t_3		$t_3=0.5(t_{out,2}+t_{out,3})$	128.89	115.58	108.19

续表 8.14

名　　　称	符号	单位	计算公式及来源	假设流量/(kg·h⁻¹)		
假设流量	G	kg/h		500	800	1 200
上升管各段水的平均密度		kg/m³				
Ⅰ	$\rho_{rs,1}$		$\rho_{rs,1} = 1\,008.626\,3 - 0.281\,1t_1$ $- 0.002\,192t_1^2$	962.63	962.87	962.99
Ⅱ	$\rho_{rs,2}$		$\rho_{rs,2} = 1\,008.626\,3 - 0.281\,1t_2$ $- 0.002\,192t_2^2$	954.34	957.76	959.62
Ⅲ	$\rho_{rs,3}$		$\rho_{rs,3} = 1\,008.626\,3 - 0.281\,1t_3$ $- 0.002\,192t_3^2$	935.98	946.85	952.56
上升管中平均水温	$t_{av,rs}$	℃	$t_{av,rs} = 0.5(t_{out,dc} + t_{out,3})$	117.37	108.38	103.39
上升管中水的平均密度	ρ_{rs}	kg/m³	$\rho_{rs} = 1\,008.626\,3 - 0.281\,1t_{av,rs}$ $- 0.002\,192\,t_{av,rs}^2$	945.44	952.41	956.13
上升管中水的平均流速	W_{rs}	m/s	$W_{rs} = G/(3\,600A_o\rho_{rs})$	0.096 6	0.153 5	0.229 4
上升管中水的动力黏度	μ	Pa·s	计算获得	236.9 ×10⁻⁶	258.8 ×10⁻⁶	272.6 ×10⁻⁶
上升管中水的雷诺数	Re	—	$Re = W_{rs}d_{in}\rho_{rs}/\mu$	16.97×10³	24.85×10³	35.40×10³
上升管沿程摩擦阻力系数	λ_{rs}	—	紊流过渡区	0.030 2	0.028 4	0.027 1
上升管总阻力系数	$\sum \xi_{rs}$	—	$\sum \xi_{rs} = \lambda_{rs}l/d_{in} + \sum \xi_{rs,lc}$	7.84	7.51	7.26
上升管流动阻力	$\Delta p_{ld,rs}$	Pa	$\Delta p_{ld,rs} = \sum \xi_{rs}\rho_{rs}W_{rs}^2/2$	34.62	84.24	182.73
上升管各段重位压降 Ⅰ Ⅱ Ⅲ	$\Delta p_{zw,1}$ $\Delta p_{zw,2}$ $\Delta p_{zw,3}$	Pa	$\Delta p_{zw,1} = h_1\rho_{rs,1}g$ $\Delta p_{zw,2} = h_2\rho_{rs,2}g$ $\Delta p_{zw,3} = h_3\rho_{rs,3}g$	9 632.3 23 030.8 11 110.2	9 634.6 23 113.3 11 239.3	9 635.9 23 158.2 11 307.0
上升管两端总压差	Δp_{rs}	Pa	$\Delta p_{rs} = \Delta p_{ld,rs} + \Delta p_{zw,1}$ $+ \Delta p_{zw,2} + \Delta p_{zw,3}$	43 807.9	44 071.4	44 283.8

表 8.15　受热最强管中两端压差计算结果

名　　　称	符号	单位	计算公式及来源	假设流量/(kg·h⁻¹)		
				1 000	1 400	1 800
下降管入口水温	$t_{in,dc}$	℃	计算值	93.4	93.4	93.4
下降管出口水温	$t_{out,dc}$	℃	$t_{out,dc} = t_{in,dc} + 860Q_{dc}/G$	93.4	93.4	93.4

续表 8.15

名　称	符号	单位	计算公式及来源	假设流量/(kg·h⁻¹)		
				1 000	1 400	1 800
上升管各段出口水温 Ⅰ Ⅱ Ⅲ	$t_{\mathrm{out},1}$ $t_{\mathrm{out},2}$ $t_{\mathrm{out},3}$	℃	$t_{\mathrm{out},1}=t_{\mathrm{out,dc}}+860Q_{\max,1}/G$ $t_{\mathrm{out},2}=t_{\mathrm{out},1}+860Q_{\max,2}/G$ $t_{\mathrm{out},3}=t_{\mathrm{out},2}+860Q_{\max,3}/G$	95.71 123.35 155.72	95.05 114.79 137.92	94.69 110.04 128.02
上升管各段平均水温 Ⅰ Ⅱ Ⅲ	t_1 t_2 t_3	℃	$t_1=0.5(t_{\mathrm{out,dc}}+t_{\mathrm{out},1})$ $t_2=0.5(t_{\mathrm{out},1}+t_{\mathrm{out},2})$ $t_3=0.5(t_{\mathrm{out},2}+t_{\mathrm{out},3})$	94.56 109.53 139.53	94.23 104.92 126.35	94.04 102.36 119.03
上升管各段水的 平均密度 Ⅰ Ⅱ Ⅲ	$\rho_{\mathrm{rs},1}$ $\rho_{\mathrm{rs},2}$ $\rho_{\mathrm{rs},3}$	kg/m³	$\rho_{\mathrm{rs},1}=1\,008.626\,3-0.281\,1\,t_1$ 　　　$-0.002\,192\,t_1^2$ $\rho_{\mathrm{rs},2}=1\,008.626\,3-0.281\,1\,t_2$ 　　　$-0.002\,192\,t_2^2$ $\rho_{\mathrm{rs},3}=1\,008.626\,3-0.281\,1\,t_3$ 　　　$-0.002\,192\,t_3^2$	962.45 951.54 926.73	962.68 955.0 938.11	962.80 956.88 944.11
上升管中平均水温	$t_{\mathrm{av,rs}}$	℃	$t_{\mathrm{av,rs}}=0.5(t_{\mathrm{out,dc}}+t_{\mathrm{out},3})$	124.56	115.66	110.71
上升管中水的 平均密度	ρ_{rs}	kg/m³	$\rho_{\mathrm{rs}}=1\,008.626\,3-0.281\,1t_{\mathrm{av,rs}}$ 　　　$-0.002\,192\,t_{\mathrm{av,rs}}^2$	939.60	946.79	950.64
上升管中水的平均流速	W_{rs}	m/s	$W_{\mathrm{rs}}=G/(3\,600A_{\mathrm{o}}\rho_{\mathrm{rs}})$	0.194 5	0.270 2	0.346 0
上升管中水的 动力黏度	λ	Pa·s	计算获得	221.7 ×10⁻⁶	240.87 ×10⁻⁶	252.85 ×10⁻⁶
上升管中水的雷诺数	Re	—	$Re=W_{\mathrm{rs}}d_{\mathrm{in}}\rho_{\mathrm{rs}}/\mu$	36.27×10³	46.74×10³	57.24×10³
上升管沿程 摩擦阻力系数	λ_{rs}	—	紊流过渡区	0.027 0	0.026 2	0.025 7
上升管总阻力系数	$\sum\xi_{\mathrm{rs}}$	—	$\sum\xi_{\mathrm{rs}}=\xi_{\mathrm{rs}}l/d_{\mathrm{in}}+\sum\xi_{\mathrm{rs,lc}}$	7.25	7.1	7.0
上升管流动阻力	$\Delta p_{\mathrm{ld,rs}}$	Pa	$\Delta p_{\mathrm{ld,rs}}=\sum\xi_{\mathrm{rs}}\rho_{\mathrm{rs}}W_{\mathrm{rs}}^2/2$	128.80	245.40	398.74
上升管各段重位压降 Ⅰ Ⅱ Ⅲ	$\Delta p_{\mathrm{zw},1}$ $\Delta p_{\mathrm{zw},2}$ $\Delta p_{\mathrm{zw},3}$	Pa	$\Delta p_{\mathrm{zw},1}=h_1\rho_{\mathrm{rs},1}g$ $\Delta p_{\mathrm{zw},2}=h_2\rho_{\mathrm{rs},2}g$ $\Delta p_{\mathrm{zw},3}=h_3\rho_{\mathrm{rs},3}g$	9 630.45 22 963.15 11 000.32	9 632.74 23 046.69 11 135.5	9 634.02 23 092.1 11 206.7

续表 8.15

名　　称	符号	单位	计算公式及来源	假设流量/(kg·h⁻¹)		
				1 000	1 400	1 800
上升管侧总压差	Δp_{rs}	Pa	$\Delta p_{rs} = \Delta p_{ld,rs} + \Delta p_{zw,1}$ $+ \Delta p_{zw,2} + \Delta p_{zw,3}$	43 722.7	44 060.3	44 331.6

由图 8.28(a)得受热最弱管中工作点时水速 $W_{rs,min}$ 为 0.149 7 m·s⁻¹,由图 8.28(b)得受热最强管中工作点时水速 $W_{rs,max}$ 为 0.270 2 m·s⁻¹。

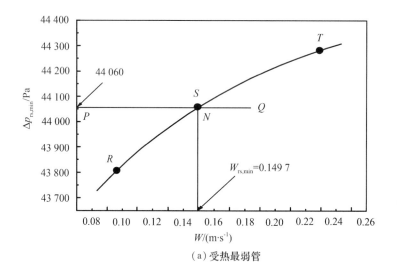

(a) 受热最弱管

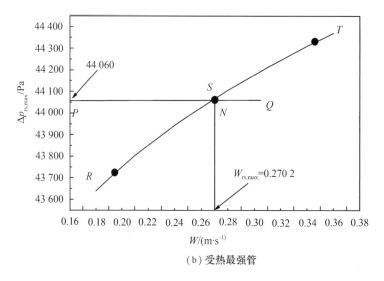

(b) 受热最强管

图 8.28　受热最弱管、受热最强管中水速的确定

8.4.7 过冷沸腾的校验

以前墙循环回路为例,工作绝对压力为 1.1 MPa,前墙水冷壁管内径 d_{in} 为 0.044 m,管长 l 为 8.16 m,上升管出口处倾角 α 为 75°。平均工况管、受热最强管和受热最弱管出口水温的计算见表 8.16。

表 8.17 平均工况管、受热最强管和受热最弱管出口水温的计算

序号	名 称	符号	计算公式及来源($J=0.9,C_\beta=1.225$)	单 位
1	平均工况管管内壁热流密度	q_n	管子吸热量 $Q_p=55.74$ $q'_n=Q_p/(\pi d_n l)=55.74/(3.14\times0.044\times8.16)=49.44$ 则 $q_n=J\times C_\beta\times q'_n=0.9\times1.225\times49.44=54.50$	kW/m²
2	受热最弱管管子吸热量	$q_{n,min}$	$Q_{min}=27.87$ $q_{n,min}=JC_\beta Q_{min}/(\pi d_n l)=0.9\times1.225\times27.87/(3.14\times0.044\times8.16)=27.25$	kW/m²
3	受热最强管管子吸热量	$q_{n,max}$	$Q_{max}=72.47$ $q_{n,max}=JC_\beta Q_{max}/(\pi d_n l)=0.9\times1.225\times72.47/(3.14\times0.044\times8.16)=70.87$	kW/m²
4	平均工况管管内流速	W_{ps}	$W_{ps}=0.202$	m/s
5	受热最弱管管内流速	$W_{s,min}$	$W_{s,min}=0.9\times W_{s,min}=0.9\times0.1497=0.135$	m/s
6	受热最强管管内流速	$W_{s,max}$	$W_{s,max}=0.9\times W_{s,max}=0.9\times0.2702=0.243$	m/s
7	平均工况管出口水温	t''_{ps}	$t''_{ps}=133.59$	℃
8	受热最弱管出口水温	$t''_{min,s}$	管内循环流量 G_{min} 可用内插法求得 $G_{min}=500+(800-500)/(0.1535-0.0966)\times(0.1497-0.0966)=780$ $t''_{min,s}=t''_{xj}+860Q_{min}/G_{min}=93.4+860\times27.87/780=124.13$	℃
9	受热最强管出口水温	$t''_{max,s}$	管内循环流量 G_{max} 可用内插法求得 $G_{max}=1000+(1400-1000)/(0.2702-0.1945)\times(0.2702-0.1945)=1400$ $t''_{max,s}=t''_{xj}+860Q_{max}/G_{max}=93.4+860\times72.47/1400=137.92$	℃

工质为除氧水或非除氧水时,最小安全水速计算结果如下:基本参数压力 p 为 1.1 MPa,饱和温度 t_b 为 184.07 ℃。平均工况管、受热最弱管和受热最强管的计算结果见表 8.17。

表 8.17　平均工况管、受热最弱管和受热最强管的计算结果

名　称	平均水温	水密度	动力黏度	热流密度	管内径	水导热系数	普朗特数	除氧水最小安全水速	非除氧水最小安全水速
参数	t	ρ	μ	q_n	d_n	λ	Pr	W_{min}	W_{min}
平均工况管	113.495	948.486	245.986×10^{-6}	54.504	0.045	686.744×10^{-6}	1.5058	0.069	0.0737
受热最弱管	108.765	952.12	257.857×10^{-6}	27.25	0.045	685.249×10^{-6}	1.5792	0.028	0.0298
受热最强管	115.66	946.79	240.868×10^{-6}	70.87	0.045	687.344×10^{-6}	1.4745	0.098	0.104

由表 8.16 和 8.17 可知,当平均工况管所需最小安全水速 W_{min}^p 为 0.069 m/s 或 0.0737 m/s时,$W_{ps} > W$,故安全;当受热最弱管所需最小安全水速 W_1 为 0.028 m/s 或 0.0298 m/s 时 $W_{s,min} > W_1$,故安全;当受热最强管所需最小安全水速 W_2 为0.098 m/s 或 0.104 m/s 时 $W_{s,max} > W_2$,故安全。若某回路受热最弱管和受热最强管中的水速低于最小安全水速,就必须调整该回路的结构布置,重新进行热力计算,之后再进行水动力计算和过冷沸腾校验计算,直到满足安全条件为止。

8.5　强制循环热水锅炉水动力计算实例

以一台强制循环热水锅炉为例进行锅炉水动力计算,锅炉热容量为 14 MW,压力为 1.25 MPa,入口水温为 80 ℃,出口热水温为 130 ℃。锅炉受热面系统布置示意图如图8.29 所示,锅炉水流程图如图 8.30 所示。

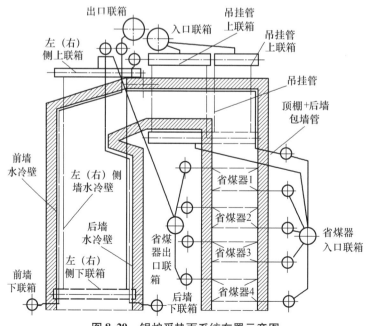

图 8.29　锅炉受热面系统布置示意图

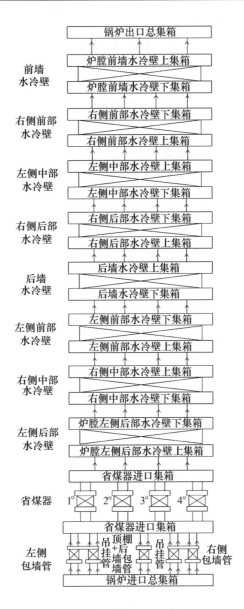

图 8.30　锅炉水流程图

锅炉进口集箱至省煤器进口总集箱回路是由转向室左侧包墙管＋吊挂管回路、转向室顶棚＋后墙包墙管回路和转向室右侧包墙管＋吊挂管回路并联组成。其中,转向室左侧包墙管＋吊挂管回路是由连接管与转向室左侧包墙管串联、连接管与吊挂管串联,将二者并联后,再与连接管串联后构成的回路。转向室顶棚＋后墙包墙管回路是由连接管、转向室顶棚和后墙包墙管、连接管串联构成回路。转向室右侧包墙管＋吊挂管回路是由连接管与转向室右侧包墙管串联、连接管与吊挂管串联,将二者并联后,与连接管串联构成的回路。

省煤器总进口集箱至省煤器总出口集箱回路是由省煤器 1、省煤器 2、省煤器 3 和省煤器 4 并联组成的回路。

分配集箱连接形式采用在有效段中部径向引入的连接方式。汇集集箱连接形式采用在有效段中部径向引出的连接方式。

锅炉炉膛吸热量的分配见表 8.18。锅炉各受热面和连接管的主要结构参数和吸热量见表 8.19,表中总局部阻力系数是指该计算段各局部阻力系数之和。局部阻力系数参照自然循环热水锅炉水动力计算例题中的计算方法和第 2 章中计算方法进行确定。锅炉水动力计算见表 8.20,安全性校核计算(过冷沸腾校验)见表 8.21。

表 8.18　锅炉炉膛吸热量的分配

序号	数值名称	符号	单位	计算公式	数值
1	炉膛总辐射受热面	A_f	m^2	热力计算给定	71.816
2	炉膛平均热负荷	q_{av}	kW/m^2	热力计算给定	119.285
3	前墙第Ⅱ区段辐射受热面	$A_{fw,1}$	m^2	热力计算给定	9.234
4	前墙第Ⅲ区段辐射受热面	$A_{fw,2}$	m^2	热力计算给定	11.779
5	前墙第Ⅱ区段吸热不均匀系数	$\eta_{fw,2}$	—	按式(4.13)	0.8
6	前墙第Ⅲ区段吸热不均匀系数	$\eta_{fw,3}$	—	按式(4.13)	0.6
7	前墙第Ⅱ区段吸热量	$Q_{fw,2}$	kW	$Q_{fw,2}=\eta_{fw,2}A_{fw,2}q_{av}$	881.18
8	前墙第Ⅲ区段吸热量	$Q_{fw,3}$	kW	$Q_{q3}=\eta_{fw,3}A_{fw,3}q_{av}$	914.6
9	后墙第Ⅱ区段辐射受热面	$A_{rw,2}$	m^2	热力计算给定	1.174
10	后墙第Ⅲ区段辐射受热面	$A_{rw,3}$	m^2	热力计算给定	6.843 4
11	后墙第Ⅳ区段辐射受热面	$A_{rw,4}$	m^2	热力计算给定	5.560 3
12	后墙吸热不均匀系数	η_{rw}	—	按式(4.13)	1.2
13	后墙第Ⅱ区段沿高度的吸热不均匀系数	η_{h2}	—	查表4.1	1.2
14	后墙第Ⅱ区段吸热不均匀系数	$\eta_{rw,2}$	—	$\eta_{rw,2}=\eta_{rw}\eta_{h2}$	1.44
15	后墙第Ⅱ区段吸热量	Q_{rw2}	kW	$Q_{rh2}=\eta_{rw2}A_{rw2}q_{av}$	201.61
16	后墙第Ⅲ区段沿高度的吸热不均匀系数	η_{h3}	—	查表4.1	1.1
17	后墙第Ⅲ区段吸热不均匀系数	η_{rw3}	—	$\eta_{rw,3}=\eta_{rw}\eta_{h3}$	1.32
18	后墙第Ⅲ区段吸热量	Q_{rw3}	kW	$Q_{rh3}=\eta_{rw3}A_{rw3}q_{av}$	1 077.54
19	后墙第Ⅳ区段沿高度的吸热不均匀系数	η_{h4}	—	查表4.1	0.7
20	后墙第Ⅳ区段吸热不均匀系数	η_{rw4}	—	$\eta_{rw,4}=\eta_{rw}\eta_{h4}$	0.84

续表8.18

序号	数值名称	符号	单位	计算公式	数值
21	后墙第Ⅳ区段吸热量	Q_{rw4}	kW	$Q_{rh4}=\eta_{rw4}A_{rw4}q_{av}$	557.14
22	左(右)侧墙前部水冷壁辐射受热面	A_{sw1}	m^2	热力计算给定	4.9985
23	左(右)侧墙中部水冷壁辐射受热面	A_{sw2}	m^2	热力计算给定	5.8986
24	左(右)侧墙后部水冷壁辐射受热面	A_{sw3}	m^2	热力计算给定	7.7156
25	侧墙吸热不均匀系数	η_{sw}	—	按式(3.16)	1.1274
26	左(右)侧墙前部水冷壁沿宽度的吸热不均匀系数	$\eta_{c,1}$	—	查表4.2	1.1
27	左(右)侧墙前部水冷壁吸热不均匀系数	$\eta_{cc,1}$	—	$\eta_{cc,1}=\eta_{c,1}\eta_{sw}$	1.2401
28	左(右)侧墙前部水冷壁吸热量	$Q_{sw,1}$	kW	$Q_{sw,1}=\eta_{cc,1}A_{sw1}q_{av}$	739.4
29	左(右)侧墙中部水冷壁沿宽度的吸热不均匀系数	$\eta_{c,2}$	—	查表4.2	0.9774
30	左(右)侧墙中部水冷壁吸热不均匀系数	$\eta_{cc,2}$	—	$\eta_{cc,2}=\eta_{c,2}\eta_{sw}$	1.1019
31	左(右)侧墙中部水冷壁吸热量	$Q_{sw,2}$	kW	$Q_{sw,2}=\eta_{cc,2}A_{sw2}q_{av}$	1014.1
32	左(右)侧墙后部水冷壁沿宽度的吸热不均匀系数	$\eta_{c,3}$	—	查表4.2	0.9
33	左(右)侧墙后部水冷壁吸热不均匀系数	$\eta_{cc,3}$	—	$\eta_{cc,3}=\eta_{c,3}\eta_{sw}$	1.0147
34	左(右)侧墙后部水冷壁吸热量	$Q_{sw,3}$	kW	$Q_{sw,3}=\eta_{cc,3}A_{sw3}q_{av}$	713.96

表 8.19　锅炉各受热面和连接管的主要结构参数和吸热量

序号	名　称	总局部阻力系数	管长/m	管径/mm	高度/m	流通截面/m²	吸热量/kW
1.1	锅炉进口集箱至省煤器进口总集箱						
1.1.1	转向室左侧包墙管 + 吊挂管						
1	连接管 + 左侧包墙管	1.71	1.69	76×3.5	−0.95	0.007475	0.0
		1.9128	4.2558	32×3	−4.58	0.006368	51.75

续表 8.19

序号	名　称	总局部阻力系数	管长/m	管径/mm	高度/m	流通截面/m²	吸热量/kW
2	连接管 +吊挂管	1.691 3	0.889	76 × 3.5	− 1.03	0.007 475	0.0
		1.964 56	4.521 3	32 × 3	− 4.50	0.005 425 9	67.67
3	连接管	2.193 8	6.769	76 × 3.5	1.33	0.015 387 5	0.0
1.1.2	转向室顶棚 + 后墙包墙管						
1	连接管	1.71	1.288	133 × 4.5	− 0.70	0.024 140 3	0.0
2	（顶棚 + 后墙包墙管）	2.596 7	5.526 9	32 × 3	− 4.83	0.017 511 8	98.86
3	连接管	2.076 5	3.96	133 × 4.5	1.33	0.024 140 3	0.0
1.1.3	转向室右侧包墙管 + 吊挂管						
1	连接管 + 右侧包墙管	1.71	1.69	76 × 3,5	− 0.95	0.007 475	0.0
		1.912 8	4.255 8	32 × 3	− 4.58	0.006 368	51.75
2	连接管 +吊挂管	1.691 3	0.889	76 × 3.5	− 1.03	0.007 475	0.0
		1.964 56	4.521 3	32 × 3	− 4.50	0.005 425 9	67.67
3	连接管	1.925	2.233	76 × 3.5	1.33	0.015 387 5	0.0
1.2	省煤器总进口集箱至省煤器总出口集箱						
1.2.1	省煤器 1#						
1	连接管	1.882 5	0.781	89 × 4.5	0.675	0.010 048	0.0
2	省煤器 1#	4.044 6	20.555	32 × 3	1.365	0.011 674 5	352.22
3	连接管	1.860 5	0.98	89 × 4.5	− 1.04	0.010 048	0.0
1.2.2	省煤器 2#						
1	连接管	1.91	1.181	89 × 4.5	− 0.89	0.010 048	0.0
2	省煤器 2#	4.044 6	20.555	32 × 3	1.365	0.011 674 5	610.46
3	连接管	1.855	0.628	89 × 4.5	0.525	0.010 048	0.0
1.2.3	省煤器 3#						
1	连接管	1.91	1.991	89 × 4.5	− 1.70	0.010 048	0.0
2	省煤器 3#	4.044 6	20.555	32 × 3	1.365	0.011 674 5	1 149.4
3	连接管	1.891 3	1.377	89 × 4.5	1.335	0.010 048	0.0
1.2.4	省煤器 4#						
1	连接管	1.80	0.452	89 × 4.5	− 0.61	0.024 140 3	0.0
2	省煤器 4#	4.044 6	25.123	32 × 3	1.995	0.011 674 5	2 980.8
3	连接管	2.05	3.171	89 × 4.5	− 0.385	0.024 140 3	0.0

续表 8.19

序号	名　称	总局部阻力系数	管长/m	管径/mm	高度/m	流通截面/m²	吸热量/kW
1.3	省煤器总出口集箱至炉膛左侧后部水冷壁上集箱的连接管						
	连接管	2.024 96	3.561 8	133×4.5	2.25	0.048 280 6	0.0
1.4	左侧后部水冷壁						
	水冷壁	1.951 9	5.445 9	60×3	−5.6	0.038 914	713.96
1.5	左侧后部水冷壁下集箱至右侧中部水冷壁下集箱的连接管						
	连接管	1.999 3	3.944 3	133×4.5	0.25	0.048 280 6	0.0
1.6	右侧中部水冷壁						
	水冷壁	1.985 3	5.021 4	60×3	5.1	0.054 939 4	1 014.1
1.7	右侧中部水冷壁上集箱至左侧前部水冷壁上集箱的连接管						
	连接管	2.047 9	4.27	133×4.5	0.0	0.048 280 6	0.0
1.8	左侧前部水冷壁						
	水冷壁	1.899 2	5.213	60×3	−5.35	0.041 203 1	739.4
1.9	左侧前部水冷壁下集箱至后墙水冷壁下集箱的连接管						
	连接管	2.047 6	2.068 5	133×4.5	−0.5	0.048 280 6	0.0
1.10	炉膛后墙水冷壁						
1	第Ⅰ区段	0.894 8	1.52	60×3	1.15	0.05 264 84	0.0
2	第Ⅱ区段	0.11	4.376	60×3	0.462	0.052 648 4	201.61
3	第Ⅲ区段	0	2.78	60×3	2.78	0.05 264 84	1 077.54
4	第Ⅳ区段	0	1.1	60×3	1.1	0.05 264 84	557.14
5	第Ⅴ区段	1.1	1.158	60×3	1.158	0.052 648 4	0.0
1.11	炉膛后墙水冷壁上集箱至右侧后部水冷壁上集箱的连接管						
	连接管	2.026 2	2.999 8	133×4.5	−0.55	0.048 280 6	0.0
1.12	右侧后部水冷壁						
	水冷壁	1.951 9	5.445 9	60×3	−5.6	0.038 914	713.96
1.13	右侧后部水冷壁下集箱至左侧中部水冷壁下集箱的连接管						
	连接管	1.993 1	3.791	133×4.5	0.25	0.048 280 6	0.0
1.14	左侧中部水冷壁						
	水冷壁	1.985 3	5.021 4	60×3	5.1	0.054 939 4	1 014.1
1.15	左侧中部水冷壁上集箱至右侧前部水冷壁上集箱的连接管						
	连接管	2.049 9	3.972	133×4.5	0.0	0.048 280 6	0.0
1.16	右侧前部水冷壁						

续表 8.19

序号	名　称	总局部阻力系数	管长/m	管径/mm	高度/m	流通截面/m²	吸热量/kW
	水冷壁	1.899 2	5.213	60×3	-5.35	0.041 203 1	739.4
1.17	右侧前部水冷壁下集箱至炉膛前墙水冷壁下集箱的连接管						
	连接管	2.032 8	2.563 5	133×4.5	-0.75	0.048 280 6	0.0
1.18	前墙水冷壁						
1	第Ⅰ区段	0.741 6	1.4	60×3	1.4	0.052 648 4	0.0
2	第Ⅱ区段	0.112 2	3.945	60×3	3.945	0.052 648 4	881.18
3	第Ⅲ区段	0.106 7	4.519	60×3	0.462	0.052 648 4	914.6
4	第Ⅳ区段	1.238 4	1.18	60×3	0.793	0.052 648 4	0.0
1.19	炉膛前墙水冷壁上集箱至锅炉出口总集箱的连接管						
	连接管	1.925	1.205	133×4.5	0.9	0.048 280 6	0.0

表 8.20　锅炉水动力计算

序号	数值名称	符号	单位	计算公式	数值
2.1	锅炉进口集箱至省煤器进口总集箱				
2.1.1	转向室左侧包墙管+吊挂管				
	（1）连接管+左侧包墙管				
1	连接管入口水温	t_{in}	℃	设计值	80.000
2	流量	G_o	kg/s	假设流量	10.208 3
3	连接管出口水温	t_{out}	℃	$t_{out}=t_{in}+860\times Q/G_o$	80.000
4	连接管平均水温	t_{av}	℃	$t_{av}=0.5\times(t_{in}+t_{out})$	80.000
5	连接管水密度	ρ_{av}	kg/m³	$\rho_{av}=a_1+a_2\times t_{av}+a_3\times t_{av}^2$	972.232
6	连接管重位压降	Δp_{st}	Pa	$\Delta p_{st}=H\times g\times\rho_{av}$	-9 060.712
7	雷诺数	Re	—	$Re=d_{in}W\rho_{av}/\mu$	265 905.0
8	折算摩擦阻力系数	λ/d_{in}	—	$\dfrac{\lambda}{d_{in}}=\dfrac{0.005\,5}{d_{in}}\times\left[1+\left(\dfrac{2\times10^4\times k}{d_{in}}+\dfrac{10^6}{Re}\right)^{\frac{1}{3}}\right]$	0.393 23
9	连接管总阻力系数	Z	—	$Z=\sum\xi_{i,lc}+\lambda\times L/d_{in}$	2.164
10	连接管流速	W	m/s	$W=G_o/(\rho_{av}\times f)$	1.405
11	连接管流动压降	Δp_{fl}	Pa	$\Delta p_{fl}=Z\dfrac{W^2}{2}\rho_{av}$	2 076.585
12	左侧包墙管入口水温	t_{in}	℃	$t_{in}=80.0$	80.000

续表 8.20

序号	数值名称	符号	单位	计算公式	数值
13	左侧包墙管出口水温	t_{out}	℃	$t_{out} = t_{in} + 860 \times Q/G_o$	81.207
14	左侧包墙管平均水温	t_{av}	℃	$t_{av} = 0.5 \times (t_{in} + t_{out})$	80.604
15	左侧包墙管水密度	ρ_{av}	kg/m³	$\rho_{av} = a_1 + a_2 \times t_{av} + a_3 \times t_{av}^2$	971.851
16	左侧包墙管重位压降	Δp_{st}	Pa	$\Delta p_{st} = H \times g \times \rho_{av}$	−43 665.059
17	雷诺数	Re	—	$Re = d_{in} W \rho_{av}/\mu$	119 964.0
18	折算摩擦阻力系数	λ/d_{in}	—	$\dfrac{\lambda}{d_{in}} = \dfrac{0.005\,5}{d_{in}}$ $\times \left[1 + \left(\dfrac{2 \times 10^4 \times k}{d_{in}} + \dfrac{10^6}{Re} \right)^{\frac{1}{3}} \right]$	1.083 49
19	左侧包墙管总阻力系数	Z	—	$Z = \sum \xi_{i,lc} + \lambda \times L/d_{in}$	6.226
20	左侧包墙管流速	W	m/s	$W = G_o/(\rho_{av} \times f)$	1.650
21	左侧包墙管流动压降	Δp_{fl}	Pa	$\Delta p_{fl} = Z \dfrac{W^2}{2} \rho_{av}$	8 236.575
22	压降	Δp_1	Pa	$\Delta p_1 = -9\,060.712$ $+ 2\,076.585 - 43\,665.059$ $+ 8\,236.575$	−42 412.611
	(2)连接管 + 吊挂管				
23	连接管入口水温	t_{in}	℃	设计值	80.000
24	连接管出口水温	t_{out}	℃	$t_{out} = t_{in} + 860 \times Q/G_o$	80.000
25	连接管平均水温	t_{av}	℃	$t_{av} = 0.5 \times (t_{in} + t_{out})$	80.000
26	连接管水密度	ρ_{av}	kg/m³	$\rho_{av} = a_1 + a_2 \times t_{av} + a_3 \times t_{av}^2$	972.232
27	连接管重位压降	Δp_{st}	Pa	$\Delta p_{st} = H \times g \times \rho_{av}$	−9 823.720
28	流量	G_o	kg/s	假设流量	8.835 0
29	雷诺数	Re	—	$Re = d_{in} W \rho_{av}/\mu$	23 0133.0
30	折算摩擦阻力系数	λ/d_{in}	—	$\dfrac{\lambda}{d_{in}} = \dfrac{0.005\,5}{d_{in}}$ $\times \left[1 + \left(\dfrac{2 \times 10^4 \times k}{d_{in}} + \dfrac{10^6}{Re} \right)^{\frac{1}{3}} \right]$	0.320 40
31	连接管总阻力系数	Z	—	$Z = \sum \xi_{i,lc} + \lambda \times L/d_{in}$	1.909
32	连接管流速	W	m/s	$W = G_o/(\rho_{av} \times f)$	1.216
33	连接管流动压降	Δp_{fl}	Pa	$\Delta p_{fl} = Z \dfrac{W^2}{2} \rho_{av}$	1 372.186
34	吊挂管入口水温	t_{in}	℃	$t_{in} = 80.0$	80.000
35	吊挂管出口水温	t_{out}	℃	$t_{out} = t_{in} + 860 \times Q/G_o$	81.824
36	吊挂管平均水温	t_{av}	℃	$t_{av} = 0.5 \times (t_{in} + t_{out})$	80.912

续表8.20

序号	数值名称	符号	单位	计算公式	数值
37	吊挂管水密度	ρ_{av}	kg/m³	$\rho_{av} = a_1 + a_2 \times t_{av} + a_3 \times t_{av}^2$	971.656
38	吊挂管重位压降	Δp_{st}	Pa	$\Delta p_{st} = H \times g \times \rho_{av}$	− 42 893.734
39	雷诺数	Re	—	$Re = d_{in} W \rho_{av} / \mu$	120 808.0
40	折算摩擦阻力系数	λ / d_{in}	—	$\dfrac{\lambda}{d_{in}} = \dfrac{0.005\,5}{d_{in}}$ $\times \left[1 + \left(\dfrac{2 \times 10^4 \times k}{d_{in}} + \dfrac{10^6}{Re} \right)^{\frac{1}{3}} \right]$	1.082 46
41	吊挂管总阻力系数	Z	—	$Z = \sum \xi_{i,lc} + \lambda \times L / d_{in}$	6.544
42	吊挂管流速	W	m/s	$W = G_o / (\rho_{av} \times f)$	1.676
43	吊挂管流动压降	Δp_{fl}	Pa	$\Delta p_{fl} = Z \dfrac{W^2}{2} \rho_{av}$	8 930.461
44	压降	Δp_2	Pa	$\Delta p_2 = -9\,823.720$ $+ 1\,372.186 - 42\,893.734$ $+ 8\,930.461$	− 42 414.807
45	计算压降误差		%	序号 22 的压降和序号 44 的计算压降误差为 2.196，相对误差 $\dfrac{2.196}{42\,414.807} \times 100\% = 0.005\,2\%$。故假设流量合理	0.005 2
	（3）连接管				
42	连接管入口水温	t_{in}	℃	$t_{in} = \dfrac{10.208 \times 81.207 + 8.835 \times 81.82}{10.208\,3 + 8.835}$	81.494
43	连接管出口水温	t_{out}	℃	$t_{out} = t_{in} + 860 \times Q / G_o$	81.494
44	连接管平均水温	t_{av}	℃	$t_{av} = 0.5 \times (t_{in} + t_{out})$	81.494
45	连接管水密度	ρ_{av}	kg/m³	$\rho_{av} = a_1 + a_2 \times t_{av} + a_3 \times t_{av}^2$	971.286
46	流量	G_o	kg/s	$G_o = 10.208\,3 + 8.835$	19.043 3
47	连接管重位压降	Δp_{st}	Pa	$\Delta p_{st} = H \times g \times \rho_{av}$	12 672.66
48	折算摩擦阻力系数	λ / d_{in}	—	$\dfrac{\lambda}{d_{in}} = \dfrac{0.005\,5}{d_{in}}$ $\times \left[1 + \left(\dfrac{2 \times 10^4 \times k}{d_{in}} + \dfrac{10^6}{Re} \right)^{\frac{1}{3}} \right]$	0.188 39
49	连接管总阻力系数	Z	—	$Z = \sum \xi_{i,lc} + \lambda \times L / d_{in}$	3.469
50	连接管流速	W	m/s	$W = G_o / (\rho_{av} \times f)$	1.274
51	连接管流动压降	Δp_{fl}	Pa	$\Delta p_{fl} = Z \dfrac{W^2}{2} \rho_{av}$	2 734.836

续表 8.20

序号	数值名称	符号	单位	计算公式	数值
52	压降	Δp_3	Pa	$\Delta p_3 = 12\,671.789$ $+ 2\,734.836$	15 407.496
53	总压降	$\Delta p_{tb,1}$	Pa	$\Delta p_{tb,1} = -42\,414.807$ $+ 15\,407.496$	$-27\,007.311$
2.1.2	转向室顶棚 + 后墙包墙管				
1	连接管入口水温	t_{in}	℃	设计值	80.000
2	流量	G_o	kg/s	假设流量	27.4574
3	连接管出口水温	t_{out}	℃	$t_{out} = t_{in} + 860 \times Q/G_o$	80.000
4	连接管平均水温	t_{av}	℃	$t_{av} = 0.5 \times (t_{in} + t_{out})$	80.000
5	连接管水密度	ρ_{av}	kg/m³	$\rho_{av} = a_1 + a_2 \times t_{av} + a_3 \times t_{av}^2$	972.232
6	连接管重位压降	Δp_{st}	Pa	$\Delta p_{st} = H \times g \times \rho_{av}$	$-6\,676.314$
7	折算摩擦阻力系数	λ/d_{in}	—	$\dfrac{\lambda}{d_{in}} = \dfrac{0.005\,5}{d_{in}}$ $\times \left[1 + \left(\dfrac{2 \times 10^4 \times k}{d_{in}} + \dfrac{10^6}{Re}\right)^{\frac{1}{3}}\right]$	0.142 9
8	连接管总阻力系数	Z	—	$Z = \sum \xi_{i,lc} + \lambda \times L/d_{in}$	1.894
9	连接管流速	W	m/s	$W = G_o/(\rho_{av} \times f)$	1.170
10	连接管流动压降	Δp_{fl}	Pa	$\Delta p_{fl} = Z \dfrac{W^2}{2} \rho_{av}$	1 260.011
11	后墙包墙管入口水温	t_{in}	℃	$t_{in} = 80.0$	80.000
12	后墙包墙管出口水温	t_{out}	℃	$t_{out} = t_{in} + 860 \times Q/G_o$	80.858
13	后墙包墙管平均水温	t_{av}	℃	$t_{av} = 0.5 \times (t_{in} + t_{out})$	80.429
14	后墙包墙管水密度	ρ_{av}	kg/m³	$\rho_{av} = a_1 + a_2 \times t_{av} + a_3 \times t_{av}^2$	971.961
15	后墙包墙管重位压降	Δp_{st}	Pa	$\Delta p_{st} = H \times g \times \rho_{av}$	$-46\,053.762$
16	折算摩擦阻力系数	λ/d_{in}	—	$\dfrac{\lambda}{d_{in}} = \dfrac{0.005\,5}{d_{in}}$ $\times \left[1 + \left(\dfrac{2 \times 10^4 \times k}{d_{in}} + \dfrac{10^6}{Re}\right)^{\frac{1}{3}}\right]$	0.964 1
17	后墙包墙管总阻力系数	Z	—	$Z = \sum \xi_{i,lc} + \lambda \times L/d_{in}$	7.925
18	后墙包墙管流速	W	m/s	$W = G_o/(\rho_{av} \times f)$	1.613
19	后墙包墙管流动压降	Δp_{fl}	Pa	$\Delta p_{fl} = Z \dfrac{W^2}{2} \rho_{av}$	10 020.441
20	连接管入口水温	t_{in}	℃	$t_{in} = 80.858$	80.858

续表 8.20

序号	数值名称	符号	单位	计算公式	数值
21	连接管出口水温	t_{out}	℃	$t_{out} = t_{in} + 860 \times Q/G_o$	80.858
22	连接管平均水温	t_{av}	℃	$t_{av} = 0.5 \times (t_{in} + t_{out})$	80.858
23	连接管水密度	ρ_{av}	kg/m³	$\rho_{av} = a_1 + a_2 \times t_{av} + a_3 \times t_{av}^2$	971.690
24	连接管重位压降	Δp_{st}	Pa	$\Delta p_{st} = H \times g \times \rho_{av}$	12 677.933
25	折算摩擦阻力系数	λ/d_{in}	—	$\dfrac{\lambda}{d_{in}} = \dfrac{0.005\,5}{d_{in}}$ $\times \left[1 + \left(\dfrac{2 \times 10^4 \times k}{d_{in}} + \dfrac{10^6}{Re}\right)^{\frac{1}{3}}\right]$	0.142 8
26	连接管总阻力系数	Z	—	$Z = \sum \xi_{i,lc} + \lambda \times L/d_{in}$	2.642
27	连接管流速	W	m/s	$W = G_o/(\rho_{av} \times f)$	1.171
28	连接管流动压降	Δp_{fl}	Pa	$\Delta p_{fl} = Z\dfrac{W^2}{2}\rho_{av}$	1 760.128
29	总压降	$\Delta p_{tb,1}$	Pa	$\Delta p_{tb,1} = -6\,676.314$ $+ 1\,260.011 - 46\,053.762$ $+ 10\,020.441 + 12\,677.933$ $+ 1\,760.128$	−27 011.563
2.1.3	转向室右侧包墙管 + 吊挂管				
	(1)连接管 + 右侧包墙管				
1	连接管入口水温	t_{in}	℃	设计值	80.000
2	流量	G_o	kg/s	假设流量	10.573 6
3	连接管出口水温	t_{out}	℃	$t_{out} = t_{in} + 860 \times Q/G_o$	80.000
4	连接管平均水温	t_{av}	℃	$t_{av} = 0.5 \times (t_{in} + t_{out})$	80.000
5	连接管水密度	ρ_{av}	kg/m³	$\rho_{av} = a_1 + a_2 \times t_{av} + a_3 \times t_{av}^2$	972.232
6	连接管重位压降	Δp_{st}	Pa	$\Delta p_{st} = H \times g \times \rho_{av}$	−9 060.712
7	折算摩擦阻力系数	λ/d_{in}	—	$\dfrac{\lambda}{d_{in}} = \dfrac{0.005\,5}{d_{in}}$ $\times \left[1 + \left(\dfrac{2 \times 10^4 \times k}{d_{in}} + \dfrac{10^6}{Re}\right)^{\frac{1}{3}}\right]$	0.268 6
8	连接管总阻力系数	Z	—	$Z = \sum \xi_{i,lc} + \lambda \times L/d_{in}$	2.164
9	连接管流速	W	m/s	$W = G_o/(\rho_{av} \times f)$	1.455
10	连接管流动压降	Δp_{fl}	Pa	$\Delta p_{fl} = Z\dfrac{W^2}{2}\rho_{av}$	2 227.015

续表 8.20

序号	数值名称	符号	单位	计算公式	数值
11	包墙管入口水温	t_{in}	℃	$t_{in} = 80.0$	80.000
12	包墙管出口水温	t_{out}	℃	$t_{out} = t_{in} + 860 \times Q/G_o$	81.166
13	包墙管平均水温	t_{av}	℃	$t_{av} = 0.5 \times (t_{in} + t_{out})$	80.583
14	包墙管水密度	ρ_{av}	kg/m³	$\rho_{av} = a_1 + a_2 \times t_{av} + a_3 \times t_{av}^2$	971.864
15	包墙管重位压降	Δp_{st}	Pa	$\Delta p_{st} = H \times g \times \rho_{av}$	−43 665.652
16	折算摩擦阻力系数	λ/d_{in}	—	$\dfrac{\lambda}{d_{in}} = \dfrac{0.0055}{d_{in}} \times \left[1 + \left(\dfrac{2 \times 10^4 \times k}{d_{in}} + \dfrac{10^6}{Re} \right)^{\frac{1}{3}} \right]$	1.01348
17	包墙管总阻力系数	Z	—	$Z = \sum \xi_{i,lc} + \lambda \times L/d_{in}$	6.226
18	包墙管流速	W	m/s	$W = G_o/(\rho_{av} \times f)$	1.709
19	包墙管流动压降	Δp_{fl}	Pa	$\Delta p_{fl} = Z \dfrac{W^2}{2} \rho_{av}$	8 836.265
20	压降	Δp_1	Pa	$\Delta p_1 = -9\,060.712 + 2\,227.015 - 43\,665.652 + 8\,836.265$	−41 663.084
	(2)连接管 + 吊挂管				
21	连接管入口水温	t_{in}	℃	$t_{in} = 80.0$	80.000
22	流量	G_o	kg/s	假设流量	9.151 6
23	连接管出口水温	t_{out}	℃	$t_{out} = t_{in} + 860 \times Q/G_o$	80.000
24	连接管平均水温	t_{av}	℃	$t_{av} = 0.5 \times (t_{in} + t_{out})$	80.000
25	连接管水密度	ρ_{av}	kg/m³	$\rho_{av} = a_1 + a_2 \times t_{av} + a_3 \times t_{av}^2$	972.232
26	连接管重位压降	Δp_{st}	Pa	$\Delta p_{st} = H \times g \times \rho_{av}$	−9 823.720
27	折算摩擦阻力系数	λ/d_{in}	—	$\dfrac{\lambda}{d_{in}} = \dfrac{0.0055}{d_{in}} \times \left[1 + \left(\dfrac{2 \times 10^4 \times k}{d_{in}} + \dfrac{10^6}{Re} \right)^{\frac{1}{3}} \right]$	0.248 8
28	连接管总阻力系数	Z	—	$Z = \sum \xi_{i,lc} + \lambda \times L/d_{in}$	1.912
29	连接管流速	W	m/s	$W = G_o/(\rho_{av} \times f)$	1.259
30	连接管流动压降	Δp_{fl}	Pa	$\Delta p_{fl} = Z \dfrac{W^2}{2} \rho_{av}$	1 473.259
31	吊挂管入口水温	t_{in}	℃	$t_{in} = 80.0$	80.000
32	吊挂管出口水温	t_{out}	℃	$t_{out} = t_{in} + 860 \times Q/G_o$	81.761
33	吊挂管平均水温	t_{av}	℃	$t_{av} = 0.5 \times (t_{in} + t_{out})$	80.881

续表 8.20

序号	数值名称	符号	单位	计算公式	数值
34	吊挂管水密度	ρ_{av}	kg/m³	$\rho_{av} = a_1 + a_2 \times t_{av} + a_3 \times t_{av}^2$	971.675
35	吊挂管重位压降	Δp_{st}	Pa	$\Delta p_{st} = H \times g \times \rho_{av}$	−42 894.617
36	折算摩擦阻力系数	λ/d_{in}	—	$\dfrac{\lambda}{d_{in}} = \dfrac{0.005\,5}{d_{in}}$ $\times \left[1 + \left(\dfrac{2 \times 10^4 \times k}{d_{in}} + \dfrac{10^6}{Re} \right)^{\frac{1}{3}} \right]$	1.012 86
37	吊挂管总阻力系数	Z	—	$Z = \sum \xi_{i,lc} + \lambda \times L/d_{in}$	6.544
38	吊挂管流速	W	m/s	$W = G_o/(\rho_{av} \times f)$	1.736
39	吊挂管流动压降	Δp_{fl}	Pa	$\Delta p_{fl} = Z \dfrac{W^2}{2} \rho_{av}$	9 581.505
40	压降	Δp_2	Pa	$\Delta p_2 = -9\,823.720$ $+ 1\,473.259 - 42\,894.617$ $+ 9\,581.505$	−41 663.573
41	计算压降误差			序号 20 的压降和序号 40 的压降误差为 0.489,相对误差为 0.001 17%。故假设流量合理	0.001 17
	(3)连接管				
42	连接管入口水温	t_{in}	℃	$t_{in} = \dfrac{10.574 \times 81.166 + 9.152 \times 81.761}{10.574 + 9.152}$	81.442
43	流量	G_o	kg/s	$G_o = 10.573 + 9.151\,6$	19.725 2
44	连接管出口水温	t_{out}	℃	$t_{out} = t_{in} + 860 \times Q/G_o$	81.442
45	连接管平均水温	t_{av}	℃	$t_{av} = 0.5 \times (t_{in} + t_{out})$	81.442
46	连接管水密度	ρ_{av}	kg/m³	$\rho_{av} = a_1 + a_2 \times t_{av} + a_3 \times t_{av}^2$	971.319
47	连接管重位压降	Δp_{st}	Pa	$\Delta p_{st} = H \times g \times \rho_{av}$	12 673.09
48	折算摩擦阻力系数	λ/d_{in}	—	$\dfrac{\lambda}{d_{in}} = \dfrac{0.005\,5}{d_{in}}$ $\times \left[1 + \left(\dfrac{2 \times 10^4 \times k}{d_{in}} + \dfrac{10^6}{Re} \right)^{\frac{1}{3}} \right]$	0.188 54
49	连接管总阻力系数	Z	—	$Z = \sum \xi_{i,lc} + \lambda \times L/d_{in}$	2.346
50	连接管流速	W	m/s	$W = G_o/(\rho_{av} \times f)$	1.320
51	连接管流动压降	Δp_{fl}	Pa	$\Delta p_{fl} = Z \dfrac{W^2}{2} \rho_{av}$	1 985.216

续表 8.20

序号	数值名称	符号	单位	计算公式	数值
52	压降	Δp_3	Pa	$\Delta p_3 = 12\ 672.495$ $+ 1\ 985.216$	14 658.306
53	总压降	$\Delta p_{\text{tb},1}$	Pa	$\Delta p_{\text{tb},1} = -41\ 663.573$ $+ 14\ 658.306$	−27 005.267
54	结论			2.1.1 中序号 53,2.1.2 中序号 29,2.1.3 中序号 53,它们的计算压降最大误差为 6.296,相对误差为 0.023 3%。 2.1.1 中序号 46,2.1.2 中序号 2,2.1.3 中序号 43,它们的流量之和是 66.225 9 kg/s。锅炉总流量是 66.231 6 kg/s。流量相对误差为 0.008 6%,故假设合理。	
2.2	省煤器总进口集箱至省煤器总出口集箱				
2.2.1	省煤器 1#				
1	连接管入口水温	t_{in}	℃	$t_{\text{in}} = \dfrac{19.043\ 3 \times 81.494}{66.225\ 9}$ $+ \dfrac{27.457 \times 80.858 + 19.725\ 2 \times 81.442}{66.225\ 9}$	81.215
2	流量	G_{o}	kg/s	假设值	16.612 3
3	连接管出口水温	t_{out}	℃	$t_{\text{out}} = t_{\text{in}} + 860 \times Q/G_{\text{o}}$	81.215
4	连接管平均水温	t_{av}	℃	$t_{\text{av}} = 0.5 \times (t_{\text{in}} + t_{\text{out}})$	81.215
5	连接管水密度	ρ_{av}	kg/m³	$\rho_{\text{av}} = a_1 + a_2 \times t_{\text{av}} + a_3 \times t_{\text{av}}^2$	971.464
6	连接管重位压降	Δp_{st}	Pa	$\Delta p_{\text{st}} = H \times g \times \rho_{\text{av}}$	6 432.790
7	折算摩擦阻力系数	λ/d_{in}	—	$\dfrac{\lambda}{d_{\text{in}}} = \dfrac{0.005\ 5}{d_{\text{in}}}$ $\times \left[1 + \left(\dfrac{2 \times 10^4 \times k}{d_{\text{in}}} + \dfrac{10^6}{Re} \right)^{\frac{1}{3}} \right]$	0.245 2
8	连接管总阻力系数	Z	—	$Z = \sum \xi_{i,\text{lc}} + \lambda \times L/d_{\text{in}}$	2.074
9	连接管流速	W	m/s	$W = G_{\text{o}}/(\rho_{\text{av}} \times f)$	1.702
10	连接管流动压降	Δp_{fl}	Pa	$\Delta p_{\text{fl}} = Z \dfrac{W^2}{2} \rho_{\text{av}}$	2 918.064
11	省煤器入口水温	t_{in}	℃	$t_{\text{in}} = 81.215$	81.215

续表 8.20

序号	数值名称	符号	单位	计算公式	数值
12	省煤器出口水温	t_{out}	℃	$t_{out} = t_{in} + 860 \times Q/G_o$	86.264
13	省煤器平均水温	t_{av}	℃	$t_{av} = 0.5 \times (t_{out} + t_{in})$	83.739
14	省煤器水密度	ρ_{av}	kg/m³	$\rho = a_1 + a_2 \times t_{av} + a_3 \times t_{av}^2$	969.847
15	省煤器重位压降	Δp_{st}	Pa	$\Delta p_{st} = H \times g \times \rho_{av}$	12 986.879
16	折算摩擦阻力系数	λ/d_{in}	—	$\dfrac{\lambda}{d_{in}} = \dfrac{0.005\,5}{d_{in}} \times \left[1 + \left(\dfrac{2 \times 10^4 \times k}{d_{in}} + \dfrac{10^6}{Re} \right)^{\frac{1}{3}} \right]$	1.013 3
17	省煤器总阻力系数	Z	—	$Z = \sum \xi_{i,lc} + \lambda \times L/d_{in}$	24.873
18	省煤器流速	W	m/s	$W = G_o/(\rho_{av} \times f)$	1.467
19	省煤器流动压降	Δp_{fl}	Pa	$\Delta p_{fl} = Z\dfrac{W^2}{2}\rho_{av}$	25 957.426
20	连接管入口水温	t_{in}	℃	$t_{in} = 86.264$	86.264
21	连接管出口水温	t_{out}	℃	$t_{out} = t_{in} + 860 \times Q/G_o$	86.264
22	连接管平均水温	t_{av}	℃	$t_{av} = 0.5 \times (t_{in} + t_{out})$	86.264
23	连接管水密度	ρ_{av}	kg/m³	$\rho_{av} = a_1 + a_2 \times t_{av} + a_3 \times t_{av}^2$	968.202
24	连接管重位压降	Δp_{st}	Pa	$\Delta p_{st} = H \times g \times \rho_{av}$	-9 877.980
25	折算摩擦阻力系数	λ/d_{in}	—	$\dfrac{\lambda}{d_{in}} = \dfrac{0.005\,5}{d_{in}} \times \left[1 + \left(\dfrac{2 \times 10^4 \times k}{d_{in}} + \dfrac{10^6}{Re} \right)^{\frac{1}{3}} \right]$	0.245 4
26	连接管总阻力系数	Z	—	$Z = \sum \xi_{i,lc} + \lambda \times L/d_{in}$	2.101
27	连接管流速	W	m/s	$W = G_o/(\rho_{av} \times f)$	1.708
28	连接管流动压降	Δp_{fl}	Pa	$\Delta p_{fl} = Z\dfrac{W^2}{2}\rho_{av}$	2 967.138
29	总压降	$\Delta p_{tb,2}$	Pa	$\Delta p_{tb,2} = 6\,432.790$ $+ 2\,918.064 + 12\,986.879$ $+ 25\,957.426 - 9\,877.980$ $+ 2\,967.138$	41 382.966
2.2.2	省煤器 2#				
1	连接管入口水温	t_{in}	℃	$t_{in} = 81.215$	81.215
2	流量	G_o	kg/s	假设值	16.609 0
3	连接管出口水温	t_{out}	℃	$t_{out} = t_{in} + 860 \times Q/G_o$	81.215

续表 8.20

序号	数值名称	符号	单位	计算公式	数值
4	连接管平均水温	t_{av}	℃	$t_{av}=0.5\times(t_{in}+t_{out})$	81.215
5	连接管水密度	ρ_{av}	kg/m³	$\rho_{av}=a_1+a_2\times t_{av}+a_3\times t_{av}^2$	971.464
6	连接管重位压降	Δp_{st}	Pa	$\Delta p_{st}=H\times g\times\rho_{av}$	−8 481.753
7	折算摩擦阻力系数	λ/d_{in}	—	$\dfrac{\lambda}{d_{in}}=\dfrac{0.005\,5}{d_{in}}$ $\times\left[1+\left(\dfrac{2\times10^4\times k}{d_{in}}+\dfrac{10^6}{Re}\right)^{\frac{1}{3}}\right]$	0.245 5
8	连接管总阻力系数	Z	—	$Z=\sum\xi_{i,lc}+\lambda\times L/d_{in}$	2.200
9	连接管流速	W	m/s	$W=G_o/(\rho_{av}\times f)$	1.702
10	连接管流动压降	Δp_{fl}	Pa	$\Delta p_{fl}=Z\dfrac{W^2}{2}\rho_{av}$	3 095.555
11	省煤器入口水温	t_{in}	℃	$t_{in}=81.215$	81.215
12	省煤器出口水温	t_{out}	℃	$t_{out}=t_{in}+860\times Q/G_o$	89.967
13	省煤器平均水温	t_{av}	℃	$t_{av}=0.5\times(t_{in}+t_{out})$	85.591
14	省煤器水密度	ρ_{av}	kg/m³	$\rho_{av}=a_1+a_2\times t_{av}+a_3\times t_{av}^2$	968.643
15	省煤器重位压降	Δp_{st}	Pa	$\Delta p_{st}=H\times g\times\rho_{av}$	12 970.756
16	折算摩擦阻力系数	λ/d_{in}	—	$\dfrac{\lambda}{d_{in}}=\dfrac{0.005\,5}{d_{in}}$ $\times\left[1+\left(\dfrac{2\times10^4\times k}{d_{in}}+\dfrac{10^6}{Re}\right)^{\frac{1}{3}}\right]$	1.013 54
17	省煤器总阻力系数	Z	—	$Z=\sum\xi_{i,lc}+\lambda\times L/d_{in}$	24.878
18	省煤器流速	W	m/s	$W=G_o/(\rho_{av}\times f)$	1.469
19	省煤器流动压降	Δp_{fl}	Pa	$\Delta p_{fl}=Z\dfrac{W^2}{2}\rho_{av}$	26 001.165
20	连接管入口水温	t_{in}	℃	$t_{in}=89.967$	89.967
21	连接管出口水温	t_{out}	℃	$t_{out}=t_{in}+860\times Q/G_o$	89.967
22	连接管平均水温	t_{av}	℃	$t_{av}=0.5\times(t_{in}+t_{out})$	89.967
23	连接管水密度	ρ_{av}	kg/m³	$\rho_{av}=a_1+a_2\times t_{av}+a_3\times t_{av}^2$	965.737
24	连接管重位压降	Δp_{st}	Pa	$\Delta p_{st}=H\times g\times\rho_{av}$	4 973.787
25	折算摩擦阻力系数	λ/d_{in}	—	$\dfrac{\lambda}{d_{in}}=\dfrac{0.005\,5}{d_{in}}$ $\times\left[1+\left(\dfrac{2\times10^4\times k}{d_{in}}+\dfrac{10^6}{Re}\right)^{\frac{1}{3}}\right]$	0.245 2
26	连接管总阻力系数	Z	—	$Z=\sum\xi_{i,lc}+\lambda\times L/d_{in}$	2.009

续表8.20

序号	数值名称	符号	单位	计算公式	数值
27	连接管流速	W	m/s	$W = G_o/(\rho_{av} \times f)$	1.712
28	连接管流动压降	Δp_{fl}	Pa	$\Delta p_{fl} = Z \dfrac{W^2}{2}\rho_{av}$	2 843.258
29	总压降	$\Delta p_{tb,2}$	Pa	$\Delta p_{tb,2} = -8481.753$ $+3\,095.555 + 26\,001.165$ $+2\,5991.410 + 4\,973.787$ $+2\,843.258$	41 402.768

3.2.3　省煤器 3#

序号	数值名称	符号	单位	计算公式	数值
1	连接管入口水温	t_{in}	℃	$t_{in} = 81.215$	81.215
2	流量	G_o	kg/s	假设值	16.4741
3	连接管出口水温	t_{out}	℃	$t_{out} = t_{in} + 860 \times Q/G_o$	81.215
4	连接管平均水温	t_{av}	℃	$t_{av} = 0.5 \times (t_{in} + t_{out})$	81.215
5	连接管水密度	ρ_{av}	kg/m³	$\rho_{av} = a_1 + a_2 \times t_{av} + a_3 \times t_{av}^2$	971.464
6	连接管重位压降	Δp_{st}	Pa	$\Delta p_{st} = H \times g \times \rho_{av}$	-16 201.101
7	折算摩擦阻力系数	λ/d_{in}	—	$\dfrac{\lambda}{d_{in}} = \dfrac{0.005\,5}{d_{in}} \times \left[1 + \left(\dfrac{2 \times 10^4 \times k}{d_{in}} + \dfrac{10^6}{Re}\right)^{\frac{1}{3}}\right]$	0.245 6
8	连接管总阻力系数	Z	—	$Z = \sum \xi_{i,lc} + \lambda \times L/d_{in}$	2.399
9	连接管流速	W	m/s	$W = G_o/(\rho_{av} \times f)$	1.688
10	连接管流动压降	Δp_{fl}	Pa	$\Delta p_{fl} = Z \dfrac{W^2}{2}\rho_{av}$	3 320.258
11	省煤器入口水温	t_{in}	℃	$t_{in} = 81.215$	81.215
12	省煤器出口水温	t_{out}	℃	$t_{out} = t_{in} + 860 \times Q/G_o$	97.830
13	省煤器平均水温	t_{av}	℃	$t_{av} = 0.5 \times (t_{in} + t_{out})$	89.522
14	省煤器水密度	ρ_{av}	kg/m³	$\rho_{av} = a_1 + a_2 \times t_{av} + a_3 \times t_{av}^2$	966.036
15	省煤器重位压降	Δp_{st}	Pa	$\Delta p_{st} = H \times g \times \rho_{av}$	12 935.856
16	折算摩擦阻力系数	λ/d_{in}	—	$\dfrac{\lambda}{d_{in}} = \dfrac{0.005\,5}{d_{in}} \times \left[1 + \left(\dfrac{2 \times 10^4 \times k}{d_{in}} + \dfrac{10^6}{Re}\right)^{\frac{1}{3}}\right]$	1.013 5
17	省煤器总阻力系数	Z	—	$Z = \sum \xi_{i,lc} + \lambda \times L/d_{in}$	24.878
18	省煤器流速	W	m/s	$W = G_o/(\rho_{av} \times f)$	1.461

续表8.20

序号	数值名称	符号	单位	计算公式	数值
19	省煤器流动压降	Δp_{fl}	Pa	$\Delta p_{fl} = Z \dfrac{W^2}{2} \rho_{av}$	25 649.518
20	连接管入口水温	t_{in}	℃	$t_{in} = 97.830$	97.830
21	连接管出口水温	t_{out}	℃	$t_{out} = t_{in} + 860 \times Q/G_o$	97.830
22	连接管平均水温	t_{av}	℃	$t_{av} = 0.5 \times (t_{in} + t_{out})$	97.830
23	连接管水密度	ρ_{av}	kg/m³	$\rho_{av} = a_1 + a_2 \times t_{av} + a_3 \times t_{av}^2$	960.303
24	连接管重位压降	Δp_{st}	Pa	$\Delta p_{st} = H \times g \times \rho_{av}$	12 576.472
25	折算摩擦阻力系数	λ/d_{in}	—	$\dfrac{\lambda}{d_{in}} = \dfrac{0.005\,5}{d_{in}}$ $\times \left[1 + \left(\dfrac{2 \times 10^4 \times k}{d_{in}} + \dfrac{10^6}{Re} \right)^{\frac{1}{3}} \right]$	0.245 2
26	连接管总阻力系数	Z	—	$Z = \sum \xi_{i,lc} + \lambda \times L/d_{in}$	2.229
27	连接管流速	W	m/s	$W = G_o/(\rho_{av} \times f)$	1.707
28	连接管流动压降	Δp_{fl}	Pa	$\Delta p_{fl} = Z \dfrac{W^2}{2} \rho_{av}$	3 118.569
29	总压降	$\Delta p_{tb,2}$	Pa	$\Delta p_{tb,2} = -16\,201.101$ $+3\,320.258 + 12\,935.856$ $+25\,649.518 + 12\,576.472$ $+3\,118.569$	41 399.572
2.2.4	省煤器 4#				
1	连接管入口水温	t_{in}	℃	$t_{in} = 81.215$	81.215
2	流量	G_o	kg/s	假设值	16.540 6
3	连接管出口水温	t_{out}	℃	$t_{out} = t_{in} + 860 \times Q/G_o$	81.215
4	连接管平均水温	t_{av}	℃	$t_{av} = 0.5 \times (t_{in} + t_{out})$	81.215
5	连接管水密度	ρ_{av}	kg/m³	$\rho_{av} = a_1 + a_2 \times t_{av} + a_3 \times t_{av}^2$	971.464
6	连接管重位压降	Δp_{st}	Pa	$\Delta p_{st} = H \times g \times \rho_{av}$	-5 813.336
7	折算摩擦阻力系数	λ/d_{in}	—	$\dfrac{\lambda}{d_{in}} = \dfrac{0.005\,5}{d_{in}}$ $\times \left[1 + \left(\dfrac{2 \times 10^4 \times k}{d_{in}} + \dfrac{10^6}{Re} \right)^{\frac{1}{3}} \right]$	0.143 8
8	连接管总阻力系数	Z	—	$Z = \sum \xi_{i,lc} + \lambda \times L/d_{in}$	1.865
9	连接管流速	W	m/s	$W = G_o/(\rho_{av} \times f)$	0.705
10	连接管流动压降	Δp_{fl}	Pa	$\Delta p_{fl} = Z \dfrac{W^2}{2} \rho_{av}$	450.529

续表 8.20

序号	数值名称	符号	单位	计算公式	数值
11	省煤器入口水温	t_{in}	℃	$t_{in} = 81.215$	81.215
12	省煤器出口水温	t_{out}	℃	$t_{out} = t_{in} + 860 \times Q/G_o$	124.130
13	省煤器平均水温	t_{av}	℃	$t_{av} = 0.5 \times (t_{in} + t_{out})$	102.673
14	省煤器水密度	ρ_{av}	kg/m³	$\rho_{av} = a_1 + a_2 \times t_{av} + a_3 \times t_{av}^2$	956.820
15	省煤器重位压降	Δp_{st}	Pa	$\Delta p_{st} = H \times g \times \rho_{av}$	18 725.887
16	折算摩擦阻力系数	λ/d_{in}	—	$\dfrac{\lambda}{d_{in}} = \dfrac{0.005\,5}{d_{in}}$ $\times \left[1 + \left(\dfrac{2 \times 10^4 \times k}{d_{in}} + \dfrac{10^6}{Re} \right)^{\frac{1}{3}} \right]$	1.013 54
17	省煤器总阻力系数	Z	—	$Z = \sum \xi_{i,lc} + \lambda \times L/d_{in}$	29.508
18	省煤器流速	W	m/s	$W = G_o/(\rho_{av} \times f)$	1.481
19	省煤器流动压降	Δp_{fl}	Pa	$\Delta p_{fl} = Z \dfrac{W^2}{2} \rho_{av}$	30 963.507
20	连接管入口水温	t_{in}	℃	$t_{in} = 124.13$	124.130
21	连接管出口水温	t_{out}	℃	$t_{out} = t_{in} + 860 \times Q/G_o$	124.130
22	连接管平均水温	t_{av}	℃	$t_{av} = 0.5 \times (t_{in} + t_{out})$	124.130
23	连接管水密度	ρ_{av}	kg/m³	$\rho_{av} = a_1 + a_2 \times t_{av} + a_3 \times t_{av}^2$	940.138
24	连接管重位压降	Δp_{st}	Pa	$\Delta p_{st} = H \times g \times \rho_{av}$	−3 550.759
25	折算摩擦阻力系数	λ/d_{in}	—	$\dfrac{\lambda}{d_{in}} = \dfrac{0.005\,5}{d_{in}}$ $\times \left[1 + \left(\dfrac{2 \times 10^4 \times k}{d_{in}} + \dfrac{10^6}{Re} \right)^{\frac{1}{3}} \right]$	0.142 9
26	连接管总阻力系数	Z	—	$Z = \sum \xi_{i,lc} + \lambda \times L/d_{in}$	2.503
27	连接管流速	W	m/s	$W = G_o/(\rho_{av} \times f)$	0.729
28	连接管流动压降	Δp_{fl}	Pa	$\Delta p_{fl} = Z \dfrac{W^2}{2} \rho_{av}$	625.284
29	总压降	$\Delta p_{tb,2}$	Pa	$\Delta p_{tb,2} = -5\,813.336$ $+450.529 + 18\,725.887$ $+30\,952.781 - 3\,550.759$ $+624.853$	41 401.112

续表 8.20

序号	数值名称	符号	单位	计算公式	数值
30	结论			2.2.1 中序号 29,2.2.2 中序号 29,2.2.3 中序号 29 和 2.2.4 中序号 29,它们的计算压降最大误差为 19.802 Pa,相对误差为0.047 8%。流量之和为66.236 kg/s。锅炉总流量是 66.231 6 kg/s。流量相对误差为 0.006 6%。故流量假设合理	
2.3	省煤器总出口集箱至炉膛左侧后部水冷壁上集箱的连接管				
1	连接管入口水温	t_{in}	℃	$t_{in} = \dfrac{16.612 \times 86.264 + 16.609 \times 89.967}{66.231\ 6}$ $+ \dfrac{16.464\ 1 \times 97.83 + 16.506 \times 124.13}{66.231\ 6}$	99.532
2	流量	G_o	kg/s	设计值	66.231 6
3	连接管出口水温	t_{out}	℃	$t_{out} = t_{in} + 860 \times Q/G_o$	99.532
4	连接管平均水温	t_{av}	℃	$t_{av} = 0.5 \times (t_{in} + t_{out})$	99.532
5	连接管水密度	ρ_{av}	kg/m³	$\rho_{av} = a_1 + a_2 \times t_{av} + a_3 \times t_{av}^2$	959.050
6	连接管重位压降	Δp_{st}	Pa	$\Delta p_{st} = H \times g \times \rho_{av}$	21 168.635
7	折算摩擦阻力系数	λ/d_{in}	—	$\dfrac{\lambda}{d_{in}} = \dfrac{0.005\ 5}{d_{in}}$ $\times \left[1 + \left(\dfrac{2 \times 10^4 \times k}{d_{in}} + \dfrac{10^6}{Re} \right)^{\frac{1}{3}} \right]$	0.142 6
8	连接管总阻力系数	Z	—	$Z = \sum \xi_{i,lc} + \lambda \times L/d_{in}$	2.533
9	连接管流速	W	m/s	$W = G_o/(\rho_{av} \times f)$	1.430
10	连接管流动压降	Δp_{fl}	Pa	$\Delta p_{fl} = Z \dfrac{W^2}{2} \rho_{av}$	2 485.421
11	连接管总压降	$\Delta p_{con,1}$	Pa	$\Delta p_{con,1} = 21\ 168.635$ $+ 2\ 485.421$	23 654.057
2.4	左侧后部水冷壁				
1	水冷壁入口水温	t_{in}	℃	$t_{in} = 99.532$	99.532
2	流量	G_o	kg/s	设计值	66.231 6
2	水冷壁出口水温	t_{out}	℃	$t_{out} = t_{in} + 860 \times Q/G_o$	102.147
3	水冷壁平均水温	t_{av}	℃	$t_{av} = 0.5 \times (t_{in} + t_{out})$	100.868

续表 8.20

序号	数值名称	符号	单位	计算公式	数值
4	水冷壁水密度	ρ_{av}	kg/m³	$\rho_{av} = a_1 + a_2 \times t_{av} + a_3 \times t_{av}^2$	958.130
5	水冷壁重位压降	Δp_{st}	Pa	$\Delta p_{st} = H \times g \times \rho_{av}$	−52 635.844
6	折算摩擦阻力系数	λ/d_{in}	—	$\dfrac{\lambda}{d_{in}} = \dfrac{0.005\,5}{d_{in}} \times \left[1 + \left(\dfrac{2\times10^4 \times k}{d_{in}} + \dfrac{10^6}{Re}\right)^{\frac{1}{3}}\right]$	0.401 1
7	水冷壁总阻力系数	Z	—	$Z = \sum \xi_{i,lc} + \lambda \times L/d_{in}$	4.136
8	水冷壁流速	W	m/s	$W = G_o/(\rho_{av} \times f)$	1.776
9	水冷壁流动压降	Δp_{fl}	Pa	$\Delta p_{fl} = Z \dfrac{W^2}{2}\rho_{av}$	6 252.548
11	分配集箱水密度	ρ	kg/m³	$\rho = a_1 + a_2 \times t_{in} + a_3 \times t_{in}^2$	959.050
12	分配集箱流速	W_{max}	m/s	$W_{max} = G_o/(\rho \times F_d)$　($F_d = 0.031\,09$ m²)	2.221
13	分配集箱最大静压变化	Δp_d	Pa	$\Delta p_d = c\dfrac{w_{max}^2}{2}\rho\,(c=1.6)$	3 786.410
14	汇集集箱水密度	ρ	kg/m³	$\rho = a_1 + a_2 \times t_{out} + a_3 \times t_{out}^2$	957.203
15	汇集集箱流速	w_{max}	m/s	$W_{max} = G_o/(\rho \times F_{rh})$　($F_{rh} = 0.031\,09$ m²)	2.226
16	汇集集箱最大静压变化	Δp_{col}	Pa	$\Delta p_{col} = c\dfrac{w_{max}^2}{2}\rho\,(c=1.8)$	4 267.931
17	集箱效应	Δp_{cols}	Pa	$\Delta p_{cols} = \dfrac{2}{3}(\Delta p_{col} - \Delta p_d)$	321.014
18	水冷壁总压降	$\Delta p_{tb,3}$	Pa	$\Delta p_{tb,3} = -52\,635.844 + 6\,252.548 + 321.014$	−46 062.282
2.5	左侧后部水冷壁下集箱至右侧中部水冷壁下集箱的连接管				
1	连接管入口水温	t_{in}	℃	$t_{in} = 102.147$	102.147
2	流量	G_o	kg/s	设计值	66.231 6
3	连接管出口水温	t_{out}	℃	$t_{out} = t_{in} + 860 \times Q/G_o$	102.147
4	连接管平均水温	t_{av}	℃	$t_{av} = 0.5 \times (t_{in} + t_{out})$	102.147
5	连接管水密度	ρ_{av}	kg/m³	$\rho_{av} = a_1 + a_2 \times t_{av} + a_3 \times t_{av}^2$	957.203
6	连接管重位压降	Δp_{st}	Pa	$\Delta p_{st} = H \times g \times \rho_{av}$	2 347.541

续表 8.20

序号	数值名称	符号	单位	计算公式	数值
7	折算摩擦阻力系数	λ/d_{in}	—	$\dfrac{\lambda}{d_{in}}=\dfrac{0.005\,5}{d_{in}}$ $\times\left[1+\left(\dfrac{2\times10^4\times k}{d_{in}}+\dfrac{10^6}{Re}\right)^{\frac{1}{3}}\right]$	0.142 7
8	连接管总阻力系数	Z	—	$Z=\sum\xi_{i,lc}+\lambda\times L/d_{in}$	2.562
9	连接管流速	W	m/s	$W=G_o/(\rho_{av}\times f)$	1.433
10	连接管流动压降	Δp_{fl}	Pa	$\Delta p_{fl}=Z\dfrac{W^2}{2}\rho_{av}$	2 518.655
11	连接管总压降	$\Delta p_{con,2}$	Pa	$\Delta p_{con,2}=2\,347.541$ $+2\,518.655$	4 866.196
2.6	右侧中部水冷壁				
1	水冷壁入口水温	t_{in}	℃	$t_{in}=102.147$	102.147
2	流量	G_o	kg/s	设计值	66.231 6
3	水冷壁出口水温	t_{out}	℃	$t_{out}=t_{in}+860\times Q/G_o$	105.779
4	水冷壁平均水温	t_{av}	℃	$t_{av}=0.5\times(t_{in}+t_{out})$	103.963
5	水冷壁水密度	ρ_{av}	kg/m³	$\rho_{av}=a_1+a_2\times t_{av}+a_3\times t_{av}^2$	955.875
6	水冷壁重位压降	Δp_{st}	Pa	$\Delta p_{st}=H\times g\times\rho_{av}$	47 823.375
7	折算摩擦阻力系数	λ/d_{in}	—	$\dfrac{\lambda}{d_{in}}=\dfrac{0.005\,5}{d_{in}}$ $\times\left[1+\left(\dfrac{2\times10^4\times k}{d_{in}}+\dfrac{10^6}{Re}\right)^{\frac{1}{3}}\right]$	0.401
8	水冷壁总阻力系数	Z	—	$Z=\sum\xi_{i,lc}+\lambda\times L/d_{in}$	3.999
9	水冷壁流速	W	m/s	$W=G_o/(\rho_{av}\times f)$	1.261
10	水冷壁流动压降	Δp_{fl}	Pa	$\Delta p_{fl}=Z\dfrac{W^2}{2}\rho_{av}$	3 040.198
11	分配集箱水密度	ρ	kg/m³	$\rho=a_1+a_2\times t_{in}+a_3\times t_{in}^2$	957.203
12	分配集箱流速	W_{max}	m/s	$W_{max}=G_o/(\rho\times F_d)$ $(F_d=0.031\,09\ \text{m}^2)$	2.226
13	分配集箱最大静压变化	Δp_d	Pa	$\Delta p_d=c\dfrac{w_{max}^2}{2}\rho(c=1.6)$	3 793.716
14	汇集集箱水密度	ρ	kg/m³	$\rho=a_1+a_2\times t_{out}+a_3\times t_{out}^2$	954.532
15	汇集集箱流速	W_{max}	m/s	$W_{max}=G_o/(\rho\times F_{rh})$ $(F_{rh}=0.031\,09\ \text{m}^2)$	2.232
16	汇集集箱最大静压变化	Δp_{col}	Pa	$\Delta p_{col}=c\dfrac{w_{max}^2}{2}\rho(c=1.8)$	4 279.875

续表 8.20

序号	数值名称	符号	单位	计算公式	数值
17	集箱效应	Δp_{cols}	Pa	$\Delta p_{\text{cols}} = \dfrac{2}{3}(\Delta p_{\text{col}} - \Delta p_{\text{d}})$	324.106
18	水冷壁总压降	$\Delta p_{\text{tb},4}$	Pa	$\Delta p_{\text{tb},4} = 47\,823.375$ $+\,3\,040.198 + 324.106$	51 187.679
2.7	右侧中部水冷壁上集箱至左侧前部水冷壁上集箱的连接管				
1	连接管入口水温	t_{in}	℃	$t_{\text{in}} = 105.779$	105.779
2	流量	G_{o}	kg/s	设计值	66.231 6
3	连接管出口水温	t_{out}	℃	$t_{\text{out}} = t_{\text{in}} + 860 \times Q/G_{\text{o}}$	105.779
4	连接管平均水温	t_{av}	℃	$t_{\text{av}} = 0.5 \times (t_{\text{in}} + t_{\text{out}})$	105.779
5	连接管水密度	ρ_{av}	kg/m³	$\rho_{\text{av}} = a_1 + a_2 \times t_{\text{av}} + a_3 \times t_{\text{av}}^2$	954.532
6	连接管重位压降	Δp_{st}	Pa	$\Delta p_{\text{st}} = H \times g \times \rho_{\text{av}}$	0.000
6	折算摩擦阻力系数	λ/d_{in}	—	$\dfrac{\lambda}{d_{\text{in}}} = \dfrac{0.005\,5}{d_{\text{in}}}$ $\times \left[1 + \left(\dfrac{2 \times 10^4 \times k}{d_{\text{in}}} + \dfrac{10^6}{Re} \right)^{\frac{1}{3}} \right]$	0.142 9
7	连接管总阻力系数	Z	—	$Z = \sum \xi_{i,\text{lc}} + \lambda \times L/d_{\text{in}}$	2.658
8	连接管流速	W	m/s	$W = G_{\text{o}}/(\rho_{\text{av}} \times f)$	1.437
9	连接管流动压降	Δp_{fl}	Pa	$\Delta p_{\text{fl}} = Z \dfrac{W^2}{2} \rho_{\text{av}}$	2 619.713
10	连接管总压降	$\Delta p_{\text{con},3}$	Pa	$\Delta p_{\text{con},3} = 2\,619.713$	2 619.713
2.8	左侧前部水冷壁				
1	水冷壁入口水温	t_{in}	℃	$t_{\text{in}} = 105.779$	105.779
2	流量	G_{o}	kg/s	设计值	66.231 6
3	水冷壁出口水温	t_{out}	℃	$t_{\text{out}} = t_{\text{in}} + 860 \times Q/G_{\text{o}}$	108.424
4	水冷壁平均水温	t_{av}	℃	$t_{\text{av}} = 0.5 \times (t_{\text{in}} + t_{\text{out}})$	107.101
5	水冷壁水密度	ρ_{av}	kg/m³	$\rho_{\text{av}} = a_1 + a_2 \times t_{\text{av}} + a_3 \times t_{\text{av}}^2$	953.544
6	水冷壁重位压降	Δp_{st}	Pa	$\Delta p_{\text{st}} = H \times g \times \rho_{\text{av}}$	− 50 045.348
7	折算摩擦阻力系数	λ/d_{in}	—	$\dfrac{\lambda}{d_{\text{in}}} = \dfrac{0.005\,5}{d_{\text{in}}}$ $\times \left[1 + \left(\dfrac{2 \times 10^4 \times k}{d_{\text{in}}} + \dfrac{10^6}{Re} \right)^{\frac{1}{3}} \right]$	0.372 5
8	水冷壁总阻力系数	Z	—	$Z = \sum \xi_{i,\text{lc}} + \lambda \times L/d_{\text{in}}$	3.990
9	水冷壁流速	W	m/s	$W = G_{\text{o}}/(\rho_{\text{av}} \times f)$	1.686

续表 8.20

序号	数值名称	符号	单位	计算公式	数值
10	水冷壁流动压降	Δp_{fl}	Pa	$\Delta p_{fl} = Z \dfrac{W^2}{2} \rho_{av}$	5 405.994
11	分配集箱水密度	ρ	kg/m³	$\rho = a_1 + a_2 \times t_{in} + a_3 \times t_{in}^2$	954.532
12	分配集箱流速	W_{max}	m/s	$W_{max} = G_o / (\rho \times F_d)$	2.232
13	分配集箱最大静压变化	Δp_d	Pa	$\Delta p_d = c \dfrac{W_{max}^2}{2} \rho \,(c = 1.6)$	3 804.333
14	汇集集箱水密度	ρ	kg/m³	$\rho = a_1 + a_2 \times t_{out} + a_3 \times t_{out}^2$	952.549
15	汇集集箱流速	W_{max}	m/s	$W_{max} = G_o / (\rho \times F_{rh})$	2.237
16	汇集集箱最大静压变化	Δp_{col}	Pa	$\Delta p_{col} = c \dfrac{W_{max}^2}{2} \rho \,(c = 1.8)$	4 288.783
17	集箱效应	Δp_{cols}	Pa	$\Delta p_{cols} = \dfrac{2}{3}(\Delta p_{col} - \Delta p_d)$	322.967
18	水冷壁总压降	$\Delta p_{tb,5}$	Pa	$\Delta p_{tb,5} = -50\,045.348$ $+ 5\,405.994 + 322.967$	−44 316.387
2.9	左侧前部水冷壁下集箱至后墙水冷壁下集箱的连接管				
1	连接管入口水温	t_{in}	℃	$t_{in} = 108.424$	108.424
2	流量	G_o	kg/s	设计值	66.231 6
3	连接管出口水温	t_{out}	℃	$t_{out} = t_{in} + 860 \times Q/G_o$	108.424
4	连接管平均水温	t_{av}	℃	$t_{av} = 0.5 \times (t_{in} + t_{out})$	108.424
5	连接管水密度	ρ_{av}	kg/m³	$\rho_{av} = a_1 + a_2 \times t_{av} + a_3 \times t_{av}^2$	952.549
6	连接管重位压降	Δp_{st}	Pa	$\Delta p_{st} = H \times g \times \rho_{av}$	−4 672.254
7	折算摩擦阻力系数	λ / d_{in}	—	$\dfrac{\lambda}{d_{in}} = \dfrac{0.005\,5}{d_{in}}$ $\times \left[1 + \left(\dfrac{2 \times 10^4 \times k}{d_{in}} + \dfrac{10^6}{Re}\right)^{\frac{1}{3}}\right]$	0.142 8
8	连接管总阻力系数	Z	—	$Z = \sum \xi_{i,lc} + \lambda \times L/d_{in}$	2.343
9	连接管流速	W	m/s	$W = G_o / (\rho_{av} \times f)$	1.434
10	连接管流动压降	Δp_{fl}	Pa	$\Delta p_{fl} = Z \dfrac{W^2}{2} \rho_{av}$	2 295.171
11	连接管总压降	$\Delta p_{con,4}$	Pa	$\Delta p_{con,4} = -4\,672.254$ $+ 2\,295.171$	−2 377.083
2.10	炉膛后墙水冷壁				
1	第 I 区段入口水温	t_{in}	℃	$t_{in} = 108.424$	108.424

续表 8.20

序号	数值名称	符号	单位	计算公式	数值
2	流量	G_o	kg/s	设计值	66.231 6
3	第 I 区段出口水温	t_{out}	℃	$t_{out} = t_{in} + 860 \times Q/G_o$	108.424
4	第 I 区段平均水温	t_{av}	℃	$t_{av} = 0.5 \times (t_{in} + t_{out})$	108.424
5	第 I 区段水密度	ρ_{av}	kg/m³	$\rho_{av} = a_1 + a_2 \times t_{av} + a_3 \times t_{av}^2$	952.549
6	第 I 区段重位压降	Δp_{st}	Pa	$\Delta p_{st} = H \times g \times \rho_{av}$	10 746.184
7	第 I 区段总阻力系数	Z	—	$Z = \sum \xi_{i,lc} + \lambda \times L/d_{in}$	1.524
8	第 I 区段流速	W	m/s	$W = G_o/(\rho_{av} \times f)$	1.321
9	第 I 区段流动压降	Δp_{ld}	Pa	$\Delta p_{ld} = \sum \xi \dfrac{W^2}{2} \rho$	1 266.379
10	第 II 区段出口水温	t_{out}	℃	$t_{out} = t_{in} + 860 \times Q/G_o$	109.144
11	第 II 区段平均水温	t_{av}	℃	$t_{av} = 0.5 \times (t_{in} + t_{out})$	108.784
12	第 II 区段水密度	ρ_{av}	kg/m³	$\rho_{av} = a_1 + a_2 \times t_{av} + a_3 \times t_{av}^2$	952.277
13	第 II 区段重位压降	Δp_{st}	Pa	$\Delta p_{st} = H \times g \times \rho_{av}$	4 315.928
14	第 II 区段总阻力系数	Z	—	$Z = \sum \xi_{i,lc} + \lambda \times L/d_{in}$	1.865
15	第 II 区段流速	W	m/s	$W = G_o/(\rho_{av} \times f)$	1.321
16	第 II 区段流动压降	Δp_{fl}	Pa	$\Delta p_{fl} = Z \dfrac{W^2}{2} \rho_{av}$	1 549.782
17	第 III 区段出口水温	t_{out}	℃	$t_{out} = t_{in} + 860 \times Q/G_o$	112.995
18	第 III 区段平均水温	t_{av}	℃	$t_{av} = 0.5 \times (t_{in} + t_{out})$	111.070
19	第 III 区段水密度	ρ_{av}	kg/m³	$\rho_{av} = a_1 + a_2 \times t_{av} + a_3 \times t_{av}^2$	950.535
20	第 III 区段重位压降	Δp_{st}	Pa	$\Delta p_{st} = H \times g \times \rho_{av}$	25 922.793
21	第 III 区段总阻力系数	Z	—	$Z = \sum \xi_{i,lc} + \lambda \times L/d_{in}$	1.115
22	第 III 区段流速	W	m/s	$W = G_o/(\rho_{av} \times f)$	1.323
23	第 III 区段流动压降	Δp_{fl}	Pa	$\Delta p_{fl} = Z \dfrac{W^2}{2} \rho_{av}$	928.182
24	第 IV 区段出口水温	t_{out}	℃	$t_{out} = t_{in} + 860 \times Q/G_o$	114.984
25	第 IV 区段平均水温	t_{av}	℃	$t_{av} = 0.5 \times (t_{in} + t_{out})$	113.990
26	第 IV 区段水密度	ρ_{av}	kg/m³	$\rho_{av} = a_1 + a_2 \times t_{av} + a_3 \times t_{av}^2$	948.276
27	第 IV 区段重位压降	Δp_{st}	Pa	$\Delta p_{st} = H \times g \times \rho_{av}$	10 232.847
28	第 IV 区段总阻力系数	Z	—	$Z = \sum \xi_{i,lc} + \lambda \times L/d_{in}$	0.441
29	第 IV 区段流速	W	m/s	$W = G_o/(\rho_{av} \times f)$	1.327

续表 8.20

序号	数值名称	符号	单位	计算公式	数值
30	第Ⅳ区段流动压降	Δp_{fl}	Pa	$\Delta p_{fl} = Z \dfrac{W^2}{2} \rho_{av}$	369.141
31	第Ⅴ区段出口水温	t_{out}	℃	$t_{out} = t_{in} + 860 \times Q/G_o$	114.984
32	第Ⅴ区段平均水温	t_{av}	℃	$t_{av} = 0.5 \times (t_{in} + t_{out})$	114.984
33	第Ⅴ区段水密度	ρ_{av}	kg/m³	$\rho_{av} = a_1 + a_2 \times t_{av} + a_3 \times t_{av}^2$	947.498
34	第Ⅴ区段重位压降	Δp_{st}	Pa	$\Delta p_{st} = H \times g \times \rho_{av}$	10 763.561
35	第Ⅴ区段总阻力系数	Z	—	$Z = \sum \xi_{i,lc} + \lambda \times L/d_{in}$	1.544
36	第Ⅴ区段流速	W	m/s	$W = G_o/(\rho_{av} \times f)$	1.328
37	第Ⅴ区段流动压降	Δp_{fl}	Pa	$\Delta p_{fl} = Z \dfrac{W^2}{2} \rho_{av}$	1 289.203
38	分配集箱水密度	ρ	kg/m³	$\rho = a_1 + a_2 \times t_{in} + a_3 \times t_{in}^2$	952.549
39	分配集箱流速	W_{max}	m/s	$W_{max} = G_o/(\rho \times F_d)$	2.237
40	分配集箱最大静压变化	Δp_d	Pa	$\Delta p_d = c \dfrac{W_{max}^2}{2} \rho (c = 1.6)$	3 812.252
41	汇集集箱水密度	ρ	kg/m³	$\rho = a_1 + a_2 \times t_{out} + a_3 \times t_{out}^2$	947.498
42	汇集集箱流速	W_{max}	m/s	$W_{max} = G_o/(\rho \times F_{rh})$	2.249
43	汇集集箱最大静压变化	Δp_{col}	Pa	$\Delta p_{col} = c \dfrac{W_{max}^2}{2} \rho (c = 1.8)$	4 311.646
44	集箱效应	Δp_{cols}	Pa	$\Delta p_{cols} = \dfrac{2}{3}(\Delta p_{col} - \Delta p_d)$	332.929
45	水冷壁总压降	$\Delta p_{tb,6}$	Pa	$\Delta p_{tb,6} = 10\ 746.184$ $+ 1\ 266.379 + 4\ 315.928$ $+ 1\ 549.782 + 1\ 549.782$ $+ 928.182 + 10\ 232.847$ $+ 369.141 + 10\ 763.561$ $+ 1\ 289.203 + 332.929$	67 716.929
2.11	炉膛后墙水冷壁上集箱至右侧后部水冷壁上集箱的连接管				
1	连接管入口水温	t_{in}	℃	$t_{in} = 114.984$	114.984
2	流量	G_o	kg/s	设计值	66.231 6
3	连接管出口水温	t_{out}	℃	$t_{out} = t_{in} + 860 \times Q/G_o$	114.984
4	连接管平均水温	t_{av}	℃	$t_{av} = 0.5 \times (t_{in} + t_{out})$	114.984
5	连接管水密度	ρ_{av}	kg/m³	$\rho_{av} = a_1 + a_2 \times t_{av} + a_3 \times t_{av}^2$	947.498

续表 8.20

序号	数值名称	符号	单位	计算公式	数值
6	连接管重位压降	Δp_{st}	Pa	$\Delta p_{\text{st}} = H \times g \times \rho_{\text{av}}$	$-5\,112.227$
7	折算摩擦阻力系数	λ / d_{in}	—	$\dfrac{\lambda}{d_{\text{in}}} = \dfrac{0.005\,5}{d_{\text{in}}}$ $\times \left[1 + \left(\dfrac{2 \times 10^4 \times k}{d_{\text{in}}} + \dfrac{10^6}{Re} \right)^{\frac{1}{3}} \right]$	$0.142\,6$
8	连接管总阻力系数	Z	—	$Z = \sum \xi_{i,\text{lc}} + \lambda \times L / d_{\text{in}}$	2.454
9	连接管流速	W	m/s	$W = G_{\text{o}} / (\rho_{\text{av}} \times f)$	1.448
10	连接管流动压降	Δp_{fl}	Pa	$\Delta p_{\text{fl}} = Z \dfrac{W^2}{2} \rho_{\text{av}}$	$2\,436.595$
11	连接管总压降	$\Delta p_{\text{con},5}$	Pa	$\Delta p_{\text{con},5} = -5\,112.227$ $+ 2\,436.595$	$-2\,675.632$
2.12	右侧后部水冷壁				
1	水冷壁入口水温	t_{in}	℃	$t_{\text{in}} = 114.984$	114.984
2	流量	G_{o}	kg/s	设计值	$66.231\,6$
3	水冷壁出口水温	t_{out}	℃	$t_{\text{out}} = t_{\text{in}} + 860 \times Q / G_{\text{o}}$	117.531
4	水冷壁平均水温	t_{av}	℃	$t_{\text{av}} = 0.5 \times (t_{\text{in}} + t_{\text{out}})$	116.257
5	水冷壁水密度	ρ_{av}	kg/m³	$\rho_{\text{av}} = a_1 + a_2 \times t_{\text{av}} + a_3 \times t_{\text{av}}^2$	946.496
6	水冷壁重位压降	Δp_{st}	Pa	$\Delta p_{\text{st}} = H \times g \times \rho_{\text{av}}$	$-51\,996.691$
7	折算摩擦阻力系数	λ / d_{in}	—	$\dfrac{\lambda}{d_{\text{in}}} = \dfrac{0.005\,5}{d_{\text{in}}}$ $\times \left[1 + \left(\dfrac{2 \times 10^4 \times k}{d_{\text{in}}} + \dfrac{10^6}{Re} \right)^{\frac{1}{3}} \right]$	$0.401\,05$
8	水冷壁总阻力系数	Z	—	$Z = \sum \xi_{i,\text{lc}} + \lambda \times L / d_{\text{in}}$	4.136
9	水冷壁流速	W	m/s	$W = G_{\text{o}} / (\rho_{\text{av}} \times f)$	1.798
10	水冷壁流动压降	Δp_{fl}	Pa	$\Delta p_{\text{fl}} = Z \dfrac{W^2}{2} \rho_{\text{av}}$	$6\,329.406$
11	分配集箱水密度	ρ	kg/m³	$\rho = a_1 + a_2 \times t_{\text{in}} + a_3 \times t_{\text{in}}^2$	947.498
12	分配集箱流速	W_{max}	m/s	$W_{\text{max}} = G_{\text{o}} / (\rho \times F_{\text{d}})$	2.249
13	分配集箱最大静压变化	Δp_{d}	Pa	$\Delta p_{\text{d}} = c \dfrac{W_{\text{max}}^2}{2} \rho (c = 1.6)$	$3\,832.574$
14	汇集集箱水密度	ρ	kg/m³	$\rho = a_1 + a_2 \times t_{\text{out}} + a_3 \times t_{\text{out}}^2$	945.486
15	汇集集箱流速	W_{max}	m/s	$W_{\text{max}} = G_{\text{o}} / (\rho \times F_{\text{rh}})$	2.253
16	汇集集箱最大静压变化	Δp_{col}	Pa	$\Delta p_{\text{col}} = c \dfrac{W_{\text{max}}^2}{2} \rho (c = 1.8)$	$4\,320.821$

续表 8.20

序号	数值名称	符号	单位	计算公式	数值
17	集箱效应	Δp_{cols}	Pa	$\Delta p_{cols} = \dfrac{2}{3}(\Delta p_{col} - \Delta p_d)$	325.498
18	水冷壁总压降	$\Delta p_{tb,7}$	Pa	$\Delta p_{tb,7} = -51\,996.691 + 6\,329.406 + 325.498$	$-45\,341.787$
2.13	右侧后部水冷壁下集箱至左侧中部水冷壁下集箱的连接管				
1	连接管入口水温	t_{in}	℃	$t_{in} = 117.531$	117.531
2	流量	G_o	kg/s	设计值	66.2316
3	连接管出口水温	t_{out}	℃	$t_{out} = t_{in} + 860 \times Q/G_o$	117.531
4	连接管平均水温	t_{av}	℃	$t_{av} = 0.5 \times (t_{in} + t_{out})$	117.531
5	连接管水密度	ρ_{av}	kg/m³	$\rho_{av} = a_1 + a_2 \times t_{av} + a_3 \times t_{av}^2$	945.486
6	连接管重位压降	Δp_{st}	Pa	$\Delta p_{st} = H \times g \times \rho_{av}$	2\,318.805
7	折算摩擦阻力系数	λ/d_{in}	—	$\dfrac{\lambda}{d_{in}} = \dfrac{0.0055}{d_{in}} \times \left[1 + \left(\dfrac{2 \times 10^4 \times k}{d_{in}} + \dfrac{10^6}{Re}\right)^{\frac{1}{3}}\right]$	0.14268
8	连接管总阻力系数	Z	—	$Z = \sum \xi_{i,lc} + \lambda \times L/d_{in}$	2.534
9	连接管流速	W	m/s	$W = G_o/(\rho_{av} \times f)$	1.451
10	连接管流动压降	Δp_{fl}	Pa	$\Delta p_{fl} = Z\dfrac{W^2}{2}\rho_{av}$	2\,521.925
11	连接管总压降	$\Delta p_{con,6}$	Pa	$\Delta p_{con,6} = 2\,318.805 + 2\,521.925$	4\,840.729
2.14	左侧中部水冷壁				
1	水冷壁入口水温	t_{in}	℃	$t_{in} = 117.531$	117.531
2	流量	G_o	kg/s	$G_o = \rho \times F \times W$	66.2316
3	水冷壁出口水温	t_{out}	℃	$t_{out} = t_{in} + 860 \times Q/G_o$	121.145
4	水冷壁平均水温	t_{av}	℃	$t_{av} = 0.5 \times (t_{in} + t_{out})$	119.338
5	水冷壁水密度	ρ_{av}	kg/m³	$\rho_{av} = a_1 + a_2 \times t_{av} + a_3 \times t_{av}^2$	944.041
6	水冷壁重位压降	Δp_{st}	Pa	$\Delta p_{st} = H \times g \times \rho_{av}$	47\,231.313
7	折算摩擦阻力系数	λ/d_{in}	—	$\dfrac{\lambda}{d_{in}} = \dfrac{0.0055}{d_{in}} \times \left[1 + \left(\dfrac{2 \times 10^4 \times k}{d_{in}} + \dfrac{10^6}{Re}\right)^{\frac{1}{3}}\right]$	0.401
8	水冷壁总阻力系数	Z	—	$Z = \sum \xi_{i,lc} + \lambda \times L/d_{in}$	3.999

续表 8.20

序号	数值名称	符号	单位	计算公式	数值
9	水冷壁流速	W	m/s	$W = G_o / (\rho_{av} \times f)$	1.277
10	水冷壁流动压降	Δp_{fl}	Pa	$\Delta p_{fl} = Z \dfrac{W^2}{2} \rho_{av}$	3 078.308
11	分配集箱水密度	ρ	kg/m³	$\rho = a_1 + a_2 \times t_{in} + a_3 \times t_{in}^2$	945.486
12	分配集箱流速	W_{max}	m/s	$W_{max} = G_o / (\rho \times F_d)$	2.253
13	分配集箱最大静压变化	Δp_d	Pa	$\Delta p_d = c \dfrac{w_{max}^2}{2} \rho (c = 1.6)$	3 840.730
14	汇集集箱水密度	ρ	kg/m³	$\rho = a_1 + a_2 \times t_{out} + a_3 \times t_{out}^2$	942.581
15	汇集集箱流速	W_{max}	m/s	$W_{max} = G_o / (\rho \times F_{rh})$	2.260
16	汇集集箱最大静压变化	Δp_{col}	Pa	$\Delta p_{col} = c \dfrac{W_{max}^2}{2} \rho (c = 1.8)$	4 334.137
17	集箱效应	Δp_{cols}	Pa	$\Delta p_{cols} = \dfrac{2}{3} (\Delta p_{col} - \Delta p_d)$	328.938
18	水冷壁总压降	$\Delta p_{tb,8}$	Pa	$\Delta p_{tb,8} = 47\ 231.313$ $+ 3\ 078.308 + 328.938$	50 638.559
2.15	左侧中部水冷壁上集箱至右侧前部水冷壁上集箱的连接管				
1	连接管入口水温	t_{in}	℃	$t_{in} = 121.145$	121.145
2	流量	G_o	kg/s	设计值	66.2316
3	连接管出口水温	t_{out}	℃	$t_{out} = t_{in} + 860 \times Q / G_o$	121.145
4	连接管平均水温	t_{av}	℃	$t_{av} = 0.5 \times (t_{in} + t_{out})$	121.145
5	连接管水密度	ρ_{av}	kg/m³	$\rho_{av} = a_1 + a_2 \times t_{av} + a_3 \times t_{av}^2$	942.581
6	连接管重位压降	Δp_{st}	Pa	$\Delta p_{st} = H \times g \times \rho_{av}$	0.000
7	折算摩擦阻力系数	λ / d_{in}	—	$\dfrac{\lambda}{d_{in}} = \dfrac{0.005\ 5}{d_{in}}$ $\times \left[1 + \left(\dfrac{2 \times 10^4 \times k}{d_{in}} + \dfrac{10^6}{Re} \right)^{\frac{1}{3}} \right]$	0.142 77
8	连接管总阻力系数	Z	—	$Z = \sum \xi_{i,lc} + \lambda \times L / d_{in}$	2.617
9	连接管流速	W	m/s	$W = G_o / (\rho_{av} \times f)$	1.455
10	连接管流动压降	Δp_{fl}	Pa	$\Delta p_{fl} = Z \dfrac{W^2}{2} \rho_{av}$	2 612.183
11	连接管总压降	$\Delta p_{con,7}$	Pa	$\Delta p_{con,7} = 2\ 612.183$	2 612.183
2.16	右侧前部水冷壁				
1	水冷壁入口水温	t_{in}	℃	$t_{in} = 121.145$	121.145

续表 8.20

序号	数值名称	符号	单位	计算公式	数值
2	流量	G_o	kg/s	设计值	66.231 6
3	水冷壁出口水温	t_{out}	℃	$t_{out} = t_{in} + 860 \times Q/G_o$	123.776
4	水冷壁平均水温	t_{av}	℃	$t_{av} = 0.5 \times (t_{in} + t_{out})$	122.460
5	水冷壁水密度	ρ_{av}	kg/m³	$\rho_{av} = a_1 + a_2 \times t_{av} + a_3 \times t_{av}^2$	941.510
6	水冷壁重位压降	Δp_{st}	Pa	$\Delta p_{st} = H \times g \times \rho_{av}$	−49 413.719
7	折算摩擦阻力系数	λ/d_{in}	—	$\dfrac{\lambda}{d_{in}} = \dfrac{0.005\,5}{d_{in}} \times \left[1 + \left(\dfrac{2 \times 10^4 \times k}{d_{in}} + \dfrac{10^6}{Re}\right)^{\frac{1}{3}}\right]$	0.401 07
8	水冷壁总阻力系数	Z	—	$Z = \sum \xi_{i,lc} + \lambda \times L/d_{in}$	3.990
9	水冷壁流速	W	m/s	$W = G_o/(\rho_{av} \times f)$	1.707
10	水冷壁流动压降	Δp_{fl}	Pa	$\Delta p_{fl} = Z \dfrac{W^2}{2} \rho_{av}$	5 475.096
11	分配集箱水密度	ρ	kg/m³	$\rho = a_1 + a_2 \times t_{in} + a_3 \times t_{in}^2$	942.581
12	分配集箱流速	W_{max}	m/s	$W_{max} = G_o/(\rho \times F_d)$	2.260
13	分配集箱最大静压变化	Δp_d	Pa	$\Delta p_d = c \dfrac{W_{max}^2}{2} \rho \, (c = 1.6)$	3 852.566
14	汇集集箱水密度	ρ	kg/m³	$\rho = a_1 + a_2 \times t_{out} + a_3 \times t_{out}^2$	940.430
15	汇集集箱流速	w_{max}	m/s	$W_{max} = G_o/(\rho \times F_{rh})$	2.265
16	汇集集箱最大静压变化	Δp_{col}	Pa	$\Delta p_{col} = c \dfrac{W_{max}^2}{2} \rho \, (c = 1.8)$	4 344.051
17	集箱效应	Δp_{cols}	Pa	$\Delta p_{cols} = \dfrac{2}{3}(\Delta p_{col} - \Delta p_d)$	327.656
18	水冷壁总压降	$\Delta p_{tb,9}$	Pa	$\Delta p_{tb,9} = -49\,413.719 + 5\,475.096 + 327.656$	−43 610.967
2.17	右侧前部水冷壁下集箱至炉膛前墙水冷壁下集箱的连接管				
1	连接管入口水温	t_{in}	℃	$t_{in} = 123.776$	123.776
2	流量	G_o	kg/s	设计值	66.231 6
3	连接管出口水温	t_{out}	℃	$t_{out} = t_{in} + 860 \times Q/G_o$	123.776
4	连接管平均水温	t_{av}	℃	$t_{av} = 0.5 \times (t_{in} + t_{out})$	123.776
5	连接管水密度	ρ_{av}	kg/m³	$\rho_{av} = a_1 + a_2 \times t_{av} + a_3 \times t_{av}^2$	940.430
6	连接管重位压降	Δp_{st}	Pa	$\Delta p_{st} = H \times g \times \rho_{av}$	−6 919.215

续表 8.20

序号	数值名称	符号	单位	计算公式	数值
7	折算摩擦阻力系数	λ/d_{in}	—	$\dfrac{\lambda}{d_{in}} = \dfrac{0.005\,5}{d_{in}}$ $\times \left[1 + \left(\dfrac{2 \times 10^4 \times k}{d_{in}} + \dfrac{10^6}{Re} \right)^{\frac{1}{3}} \right]$	0.142 85
8	连接管总阻力系数	Z	—	$Z = \sum \xi_{i,lc} + \lambda \times L/d_{in}$	2.399
9	连接管流速	W	m/s	$W = G_o/(\rho_{av} \times f)$	1.459
10	连接管流动压降	Δp_{fl}	Pa	$\Delta p_{fl} = Z \dfrac{W^2}{2} \rho_{av}$	2 399.924
11	连接管总压降	$\Delta p_{con,8}$	Pa	$\Delta p_{con,8} = -6\,919.215$ $+ 2\,399.924$	−4 519.291
3.18	前部水冷壁				
1	流量	G_o	kg/s	设计值	66.231 6
2	第 I 区段入口水温	t_{in}	℃	$t_{in} = 123.776$	123.776
3	第 I 区段出口水温	t_{out}	℃	$t_{out} = t_{in} + 860 \times Q/G_o$	123.776
4	第 I 区段平均水温	t_{av}	℃	$t_{av} = 0.5 \times (t_{in} + t_{out})$	123.776
5	第 I 区段水密度	ρ_{av}	kg/m³	$\rho_{av} = a_1 + a_2 \times t_{av} + a_3 \times t_{av}^2$	940.430
6	第 I 区段重位压降	Δp_{st}	Pa	$\Delta p_{st} = H \times g \times \rho_{av}$	12 915.867
7	第 I 区段总阻力系数	Z	—	$Z = \sum \xi_{i,lc} + \lambda \times L/d_{in}$	1.303
8	第 I 区段流速	W	m/s	$W = G_o/(\rho_{av} \times f)$	1.338
9	第 I 区段流动压降	Δp_{fl}	Pa	$\Delta p_{fl} = Z \dfrac{W^2}{2} \rho_{av}$	1 096.436
10	第 II 区段出口水温	t_{out}	℃	$t_{out} = t_{in} + 860 \times Q/G_o$	126.808
11	第 II 区段平均水温	t_{av}	℃	$t_{av} = 0.5 \times (t_{in} + t_{out})$	125.292
12	第 II 区段水密度	ρ_{av}	kg/m³	$\rho_{av} = a_1 + a_2 \times t_{av} + a_3 \times t_{av}^2$	939.135
13	第 II 区段重位压降	Δp_{st}	Pa	$\Delta p_{st} = H \times g \times \rho_{av}$	36 344.953
14	第 II 区段总阻力系数	Z	—	$Z = \sum \xi_{i,lc} + \lambda \times L/d_{in}$	1.694
15	第 II 区段流速	W	m/s	$W = G_o/(\rho_{av} \times f)$	1.340
16	第 II 区段流动压降	Δp_{fl}	Pa	$\Delta p_{fl} = Z \dfrac{W^2}{2} \rho_{av}$	1 427.674
17	第 III 区段出口水温	t_{out}	℃	$t_{out} = t_{in} + 860 \times Q/G_o$	130.005
18	第 III 区段平均水温	t_{av}	℃	$t_{av} = 0.5 \times (t_{in} + t_{out})$	128.407
19	第 III 区段水密度	ρ_{av}	kg/m³	$\rho_{av} = a_1 + a_2 \times t_{av} + a_3 \times t_{av}^2$	936.464

续表 8.20

序号	数值名称	符号	单位	计算公式	数值
20	第Ⅲ区段重位压降	Δp_{st}	Pa	$\Delta p_{st}=H\times g\times\rho_{av}$	4 244.262
21	第Ⅲ区段总阻力系数	Z	—	$Z=\sum\xi_{i,lc}+\lambda\times L/d_{in}$	1.919
22	第Ⅲ区段流速	W	m/s	$W=G_o/(\rho_{av}\times f)$	1.343
23	第Ⅲ区段流动压降	Δp_{fl}	Pa	$\Delta p_{fl}=Z\dfrac{W^2}{2}\rho_{av}$	1 621.624
24	第Ⅳ区段出口水温	t_{out}	℃	$t_{out}=t_{in}+860\times Q/G_o$	130.005
25	第Ⅳ区段平均水温	t_{av}	℃	$t_{av}=0.5\times(t_{in}+t_{out})$	130.005
26	第Ⅳ区段水密度	ρ_{av}	kg/m³	$\rho_{av}=a_1+a_2\times t_{av}+a_3\times t_{av}^2$	935.088
27	第Ⅳ区段重位压降	Δp_{st}	Pa	$\Delta p_{st}=H\times g\times\rho_{av}$	7 274.354
28	第Ⅳ区段总阻力系数	Z	—	$Z=\sum\xi_{i,lc}+\lambda\times L/d_{in}$	1.712
29	第Ⅳ区段流速	W	m/s	$W=G_o/(\rho_{av}\times f)$	1.345
30	第Ⅳ区段流动压降	Δp_{fl}	Pa	$\Delta p_{fl}=Z\dfrac{W^2}{2}\rho_{av}$	1 448.431
31	分配集箱水密度	ρ	kg/m³	$\rho=a_1+a_2\times t_{in}+a_3\times t_{in}^2$	940.430
32	分配集箱流速	W_{max}	m/s	$W_{max}=G_o/(\rho\times F_d)$	2.265
33	分配集箱最大静压变化	Δp_d	Pa	$\Delta p_d=c\dfrac{W_{max}^2}{2}\rho(c=1.6)$	4 290.420
34	汇集集箱水密度	ρ	kg/m³	$\rho=a_1+a_2\times t_{out}+a_3\times t_{out}^2$	935.088
35	汇集集箱流速	W_{max}	m/s	$W_{max}=G_o/(\rho\times F_{rh})$	2.278
36	汇集集箱最大静压变化	Δp_{col}	Pa	$\Delta p_{col}=c\dfrac{W_{max}^2}{2}\rho(c=1.8)$	4 914.979
37	集箱效应	Δp_{cols}	Pa	$\Delta p_{cols}=\dfrac{2}{3}(\Delta p_{col}-\Delta p_d)$	416.373
38	水冷壁总压降	$\Delta p_{tb,10}$	Pa	$\Delta p_{tb,10}=12\,915.867$ $+1\,096.436+36\,344.953$ $+1\,427.674+4\,244.262$ $+1\,621.624+7\,274.354$ $+1\,448.431+416.373$	66 789.901
2.19	炉膛前墙水冷壁上集箱至锅炉出口总集箱的连接管				
1	流量	G_o	kg/s	设计值	66.231 6
2	连接管入口水温	t_{in}	℃	$t_{in}=130.005$	130.005
3	连接管出口水温	t_{out}	℃	$t_{out}=t_{in}+860\times Q/G_o$	130.005

续表 8.20

序号	数值名称	符号	单位	计算公式	数值
4	连接管平均水温	t_{av}	℃	$t_{av} = 0.5 \times (t_{in} + t_{out})$	130.005
5	连接管水密度	ρ_{av}	kg/m³	$\rho_{av} = a_1 + a_2 \times t_{av} + a_3 \times t_{av}^2$	935.088
6	连接管重位压降	Δp_{st}	Pa	$\Delta p_{st} = H \times g \times \rho_{av}$	8 255.888
7	连接管总阻力系数	Z	—	$Z = \sum \xi_{i,lc} + \lambda \times L/d_{in}$	2.097
8	连接管流速	W	m/s	$W = G_o / (\rho_{av} \times f)$	1.461
9	连接管流动压降	Δp_{fl}	Pa	$\Delta p_{fl} = Z \dfrac{W^2}{2} \rho_{av}$	2 092.695
10	连接管总压降	$\Delta p_{con,9}$	Pa	$\Delta p_{con,9} = 8\,255.888 + 2\,092.695$	10 348.582
2.20	锅炉总压降				
	锅炉总压降	$\sum \Delta p$	Pa	$\sum \Delta p = \Delta p_{tb,1} + \Delta p_{tb,2}$ $+ \Delta p_{con,1} \Delta p_{tb,3} + \Delta p_{con,2}$ $+ \Delta p_{tb,4} + \Delta p_{con,3} + \Delta p_{tb,5}$ $+ \Delta p_{con,4} + \Delta p_{tb,6} + \Delta p_{con,5}$ $+ \Delta p_{tb,7} + \Delta p_{con,6} + \Delta p_{tb,8}$ $+ \Delta p_{con,7} + \Delta p_{tb,9} + \Delta p_{con,8}$ $+ \Delta p_{tb,10} + \Delta p_{con,9}$ $= -27\,011.56 + 41\,402.77$ $+ 23\,654.06 - 46\,062.28$ $+ 4\,866.20 + 51\,187.68$ $+ 2\,619.71 - 44\,316.39$ $- 2\,377.08 + 67\,716.93$ $- 2\,675.63 - 45\,341.79$ $+ 4\,840.73 + 50\,638.56$ $+ 2\,612.18 - 43\,610.97$ $- 4\,519.29 + 66\,789.90$ $+ 10\,348.58$	110 762.31

表 8.21　安全性校核计算(过冷沸腾校核)

序号	数值名称	符号	单位	计算公式	数值
	左侧前部水冷壁				
1	受热最强管入口水温	t_{in}	℃	由表 8.20 中 2.8.1 项确定	105.78
2	受热管平均吸热量	Q	kW	$Q = 739.4/18$	41.078
3	受热最强管吸热不均匀系数	$\eta_{rs,max}$	—	查表 4.2	1.2

续表 8.21

序号	数值名称	符号	单位	计算公式	数值
4	受热最强管吸热量	Q_{max}	kW	$Q_{max} = \eta_{rs,max} Q$	49.294
5	受热最强管流量	G	kg/s	假设值	3.860 9
6	受热最强管出口水温	t_{out}	℃	$t_{out} = t_{in} + 860 \times Q_{max}/G$	108.83
7	受热最强管平均水温	t_{av}	℃	$t_{av} = 0.5 \times (t_{in} + t_{out})$	107.31
8	受热最强管水密度	ρ_{av}	kg/m³	$\rho_{av} = a_1 + a_2 \times t_{av} + a_3 \times t_{av}^2$	953.39
9	受热最强管重位压降	Δp_{st}	Pa	$\Delta p_{st} = H \times g \times \rho_{av}$	−50 037.29
10	受热最强管总阻力系数	Z	—	$Z = \sum \xi_{i,lc} + \lambda \times L/d_{in}$	3.844 3
11	受热最强管实际流速	W	m/s	$W = G/(\rho_{av} \times f)$	1.769 6
12	受热最强管流动压降	Δp_{fl}	Pa	$\Delta p_{fl} = Z \dfrac{W^2}{2} \rho_{av}$	5 720.96
13	受热最强管总压降	Δp	Pa	$\Delta p = \Delta p_{fl} + \Delta p_{st}$	−44 316.33
14	水冷壁总压降	Δp_{tb}	Pa	查表 8.20 中 2.8.18 项	−44 316.387
15	压降误差		Pa	$|\Delta p - \Delta p_{tb}| = 0.057$	0.057
17	受热最强管最大热流密度	$q_{in,max}$	kW/m²	$q_{in,max} = Q_{max}/(\pi \times d_{in} \times L)$	98.115
19	受热最强管最小安全水速	W_2	m/s	按公式(3.26)计算	0.130 2
20	受热最弱管入口水温	t_{in}	℃	$t_{in} = 105.78$	105.78
21	受热最弱管吸热不均匀系数	$\eta_{rs,min}$	—	查表 4.2	0.8
22	受热最弱管吸热量	Q_{min}	kW	$Q_{min} = \eta_{rs,min} Q$	32.862
23	受热最弱管流量	G	kg/s	假设值	3.867 1
24	受热最弱管出口水温	t_{out}	℃	$t_{out} = t_{in} + 860 \times Q/G$	107.81
25	受热最弱管平均水温	t_{av}	℃	$t_{av} = 0.5 \times (t_{in} + t_{out})$	106.79
26	受热最弱管水密度	ρ_{av}	kg/m³	$\rho_{av} = a_1 + a_2 \times t_{av} + a_3 \times t_{av}^2$	953.77
27	受热最弱管重位压降	Δp_{st}	Pa	$\Delta p_{st} = H \times g \times \rho_{av}$	−50 057.39
28	受热最弱管总阻力系数	Z	—	$Z = \sum \xi_{i,lc} + \lambda \times L/d_{in}$	3.844 3
29	受热最弱管实际流速	W	m/s	$W = G/(\rho_{av} \times f)$	1.766 9
30	受热最弱管流动压降	Δp_{fl}	Pa	$\Delta p_{fl} = Z \dfrac{W^2}{2} \rho_{av}$	5 740.98
31	受热最弱管总压降	Δp	Pa	$\Delta p = \Delta p_{fl} + \Delta p_{st}$	−44 316.41

续表 8.21

序号	数值名称	符号	单位	计算公式	数值
32	压降误差		Pa	$\left\lvert \Delta p - \Delta p_{tb} \right\rvert = 0.023$	0.023
35	受热最弱管最大热流密度	$q_{in,max}$	kW/m²	$q_{in,max} = Q_{max} / (\pi \times d_{in} \times L)$	65.41
36	受热最弱管最小安全水速	W_1	m/s	按公式(3.26)计算	0.080 2
37	结论			$W > W_1 ; W > W_2$	安全

附录 I　自然循环蒸汽锅炉水动力计算

试对 DG－670/140－2 型锅炉的侧水冷壁进行水循环计算,其已知参数和结构尺寸如图 I.1 所示。

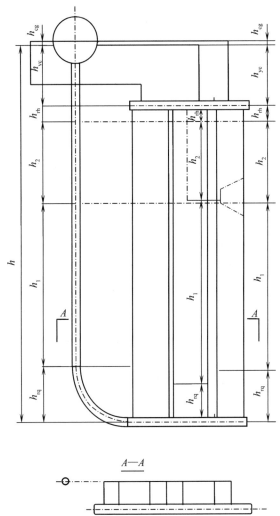

图 I.1　锅炉侧水冷壁循环系统简图

(1)原始数据准备。

根据锅炉具体结构,收集原始数据,包括热力数据和结构数据。具体步骤如下。

①热力数据表,见表 I.1。

表 I.1　热力数据表

序号	项目	符号	计算或数据来源	数值	单位
1	锅炉蒸发量	D	设计数据	670	t/h
2	锅筒工作压力(绝压)	p	设计数据	15.48	MPa
3	饱和温度	t_{bh}	查水蒸气表	344.7	℃
4	饱和水焓	i'	查水蒸气表	1 629.96	kJ/kg
5	饱和蒸汽焓	i''	查水蒸气表	2 600.9	kJ/kg
6	汽化潜热	r	查水蒸气表	970.94	kJ/kg
7	饱和水密度	ρ'	查水蒸气表	594.4	kg/m³
8	饱和蒸汽密度	ρ''	查水蒸气表	101.7	kg/m³
9	单位压力变化之饱和水焓变化	$\Delta i'/\Delta p$	查水蒸气表	39.382	kJ/(kg·MPa)
10	单位高度变化之饱和水焓变化	$\dfrac{\Delta i'}{\Delta p}\rho'g\times10^{-6}$	$\dfrac{\Delta i'}{\Delta p}\rho'g\times10^{-6}=39.382$ $\times594.4\times9.81\times10^{-6}$	0.229 6	kJ/kg·m
11	省煤器出口水焓	i_{sm}^{c}	取自热力计算书	1 319.7	kJ/kg
12	清洗水份额	η_{qx}	设计数据	0.5	
13	计算燃料消耗量	B'_{j}	取自热力计算书	14.194	kg/s
14	炉膛辐射吸热量	Q_{f}	取自热力计算书	18 216.8	kJ/kg
15	炉顶辐射吸热量	Q_{d}^{f}	取自热力计算书	431.2	kJ/kg
16	屏区辐射吸热量	Q_{p}^{f}	取自热力计算书	1 417.2	kJ/kg
17	过热器辐射吸热量	Q_{gr}^{f}	取自热力计算书	290.6	kJ/kg
18	水冷壁辐射吸热量	Q_{s}^{f}	$Q_{f}-Q_{d}^{f}-Q_{p}^{f}-Q_{gr}^{f}=18\ 216.8-431.2$ $-1\ 417.2-290.6$	16 077.8	kJ/kg
19	水冷壁总受热面积	H_{f}	取自热力计算书	1 146.4	m²
20	水冷壁平均污染系数	ξ	取自热力计算书	0.548	
21	炉膛水冷壁平均热强度	$\overline{q_{1}}$	$\dfrac{B'_{j}Q_{s}^{f}}{\xi H_{f}}=\dfrac{14.194\times16\ 077.8}{0.548\times1\ 146.4}$	363.3	kW/m²

②结构数据准备。

a. 划分循环回路。侧墙水冷壁划分为侧前、侧中和侧后 3 个简单循环回路,如图 I.1 所示。

b. 划分上升管区段。上升管划分为受热前区段、第 Ⅰ 区段、第 Ⅱ 区段和受热后区段,如图 I.1 所示。

c. 列出各循环回路各部件的结构数据表,见表 I.2。

表 I.2　各循环回路各部件的结构数据表

回路名称	回路部件		侧前回路 引入管	侧前回路 上升管	侧前回路 汽水引出管	侧中回路 引入管	侧中回路 上升管	侧中回路 汽水引出管	侧后回路 引入管	侧后回路 上升管	侧后回路 汽水引出管	集中下降管（配侧水冷壁）
管子外径	d	mm	159	60	159	159	60	133	159	60	133	426
管子内径	d_n	mm	127	48	127	127	48	107	127	48	107	356
管子根数	n	根	2	27	2	3	35 (22)*	4	2	31	4	1
截面积 单根管子	A_1	m²	0.012 67	0.001 81	0.012 67	0.012 67	0.001 81	0.008 99	0.012 67	0.001 81	0.008 99	0.099 54
截面积 整个回路	A	m²	0.025 34	0.048 9	0.025 34	0.038	0.063 35	0.036	0.025 34	0.056 1	0.036	0.099 54
与上升管截面积比	$\frac{A}{A_s}$	—	0.52	—	0.52	0.60	—	0.57	0.45	—	0.64	0.59
各区段长度 受热前区段	L_{rq}	m		2.3			1.0			2.2		
各区段长度 第Ⅰ区段	L_1	m	—	19.1	—	—	20.4	—	—	19.2	—	—
各区段长度 第Ⅱ区段	L_2	m		8.4			8.4			8.4		
各区段长度 受热后区段	L_{rh}	m		0.8			0.8			0.8		
各区段长度 总长度	L	m	4.1	30.6	9.6	3.3	30.6	9.1	3.7	30.6	11.8	39.5
各区段长度 受热前区段	h_{rq}	m		2.3			1.0			2.2		
各区段长度 第Ⅰ区段	h_1	m	—	19.1	—	—	20.4	—	—	19.2	—	—
各区段长度 第Ⅱ区段	h_2	m		8.4			8.4			8.4		
各区段长度 受热后区段	h_{rh}	m		0.8			0.8			0.8		
各区段长度 总长度	h	m	0	30.6	3.0	0	30.6	3.0	0	30.6	3.0	33.6

注：* 括号内为被截屏遮住的水冷壁管根数。

续表 I.2

回路名称			侧前回路			侧中回路			侧后回路			集中下降管（配侧水冷壁）
回路部件			引入管	上升管	汽水引出管	引入管	上升管	汽水引出管	引入管	上升管	汽水引出管	
汽水引出管锅筒正常水位高度	h_{cg}	m	—	—	0.2	—	—	0.2	—	—	0.2	—
弯头数和角度　受热前区段	$\alpha - n$	(°)	—	30°-1 60°-1	—	—	30°-1 60°-1	—	—	30°-1 60°-1	—	—
第Ⅰ区段	$\alpha - n$	(°)	—	—	—	—	—	—	—	—	—	—
第Ⅱ区段	$\alpha - n$	(°)	—	—	—	—	—	—	—	—	—	—
受热后区段	$\alpha - n$	(°)	—	30°-1 60°-1	—	—	30°-1 60°-1	—	—	30°-1 60°-1	—	—
总长度	$\alpha - n$	(°)	54°-2	—	90°-3 30°-1 75°-1	40°-2	—	90°-2 30°-2	46°-2	—	90°-2 30°-2	90°-1 40°-1
倾斜角　第Ⅰ区段	α	°	—	90°	—	—	90°	—	—	90°	—	—
第Ⅱ区段	α	°	—	90°	—	—	90°	—	—	90°	—	—
内置式旋风分离器入口截面积	A_n	m²		0.038			0.038			0.038		—

③吸热量的分配,见表Ⅰ.3。

表Ⅰ.3　吸热量的分配

序号	项目	符号	计算或数据来源	数值	单位
1	炉膛水冷壁平均热强度	$\overline{q}_1$	见热力数据表	363.3	kW/m²
2	侧墙水冷壁污染系数	ξ_c	取自热力计算书	0.6	—
3	侧墙热负荷不均匀系数	η_r^{cq}	选取	1.0	—
4	侧前回路沿深度热负荷不均匀系数	$\eta_r^{b,q}$	选取	0.78	—
5	侧中回路沿深度热负荷不均匀系数	$\eta_r^{b,z}$	选取	1.3	—
6	侧后回路沿深度热负荷不均匀系数	$\eta_r^{b,h}$	选取	0.86	—
7	屏区以下沿高度热负荷不均匀系数	η_r^{h1}	选取	1.09	—
8	屏区沿高度热负荷不均匀系数	η_r^{h2}	选取	0.57	—
9	侧前回路第Ⅰ区段受热面积	H_{cq1}	按结构	46.6	m²
10	侧前回路第Ⅱ区段受热面积	H_{cq2}	按结构	13.9	m²
11	侧中回路第Ⅱ区段受热面积	H_{cz1}	按结构	54.1	m²
12	侧中回路第Ⅱ区段受热面积	H_{cz2}	按结构	8.6	m²
13	侧后回路第Ⅱ区段受热面积	H_{ch1}	按结构	46.4	m²
14	屏区侧墙吸热量	Q_{pc}	取自热力计算书	124.8	kJ/kg
15	过热器区侧墙吸热量	$Q_{gr,c}$	取自热力计算书	91.3	kJ/kg

续表 Ⅰ.3

序号	项目	符号	计算或数据来源	数值	单位
16	侧前回路第Ⅰ区段吸热量	Q_{cq1}	$\eta_r^{cq}\eta_r^{b,q}\eta_r^{h1}\overline{q_1}\xi_c H_{cq1}$ $= 1 \times 0.78 \times 1.09 \times 363.3 \times 0.6 \times 46.6$	8 636.2	kW
17	侧前回路第Ⅱ区段吸热量	Q_{cq2}	$\eta_r^{cq}\eta_r^{b,q}\eta_r^{h2}\overline{q_1}\xi_c H_{cq2}$ $= 1 \times 0.78 \times 0.57 \times 363.3 \times 0.6 \times 13.9$	1 347.1	kW
18	侧中回路第Ⅰ区段吸热量	Q_{cz1}	$\eta_r^{cq}\eta_r^{b,z}\eta_r^{h1}\overline{q_1}\xi_c H_{cz1}$ $= 1 \times 1.3 \times 1.09 \times 363.3 \times 0.6 \times 54.1$	16 710.3	kW
19	侧中回路第Ⅱ区段吸热量	Q_{cz2}	$\eta_r^{cq}\eta_r^{b,z}\eta_r^{h2}\overline{q_1}\xi_c H_{cz2} + \frac{1}{2}B_j' Q_{pc}$ $= 1 \times 1.3 \times 0.57 \times 363.3 \times 0.6 \times 0.6 \times 8.6$ $+ \frac{1}{2} \times 14.194 \times 124.8$	2 274.8	kW
20	侧后回路第Ⅰ区段吸热量	Q_{ch1}	$\eta_r^{cq}\eta_r^{b,h}\eta_r^{h1}\overline{q_1}\xi_c H_{ch1}$ $= 1 \times 0.86 \times 1.09 \times 363.3 \times 0.6 \times 46.4$	9 481.1	kW
21	侧后回路第Ⅱ区段吸热量	Q_{ch2}	$\frac{1}{2}B_j' Q_{gr,c} = \frac{1}{2} \times 14.194 \times 91.3$	648	kW
22	侧中回路第Ⅱ区段屏区吸热量	$Q_{pc,2}$	$\frac{1}{2}B_j' Q_{pc} = \frac{1}{2} \times 14.194 \times 124.8$	885.7	kW

（2）回路的循环特性计算（压差法），见表Ⅰ.4。

表 I.4　回路的循环特性计算（压差法）

序号	项目	符号	计算或数据来源	侧前回路 I	侧前回路 II	侧前回路 III	侧中回路 I	侧中回路 II	侧中回路 III	侧后回路 I	侧后回路 II	侧后回路 III	单位
	(1) 假定 3 个循环流速，计算 3 个相应的循环流量												
1	循环流速	W_0	假定	1.0	1.5	2.0	1.0	1.5	2.0	1.0	1.5	2.0	m/s
2	循环流量	G_0	$W_0 A_s \rho' = 1.0 \times 0.048\,9 \times 594.4$	29.07	43.60	58.13	37.66	56.49	75.32	33.34	50.02	66.69	kg/s
	(2) 计算集中下降管压差，并绘制下降管压差与流量的特性曲线												
3	下降管重位压头	S^{xj}_{zw}	$h_{xj}\rho' g = 33.6 \times 594.4 \times 9.81$					195 923.8					Pa
4	下降管内水速	W_{xj}	$W_0 \dfrac{A_s}{A_{yr}} = 1 \times \dfrac{0.168\,35}{0.099\,54}$	1.69	2.54	3.38	1.69	2.54	3.38	1.69	2.54	3.38	m/s
5	下降管内水流量	G_{xj}	$W_{xj} A_{xj} \rho' = 1.69 \times 0.09954 \times 594.4$	100	150	200	100	150	200	100	150	200	kg/s
6	管内壁粗糙度	k	按碳钢选取					0.06					—
7	摩擦阻力系数	λ	$\dfrac{1}{4\left[\lg\left(3.7\dfrac{d_{nx}}{k}\right)\right]^2} = \dfrac{1}{4\left[\lg\left(3.7 \times \dfrac{356}{0.06}\right)\right]^2}$					0.013 3					—
8	入口阻力系数	ξ_r	选取					0.88					—
9	弯头阻力系数	$\sum \xi_{wt}$	选取					0.3					—
10	下降管局部阻力系数	$\sum \xi_{xj}$	$\xi_r + \sum \xi_{wt} = 0.88 + 0.3$					1.18					—
11	下降管总阻力系数	Z_{xj}	$\lambda \dfrac{L_{xj}}{d_{nz}} + \sum \xi_{xj} = 0.013\,3 \times \dfrac{39.5}{0.356} + 1.18$					2.66					—

续表 I.4

序号	项目	符号	计算或数据来源	侧前回路			侧中回路			侧后回路			单位
				I	II	III	I	II	III	I	II	III	
12	下降管流动阻力	Δp_{xj}	$Z_{xj}\dfrac{W_{xj}^2}{2}\rho' = 2.66 \times \dfrac{1.69^2}{2} \times 594.4$	2 258	5 100.3	9 031.6	2 258	5 100.3	9 031.6	2 258	5 100.3	9 031.6	Pa
13	集中下降管压差	$\sum \Delta p_{xj}$	$S_{zw}^{xj} - \Delta p_{xj} = 195\ 923.8 - 2\ 258$	193 666	190 824	186 892	193 666	190 824	186 892	193 666	190 824	186 892	Pa
14	绘制集中下降管压差特性曲线		以 G_{xj} 为纵坐标,$\sum \Delta p_{xj}$ 为横坐标,组成直角坐标图。按 $G_{xj1} = 100$ kg/s,$G_{xj2} = 150$ kg/s,$G_{xj3} = 200$ kg/s,$\sum \Delta p_{xj1} = 193\ 666$ Pa,$\sum \Delta p_{xj2} = 190\ 824$ Pa,$\sum \Delta p_{xj3} = 186\ 892$ Pa 在图上得出三个点,三点连线即为下降管压差特性曲线 $\sum \Delta p_{xj} = f(G_{xj})$。										—
15	引入管内水速	W_{yr}	$W_0\dfrac{\sum A_s}{A_{yr}} = 1 \times \dfrac{0.048\ 9}{0.025\ 34}$	1.93	2.89	3.86	1.67	2.50	3.33	2.21	3.32	4.43	m/s
16	摩擦阻力系数	λ	$\dfrac{1}{4\left[\lg\left(3.7\dfrac{d_{nr}}{k}\right)\right]^2} = \dfrac{1}{4\left[\lg\left(3.7 \times \dfrac{127}{0.06}\right)\right]^2}$	0.016 5									—
17	入口阻力系数	ξ_r	选取	0.7									—
18	弯头阻力系数	$\sum \xi_{wt}$	选取	0.2									—
19	出口阻力系数	ξ_c	选取	1.1									—
20	局部阻力系数之和	$\sum \xi_{yr}$	$\xi_r + \sum \xi_{wt} + \xi_c = 0.7 + 0.2 + 1.1$	2.0									—
21	引入管总阻力系数	Z_{yr}	$\lambda\dfrac{L_{yr}}{d_{nr}} + \sum \xi_{yr} = 0.016\ 5 \times \dfrac{4.1}{0.127} + 2$	2.53			2.43			2.48			—
22	引入管流动阻力	Δp_{yr}	$Z_{yr}\dfrac{W_{yr}^2}{2}\rho' = 2.53 \times \dfrac{1.93^2}{2} \times 594.4$	2 801	6 280	11 203	2 014	4 514	8 008	3 600	8 124	14 465	Pa

续表 I.4

序号	项目	符号	计算或数据来源	侧前回路 I	侧前回路 II	侧前回路 III	侧中回路 I	侧中回路 II	侧中回路 III	侧后回路 I	侧后回路 II	侧后回路 III	单位
	(3) 假定锅炉循环倍率,计算锅筒内锅水欠焓												
24	锅炉循环倍率	K	先假定,校核		4			4			4		—
25	清洗水份额	η_{qx}	见热力数据表		0.5			0.5			0.5		—
26	锅筒水空间凝汽率	x_{nq}	选取		0.022			0.022			0.022		—
27	锅水欠焓	Δi_{qh}	$\displaystyle =\frac{(1-x_{nq}K)(i''-i_{sm}^c)-\eta_{qx}(i'-i_{sm}^c)-r}{K\left(1+\eta_{qx}\dfrac{i'-i_{sm}^c}{r}\right)}$ $\displaystyle =\frac{(1-0.022\times4)(2\,600.9-1\,319.7)-0.5\times(1\,629.96-1\,319.7)-970.94}{4\left(1+0.5\times\dfrac{1\,629.96-1\,319.7}{970.94}\right)}$			9.14			9.14			9.14	kJ/kg
	(4) 计算上升管开始沸腾高度、热水段高度和含汽区段高度												
28	开始沸腾点高度	h_{ft}	$\displaystyle \Delta i_{qh}+\left(h_{xj}+h_{yr}-h_{nq}-\frac{\Delta p_{xj}+\Delta p_{yr}}{\rho'g}\frac{\Delta i'}{\Delta p}p'g\times10^{-6}\right)\frac{Q_1}{h_1G_0}+\frac{\Delta i'}{\Delta p}p'g\times10^{-6}$ $\displaystyle =\frac{9.14+\left(33.6+0-2.3-\dfrac{2\,258+2\,801}{594.4\times9.81}\right)\times0.229\,6}{\dfrac{8\,636.2}{19.1\times29.07}+0.229\,6}$	1.02	1.50	1.94	0.75	1.10	1.44	1.07	1.57	2.02	m
29	热水段高度	h_{rs}	$h_{rq}+h_{ft}=2.3+1.02$	3.32	3.80	4.24	1.75	2.10	2.44	3.27	3.77	4.22	m
30	第一含汽区高度	h_{q1}	$h_1-h_{ft}=19.1-1.02$	18.08	17.60	17.16	19.65	19.30	18.96	18.13	17.63	17.18	m
31	第二含汽区高度	h_{q2}	$h_2+h_{rh}=8.4+0.8$		9.2			9.2			9.2		m

续表 I.4

序号	项目	符号	计算或数据来源	侧前回路 I	侧前回路 II	侧前回路 III	侧中回路 I	侧中回路 II	侧中回路 III	侧后回路 I	侧后回路 II	侧后回路 III	单位
（5）计算上升管各区段出口蒸汽量													
32	第 I 区段出口蒸汽量	$D_{1,c}$	$\dfrac{Q_1 - G_0\Delta i_{qb}}{r} = \dfrac{8\,636.2 - 29.07 \times 9.14}{970.94}$	8.62	8.48	8.35	16.86	16.68	16.50	9.45	9.29	9.14	kg/s
33	第 II 区段出口蒸汽量	$D_{2,c}$	$D_{1,c} + \dfrac{Q_2}{r} = 8.62 + \dfrac{1\,347.1}{970.94}$	10.00	9.87	9.74	19.20	19.02	18.84	10.12	9.96	9.81	kg/s
（6）计算上升系统各汽区（管段）的平均容积含汽率和平均截面含汽率													
34	上升管 I 区段出口质量含汽率	$x_{1,c}$	$\dfrac{D_{1,c}}{G_0} = \dfrac{8.62}{29.07}$	0.3	0.2	0.14	0.45	0.3	0.22	0.28	0.19	0.14	—
35	上升管 II 区段出口质量含汽率	$x_{2,c}$	$\dfrac{D_{2,c}}{G_0} = \dfrac{10}{29.07}$	0.34	0.23	0.17	0.51	0.34	0.25	0.30	0.20	0.15	—
36	上升管第 I 区段平均质量含汽率	x_1	$\dfrac{x_{1,c}}{2} = \dfrac{0.3}{2}$	0.15	0.1	0.07	0.23	0.15	0.11	0.14	0.1	0.07	—
37	上升管第 II 区段平均质量含汽率	x_2	$\dfrac{1}{2}(x_{1,c}+x_{2,c}) = \dfrac{1}{2}(0.3+0.34)$	0.32	0.22	0.16	0.48	0.32	0.24	0.29	0.20	0.15	—
38	汽水引出管折算水速	$W_{0,yc}$	$W_0\dfrac{A_s}{A_{yc}} = 1 \times \dfrac{0.048\,9}{0.025\,34}$	1.93	2.89	3.86	1.76	2.64	3.52	1.56	2.34	3.12	m/s
39	汽水引出管质量含汽率	x_{yc}	不受热：$x_{yc} = x_{2,c}$	0.34	0.23	0.17	0.51	0.34	0.25	0.30	0.20	0.15	—

续表 I.4

序号	项目	符号	计算或数据来源	侧前回路			侧中回路			侧后回路			单位
				Ⅰ	Ⅱ	Ⅲ	Ⅰ	Ⅱ	Ⅲ	Ⅰ	Ⅱ	Ⅲ	
40	上升管第一含汽区段平均容积含汽率	$\bar{\beta}_1$	$\dfrac{1}{1+\dfrac{\rho''}{\rho'}\left(\dfrac{1}{x_1}-1\right)}=\dfrac{1}{1+\dfrac{101.7}{594.4}\left(\dfrac{1}{0.15}-1\right)}$	0.51	0.4	0.31	0.64	0.51	0.42	0.49	0.39	0.31	—
41	上升管第二含汽区段平均容积含汽率	$\bar{\beta}_2$	$\dfrac{1}{1+\dfrac{\rho''}{\rho'}\left(\dfrac{1}{x_2}-1\right)}=\dfrac{1}{1+\dfrac{101.7}{594.4}\left(\dfrac{1}{0.32}-1\right)}$	0.73	0.62	0.53	0.85	0.72	0.64	0.71	0.59	0.51	—
42	汽水引出管平均容积含汽率	β_{yc}	$\dfrac{1}{1+\dfrac{\rho''}{\rho'}\left(\dfrac{1}{x_{yc}}-1\right)}=\dfrac{1}{1+\dfrac{101.7}{594.4}\left(\dfrac{1}{0.34}-1\right)}$	0.75	0.64	0.54	0.84	0.73	0.65	0.70	0.59	0.51	—
43	上升管第一含汽区段滑动比	S_1	$1+\dfrac{0.4+\bar{\beta}_1^2}{\sqrt{W_0}}\left(1-\dfrac{p}{22.1}\right)=1+\dfrac{0.4+0.51^2}{\sqrt{1.0}}\left(1-\dfrac{15.48}{22.1}\right)$	1.2	1.14	1.11	1.24	1.16	1.12	1.19	1.14	1.11	—
44	上升管第二含汽区段滑动比	S_2	$1+\dfrac{0.4+\bar{\beta}_2^2}{\sqrt{W_0}}\left(1-\dfrac{p}{22.1}\right)=1+\dfrac{0.4+0.73^2}{\sqrt{1.0}}\left(1-\dfrac{15.48}{22.1}\right)$	1.28	1.19	1.14	1.34	1.22	1.17	1.27	1.18	1.14	—
45	汽水引出管滑动比	S_{yc}	$1+\dfrac{0.4+\bar{\beta}_{yc}^2}{\sqrt{W_{0,yc}}}\left(1-\dfrac{p}{22.1}\right)=1+\dfrac{0.4+0.75^2}{\sqrt{1.93}}\left(1-\dfrac{15.48}{22.1}\right)$	1.21	1.14	1.11	1.25	1.17	1.13	1.18	1.12	1.09	—

续表 I.4

序号	项目	符号	计算或数据来源	侧前回路 I	侧前回路 II	侧前回路 III	侧中回路 I	侧中回路 II	侧中回路 III	侧后回路 I	侧后回路 II	侧后回路 III	单位
46	上升管第一含汽区段平均截面含汽率	$\bar{\varphi}_1$	$\dfrac{1}{1+S_1\dfrac{1-\bar{\beta}_1}{\bar{\beta}_1}}=\dfrac{1}{1+1.2\dfrac{1-0.51}{0.51}},(K_{\alpha 1}=1)$	0.46	0.37	0.29	0.59	0.47	0.39	0.45	0.36	0.29	—
47	上升管第二含汽区段平均截面含汽率	$\bar{\varphi}_2$	$\dfrac{1}{1+S_2\dfrac{1-\bar{\beta}_2}{\bar{\beta}_2}}=\dfrac{1}{1+1.28\dfrac{1-0.73}{0.73}},(K_{\alpha 2}=1)$	0.68	0.58	0.5	0.81	0.68	0.6	0.66	0.55	0.48	—
48	汽水引出管平均截面含汽率	φ_{yc}	$\dfrac{1}{1+S_{yc}\dfrac{1-\bar{\beta}_{yc}}{\bar{\beta}_{yc}}}=\dfrac{1}{1+1.21\dfrac{1-0.75}{0.75}}$ $(K_{\alpha,yc}=1)$	0.71	0.61	0.51	0.81	0.7	0.62	0.66	0.56	0.49	—
(7) 计算上升系统各含汽区（管）段汽水混合物平均密度													
49	上升管第一含汽区段混合物平均密度	$\bar{\rho}_{q1}$	$\bar{\varphi}_1\rho''+(1-\bar{\varphi}_1)\rho'$ $=0.46\times101.7+(1-0.46)\times594.4$	367.8	412.1	451.5	303.7	362.8	402.2	372.7	417.0	451.5	kg/m³
50	上升管第二含汽区段混合物平均密度	$\bar{\rho}_{q2}$	$\bar{\varphi}_2\rho''+(1-\bar{\varphi}_2)\rho'$ $=0.68\times101.7+(1-0.68)\times594.4$	259.4	308.6	348.1	195.3	259.4	298.8	269.2	323.4	357.9	kg/m³
51	汽水引出管平均混合物平均密度	ρ_{yc}	$\varphi_{yc}\rho''+(1-\varphi_{yc})\rho'$ $=0.71\times101.7+(1-0.71)\times594.4$	244.6	293.9	343.1	195.3	249.5	288.9	269.2	318.5	353.0	kg/m³

续表 I.4

序号	项目	符号	计算或数据来源	侧前回路			侧中回路			侧后回路			单位
				I	II	III	I	II	III	I	II	III	
	(8) 计算上升系统各区（管）段的重位压头												
52	上升管热水段重位压头	S_{zw}^{rs}	$h_{rs}\rho'g = 3.32 \times 594.4 \times 9.81$	19 359	22 158	24 723	10 204	12 245	14 228	19 068	21 983	24 607	Pa
53	上升管第一含汽区段重位压头	S_{zw}^{q1}	$\bar{h}_{q1}\rho_{q1}g = 18.08 \times 367.8 \times 9.81$	65 235	71 152	76 005	58 543	68 690	74 808	66 287	71 273	76 094	Pa
54	上升管第二含汽区段重位压头	S_{zw}^{q2}	$\bar{h}_{q2}\rho_{q2}g = 9.2 \times 259.4 \times 9.81$	23 411	27 852	31 417	17 626	23 411	26 967	24 296	29 188	32 301	Pa
55	汽水引出管重位压头	S_{zw}^{yc}	$h_{yc}\rho_{yc}g = 3 \times 244.6 \times 9.81$	7 199	8 650	10 097	5 748	7 343	8 502	7 922	9 373	10 389	Pa
56	超过锅筒正常水位水的提升压头	S_{zw}^{cg}	$h_{cg}(1-\varphi_{cg})(\rho'-\rho'')g$ $= 0.2(1-0.71)(594.4-101.7)\times 9.81$ 或 $h_{cg}(\rho_{yc}-\rho'')g = 0.2(244.6-101.7)\times 9.81$	280	377	474	184	290	367	329	425	493	Pa
57	上升系统总重位压头	S_{zw}^{ss}	$S_{zw}^{yr}+S_{zw}^{rs}+S_{zw}^{q1}+S_{zw}^{q2}+S_{zw}^{yc}+S_{zw}^{cg}$ $= 0 + 19\,359 + 65\,235 + 23\,411 + 7\,199 + 280$	115 484	130 189	142 717	92 305	111 979	124 872	117 902	132 242	143 884	Pa
	(9) 计算上升系统各区（管）段的流动阻力和总流动阻力												
58	上升管内壁绝对粗糙度	k	按碳钢选取					0.06					—

续表 I.4

序号	项目	符号	计算式或数据来源	侧前回路 I	侧前回路 II	侧前回路 III	侧中回路 I	侧中回路 II	侧中回路 III	侧后回路 I	侧后回路 II	侧后回路 III	单位
59	摩擦阻力系数	λ	$\dfrac{1}{4\left[\lg\left(3.7\dfrac{d_{ns}}{k}\right)\right]^2}=\dfrac{1}{4\left[\lg\left(3.7\times\dfrac{48}{0.06}\right)\right]^2}$	0.020 7									—
60	入口阻力系数	ξ_r	选取 $\dfrac{d_{rs}}{d_{jx}c}>0.1, n\leqslant30$	0.7									—
61	弯头阻力系数	$\sum\xi_{wt}$	选取	0.2									—
62	局部阻力系数	$\sum\xi_{rs}$	$\xi_r+\sum\xi_{wt}=0.7+0.2$	0.9									—
63	热水段长度	L_{rs}	$L_{rq}+\dfrac{h_{fh}}{h_1}L_1=2.3+\dfrac{1.02}{19.1}\times19.1$	3.32	3.80	4.24	1.75	2.10	2.44	3.27	3.77	4.22	m
64	热水段总阻力系数	Z_{rs}	$\lambda\dfrac{L_{rs}}{d_{ns}}+\sum\xi_{rs}=0.020\,7\times\dfrac{3.32}{0.048}+0.9$	2.33	2.54	2.73	1.65	1.81	1.95	2.31	2.53	2.72	—
65	上升管热水段流动阻力	Δp_{rs}	$\dfrac{W_0^2}{2}\rho'=2.33\times\dfrac{1^2}{2}\times594.4$	692	1 698	3 245	490	1 210	2 318	687	1 692	3 234	Pa
66	上升管第一含汽区段摩擦阻力校正系数	ψ_1	选取	1.2	1.03	0.98	1.32	1.04	0.98	1.18	1.02	0.98	—
67	上升管第二含汽区段摩擦阻力校正系数	ψ_2	选取	1.27	1.05	0.98	1.29	1.05	0.98	1.25	1.04	0.98	—

续表 Ⅰ.4

序号	项目	符号	计算或数据来源	侧前回路			侧中回路			侧后回路			单位
				I	II	III	I	II	III	I	II	III	
68	汽水引出管摩擦阻力校正系数	ψ_{yc}	选取	1.33	1.07	0.98	1.3	1.06	0.97	1.33	1.06	0.98	—
69	上升管第一含汽区段长度	L_{q1}	$L_1-(L_{rs}-L_{rq})=19.1-(3.32-2.3)$	18.08	17.60	17.16	19.65	19.30	18.96	18.13	17.63	17.18	m
70	上升管第二含汽区段长度	L_{q2}	$L_2+L_{rh}=8.4+0.8$	9.2			9.2			9.2			m
71	上升管第一含汽区段弯头阻力系数	ξ'_{w1}	无弯头	0			0			0			—
72	上升管第二含汽区段弯头阻力系数	ξ'_{w2}	选取 $\xi'_{w2}=\xi_{w2}$	0.3			0.3			0.3			—
73	上升管出口阻力系数	ξ'_{c}	查取	1.2			1.2			1.2			—
74	上升管第一含汽区段流动阻力	Δp_{q1}	$\left(\psi_1\lambda\dfrac{L_{q1}}{d_{ns}}+\xi'_{w1}\right)\dfrac{W_0^2}{2}\rho'\left[1+\bar{x}_1\left(\dfrac{\rho'}{\rho''}-1\right)\right]$	4 801	7 760	11 545	7 029	9 995	14 602	4 602	7 698	11 559	Pa
75	上升管第二含汽区段流动阻力	Δp_{q2}	$\left(\psi_1\lambda\dfrac{L_{hq2}}{d_{ns}}+\xi'_{w2}\right)\dfrac{W_0^2}{2}\rho'\left[1+\bar{x}_2\left(\dfrac{\rho'}{\rho''}-1\right)\right]+\xi'_c\dfrac{W_0^2}{2}\rho'\left[1+x_{2c}\left(\dfrac{\rho'}{\rho''}-1\right)\right]=\left(\psi_1\lambda\dfrac{L_{q1}}{d_{ns}}+\xi'_{w1}\right)\dfrac{W_0^2}{2}\rho'\left[1+\bar{x}_1\left(\dfrac{\rho'}{\rho''}-1\right)\right]$	4 780	7 756	11 440	6 710	9 673	13 922	4 436	7 303	11 060	Pa

续表 I.4

序号	项目	符号	计算或数据来源	侧前回路			侧中回路			侧后回路			单位
				I	II	III	I	II	III	I	II	III	
76	含汽区段总流动阻力	Δp_q	$\Delta p_{q1} + \Delta p_{q2} = 4\,801 + 4\,990$	9 582	15 517	22 985	13 739	19 667	28 524	9 037	15 001	22 619	Pa
77	上升管总流动阻力	Δp_s	$\Delta p_{rs} + \Delta p_q = 639 + 9\,906$	10 274	17 215	26 230	14 229	20 877	30 842	9 724	16 693	25 853	Pa
78	汽水引出管长度	L_{yc}	见结构数据表		9.6			9.1			11.8		—
79	摩擦阻力系数	λ	$\dfrac{1}{4\left[\lg\left(3.7\dfrac{d_w}{k}\right)\right]^2} = \dfrac{1}{4\left[\lg\left(3.7\dfrac{127}{0.06}\right)\right]^2}$		0.016 5			0.017 1			0.017 1		—
80	辅助值	h/d_n	$\dfrac{h_{yc}}{d_{ny}} = \dfrac{3}{0.127}$		23.6			28			28		—
81	入口阻力系数	ξ_r'	查取(倾斜引出管,$P > 6$ MPa)		1.2			1.3			1.3		—
82	弯头阻力系数	$\sum \xi_{wt}'$	查取$(L/d_n < 10)$ 取 $\sum \xi_{wt}' = \sum \xi_{wt}$,再查取		0.9			0.6			0.6		—
83	局部阻力系数之和	$\sum \xi_{yc}$	$\xi_r' + \sum \xi_{wt}' = 1.2 + 0.9$		2.1			1.9			1.9		—
84	汽水引出管流动阻力	Δp_{yc}	$\left(\psi_{yc}\lambda\dfrac{L_{yc}}{d_{ny}} + \sum \xi_{yc}\right)\dfrac{w_{0,yc}^2}{2}\rho'\left[1 + x_{yc}\left(\dfrac{\rho'}{\rho''} - 1\right)\right]$ $= \left(1.33 \times 0.016\,5 \times \dfrac{9.6}{0.127} + 2.1\right) \times \dfrac{1.93^2}{2}$ $\times 594.4\left[1 + 0.34 \times \left(\dfrac{594.4}{101.7} - 1\right)\right]$	11 015	18 025	26 828	12 112	18 871	26 957	7 822	12 493	18 723	Pa

续表 Ⅰ.4

序号	项目	符号	计算或数据来源	侧前回路 Ⅰ	侧前回路 Ⅱ	侧前回路 Ⅲ	侧中回路 Ⅰ	侧中回路 Ⅱ	侧中回路 Ⅲ	侧后回路 Ⅰ	侧后回路 Ⅱ	侧后回路 Ⅲ	单位
85	内置式旋风分离器阻力系数	ξ_{fl}	选取		3			3			3		
86	旋风分离器阻力	Δp_{fl}	$\xi_{fl}\left(\dfrac{F_s}{F_{fl}}\right)^2 \dfrac{W_0^2}{2\rho'}\left[1 + x_{yc}\left(\dfrac{\rho'}{\rho''}-1\right)\right]$ $= 3 \times \left(\dfrac{0.0489}{0.038}\right)^2 \times \dfrac{1^2}{2}$ $\times 594.4 \times \left[1 + 0.34 \times \left(\dfrac{594.4}{101.7}-1\right)\right]$	3 908	7 023	10 770	8 600	14 759	21 917	4 768	8 609	13 422	Pa
87	上升系统总阻力	Δp_{ss}	$\Delta p_{yr} + \Delta p_s + \Delta p_{yc} + \Delta p_{fl}$ $= 2\,801 + 10\,274 + 11\,015 + 3\,908$	27 998	48 543	75 031	36 955	59 021	87 724	25 464	45 919	72 463	Pa

(10) 计算上升系统总压差

序号	项目	符号	计算或数据来源	侧前回路 Ⅰ	侧前回路 Ⅱ	侧前回路 Ⅲ	侧中回路 Ⅰ	侧中回路 Ⅱ	侧中回路 Ⅲ	侧后回路 Ⅰ	侧后回路 Ⅱ	侧后回路 Ⅲ	单位
88	上升管压差	$\sum \Delta p_s$	$S_{zw}^s + \Delta p_s = S_{zw}^{rs} + S_{zw}^{q1} + S_{zw}^{q2} + \Delta p_s$ $= 19\,359 + 65\,235 + 23\,411 + 10\,274$	118 279	138 377	158 375	100 602	125 223	146 845	118 925	139 092	158 855	Pa
89	上升系统总压差	$\sum \Delta p_{ss}$	$S_{zw}^{ss} + \Delta p_{ss} = 115\,484 + 27\,278$	143 482	178 732	217 748	129 260	171 000	212 596	143 366	178 161	216 347	Pa

(11) 绘制循环特性图(图Ⅰ.2),确定循环回路工作点。按 G_{01}、G_{02}、G_{03} 计算出侧前、侧中、侧后回路工作点。按 G_{01}、G_{02}、G_{03} 计算出的侧前、侧中、侧后回路的上升管压差特性曲线 $\sum \Delta p_s = f(G_0)$;按 G_{01}、G_{02}、G_{03} 计算出的侧前、侧中、侧后回路的上升系统压差特性曲线 $\sum \Delta p_{ss} = f(G_0)$。将侧前、侧中、侧后 3 回路的上升系统压差特性曲线按等压差相加,流量相加原则合并成侧墙复杂回路的上升系统压差特性曲线 $\sum \Delta p_{xj} = f(G_{xj})$,它与集中下降管压差特性曲线相交于 B、C、D 3 点,作为侧前、侧中、侧后回路的工作点。从 A 点引等压差线与侧前、侧中、侧后回路上升系统压差特性曲线相交点 $\sum \Delta p_{ss1}$、$\sum \Delta p_{ss2}$、$\sum \Delta p_{ss3}$,绘出侧前、侧中、侧后回路上升管压差特性曲线 $\sum \Delta p_{s1}$、$\sum \Delta p_{s2}$、$\sum \Delta p_{s3}$,绘出侧前、侧中、侧后回路的上升管压差特性曲线 $\sum \Delta p_{s} = f(G_0)$,即为侧墙复杂回路的工作点。

续表 I.4

序号	项目	符号	计算或数据来源	数值 I	数值 II	数值 III	单位
	（12）计算循环回路工作的循环特性						
90	各回路的循环流量	G_0	图 I.2 B、C、D 3 点对应的流量	48	66	54	kg/s
91	各回路的蒸汽量	D_0	$\dfrac{Q_1 + Q_2 - G_0 \Delta i_{qh}}{r}$ $= \dfrac{8\,636.2 + 1\,347.1 - 48 \times 9.14}{970.94}$	9.83	18.93	9.92	kg/s
92	各回路的循环倍率	K_0	$\dfrac{G_0}{D_0} = \dfrac{48}{9.83}$	4.88	3.49	5.44	
93	集中下降管内水流量	G_{xj}	图 I.2 A 点对应的流量	168	168	168	kg/s
94	集中下降管内水速	W_{xj}	$\dfrac{G_{xj}}{A_{xj}\rho'} = \dfrac{168}{0.099\,54 \times 594.4}$	2.84	2.84	2.84	m/s
95	上升系统工作压差	$\sum \Delta p_{ss}$	图 I.2 A 点对应的压差	189 140	189 140	189 140	Pa
96	上升管工作压差	$\sum \Delta p_s$	由上图 B、C、D 点引等流量线与侧前、侧中、侧后回路上升管压差特性曲线相交于 E、F、G 点对应的压差	143 080	135 240	147 000	Pa
97	上升管入口循环水速	W_0	$\dfrac{G_0}{A_s\rho'} = \dfrac{48}{0.048\,9 \times 594.4}$	1.65	1.75	1.62	m/s
98	上升管内工质质量流速	ρW	$\rho' W_0 = 594.4 \times 1.65$	981	1 040	963	kg/m² · s

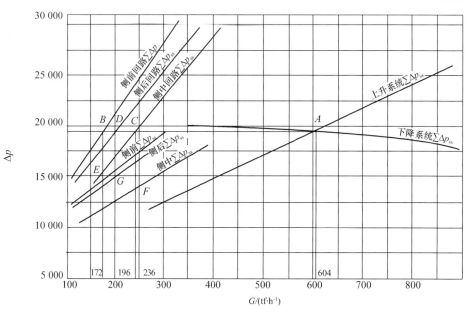

图 I.2　循环特性图

校核假定的锅炉循环倍率。

在序号 24 中先假定了锅炉的循环倍率为 4,待整台锅炉各循环回路的循环倍率都算出之后,可进行校核。本题仅计算侧墙各回路,不能校核假定的锅炉循环倍率,不过由侧墙各回路的计算结果看,与原先假定值相差不大。

(3)循环可靠性的校验计算。

①循环停滞、自由水面和倒流的校验计算。因为锅筒压力 $p > 14$ MPa,结构特性符合设计推荐,所以不必进行校验。

②传热恶化的校验计算。本题锅炉为超高压锅炉($p = 14 \sim 16$ MPa),其侧中回路循环倍率 $K_0 < 4$,故对其中受热最强管进行传热恶化校验计算,侧中回路传热恶化校验计算见表 I.5。

表 I.5　侧中回路传热恶化校验计算

序号	项目	符号	计算或数据来源	数值 I	数值 II	数值 III	单位
计算侧中回路平均工况管的循环特性,得出上升管的平均循环流量 G_0 和压差 $\sum \Delta p_s$,见前述循环特性计算							
选择侧中回路从左数第 13 根管为校验管,对其进行循环特性计算							
1	循环流速	W_0^*	假定	1.0	1.5	2.0	m/s
2	质量流速	ρW^*	$\rho' W_0^* = 594.4 \times 1$	594.4	891.6	1188.8	kg/m² · s
3	循环流量	G_0^*	$W_0^* A_{si}^* \rho' = 1 \times 0.00181 \times 594.4$	1.076	1.614	2.152	kg/s
4	侧中回路未被屏遮住的管子根数	n'	见结构数据表:$n - 22 = 35 - 22$	\multicolumn 13			根
5	校验管沿宽度最大热负荷不均匀系数	$\eta_{r,max}^{bi*}$	计算得出	1.07			—
6	校验管受热面积不均匀系数	η_H^*	校验管与平均工况管结构相同	11.07			—
7	校验管第一段吸热量	Q_1^*	$\eta_{r,max}^{bi*} \eta_H^* \dfrac{Q_{cz1}}{n} = 1.07 \times 1 \times \dfrac{16\,710.3}{35}$	510.9			kW
8	校验管第二管段吸热量	Q_2^*	$\eta_{r,max}^{bi*} \eta_H^* \dfrac{\eta_r^{cq} \eta_r^{b,z} \eta_r^{h2} \overline{q_1} \xi_c H_{cz}}{n'} = 1.07 \times 1 \times$ $\dfrac{1 \times 1.3 \times 0.57 \times 363.3 \times 0.6 \times 8.6}{13}$ 式中各量见前述吸热量分配	114.3			kW
9	校验管开始沸腾点高度	h_{ft}^*	$\dfrac{\Delta i_{qh} + \left(h_{xj} + h_{yr} - h_{rq}^* - \dfrac{\Delta p_{xj} + \Delta p_{yr}}{\rho' g} \right) \times \dfrac{\Delta i'}{\Delta p} \rho' g \times 10^{-6}}{\dfrac{Q_1^*}{h_1^* G_0^*} + \dfrac{\Delta i'}{\Delta p} \rho' g \times 10^{-6}}$ $= \dfrac{9.14 + \left(33.6 + 0 - 1 - \dfrac{2\,258 + 2\,014}{594.4 \times 9.81} \right) \times 0.229\,6}{\dfrac{510.9}{20.4 \times 1.076} + 0.229\,6}$	0.70		1.03	m

续表 I.5

序号	项目	符号	计算或数据来源	数值			单位
				I	II	III	
10	校验管热水段高度	h_{rs}^*	$h_{rq}^* + h_{ft}^* = 1 + 0.7$	1.70	2.03	2.34	m
11	第一含汽管段高度	h_{q1}^*	$h_1^* - h_{ft}^* = 20.4 - 0.7$	19.70	19.37	19.06	m
12	第二含汽管段高度	h_{q2}^*	$h_2^* + h_{rh}^* = 8.4 + 0.8$	9.2			m
13	第一管段出口蒸汽量	$D_{1,c}^*$	$\dfrac{Q_1^* - G_0^* \Delta i_{qh}}{r} = \dfrac{510.9 - 1.076 \times 9.14}{970.94}$	0.516	0.511	0.506	kg/s
14	第二管段出口蒸汽量	$D_{2,c}^*$	$D_{1,c}^* + \dfrac{Q_2^*}{r} = 0.516 + \dfrac{114.3}{970.94}$	0.634	0.629	0.624	kg/s
15	第一管段出口质量含汽率	$x_{1,c}^*$	$\dfrac{D_{1,c}^*}{G_0^*} = \dfrac{0.561}{1.076}$	0.480	0.317	0.235	—
16	第二管段出口质量含汽率	$x_{2,c}^*$	$\dfrac{D_{2,c}^*}{G_0^*} = \dfrac{0.634}{1.076}$	0.589	0.390	0.290	—
17	第一管段平均质量含汽率	$\bar{x}_1^*$	$x_{1,c}^*/2 = 0.48/2$	0.240	0.159	0.118	—
18	第二管段平均质量含汽率	$\bar{x}_2^*$	$(x_{1,c}^* + x_{2,c}^*)/2 = (0.48 + 0.589)/2$	0.535	0.354	0.263	—
19	第一管段平均容积含汽率	$\bar{\beta}_1^*$	$\dfrac{1}{1 + \dfrac{\rho''}{\rho'}\left(\dfrac{1}{\bar{x}_1^*} - 1\right)}$ $= \dfrac{1}{1 + \dfrac{101.7}{594.4}\left(\dfrac{1}{0.24} - 1\right)}$	0.65	0.53	0.44	—
20	第二管段平均容积含汽率	$\bar{\beta}_2^*$	$\dfrac{1}{1 + \dfrac{\rho''}{\rho'}\left(\dfrac{1}{\bar{x}_2^*} - 1\right)}$ $= \dfrac{1}{1 + \dfrac{101.7}{594.4}\left(\dfrac{1}{0.535} - 1\right)}$	0.87	0.76	0.68	—
21	第一管段滑动比	S_1^*	$1 + \dfrac{0.4 + \bar{\beta}_1^{*2}}{\sqrt{W_0^*}}\left(1 - \dfrac{p}{22.1}\right)$ $= 1 + \dfrac{0.4 + 0.65^2}{\sqrt{1.0}}\left(1 - \dfrac{15.48}{22.1}\right)$	1.246	1.167	1.126	—
22	第二管段滑动比	S_2^*	$1 + \dfrac{0.4 + \bar{\beta}_2^{*2}}{\sqrt{W_0^*}}\left(1 - \dfrac{p}{22.1}\right)$ $= 1 + \dfrac{0.4 + 0.87^2}{\sqrt{1.0}}\left(1 - \dfrac{15.48}{22.1}\right)$	1.347	1.239	1.183	—

续表 I.5

序号	项目	符号	计算或数据来源	数值			单位
				I	II	III	
23	第一管段平均截面含汽率	$\overline{\varphi}_1^*$	$\cfrac{1}{1+S_1^*\cfrac{1-\overline{\beta}_1^*}{\overline{\beta}_1^*}}$ $=\cfrac{1}{1+1.246\times\cfrac{1-0.65}{0.65}},(K_{\alpha1}=1)$	0.60	0.49	0.41	—
24	第二管段平均截面含汽率	$\overline{\varphi}_2^*$	$\cfrac{1}{1+S_2^*\cfrac{1-\overline{\beta}_2^*}{\overline{\beta}_2^*}}$ $=\cfrac{1}{1+1.347\times\cfrac{1-0.87}{0.87}},(K_{\alpha2}=1)$	0.83	0.72	0.64	—
25	第一管段混合物平均密度	$\overline{\rho}_{q1}^*$	$\overline{\varphi}_1^*\rho''P+(1-\overline{\varphi}_1^*)\rho'$ $=0.6\times101.7+(1-0.6)\times594.4$	298.8	353.0	392.4	kg/m³
26	第二管段混合物平均密度	$\overline{\rho}_{q2}^*$	$\overline{\varphi}_2^*\rho''P+(1-\overline{\varphi}_2^*)\rho'$ $=0.83\times101.7+(1-0.83)\times594.4$	185.5	239.7	279.1	kg/m³
27	热水段重位压头	S_{zw}^{rs*}	$h_{rs}^*\rho'g=1.7\times594.4\times9.81$	9 913	11 837	13 645	Pa
28	第一含汽管段重位压头	S_{zw}^{q1*}	$h_{q1}^*\overline{\rho}_{q1}^*g=19.7\times300.3\times9.81$	57 745	67 077	73 370	Pa
29	第二含汽管段重位压头	S_{zw}^{q2*}	$h_{q2}^*\overline{\rho}_{q2}^*g=9.2\times183.9\times9.81$	16 742	21 633	25 189	Pa
30	校验管重位压头	S_{zw}^{s*}	$S_{zw}^{rs*}+S_{zw}^{q1*}+S_{zw}^{q2*}$ $=9\,913+58\,035+16\,597$	84 400	100 547	112 204	Pa
31	热水段摩擦阻力系数	λ^*	同前		0.020 7		31
32	入口阻力系数	ξ_r^*	同前		0.7		—
33	弯头阻力系数	$\sum\xi_{wt}^*$	同前		0.2		—
34	局部阻力系数之和	$\sum\xi_{rs}^*$	$\xi_r+\sum\xi_{wt}=0.7+0.2$		0.9		—
35	热水段长度	L_{rs}^*	$L_{rq}^*+\cfrac{h_{ft}^*}{h_1^*}L_1^*=1+\cfrac{0.7}{20.4}\times20.4$	1.70	2.03	2.34	m
36	热水段总阻力系数	Z_{rs}^*	$\lambda^*\cfrac{L_{rs}^*}{d_{ns}^*}+\sum\xi_{rs}^*=0.0207\times\cfrac{1.7}{0.048}+0.9$	1.63	1.78	1.91	—
37	热水段流动阻力	Δp_{rs}^*	$Z_{rs}^*\cfrac{W_0^{*2}}{2}\rho'=1.63\times\cfrac{1^2}{2}\times594.4$	484	1 190	2 271	Pa

续表 Ⅰ.5

序号	项目	符号	计算或数据来源	数值			单位
				Ⅰ	Ⅱ	Ⅲ	
38	第一含汽管段摩擦阻力校正系数	ψ_1^*	查取	1.24	1.04	0.99	—
39	第二含汽管段摩擦阻力校正系数	ψ_2^*	查取	1.30	1.05	0.99	—
40	第一含汽管段长度	L_{q1}^*	$L_1^* - (L_{rs} - L_{rq}) = 20.4 - (1.7-1)$	19.70	19.37	19.06	m
41	第二含汽管段长度	L_{q2}^*	$L_2^* + L_{rh}^* = 8.4 + 0.8$	9.2	—	—	—
42	第二含汽管段弯头阻力系数	$\xi_{wt2}^{\prime*}$	同前	0.3	—	—	—
43	出口阻力系数	$\xi_c^{\prime*}$	同前	1.2	—	—	—
44	第一含汽管段流动阻力	Δp_{q1}^*	$\psi_1^* \lambda^* \dfrac{L_{q1}^*}{d_{ns}^*} \dfrac{(W_0^*)^2}{2} \rho'\left[1 + \bar{x}_1^*\left(\dfrac{\rho'}{\rho''P}-1\right)\right]$ $= 1.24 \times 0.0207 \times \dfrac{19.7}{0.048} \times \dfrac{1^2}{2}$ $\times 594.4 \times \left[1 + 0.24\left(\dfrac{594.4}{101.7}-1\right)\right]$	6 771	10 284	15 204	Pa
45	第二含汽管段流动阻力	Δp_{q2}^*	$\left(\psi_2^* \lambda^* \dfrac{L_{q2}^*}{d_{ns}^*} + \xi_{wt2}^{\prime*}\right)\dfrac{W_0^{*2}}{2}\rho'\left[1 + \bar{x}_2^*\dfrac{\rho'}{\rho''}-1\right]$ $+ \xi_c^{\prime*} \times \dfrac{W_0^{*2}}{2}\rho''\left[1 + \bar{x}_{2c}^*\left(\dfrac{\rho'}{\rho''}-1\right)\right]$ $= \left(1.3 \times 0.0207 \times \dfrac{9.2}{0.048} + 0.3\right)\dfrac{1^2}{2}$ $\times 594.4\left[1 + 0.535 \times \left(\dfrac{594.4}{101.7}-1\right)\right] + 1.2$ $\times \dfrac{1^2}{2} \times 594.4\left[1 + 0.589 \times \left(\dfrac{594.4}{101.7}-1\right)\right]$	7 201	10 427	14 860	Pa
46	校验管总流动阻力	Δp_s^*	$\Delta p_{rs}^* + \Delta p_{q1}^* + \Delta p_{q2}^*$ $= 484 + 6771 + 7201$	14 456	21 901	32 335	Pa
47	校验管总压差	$\sum \Delta p_s^*$	$S_{zw}^{s*} + \Delta p_s^* = 84400 + 14456$	98 856	122 448	144 539	Pa

③ 按 G_{01}^*、G_{02}^*、G_{03}^* 下计算出的校验管总压差 $\sum \Delta p_{s1}^*$、$\sum \Delta p_{s2}^*$、$\sum \Delta p_{s3}^*$，绘出校验管压差特性曲线 $\sum \Delta p_s^* = f(G_0^*)$。根据各并联管压差相等的原则，用侧中回路平均工况管的压差 $\sum \Delta P_s = 136\,000$ Pa 作等压差线，与校验管压差特性曲线相交于 B 点，即为校验管的工作点，(图 Ⅰ.3)。B 点对应的流量为校验管工作的循环流量 G_0^*

续表 Ⅰ.5

序号	项目	符号	计算或数据来源	数值 Ⅰ	数值 Ⅱ	数值 Ⅲ	单位
④ 按校验管的循环流量计算循环流速、各管段出口质量含汽率、热水段高度、开始受热点的工质过冷率，并据此绘出校验管沿高度分布的质量含汽率曲线							
48	校验管循环流量	G_0^*	图 Ⅰ.3 上 B 点对应的流量	1.95			kg/s
49	校验管循环流速	W_0^*	$\dfrac{G_0^*}{A_{si}^* \rho'} = \dfrac{1.95}{0.00181 \times 594.4}$	1.81			m/s
50	校验管质量流速	ρW^*	$\rho' W_0^* = 594.4 \times 1.81$	1076			kg/m²s
51	校验管第一管段出口蒸汽量	$D_{1,c}^*$	$\dfrac{Q_1^* - G_0^* \Delta i_{qh}}{r} = \dfrac{510.9 - 1.95 \times 9.14}{970.94}$	0.508			kg/s
52	校验管第二管段出口蒸汽量	$D_{2,c}^*$	$D_{1,c}^* + \dfrac{Q_2^*}{r} = 0.508 + \dfrac{114.3}{970.94}$	0.626			kg/s
53	校验管第一管段出口质量含汽率	$x_{1,c}^*$	$\dfrac{D_{1,c}^*}{G_0^*} = \dfrac{0.508}{1.95}$	0.261			—
54	校验管第二管段出口质量含汽率	$x_{2,c}^*$	$\dfrac{D_{2,c}^*}{G_0^*} = \dfrac{0.626}{1.95}$	0.321			—
55	校验管热水段高度	h_{rs}^*	在压差关系曲线图 Ⅰ.3 上，按 G_{01}^*、G_{02}^*、G_{03}^* 和算出的 h_{rs1}^*、h_{rs2}^*、h_{rs3}^* 可以绘出校验管热水段高度与循环流量的关系曲线 $h_{rs}^* = f(G_0^*)$，如图 Ⅰ.3 所示。由校验管工作点 B 向下作等流量垂线与 $h_{rs}^* = f(G_0^*)$ 曲线相交，对应的高度即为校验管工作的热水段高度 h_{rs}^*	2.19			m
56	校验管加热水段高度	h_{jr}^*	$h_{rs}^* - h_{rq}^* = 2.19 - 1$	1.19			m
57	校验管加热水段吸热量	Q_{jr}^*	$\dfrac{Q_1^* h_{jr}^*}{h_1^*} = -\dfrac{510.9 \times 1.19}{20.4}$	29.8			kW
58	校验管第一管段入口工质过冷率	x_{1r}^*	$-\dfrac{Q_{jr}^*}{G_0^* r} = -\dfrac{29.8}{1.95 \times 970.94}$	-0.016			—
59	绘出校验管沿高度分布的质量含汽率曲线		按 h_0^*、h_1^*、h_2^* 和对应的 $x_{1,r}^*$、$x_{1,c}^*$、$x_{2,c}^*$ 绘出各点并连线得沿高度分布的质量含汽率曲线 $x_s^* = f(h_x^*)$	图 Ⅰ.4			—
⑤ 计算校验管内壁热强度，绘出沿高度的热强度分布曲线							

续表 I.5

序号	项目	符号	计算或数据来源	数值 I	数值 II	数值 III	单位
60	校验管受热段长度	$\sum L_i^*$	$L_1^* + L_2^* = 20.4 + 8.4$	28.8			m
61	校验管节距	S^*	按结构	0.08			m
62	校验管单位投射面积热强度	$\bar{q}^*$	$\dfrac{Q_1^* + Q_2^*}{\sum L_i^* S^*} = \dfrac{510.9 + 114.3}{28.8 \times 0.08}$	271.4			kW/m²
63	管径比	β	$d_s^* / d_{ns}^* = 60/48$	1.25			—
64	管正面内壁热量均流系数	J_n'	先假定,后校核	0.95			—
65	校验管内壁向火面沿高度平均热强度	$\bar{q}_n^*$	$J_n' \beta \bar{q}^* = 0.95 \times 1.25 \times 271.4$	322.3			kW/m²
66	沸腾水管内流动时的放热系数	α_2	查取	21.9			kW/(m²·℃)
67	管壁平均温度	t_b^-	$t + 60 = 344.7 + 60$	404.7			℃
68	管壁导热系数	λ	查取	0.043			kW/(m²·℃)
69	管节距与外径比	s/d	$s^* / d_s^* = 0.08/0.06$	1.33			—
70	毕渥准则	Bi	$\dfrac{d_s^* \alpha_2}{2\beta\lambda} = \dfrac{0.06 \times 21.9}{2 \times 1.25 \times 0.043}$	12.2			—
71	壁正面内壁热量均流系数	J_n	查取	0.96			—
72	热量均流系数误差	Δ	$\left\| \dfrac{J_n' - J_n}{J_n'} \right\| \times 100 = \left\| \dfrac{0.95 - 0.96}{0.95} \right\| \times 100$, 合格	1.05			%
73	校验管内壁向火面沿高度平均热强度	$\bar{q}_n^*$	$J_n \beta \bar{q}^* = 0.96 \times 1.25 \times 271.4$	325.7			kW/m²
74	沿高度热负荷不均匀系数	η_r^{hi}	查取　　η_r^{h1}	1.09			—
			η_r^{h2}	0.57			—
75	管内壁向火面沿高度各点局部热强度	q_{ni}^*	$q_{n1}^* = \eta_r^{h1} \bar{q}_n^* = 1.09 \times 325.7$	355			kW/m²
			$q_{n2}^* = \eta_r^{h2} \bar{q}_n^* = 0.57 \times 325.7$	185.6			
76	管内壁向火面沿高度各点可能达到最大局部热强度	$q_{n,max}^*$	$1.2 q_{n1}^* = 1.2 \times 355$	426			kW/m²
			$1.2 q_{n2}^* = 1.2 \times 185.6$	222.7			

续表 I.5

序号	项目	符号	计算或数据来源	数值			单位
				I	II	III	
77	绘制校验管内壁向火面沿高度最大局部热强度分布曲线	—	按校验管各点高度 h_i^* 和算出的各点的最大局部热强度绘出曲线	图 I.4			—
	⑥ 计算临界含汽率,绘制沿高度临界含汽率分布曲线						
78	热强度为 465.2 kW/m² 管内径为 20 mm 管的临界含汽率	x_1	查取	0.29			—
79	管径修正系数	C_d	查取	0.76			—
80	热强度修正系数	C_q	查取	0.049			—
81	考虑单侧受热时的修正系数	C	选取	1.5			—
82	沿高度各点临界含汽率	x_{lj}	$c\left[x_1 C_d - \left(\dfrac{q_{n,max}^* \times 10^{-2}}{1.163} - 4\right)C_q\right]$ $= 1.5 \times \left[0.29 \times 0.76 - \left(\dfrac{426 \times 10^{-2}}{1.163} - 4\right) \times 0.049\right]$	0.36 0.48			—
83	绘制沿高度临界含汽率分布曲线	—	按 h_i^* 和算出的相应各点的临界含汽率 x_{lj} 绘出沿高度临界含汽率分布曲线 $x_{lj}=f(h_s^*)$	图 I.4			—
84	沿高度最小含汽率裕度	Δx_{min}	$(x_{lj}-x_s^*)_{min}$,如图 I.4 所示	0.145			—
85	传热恶化校验	—	沿校验管整个高度各点按循环特性计算出的质量含汽率都低于临界含汽率;或管内壁热强度低于临界热强度,并留有裕度(图 I.4),所以不会发生传热恶化,安全。	—			—

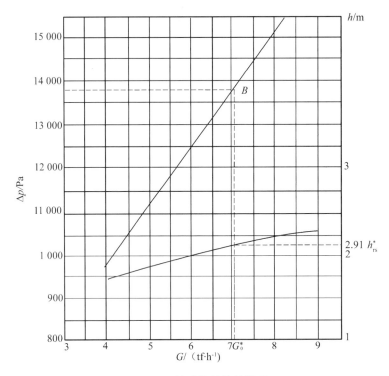

图 I.3 校验管计算特性图

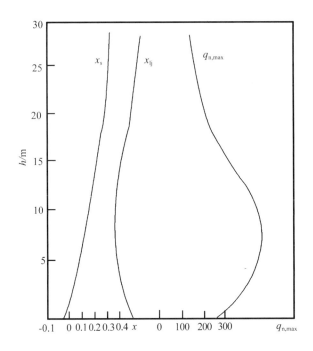

图 I.4 校验管校验特性图

附录 Ⅱ   直流锅炉水动力计算

一台蒸发量为 160 t/h 的水平围绕管圈型直流锅炉,试计算锅炉全压降,确定给水泵的压头、容量和功率,并校验炉膛蒸发受热面是否会发生管间脉动和水动力特性不稳定。

直流锅炉水动力计算步骤如下。

(1)原始数据准备。

① 热力数据见表Ⅱ.1。

表Ⅱ.1   热力数据

序号	项目	符号	计算或数据来源	数值	单位
1	锅炉蒸发量	D	设计任务书	160	t/h
2	过热蒸汽压力(绝压)	p	设计任务书	9.9	MPa
3	过热蒸汽温度	t	设计任务书	540	℃
4	过热蒸汽比容	v	按 p,t 查水蒸气表	0.035 5	m^3/kg
5	给水温度	t_{gs}	设计任务书	215	℃
6	省煤器出口温度	t_{sm}^c	热力计算书	287	℃
7	炉膛蒸发受热面出口湿蒸汽干度	x	热力计算书	0.795	—
8	辐射过热器入口温度	t_{fgr}^r	热力计算书	352	℃
9	减温喷水量	G_{jw}	热力计算书	2.5	t/h
10	减温喷水焓	i_{jw}	省煤器入口水焓,热力计算书	924	kJ/kg
11	辐射过热器前面各受热面工质流量	D_{gr}	—	157.5	t/h
12	对流过热器入口温度	t_{gr}^r	热力计算书	498	℃
13	炉膛蒸发受热面吸热量	Q_{sl}	热力计算书	65 213.8	kW
14	冷灰斗处内壁平均热强度	$\overline{q_1}$	热力计算书	40	kW/m^2
15	下辐射蒸发受热面内壁平均热强度	$\overline{q_2}$	热力计算书	48.6	kW/m^2

② 结构数据准备。工质在锅炉中的流程如图Ⅱ.1所示。

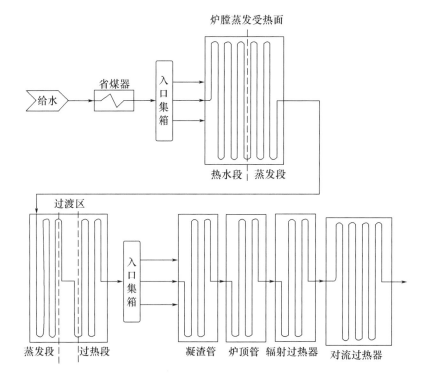

图 Ⅱ.1　工质在直流锅炉中的流程

直流锅炉为倒 U 形布置,给水经水泵送入位于尾部井中的省煤器(对流),在省煤器中被加热升温后进入位于炉膛后墙的下辐射受热面的入口集箱,均匀分配入下辐射受热面。工质在炉膛辐射受热面中被加热到具有干度 $x = 0.795$ 的湿蒸汽时,流入位于尾部井中处于省煤器上部的过渡区吸热。当工质被加热到具有 184.23 kJ/kg 过热度时,经炉膛右侧墙的入口集箱流入位于炉膛出口的凝渣管,然后流经炉顶管位于锅炉上部四侧的辐射式过热器及位于水平连接烟道中的对流过热器后输出。

在辐射过热器出口集箱中喷入自省煤器入口引来的给水并进行减温。

直流锅炉回路各部件的结构尺寸,见表 Ⅱ.2。

表 Ⅱ.2　直流锅炉回路各部件的结构尺寸

回路部件	管内径	管根数	管截面积	管长度	管高度	角度和弯头数
	d_n	n	A	L	h	$\alpha - n$
	mm	根	m²	m	m	(°)度 - 个
省煤器	29	63	0.041 6	87.7	24[②]	180° - 10 60° - 2
连接管	195	1	0.03	14		90° - 3

续表Ⅱ.2

回路部件		管内径	管根数	管截面积	管长度	管高度	角度和弯头数
		d_n	n	A	L	h	$\alpha - n$
		mm	根	m²	m	m	(°)度-个
炉膛蒸发受热面	热水段	24	40	0.018 1	73.73		90° - 13
	蒸发段	30	40	0.028 26	136.95		90° - 19
连接管		195	1	0.03	4.2		90° - 3
过渡区	蒸发段	41	37	0.048 8	40.5		180° - 4 60° - 2
	连接管	195	1	0.03	3.4		90° - 2
	过热段	41	37	0.048 8	40.5	24[②]	180° - 4 60° - 2
连接管		195	1	0.03	4		90° - 2
凝渣管[①] 炉顶管 辐射过热器		41	50	0.066 1	102.6		90° - 8 180° - 4
连接管		195	1	0.03	6		90° - 2
对流过热器		41	53	0.07	18		180° - 5
蒸汽输出管		195	1	0.03	—		—

注:①凝渣管、炉顶过热器、辐射过热器的结构尺寸相同,并合并在一起计算压降,故结构数据列在一起;

②为简化计算,重位压降合在一起估算,故未列出各部件高度,24 m 为锅炉总高度;

③因为在集箱的有效区内有 3 点以上均匀引入(引出)管,并且集箱的截面积大于一根引入(引出)管范围内受热面管子的总截面积,可以不计沿集箱长度的静压变化,所以未列出集箱的结构尺寸。

(2)额定负荷下直流锅炉全压降计算,见表Ⅱ.3。

表Ⅱ.3 额定负荷下直流锅炉全压降计算

序号	项目	符号	计算或数据来源	数值	单位
	(1)对流过热器压降计算				
1	锅炉蒸发量	D	热力数据表	160	t/h
2	出口过热蒸汽比容	v	热力数据表	0.035 5	m³/kg
	a. 过热蒸汽输出管入口阻力计算				
3	输出管截面积	A_{sc}	结构数据表	0.03	m²
4	输出管中流速	W_{sc}	$\dfrac{Dv \times 10^3}{3\ 600\ A_{sc}} = \dfrac{160 \times 0.035\ 5 \times 10^3}{3\ 600 \times 0.03}$	52.6	m/s

续表 Ⅱ.3

序号	项目	符号	计算或数据来源	数值	单位
5	输出管入口阻力系数	ξ_r	按单相汽查得(由集箱端部进入输出管)	0.4	—
6	输出管入口阻力	Δp_{sc}^r	$\xi_r\dfrac{(W_{sc})^2}{2\nu}=0.4\times\dfrac{52.6^2}{2\times0.035\,5}$	15 587	Pa
	b. 对流过热器蛇形管流动阻力计算				
7	过热器蛇形管截面积	A_{gr}^d	结 构 数 据 表	0.07	m²
8	蛇形管出口流速	W_{gr}^c	$\dfrac{D\nu\times10^3}{3\,600\,A_{gr}^d}=\dfrac{160\times0.035\,5\times10^3}{3\,600\times0.07}$	22.54	m/s
9	蛇形管出口阻力系数	ξ_c	查得(出口进入汇流集箱)	1.1	—
10	蛇形管出口阻力	Δp_{gr}^c	$\xi_c\dfrac{(W_{gr})^2}{2\nu}=1.1\times\dfrac{22.54^2}{2\times0.035\,5}$	7 871	Pa
11	过热器入口汽温	t_{gr}^r	热力数据表	498	℃
12	过热器进口集箱压力	p_{gr}^r	先假定,后校核	10.05	MPa
13	蛇形管入口比容	ν_{gr}^r	按 p_{gr}^r、t_{gr}^r 查水蒸气表	0.032 5	m³/kg
14	蛇形管入口流速	W_{gr}^r	$\dfrac{D\nu_{gr}^r\times10^3}{3\,600\,A_{gr}^d}=\dfrac{160\times0.032\,5\times10^3}{3\,600\times0.07}$	20.63	m/s
15	蛇形管入口阻力系数	ξ_r	按单相汽查得 (沿集箱长度均匀进入管子$\dfrac{d_n}{d_{jx}}>0.1$)	0.8	—
16	蛇形管入口阻力	Δp_{gr}^r	$\xi_r\dfrac{(W_{gr}^r)^2}{2\nu_{gr}^r}=0.8\times\dfrac{20.63^2}{2\times0.032\,5}$	5 238	Pa
17	蛇形管内平均压力	$\bar p_{gr}$	$\dfrac12(p_{gr}^c+p_{gr}^r)=\dfrac12\times(9.9+10.05)$	9.975	Pa
18	蛇形管内平均温度	$\bar t_{gr}$	$\dfrac12(t_{gr}^c+t_{gr}^r)=\dfrac12\times(540+498)$	519	℃
19	蛇形管内平均比容	$\bar\nu_{gr}$	按 $\bar p_{gr}$、$\bar t_{gr}$ 查水蒸气表	0.034 5	m³/kg
20	蛇形管内平均流速	$\bar W_{gr}$	$\dfrac{D\bar\nu_{gr}\times10^3}{3\,600\,A_{gr}^d}=\dfrac{160\times0.034\,5\times10^3}{3\,600\times0.07}$	21.9	m/s
21	蛇形管长度	L_{gr}	结构数据表	18	m
22	蛇形管内径	d_{gr}	结构数据表	41	mm
23	摩擦阻力系数	λ	$\dfrac{1}{4\left[\lg\left(3.7\dfrac{d_{gr}}{k}\right)\right]^2}=\dfrac{1}{4\left[\lg\left(3.7\times\dfrac{41}{0.06}\right)\right]^2}$	0.026	—

续表Ⅱ.3

序号	项目	符号	计算或数据来源	数值	单位
24	弯头阻力系数	$\sum \xi_{wt}$	5×0.42	2.1	
25	摩擦和弯头阻力	Δp_{gr}^{p}	$\left(\lambda \dfrac{L_{gr}}{d_{ng}} + \sum \xi_{wt} \right) \dfrac{(\overline{W}_{gr})^2}{2 \, \overline{\nu}_{gr}}$ $= \left(0.0216 \times \dfrac{18}{0.041} + 2.1 \right) \times \dfrac{21.9^2}{2 \times 0.0345}$	80 511	Pa
26	蛇形管流动阻力	Δp_{ld}^{gr}	$\Delta p_{gr}^{c} + \Delta p_{gr}^{p} + \Delta p_{gr}^{r} = 7\,871 + 80\,511 + 5\,238$	93 620	Pa
c. 对流过热器进口集箱至辐射过热器出口集箱连接管出口阻力计算					
27	连接管截面积	A_{ll}	结构数据表	0.03	m²
28	连接管出口流速	W_{ll}^{c}	$\dfrac{D\nu_{gr}^{r} \times 10^3}{3\,600\,A_{ll}} = \dfrac{160 \times 0.0325 \times 10^3}{3\,600 \times 0.03}$	48.15	m/s
29	连接管出口阻力系数	ξ_c	查得(连接管自端部进入过热器进口集箱)	0.7	—
30	连接管出口阻力	Δp_{ll}^{c}	$\xi_c \dfrac{(W_{ll}^{c})^2}{2\nu_{gr}^{r}} = 0.7 \times \dfrac{48.15^2}{2 \times 0.0325}$	24 968	Pa
d. 过热器加速压降计算					
31	过热器加速压降	Δp_{js}^{gr}	$\dfrac{W_{sc}^2}{\nu_{gr}^{r}} - \dfrac{(W_{ll}^{c})^2}{\nu_{gr}^{r}} = \dfrac{52.6^2}{0.0355} - \dfrac{(48.15)^2}{0.0325}$	6 601	Pa
e. 对流过热器压降计算(未包括重位压降并忽略集箱中静压变化)					
32	对流过热器压降	Δp_{gr}^{d}	$\Delta p \Delta p_{sc}^{r} + \Delta p_{ld}^{gr} + \Delta p_{ll}^{c} + \Delta p_{js}^{gr}$ $= 15\,587 + 93\,620 + 24\,968 + 6\,601$	140 776	Pa
33	假定进口集箱压力的校核	—	进口集箱压力 $\Delta p_{gr}^{r} = P + \sum \Delta p_{gr}^{d} = 9.9 +$ $0.140\,776 = 10.04$ 与假定值10.05相近,可不需再做假定重新计算	—	MPa
(2)辐射过热器等的压降计算:辐射过热器、炉顶过热器和凝渣管的压降一起计算					
a. 辐射过热器等出口集箱至对流过热器进口集箱间的连接管压降计算:忽略加速压降并估计连接管内阻力小于0.2 MPa,计算时的热力参数可按照其出口参数计算,即					
34	连接管内比容	ν_{ll}	按 p_{ll}^{c}、t_{ll}^{c} 查水蒸气表	0.032 52	m³/kg
35	连接管内流速	W_{ll}	$\dfrac{D\nu_{ll} \times 10^3}{3\,600\,A_{ll}} = \dfrac{160 \times 0.032\,52 \times 10^3}{3\,600 \times 0.03}$	48.18	m/s
36	连接管内径	d_{ll}	结构数据表	195	mm
37	管壁粗糙度	k	按碳钢选取	0.06	mm
38	摩擦阻力系数	λ	$\dfrac{1}{4\left[\lg\left(3.7\dfrac{d_{ll}}{k} \right) \right]^2} = \dfrac{1}{4\left[\lg\left(3.7 \times \dfrac{195}{0.06} \right) \right]^2}$	0.015	—

续表 Ⅱ.3

序号	项目	符号	计算或数据来源	数值	单位
39	弯头阻力系数	$\sum \xi_{wt}$	按90°查得　2×22(两个)	0.44	
40	入口阻力系数	ξ_r	查得(由集箱端部进入管子)	0.4	
41	连接管长度	L_{ll}	结构数据表	6	m
42	连接管压降	$\sum \Delta p_{ll}$	$\left(\lambda \dfrac{L_{ll}}{d_{ll}} + \sum \xi_{wt} + \xi_r \right) \dfrac{W_{ll}^2}{2\nu_{ll}}$ $= \left(0.015 \times \dfrac{6}{0.195} + 0.44 + 0.4 \right) \times \dfrac{48.18^2}{2 \times 0.032\ 52}$	46 453	Pa
43	连接管入口压力	p_{ll}^r	$p_1^c + \sum \Delta p_{ll} = 10.04 + 0.046\ 453$	10.086	MPa

b. 喷水前辐射过热器出口参数计算:在辐射过热器出口集箱中进行喷水减温,喷水后温度为498 ℃,压力为10.086 MPa

序号	项目	符号	计算或数据来源	数值	单位
44	减温喷水量	G_{jw}	热力数据表	2.5	t/h
45	喷水前过热器流量	D_{gr}	$D - G_{jw} = 160 - 2.5$	157.5	t/h
46	喷水后连接管入口焓	i_{ll}^r	按 p_{ll}^r、t_{ll}^r 查水蒸气表	3 368.4	kJ/kg
47	减温喷水焓	i_{jw}	热力数据表	924	kJ/kg
48	喷水前辐射过热器出口焓	i_{gr}^c	按热平衡 $\dfrac{Di_{ll}^r - G_{jw}i_{jw}}{D_{gr}} = \dfrac{160 \times 3\ 368.4 - 2.5 \times 924}{157.5}$	3 407.2	kJ/kg
49	喷水减温器压降	Δp_{jw}	因在辐射过热器出口集箱中喷水,喷水压降可忽略	0	Pa
50	喷水前辐射过热器出口压力	p_{gr}^c	$\Delta p_{ll}^r + \Delta p_{jw} = 10.086 + 0$	10.086	MPa
51	喷水前辐射过热器出口温度	t_{gr}^c	按 p_{gr}^c、i_{gr}^c 查水蒸气表	513.3	℃
52	喷水前辐射过热器出口比容	ν_{gr}^c	按 p_{gr}^c、t_{gr}^c 查水蒸气表	0.033 3	m³/kg

c. 辐射过热器等管流动阻力计算

序号	项目	符号	计算或数据来源	数值	单位
53	过热器截面积	A_{gr}^f	结构数据表	0.066 1	m²
54	过热器管出口流速	W_{gr}^c	$\dfrac{D_{gr}\nu_{gr}^c \times 10^3}{3\ 600 A_{gr}^f} = \dfrac{157.5 \times 0.033\ 3 \times 10^3}{3\ 600 \times 0.066\ 1}$	22.04	m/s
55	过热器管出口阻力系数	ξ_c	查得(出口进入汇流集箱)	1.1	—
56	过热器管出口阻力	Δp_{gr}^c	$\xi_c \dfrac{(W_{gr}^c)^2}{2\nu_{gr}^c} = 1.1 \times \dfrac{22.04^2}{2 \times 0.033\ 3}$	8 023	Pa

续表Ⅱ.3

序号	项目	符号	计算或数据来源	数值	单位
57	过热器入口汽温	t_{gr}^r	热力数据表	352	℃
58	过热器进口集箱压力	p_{gr}^r	先假定,后校核	10.5	MPa
59	过热器入口比容	ν_{gr}^r	按 p_{gr}^r、t_{gr}^r 查水蒸气表	0.021 3	m^3/kg
60	过热器管入口流速	W_{gr}^r	$\dfrac{D_{gr}\nu_{gr}^r \times 10^3}{3\,600 A_{gr}^f} = \dfrac{157.5 \times 0.021\,3 \times 10^3}{3\,600 \times 0.066\,1}$	14.1	m/s
61	过热器管入口阻力系数	ξ_r	查得(沿进口集箱均匀引入)	0.8	
62	过热器管入口阻力	Δp_{gr}^r	$\xi_r \dfrac{(W_{gr}^r)^2}{2\nu_{gr}^r} = 0.8 \times \dfrac{14.1^2}{2 \times 0.021\,3}$	3 734	Pa
63	过热器管内平均压力	$\bar{p}_{gr}$	$\dfrac{1}{2}(p_{gr}^c + p_{gr}^r) = \dfrac{1}{2}(10.086 + 10.5)$	10.293	MPa
64	过热器管内平均温度	$\bar{t}_{gr}$	$\dfrac{1}{2}(t_{gr}^c + t_{gr}^r) = \dfrac{1}{2}(513.3 + 352)$	432.7	℃
65	过热器管内平均比容	$\bar{\nu}_{gr}$	按 $\bar{p}_{gr}$、$\bar{t}_{gr}$ 查水蒸气表	0.027 82	m^3/kg
66	过热器管内平均流速	$\bar{W}_{gr}$	$\dfrac{D_{gr}\bar{\nu}_{gr} \times 10^3}{3\,600 A_{gr}^f} = \dfrac{157.5 \times 0.027\,82 \times 10^3}{3\,600 \times 0.066\,1}$	18.41	m/s
67	过热器管长度	L_{gr}^f	结构数据表	102.6	m
68	摩擦阻力系数	λ	$\dfrac{1}{4\left[\lg\left(3.7\dfrac{d_{gr}}{k}\right)\right]^2} = \dfrac{1}{4\left[\lg\left(3.7 \times \dfrac{41}{0.06}\right)\right]^2}$	0.021 6	—
69	管弯头阻力系数	$\sum \xi_{wt}$	$8 \times 0.22 + 2 \times 0.32 + 2 \times 0.42$	3.24	—
70	管摩擦和弯头阻力	Δp_{gr}^p	$\left(\lambda\dfrac{L_{gr}^f}{d_{ng}} + \sum \xi_{wt}\right)\dfrac{(\bar{W}_{gr})^2}{2\bar{\nu}_{gr}}$ $= \left(0.0216 \times \dfrac{102.6}{0.041} + 3.24\right) \times \dfrac{18.41^2}{2 \times 0.027\,82}$	348 995	Pa
71	过热器管流动阻力	Δp_{ld}^{gr}	$\Delta p_{gr}^c + \Delta p_{gr}^p + \Delta p_{gr}^r = 8\,023 + 348\,995 + 3\,734$	360 752	Pa
	d. 辐射过热器等加速压降计算				
72	过热器等加速压降	Δp_{js}^{gr}	$\dfrac{(W_{gr}^c)^2}{\nu_{gr}^c} - \dfrac{(W_{gr}^r)^2}{\nu_{gr}^r} = \dfrac{22.04^2}{0.033\,3} - \dfrac{14.1^2}{0.021\,3}$	5 254	Pa
	e. 辐射过热器等压降计算(未包括重位压降并忽略集箱中静压变化)				
73	辐射过热器等压降	$\sum \Delta p_{gr}^f$	$\Delta p_{ld}^{gr} + \Delta p_{js}^{gr} = 360\,752 + 5\,254$	366 006	Pa
74	假定进口集箱压力校核	—	进口集箱压力 $p_{gr}^r = p_{gr}^c + \sum \Delta p_{gr}^f =$ 10.086 + 0.366 = 10.452 与假定值 10.5 相近,不需再假定计算	—	MPa

续表 II.3

序号	项目	符号	计算或数据来源	数值	单位
	(3) 过渡区压降计算:包括过热段和蒸发段,应分别计算				
	a. 辐射过热器等进口集箱至过渡区过热段出口集箱间的连接管压降计算;忽略加速压降并估计连接管内阻力小于 0.2 MPa,故可按出口参数计算,即				
75	连接管内径	d_{l2}	结构数据表	195	mm
76	连接管截面积	A_{l2}	结构数据表	0.03	m²
77	连接管内比容	ν_{l2}	查水蒸气表	0.021 4	m³/kg
78	连接管内流速	W_{l2}	$\dfrac{D_{gr}\nu_{l2}\times 10^3}{3\ 600 A_{l2}} = \dfrac{157.5\times 0.021\ 4\times 10^3}{3\ 600\times 0.03}$	31.2	m/s
79	管出口阻力系数	ξ_c	查得(管由端部引入进口集箱)	0.7	—
80	管摩擦阻力系数	λ	同连接管 1	0.015	—
81	管弯头阻力系数	$\sum\xi_{wt}$	2×0.22	0.44	—
82	管入口阻力系数	ξ_r	查得(由集箱端部引入管子)	0.4	—
83	连接管长度	L_{l2}	结构数据	4	m
84	连接管压降	$\sum\Delta p_{l2}$	$\left(\lambda\dfrac{L_{l2}}{d_{l2}}+\xi_c+\sum\xi_{wt}+\xi_r\right)\dfrac{W_{l2}^2}{2\nu_{l2}}$ $=\left(0.015\times\dfrac{4}{0.195}+0.7+0.4\right)\times\dfrac{31.2^2}{2\times 0.021\ 4}$	42 024	Pa
85	连接管入口压力	p_{l2}^r	$p_{gr}^r+\sum\Delta p_{l2}=10.452+0.042\ 024$	10.494	MPa
	b. 过热段压降计算				
	(a) 过热段管流动阻力计算				
86	过热段管内径	d_{gg}	结构数据表	41	mm
87	过热段管截面积	A_{gg}	结构数据表	0.048 8	m²
88	过热段管长度	L_{gg}	结构数据表	40.5	m
89	过热段出口比容	ν_{gg}^c	按 $p_{gg}^c=p_{l2}^r$、$t_{gg}^c=t_{l2}$ 查水蒸气表	0.021 3	m³/kg
90	过热段管出口流速	W_{gg}^c	$\dfrac{D_{gr}\nu_{gg}^c\times 10^3}{3\ 600 A_{gg}}=\dfrac{157.5\times 0.021\ 3\times 10^3}{3\ 600\times 0.048\ 8}$	19.1	m/s
91	管出口阻力系数	ξ_c	查得(出口进入汇流集箱)	1.1	—
92	管出口阻力	Δp_{gg}^c	$\xi_c\dfrac{(W_{gg}^c)^2}{2\nu_{gg}^c}=1.1\times\dfrac{19.1^2}{2\times 0.021\ 3}$	9 420	Pa
93	过热段进口集箱压力	p_{gg}^r	先假定,后校核	10.7	MPa
94	管入口比容	ν_{gg}^r	入口为饱和蒸汽,按 p_{gg}^r 查水蒸气表	0.016 58	m³/kg

续表Ⅱ.3

序号	项目	符号	计算或数据来源	数值	单位
95	管入口流速	W_{gg}^{r}	$\dfrac{D_{gg}\nu_{gg}^{r}\times 10^{3}}{3\,600A_{gg}} = \dfrac{157.5\times 0.016\,58\times 10^{3}}{3\,600\times 0.048\,8}$	14.86	m/s
96	管入口阻力系数	ξ_{r}	查得(沿集箱长度均匀引入管子)	0.8	
97	管入口阻力	p_{gg}^{r}	$\xi_{r}\dfrac{(W_{gg}^{r})^{2}}{2\nu_{gg}^{r}} = 0.8\times\dfrac{14.86^{2}}{2\times 0.016\,58}$	5 327	Pa
98	管内平均压力	$\bar{p}_{gg}$	$\dfrac{1}{2}(p_{gg}^{c}+p_{gg}^{r}) = \dfrac{1}{2}(10.494+10.7)$	10.597	MPa
99	管入口饱和温度	t_{gg}^{r}	按 p_{gg}^{r} 查水蒸气表	316	℃
100	管内平均温度	$\bar{t}_{gg}$	$\dfrac{1}{2}(t_{gg}^{c}+t_{gg}^{r}) = \dfrac{1}{2}(352+316)$	334	℃
101	管内平均比容	$\bar{\nu}_{gg}$	按 $\bar{P}_{gg}$、$\bar{t}_{gg}$ 查水蒸气表	0.018 1	m³/kg
102	管内平均流速	$\bar{w}_{gg}$	$\dfrac{D_{gr}\bar{\nu}_{gg}\times 10^{3}}{3\,600A_{gg}} = \dfrac{157.5\times 0.018\,1\times 10^{3}}{3\,600\times 0.048\,8}$	16.23	m/s
103	摩擦阻力系数	λ	$\dfrac{1}{4\left[\lg\left(3.7\dfrac{d_{gg}}{k}\right)\right]^{2}} = \dfrac{1}{4\left[\lg\left(3.7\times\dfrac{41}{0.06}\right)\right]^{2}}$	0.021 6	—
104	管弯头阻力系数	$\sum\xi_{wt}$	$4\times 0.42 + 2\times 0.42$	2.08	—
105	管摩擦和弯头阻力	Δp_{gg}^{p}	$\left(\lambda\dfrac{L_{gg}}{d_{gg}}+\sum\xi_{wt}\right)\dfrac{(\overline{W_{gg}})^{2}}{2\bar{\nu}_{gg}}$ $= \left(0.021\,6\times\dfrac{40.5}{0.041}+2.08\right)\times\dfrac{16.23^{2}}{2\times 0.018\,1}$	170 393	Pa
106	管流动阻力	Δp_{ld}^{gg}	$\Delta p_{gg}^{c}+\Delta p_{gg}^{p}+\Delta p_{gg}^{r} = 9\,420 + 170\,393 + 5\,327$	185 140	Pa
	(b)过热段压降计算(未包括重位压降并忽略集箱中静压变化、加速压降)				
107	过热段压降	$\sum\Delta p_{gg}$	$\Delta p_{gg} = \Delta p_{ld}^{gg}$	185 140	Pa
108	假定进口集箱压力校核	—	进口集箱压力 $p_{gg}^{r} = p_{gg}^{c} + \sum\Delta p_{gg} =$ $10.494 + 0.185\,14 = 10.68$ 与假定值10.7相近,不需再假定计算		MPa
	c.过热段进口集箱至蒸发段出口集箱间连接管的压降计算:忽略加速压降并估计管内阻力小于0.2 MPa,可按出口参数计算,即 $p_{l3} = p_{gg}^{r} = 10.68$ MPa,$t_{l3} = t_{gg}^{r} = 316$ ℃					
109	连接管内径	d_{l3}	结构数据表	195	mm

续表 II.3

序号	项目	符号	计算或数据来源	数值	单位
110	连接管截面积	A_{l3}	结构数据表	0.03	m^2
111	连接管长度	L_{l3}	结构数据表	3.4	m
112	连接管内比容	ν_{l3}	按 p_{l3}、查水蒸气表	0.016 62	m^3/kg
113	连接管内流速	W_{l3}	$\dfrac{D_{gr}\nu_{l3}\times 10^3}{3\,600 A_{l3}}=\dfrac{157.5\times 0.016\,62\times 10^3}{3\,600\times 0.03}$	24.24	m/s
114	连接管出口阻力系数	ξ_c	查得(管由端部引入进口集箱)	0.7	—
115	连接管摩擦阻力系数	λ	同连接管 1	0.015	—
116	连接管弯头阻力系数	$\sum \xi_{wt}$	2×0.22	0.44	—
117	连接管入口阻力系数	ξ_r	查得(由集端部进管子)	0.4	—
118	连接管压降	$\sum \Delta p_{l3}$	$\left(\lambda\dfrac{L_{l3}}{d_{l3}}+\xi_c+\sum\xi_{wt}+\xi_r\right)\dfrac{W_{l3}^2}{2\nu_{l3}}$ $=\left(0.015\times\dfrac{3.4}{0.195}+0.7+0.44+0.4\right)$ $\times\dfrac{24.24^2}{2\times 0.016\,62}$	318 45	Pa
119	连接管入口压力	p_{l3}^r	$p_{l3}^c+\sum\Delta p_{l3}=10.68+0.318\,45$	11	MPa
	d. 蒸发段压降计算				
	(a) 蒸发段管流动阻力计算				
120	蒸发段管出口压力	p_{gz}^c	$p_{gz}^c=p_{l3}^r$	11	MPa
121	蒸发段管内径	d_{gz}	结构数据表	41	mm
122	蒸发段管截面积	A_{gz}	结构数据表	0.048 8	m^2
123	蒸发段管长度	L_{gz}	结构数据表	40.5	m
124	蒸发段管出口比容	ν_{gz}^c	饱和蒸汽($x_c=1$)按 p_{gz}^c 查水蒸气表 2.50	0.016	m^3/kg
125	蒸发段管出口流速	W_{gz}^c	$\dfrac{D_{gz}\nu_{gz}^c\times 10^3}{3\,600 A_{gz}}=\dfrac{157.5\times 0.016\times 10^3}{3\,600\times 0.048\,8}$	14.34	m/s
126	蒸发段管出口阻力系数	ξ_c	查得(出口进入汇流集箱)	1.1	—
127	蒸发段管出口阻力	Δp_{gz}^c	$\xi_c\dfrac{(W_{gz}^c)^2}{2\nu_{gz}^c}=1.1\times\dfrac{14.34^2}{2\times 0.016}$	7 069	Pa
128	蒸发段入口蒸汽干度	x_r	热力数据表	0.897 5	—
129	蒸发段管内蒸汽平均干度	$\bar{x}$	$\dfrac{1}{2}(x_c+x_r)=\dfrac{1}{2}(1+0.795)$	0.897 5	—
130	蒸发段管内质量流速	ρW	$\dfrac{D_{gz}\times 10^3}{3\,600 A_{gz}}=\dfrac{157.5\times 10^3}{3\,600\times 0.048\,8}$	895.6	kg/ $m^2\cdot s$

续表Ⅱ.3

序号	项目	符号	计算或数据来源	数值	单位
131	饱和水密度	ρ'	按 Δp_{gz}^c 查水蒸气表	671.7	kg/m³
132	饱和蒸汽密度	$\rho''P$	按 Δp_{gz}^c 查水蒸气表	62.48	kg/m³
133	循环流速	W_0	$\dfrac{\rho W}{\rho'} = \dfrac{896.5}{671.7}$	1.33	m/s
134	蒸发段管摩擦阻力系数	λ	$\dfrac{1}{4\left[\lg\left(3.7\dfrac{d_{gz}}{k}\right)\right]^2} = \dfrac{1}{4\left[\lg\left(3.7\times\dfrac{41}{0.06}\right)\right]^2}$	0.0216	—
135	两相摩擦阻力校正系数	ψ	按 $\rho W < 1\,000$ kg/m²s，且 $x_c - x_r = 1 - 0.795 = 0.205 > 0.1$：查得：$\psi_c = 1.05$；$\psi_r = 1.06$；$\dfrac{\psi_c x_c - \psi_r x_r}{x_c - x_r} = \dfrac{1.05 \times 1 - 1.06 \times 0.795}{1 - 0.795}$	1.01	—
136	两相弯头阻力系数	$\sum \xi'_{wt}$	查得：转弯180°上弯头：$3.64\xi_{wt} = 3.64 \times 0.42 = 1.5288$，4个为 $4 \times 1.5288 = 6.1152$；转弯60°弯头，因弯头后管段长度很短，可取单相流体弯头阻力系数，两个为 $2 \times 0.2 = 0.4$。合计：$6.1152 + 0.4$	6.5152	—
137	摩擦和弯头阻力	Δp_{gz}^p	$\left(\psi\lambda\dfrac{L_{gz}}{d_{gz}} + \sum\xi'_{wt}\right)\left[1 + \bar{x}\left(\dfrac{\rho'}{\rho''} - 1\right)\right]\dfrac{W_0^2}{2}\rho'$ $= \left(1.01 \times 0.0216 \times \dfrac{40.5}{0.041} + 6.5152\right)$ $\times\left[1 + 0.8975\times\left(\dfrac{671.7}{62.48} - 1\right)\right]\times\dfrac{1.33^2}{2}\times 671.7$	162 583	Pa
138	两相入口阻力系数	ξ'_r	进入水平管与单相流体相同，查表得	0.8	—
139	蒸发段管入口阻力	Δp_{gz}^r	$\xi'_r\left[1 + x_r\left(\dfrac{\rho'}{\rho''P} - 1\right)\right]\dfrac{W_0^2}{2}\rho'$ $= 0.8\left[1 + 0.795\left(\dfrac{671.7}{62.48} - 1\right)\right]\times\dfrac{1.33^2}{2}\times 671.7$	4 159	Pa
140	蒸发段流动阻力	Δp_{ld}^{gz}	$\Delta p_{gz}^c + \Delta p_{gz}^p + \Delta p_{gz}^r = 7\,069 + 162\,583 + 4\,159$ 此值小于 0.2 MPa，所以用出口参数计算是可以的	173 811	Pa
（b）蒸发段压降计算（未包括重位压降并忽略集箱中静压变化、加速压降）					
141	蒸发段压降	$\sum \Delta p_{gz}$	$\sum \Delta p_{gz} = \Delta p_{ld}^{gz}$	173 811	Pa
142	蒸发段进口集箱压力	Δp_{gz}^r	$\Delta p_{gz}^c + \sum \Delta p_{gz} = 11 + 0.173\,811$	11.17	MPa
（4）炉膛蒸发受热面压降计算：包括蒸发段和热水段，分别计算					

续表 Ⅱ.3

序号	项目	符号	计算或数据来源	数值	单位
a. 蒸发受热面出口集箱至过渡区蒸发段进口集箱间连接管的压降计算					
143	连接管内径	d_{l4}	结构数据表	195	mm
144	连接管截面积	A_{l4}	结构数据表	0.03	m^2
145	连接管长度	L_{l4}	结构数据表	4.2	m
146	连接管出口压力	p_{l4}^c	$p_{l4}^c = p_{gz}^r$	11.17	MPa
147	饱和水密度	ρ'	按 Δp_{l4}^c 查水蒸气表	668.9	kg/m^3
148	饱和蒸汽密度	$\rho''p$	按 Δp_{l4}^c 查水蒸气表	63.72	kg/m^3
149	管内质量流速	ρW	$\dfrac{D_{gz} \times 10^3}{3\,600 A_{l4}} = \dfrac{157.5 \times 10^3}{3\,600 \times 0.03}$	1 458	$kg/m^2 \cdot s$
150	管内循环流速	W_0	$\dfrac{\rho W}{\rho'} = \dfrac{1\,458}{668.9}$	2.18	m/s
151	管出口阻力系数	ξ_c	按两相流取	1.2	—
152	管摩擦阻力系数	λ	同连接管 1	0.015	—
153	两相摩擦阻力校正系数	ψ	按 $\rho W < 1\,000$ kg/m^2·s,公式: $x = 0.795$; $1 + \dfrac{x(1-x)\left(\dfrac{1\,000}{\rho W} - 1\right)\dfrac{\rho'}{\rho''P}}{1 + (1-x)\left(\dfrac{\rho'}{\rho''P} - 1\right)} =$ $1 + \dfrac{0.795 \times (1-0.795) \times \left(\dfrac{1\,000}{1\,458} - 1\right) \times \dfrac{668.9}{63.72}}{1 + (1-0.795) \times \left(\dfrac{668.9}{63.72} - 1\right)}$	0.817 6	—
154	两相弯头阻力系数	$\sum \xi_{wt}'$	查得(弯头后为水平管段或 $L_{l4}/d_{l4} < 10$): $\sum \xi_{wt}' = \sum \xi_{wt} = 3 \times 0.22$	0.66	—
155	两相入口阻力系数	ξ_r'	与单相流体相同,查表 9.62	0.4	—
156	摩擦和弯头阻力	Δp_{ld}^{l4}	$\left(\xi_c' + \psi\lambda\dfrac{L_{l4}}{d_{l4}} + \sum \xi_{wt}' + \xi_r'\right)\left[1 + x\left(\dfrac{\rho'}{\rho''} - 1\right)\right]$ $\dfrac{W_0^2}{2}\rho' = \left(1.2 + 0.817\,6 \times 0.015 \times \dfrac{4.2}{0.195} + 0.66 + 0.4\right)$ $\times \left[1 + 0.795 \times \left(\dfrac{668.9}{63.72} - 1\right)\right] \times \dfrac{2.18^2}{2} \times 668.9$	34 304	Pa
157	连接管压降	$\sum \Delta p_{l4}$	未包括重位压降并忽略加速压降: $\sum \Delta p_{l4} = \Delta p_{ld}^{l4}$	34 304	Pa
158	连接管入口压力	p_{l4}^r	$p_{l4}^c + \sum \Delta p_{l4} = 11.17 + 0.034\,3$	11.204 3	MPa
b. 蒸发段压降计算					

续表 Ⅱ.3

序号	项目	符号	计算或数据来源	数值	单位
	（a）蒸发段流动阻力计算				
159	蒸发段管内径	d_{zf}	结构数据表	30	mm
160	蒸发段管截面积	A_{zf}	结构数据表	0.028 26	m²
161	蒸发段管长度	L_{sl}	$L_{zf} + L_{rs} = 136.95 + 73.73$	210.68	m
162	蒸发段管出口压力	p_{zf}^{c}	$p_{zf}^{c} = p_{l4}^{r}$	11.204 3	MPa
163	沸腾点压力	p_{ft}	先假定,后校核	12.1	MPa
164	蒸发段平均压力	$\bar{p}_{zf}$	$\frac{1}{2}(p_{gz}^{c} + p_{ft}) = \frac{1}{2}(11.2043 + 12.1)$	11.652	MPa
165	蒸发段出口压力下饱和水密度	$\rho'' p_{c}$	按 p_{zf}^{c} 查水蒸气表	667.7	kg/m³
166	蒸发段出口压力下饱和蒸汽密度	$\rho'' p_{c}$	按 p_{zf}^{c} 查水蒸气表	64.26	kg/m³
167	蒸发段平均压力下饱和水密度	ρ'	按 $\bar{p}_{zf}$ 查水蒸气表	660.8	kg/m³
168	蒸发段平均压力下饱和蒸汽密度	$\rho'' p$	按 $\bar{p}_{zf}$ 查水蒸气表	67.33	kg/m³
169	蒸发段平均压力下汽化潜热	r	按 $\bar{p}_{zf}$ 查水蒸气表	1218.8	kJ/kg
170	蒸发受热面吸热量	Q_{sl}	按吸热量分配	65 213.8	kW
171	蒸发受热面中工质焓增	Δi_{sl}	$3.6 \dfrac{Q_{sl}}{D_{zf}} = 3.6 \times \dfrac{65\,213.8}{157.5}$	1 490.6	kJ/kg
172	蒸发段出口干度	x	热力数据表	0.795	—
173	蒸发段长度	L_{zf}	按热平衡求： $\dfrac{xrL_{sl}}{3\,600A_{zf}} = \dfrac{0.795 \times 1\,218.8 \times 210.68}{1\,490.6}$	136.95	m
174	管内质量流速	ρW	$\dfrac{D_{zf} \times 10^{3}}{3\,600A_{zf}} = \dfrac{157.5 \times 10^{3}}{3\,600 \times 0.028\,26}$	1 548.12	kg/(m²·s)
175	管出口阻力系数	ξ_{c}'	按两相流选取	1.2	—
176	蒸发段管出口阻力	Δp_{zf}^{c}	$\xi_{c}'\left[1 + x\left(\dfrac{\rho_{c}'}{\rho_{c}'' p_{c}} - 1\right)\right]\dfrac{(\rho W)^{2}}{2\rho_{c}'}$ $= 1.2 \times \left[1 + 0.795\left(\dfrac{667.7}{64.26} - 1\right)\right] \times \dfrac{1\,548.12^{2}}{2 \times 667.7}$	18 232	Pa

续表 II.3

序号	项目	符号	计算或数据来源	数值	单位
177	蒸发段平均干度	$\bar{x}$	$\dfrac{x}{2} = \dfrac{0.795}{2}$	0.397 5	—
178	管摩擦阻力系数	λ	$\dfrac{1}{4\left[\lg\left(3.7\,\dfrac{d_{zf}}{k}\right)\right]^2} = \dfrac{1}{4\left[\lg\left(3.7 \times \dfrac{30}{0.06}\right)\right]^2}$	0.023 4	—
179	摩擦阻力校正系数	ψ	按 $\rho W > 1\,000\ \mathrm{kg/m^2 s}$,公式:$\bar{x} = 0.397\,5$; $$1 + \dfrac{\bar{x}(1-\bar{x})\left(\dfrac{1\,000}{\rho W}-1\right)\dfrac{\rho'}{\rho''p}}{1 + (1-\bar{x})\left(\dfrac{\rho'}{\rho''p}-1\right)}$$ $$= 1 + \dfrac{0.397\,5 \times (1-0.397\,5) \times \left(\dfrac{1\,000}{1\,458}-1\right) \times \dfrac{660.8}{67.33}}{1 + (1-0.397\,5) \times \left(\dfrac{660.8}{67.33}-1\right)}$$	0.868	—
180	弯头阻力系数	$\sum \xi'_{wt}$	弯头出口为水平段,按单相流体计算: 19×0.22	4.18	—
181	蒸发段管摩擦和弯头阻力	Δp_{zf}^{p}	$$\left(\psi\lambda\dfrac{L_{zf}}{d_{zf}} + \sum \xi'_{wt}\right)\left[1 + x\left(\dfrac{\rho'}{\rho''}-1\right)\right]\dfrac{(\rho W)^2}{2\rho'}$$ $$= \left(0.868 \times 0.023\,4 \times \dfrac{136.95}{0.03} + 4.18\right)$$ $$\times \left[1 + 0.397\,5 \times \left(\dfrac{660.8}{67.33}-1\right)\right] \times \dfrac{1\,548.12^2}{2 \times 660.8}$$	791 412	Pa
182	蒸发段流动阻力	Δp_{ld}^{zf}	$\Delta p_{zf}^{c} + \Delta p_{zt}^{p} = 18\,232 + 791\,412$	809 644	Pa
	(b) 蒸发段压降计算				
183	蒸发段压降	$\sum \Delta p_{zf}$	未包括重位压降并忽略加速压降 $$\sum \Delta p_{zf} = \Delta p_{ld}^{zf}$$	809 644	Pa
184	蒸发段进口集箱压力	—	沸腾点压力 $p_{ft} = p_{zf}^{c} + \sum \Delta p_{zf} =$ $11.204\,3 + 0.809\,644 = 12.02$ 与假定值 12.1 相近,不需再假定重算		MPa
	c. 热水段压降计算				
	(a) 热水段流动阻力计算				
185	热水段管内径	d_{rs}	结构数据表	24	mm
186	热水段管截面积	A_{rs}	结构数据表	0.018 1	$\mathrm{m^2}$
187	热水段管长度	L_{rs}	$L_{sl} - L_{zf} = 210.68 - 136.95$	73.73	m
188	热水段进口集箱压力	p_{rs}^{r}	先假定,后校核	12.35	MPa

续表Ⅱ.3

序号	项目	符号	计算或数据来源	数值	单位
189	热水段平均压力	$\bar{p}_{rs}$	$\frac{1}{2}(p_{ft}+p_{rs}^r)=\frac{1}{2}(12.02+12.35)$	12.185	MPa
190	热水段出口比容	ν_{rs}^c	饱和水比容,按 p_{ft} 查水蒸气表	0.001 5275	m³/kg
191	热水段入口温度	t_{rs}^r	$t_{rs}^r=t_{sm}^c$（见热力数据表）	287	℃
192	热水段入口比容	ν_{rs}^r	按 p_{rs}^r、t_{rs}^r 查水蒸气表	0.001 34 111	m³/kg
193	热水段平均比容	$\bar{\nu}_{rs}$	$\frac{1}{2}(\nu_{rs}^c+\nu_{rs}^r)$ $=\frac{1}{2}(0.001\ 527\ 5+0.001\ 341\ 11)$	0.001 4343	m³/kg
194	热水段平均流速	$\bar{W}_{rs}$	$\dfrac{D_{rs}\bar{\nu}_{rs}\times10^3}{3\ 600A_{rs}}=\dfrac{157.5\times0.001\ 434\ 3\times10^3}{3\ 600\times0.018\ 1}$	3.47	m/s
195	热水段入口流速	W_{rs}^r	$\dfrac{D_{rs}\nu_{rs}^r\times10^3}{3\ 600A_{rs}}=\dfrac{157.5\times0.001\ 341\ 11\times10^3}{3\ 600\times0.018\ 1}$	3.24	m/s
196	摩擦阻力系数	λ	$\dfrac{1}{4\left[\lg\left(3.7\dfrac{d_{rs}}{k}\right)\right]^2}=\dfrac{1}{4\left[\lg\left(3.7\times\dfrac{24}{0.06}\right)\right]^2}$	0.024 9	—
197	弯头阻力系数	$\sum\xi_{wt}$	13×0.22	2.86	—
198	入口阻力系数	ξ_r	查得（沿集箱长度均匀引入管子）	0.8	—
199	热水段摩擦和弯头阻力	Δp_{rs}^p	$\left(\lambda\dfrac{L_{rs}}{d_{rs}}+\sum\xi_{wt}\right)\dfrac{\bar{W}_{rs}^2}{2\bar{\nu}_{rs}}$ $=\left(0.021\ 6\times\dfrac{73.73}{0.024}+2.86\right)\times\dfrac{3.47^2}{2\times0.001\ 434\ 3}$	333 091	Pa
200	热水段入口阻力	Δp_{rs}^r	$\xi_r\dfrac{(W_{rs}^r)^2}{2\nu_{rs}^r}=0.8\times\dfrac{3.24^2}{2\times0.001\ 434\ 3}$	3 131	Pa
201	热水段流动阻力	Δp_{ld}^{rs}	$\Delta p_{gg}^c+\Delta p_{gg}^p+\Delta p_{gg}^r=9\ 420+170\ 393+5\ 327$	336 222	Pa
	（b）热水段压降计算				
202	热水段压降	$\sum\Delta p_{rs}$	未包括重位压降并忽略集箱中静压变化、加速压降:$\Delta p_{gg}=\Delta p_{ld}^{gg}$	336 222	Pa
203	假定热水段进口集箱压力校核		进口集箱压力 $p_{rs}^r=p_{ft}+\sum\Delta p_{rs}=12.02+$ 0.336 222 $=12.356$ 与假定值12.35相近,不需再假定计算	—	MPa
	d.炉膛蒸发受热面进口集箱至省煤器出口集箱间连接管的压降计算:忽略加速压降并估算管内阻力小于0.2 MPa,可按出口参数计算,即,$p_{l5}=p_{rs}^r=12.35$ MPa,$t_{l5}=t_{rs}^r=287$ ℃				

续表 Ⅱ.3

序号	项目	符号	计算或数据来源	数值	单位
204	连接管内径	d_{l5}	结构数据表	195	mm
205	连接管截面积	A_{l5}	结构数据表	0.03	m²
206	连接管长度	L_{l5}	结构数据表	14	m
207	连接管内比容	ν_{l5}	按 p_{l5}、t_{l5} 查水蒸气表	0.001 341	m³/kg
208	连接管内流速	W_{l5}	$\dfrac{D_{rs}\nu_{l5}\times 10^3}{3\ 600 A_{l5}} = \dfrac{157.5\times 0.001\ 341\times 10^3}{3\ 600\times 0.03}$	1.96	m/s
209	出口阻力系数	ξ_c	查得(管由端部引入分配集箱)	0.7	—
210	摩擦阻力系数	λ	同连接管1	0.015	—
211	弯头阻力系数	$\sum \xi_{wt}$	3×0.22	0.66	—
212	入口阻力系数	ξ_r	查得(由集端部进入管子)	0.4	—
213	连接管压降	$\sum \Delta p_{l5}$	未包括重位压降并忽略加速压降时: $\left(\xi_c + \lambda\dfrac{L_{l5}}{d_{l5}} + \sum \xi_{wt} + \xi_r\right)\dfrac{W_{l5}^2}{2\nu_{l5}}$ $= \left(0.7 + 0.015\times\dfrac{14}{0.195} + 0.66 + 0.4\right)$ $\times\dfrac{1.96^2}{2\times 0.001\ 341}$	4 064	Pa
214	连接管入口压力	p_{l5}^r	$p_{lrs}^c + \sum \Delta p_{l5} = 12.356 + 0.004\ 064$	12.36	MPa
	(5)省煤器压降计算				
	a.省煤器流动阻力计算:估计阻力小于0.2 MPa,按出口参数计算				
215	省煤器管内径	d_{sm}	结构数据表	41	mm
216	省煤器管截面积	A_{sm}	结构数据表	0.048 8	m²
217	省煤器管长度	L_{sm}	结构数据表	40.5	m
218	省煤器管内压力	p_{sm}	$p_{sm} = p_{l5}'$	11	MPa
219	省煤器管内比容	ν_{sm}	按 p_{sm}、t_{sm}^c 查水蒸气表	0.001 341	m³/kg
220	省煤器管内流速	w_{sm}	$\dfrac{G_{sm}\nu_{sm}\times 10^3}{3\ 600 A_{sm}} = \dfrac{157.5\times 0.001\ 341\times 10^3}{3\ 600\times 0.041\ 6}$	0.41	m/s
221	出口阻力系数	ξ_c	查得(出口进入汇流集箱)	1.1	—
222	摩擦阻力系数	λ	$\dfrac{1}{4\left[\lg\left(3.7\dfrac{d_{rs}}{k}\right)\right]^2} = \dfrac{1}{4\left[\lg\left(3.7\times\dfrac{2.9}{0.06}\right)\right]^2}$	0.023 6	—
223	弯头阻力系数	$\sum \xi_{wt}$	$10\times 0.42 + 2\times 0.2$	4.6	—
224	入口阻力系数	ξ_r	查得(沿集箱长度均匀进入管子)	0.8	—

续表Ⅱ.3

序号	项目	符号	计算或数据来源	数值	单位
225	省煤器压降	$\sum \Delta p_{sm}$	当未包括重位压降并忽略集箱中静压变化和加速压降时： $\left(\xi_c + \lambda \dfrac{L_{sm}}{d_{sm}} + \sum \xi_{wt} + \xi_r \right) \dfrac{W_{sm}^2}{2\nu_{sm}}$ $= \left(1.1 + 0.023\,6 \times \dfrac{87.7}{0.029} + 4.6 + 0.8 \right)$ $\times \dfrac{1.41^2}{2 \times 0.001\,341}$	57 723	Pa
226	省煤器入口压力	p_{sm}^r	$p_{LS}^r + \sum \Delta p_{sm} = 12.356 + 0.057\,723$	12.414	MPa
	（6）给水泵压头、流量计算及其选用				
227	锅炉总高度	h	结构数据表	24	m
228	工质平均密度	$\bar{\rho}$	估算	998	kg/m³
229	锅炉总重位压头	Δp_{zw}	$h\bar{\rho}g = 24 \times 998 \times 9.81$	234 969	Pa
230	给水泵到省煤器进口集箱的管道阀门阻力	Δp_{gf}	选取	1	MPa
231	给水泵所需压头	p_b	$p_{sm}^r + p_{zw} + p_{gf} - 0.1$ $= 12.414 + 0.235 + 1 - 0.1$	113.55 （表压）	MPa
232	给水泵压头储备系数	β_1	选取	1.2	—
233	给水泵选用时压头	p_j	$\beta t_1 p_b = 1.2 \times 13.55$	16.26	MPa
234	给水温度	t_{gs}	热力数据表	215	℃
235	给水比容	ν_{gs}	按 p_b、t_{gs} 查水蒸气表	0.001 168 4	m³/kg
236	给水流量	ν_{gs}	$D\nu_{gs} \times 10^3 = 160 \times 0.001\,168\,4 \times 10^3$	186.94	m³/h
237	给水泵流量储备系数	β_2	选取	1.1	—
238	给水泵选用时流量	ν_j	$\beta_2 \nu_{gs} = 1.1 \times 186.94$	205.63	m³/h
239	给水泵选用		按 p_j、ν_j 在水泵产品样本中选用符合要求的水泵	—	
240	给水泵效率	η	选定	0.85	—
241	电动机容量安全系数	σ	选定	1.15	—
242	给水泵功率	N	$\sigma \dfrac{\rho_j \nu_j}{1\,000\eta} = 1.15 \times \dfrac{16.36 \times 10^6 \times 285.63}{3\,600 \times 1\,000 \times 0.85}$	1 264	kW

注：为简化起见，重位压头未分段计算，而整体估算。

（3）管间脉动校验计算，见表Ⅱ.4。

表Ⅱ.4　管间脉动校验计算

序号	项目	符号	计算或数据来源	数值	单位
1	冷炉斗处内壁平均热强度	$\bar{q}_1$	热力数据表	40	kW/m²
2	下辐射蒸发受热面内壁平均热强度	$\bar{q}_2$	热力数据表	48.6	kW/m²
3	热水段管内径	d_1	结构数据表	0.024	m
4	蒸发段管内径	d_2	结构数据表	0.03	m
5	热水段长度	L_1	结构数据表	73.73	m
6	蒸发段长度	L_2	结构数据表	136.95	m
7	沸腾点所在管内径	d_k	即蒸发段管内径 d_2	0.03	m
8	沸腾点前一级管内径	d_{k-1}	即热水段管内径 d_1	0.024	m
9	受热前管长	L_{rq}	按结构	0	m
10	节流圈阻力系数	ξ_{jl}	管子进口不装节流孔圈时	0	—
11	管入口节流度	ξ_{rq}	$\lambda \dfrac{L_{rq}}{d_1} + \xi_{jl}$	0	—
12	热水段入口压力	p_{rs}^{r}	见压降计算	12.356	MPa
13	热水段入口温度	t_{rs}^{r}	$t_{rs}^{r} = t_{sm}^{c}$（见热力数据表）	287	℃
14	热水段入口饱和水焓	i'	按 p_{rs}^{r} 查水蒸气表	1 506.2	kJ/kg
15	热水段入口水焓	i_{rs}^{r}	按 p_{rs}^{r}、t_{rs}^{r} 查水蒸气表	1 271.6	kJ/kg
16	热水段入口水欠焓	Δi_{qh}	$i' - i_{rs}^{r} = 1\ 506.2 - 1\ 271.6$	234.6	kJ/kg
17	$p = 9.8$ MPa 下的图示界限质量流速	$(\rho W)^{p=9.8}$	按 ξ_{rq}、Δi_{qh} 查线算图 2 得	750	MPa
18	校验时压力	p	给定（锅炉启动或最低负荷工况压力）	11.6	—
19	压力校正系数	C_p	按 ξ_{rq}、$\bar{p}_{zf}$ 查线算图 2 得	0.92	—
20	变径水平管圈界限质量流速	$(\rho W)_{jx}^{sp}$		1 039	kg/(m²·s)
21	额定负荷热水段质量流速	ρW	$\bar{\rho}_{rs}\bar{W}_{rs} = \dfrac{\bar{W}_{rs}}{\bar{v}_{rs}} = \dfrac{3.47}{0.001\ 434\ 3}$	2 419.3	kg/(m²·s)
22	50% 负荷下热水段质量流速	$(\rho W)_{0.5}$	$\dfrac{\rho W}{2} = \dfrac{2\ 419.3}{2}$	1 209.7	kg/(m²·s)
23	管间脉动校验	—	$\rho W > (\rho W)_{jx}^{sp}$，$(\rho W)_{0.5} > (\rho W)_{jx}^{sp}$，所以在额定负荷和 50% 负荷下，不会发生管间脉动。若在 30% 负荷下启动，启动压力又低，则必须加装节流圈	—	—

（4）多值性校验计算，见表Ⅱ.5。

表Ⅱ.5　多值性校验计算

序号	项目	符号	计算或数据来源	数值	单位
1	炉膛蒸发受热面管内平均压力	p_{zf}	校验工况（一般启动工况）下管内平均压力	11.6	MPa
2	饱和水密度	ρ'	按 p_{zf} 查水蒸气表	661.7	kg/m³
3	饱和蒸汽密度	ρ''	按 p_{zf} 查水蒸气表	66.93	kg/m³
4	汽化潜热	r	按 p_{zf} 查水蒸气表	1 222	kJ/kg
5	修正系数	c	按 $10 < p_{zf} < 14$ MPa：$\dfrac{p_{zf}}{3.92} - 0.5 = \dfrac{11.6}{3.92} - 0.5$	2.46	—
6	管入口水欠焓	Δi_{qh}	见上面（3）	234.6	kJ/kg
7	校验		管入口未装节流孔圈：$\Delta i_{qh} < \dfrac{7.46r}{c\left(\dfrac{\rho'}{\rho''p} - 1\right)} =$ $\dfrac{7.46 \times 1\,222}{2.46 \times \left(\dfrac{661.7}{66.93} - 1\right)} = 417$，所以炉膛蒸发受热面的水动力特性是单值的，稳定的		kJ/kg

附录Ⅲ 蒸汽锅炉机组的水循环计算
($D = 660$ t/h, $p = 15.20$ MPa)

锅炉机组是单锅筒T形布置,炉膛全部敷设了水冷壁,前水冷壁、侧水冷壁和两个双面露光水冷壁都是对称布置的。燃烧器位于炉膛的侧墙。锅炉机组的水力系统如图Ⅲ.1所示。下部水冷壁、侧墙的冷灰斗区、前墙和双面露光水冷壁在7.6 m高度以下焊有销钉。部分管子被辐射式过热器和屏式过热器所遮盖。

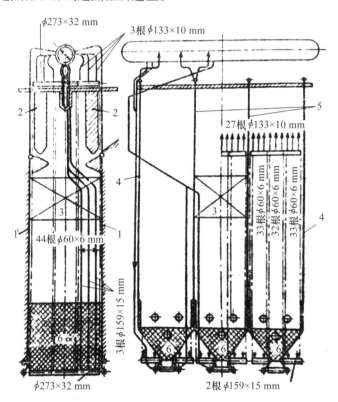

图Ⅲ.1 锅炉机组的水力系统($D = 660$ t/h, $p = 15.20$ MPa)

1,4,5—侧水冷壁、前水冷壁和双面露光水冷壁;

2—屏;3—辐射过热器;6—水冷壁的焊销钉区

所有的水冷壁都是简单的循环系统,并且划分为各管组。未被覆盖的侧水冷壁边上的4个管组接到第Ⅱ蒸发段。第Ⅰ蒸发段和第Ⅱ蒸发段水冷壁的共有管件只是组合式锅内旋风分离器。水冷壁的结构数据见表Ⅲ.1。其管子数目是对整台锅炉机组而言的。

表Ⅲ.1 水冷壁的结构数据

管组	管件	管径×壁厚 $d_{H} \times S$ /mm	管数 n 根	截面/m² 单管 f	截面/m² 管件 F	受热前 l_{no}	第I管段 l_1	第II管段 l_2	第III管段 l_3	第IV管段 l_4	第V管段 l_5	受热后 l_{no}	全长 l
水冷壁中间管组	水冷壁管	60×6	88	0.001 81	0.159	1.5	4.3	3.0	14.5	9.7	—	1.16	34.16
	下降管	159×15	6	0.013 107	0.078 3	—	—	—	—	—	—	—	45.0
	引出管	133×10	6	0.010 03	0.060 1	—	—	—	—	—	—	—	7.0
前水冷壁角隅管组	水冷壁管未被遮盖区	60×6	56	0.001 81	0.101	1.5	4.3	3.0	14.5	10.5	—	0.36	34.16
	水冷壁管被屏式过热器遮盖区	60×6	120	0.001 81	0.217	1.5	4.3	3.0	14.5	10.5	—	0.36	34.16
	下降管	159×15	12	0.013 107	0.156 6	—	—	—	—	—	—	—	4.5
	引出管	133×10	12	0.010 03	0.120 2	—	—	—	—	—	—	—	7.0
侧水冷壁未被遮盖管组	水冷壁管	60×6	392	0.001 81	0.708 5	1.7	1.8	18.0	4.25	—	—	0.75	26.5
	下降管	159×15	24	0.013 107	0.313 5	—	—	—	—	—	—	—	5.0
	引出管	133×10	36	0.010 03	0.360 9	—	6.25	—	—	—	—	9.75	16

续表 Ⅲ.1

管件	管件	管径×壁厚 $d_{H \times S}$/mm	管数 n 根	截面/m² 单管 f	截面/m² 管件 F	受热前 l_{no}	第Ⅰ管段 l_1	第Ⅱ管段 l_2	第Ⅲ管段 l_3	第Ⅳ管段 l_4	第Ⅴ管段 l_5	受热后 l_{no}	全长 l
侧水冷壁被遮盖管组	水冷壁管	60×6	196	0.001 81	0.354 3	1.7	1.8	13.2	4.8	4.25	—	0.75	26.5
	下降管	159×15	12	0.013 107	0.156 6	—	—	—	—	—	—	—	5.0
	引出管	133×10	18	0.010 03	0.180 5	—	6.25	—	—	—	—	9.75	16.0
双面露光水冷壁中间管组	水冷壁管	60×6	88	0.001 81	0.159	1.5	4.3	3.0	9.7	4.8	10.5	0.36	34.16
	下降管	159×15	8	0.013 107	0.104 5	—	—	—	—	—	—	—	5.0
	引出管	133×10	8	0.010 03	0.080 25	—	—	—	—	—	—	—	7.0
双面露光水冷壁角隅管组	水冷壁管未被遮盖区	60×6	56	0.001 81	0.101	1.5	4.3	3.0	9.7	4.8	10.5	0.36	34.16
	水冷壁管被遮盖区	60×6	140	0.001 81	0.217	1.5	4.3	3.0	9.7	4.8	10.5	0.36	34.16
	下降管	159×15	16	0.013 107	0.209	—	—	—	—	—	—	—	5.0
	引出管	133×10	16	0.010 03	0.160 5	—	—	—	—	—	—	—	7.0

续表Ⅲ.1

$(D = 660\ \text{t/h},\ p = 15.20\ \text{MPa})$

管件		管子高度/m								对水平的夹角/(°)						各回路下降管高度 h_{on}/m	管子最高点超过钢桶水位的高度 $h_{B,y}/\text{m}$	管组数目
		受热前 h_{no}	第Ⅰ管段 h_1	第Ⅱ管段 h_2	第Ⅲ管段 h_3	第Ⅳ管段 h_4	第Ⅴ管段 h_5	受热后 h_{no}	全高 h	第Ⅰ管段 α_1	第Ⅱ管段 α_2	第Ⅲ管段 α_3	第Ⅳ管段 α_4	第Ⅴ管段 α_5	引热管 α_{OTN}			
前水冷壁中间管组	水冷壁管	1.0	3.5	3.0	14.5	9.7	—	0.80	32.5	55	90	90	—	—	—	—	—	2
	下降管	—	—	—	—	—	—	—	—	—	—	—	—	—	—	36.5	—	—
	引出管	—	—	—	—	—	—	—	3.2	—	—	—	—	—	80	—	—	—
前水冷壁隅角管组	水冷壁管未被遮盖区	1.0	3.5	3.0	14.5	10.5	—	—	32.5	55	90	90	90	—	—	—	—	4
	水冷壁被屏式过热器遮盖区	1.0	3.5	3.0	14.5	10.5	—	—	32.5	55	90	90	90	—	—	—	—	—
	下降管	—	—	—	—	—	—	3.2	—	—	—	—	—	—	—	36.5	—	—
	引出管	—	—	—	—	—	—	—	—	—	—	—	—	—	80	—	—	—
侧水冷壁未被遮盖管组	水冷壁管	1.5	1.8	18.0	2.7	—	—	—	24.0	90	90	40	—	—	—	—	—	12
	下降管	—	—	—	—	—	—	—	—	—	—	—	—	—	—	35.5	—	—
	引出管	—	6.25	—	—	—	—	5.45	11.7	—	—	—	—	—	90	—	0.8	—
侧水冷壁被遮盖管组	水冷壁管	1.5	1.8	13.2	4.8	2.7	—	—	24.0	90	90	90	40	—	—	—	—	6
	下降管	—	—	—	—	—	—	—	—	—	—	—	—	—	—	35.5	—	—
	引出管	—	6.25	—	—	—	—	5.45	11.7	—	—	—	—	—	90	—	0.8	—

续表Ⅲ.1

（D = 660 t/h，p = 15.20 Mpa）

管件组	管件	受热前 h_no	第Ⅰ管段 h_1	第Ⅱ管段 h_2	第Ⅲ管段 h_3	第Ⅳ管段 h_4	第Ⅴ管段 h_5	受热后 h_no	全高 h	第Ⅰ管段 α_1	第Ⅱ管段 α_2	第Ⅲ管段 α_3	第Ⅳ管段 α_4	第Ⅴ管段 α_5	引出管 α_OTN	各回路下降管高度 h_on/m	管子最高点超过锅筒水位的高度 h_{B,y}/m	管组数目
双面露光水冷壁中间管组	水冷壁管	1.0	3.5	3.0	9.7	4.8	10.5	—	32.5	55	90	90	90	90	—	—	—	2
	下降管	—	—	—	—	—	—	—	—	—	—	—	—	—	—	36.5	—	—
	引出管	—	—	—	—	—	—	—	3.2	—	—	—	—	—	80	—	—	—
双面露光水冷壁隅角管组	水冷壁管 未被遮盖区	1.0	3.5	3.0	9.7	4.8	10.5	—	32.5	55	90	90	90	90	—	—	—	4
	水冷壁管 被遮盖区	1.0	3.5	3.0	9.7	4.8	10.5	—	32.5	55	90	90	90	90	—	—	—	—
	下降管	—	—	—	—	—	—	—	—	—	—	—	—	—	—	36.5	—	—
	引出管	—	—	—	—	—	—	—	3.2	—	—	—	—	—	80	—	—	—

对水平的夹角/(°)：第Ⅰ管段 α_1，第Ⅱ管段 α_2，第Ⅲ管段 α_3，第Ⅳ管段 α_4，第Ⅴ管段 α_5，引出管 α_OTN

为了计算水冷壁的受热管件,根据其热负荷和管子倾斜角度的不同划分为各管段。确定水冷壁的热负荷时,按照附录Ⅰ选取了如下受热面吸热不均匀系数。

在燃烧器对冲布置的情况下,炉膛各炉壁间取 $\eta_{cr} = 1$。

在卫燃带的煤粉锅炉中,沿炉膛高度的吸热不均匀系数按如下选取:卫燃带区域取 $\eta_s = 1.0$;卫燃带区以上到炉膛高度 2/3 的范围内取 $\eta_B = 1.3$;炉膛高度的上部 1/3 区取 $\eta_s = 0.7$。

由于热负荷方面的差别,划分成下列一些管段(在各管段的长度上取热负荷相同);水冷壁的焊销钉区(在侧水冷壁、前水冷壁和双面露光水冷壁的高度上是不同的);位于炉膛高度的下部 1/3 和上部 2/3 的水冷壁不焊销钉区,它们在热负荷方面的差别大于30%;中间燃烧室中被带状辐射式过热器遮盖的侧水冷壁与双面露光水冷壁管段;被屏式过热器遮住的前水冷壁和双面露光水冷壁的上部管段。

因此,前水冷壁的中间管组在受热区域分为 4 个管段,即冷灰斗、垂直的焊销钉管段和两个垂直的未被遮盖管段。在这些水冷壁的角隅管组中,部分管子在上部被屏式过热器和炉膛的折焰角遮去,因此前水冷壁的角隅管组划分成两个部分,即上部未遮盖部分和受热条件与中间管组管子相同的上部被遮盖部分。这两部分在垂直未焊销钉区都各有两个受热强度不同的管段。

布置在炉膛边上燃烧室的侧水冷壁有 3 个管段,即焊销钉的冷灰斗段、炉膛折焰角前的垂直管段和位于折焰角上的倾斜管段。倾斜管段的管子有一部分用三通管与不受热管子相连接,通过不受热管子使折焰角的结构具有必要的刚性。在垂直的不受热管子中装设了具有小孔径(直径为 5~10 mm)的孔圈,为此可以不计其中的水流量。对炉膛上部向内突出的管段不再区分下部及上部区段,因为每个区段的高度都小于回路总高度的 10%。

在炉膛的中部燃烧室中,有一部分被辐射式过热器管子遮住的侧水冷壁,位于炉膛折焰角下的垂直部分也被划分为两个管段,即下部未遮盖的和上部被过热器遮盖(没有热负荷)的管段。

双面漏光水冷壁中间和角隅管组的管子与前水冷壁一样划分管段。双面漏光水冷壁中间管组部分垂直区段的一侧被辐射过热器所遮盖,因此划分成一侧和双侧受热的两个管段。在编制结构数据表时,双面漏光水冷壁和前水冷壁角隅管组的上部不受热区段因长度很小,不单独分出。结构数据表上管子数目是整台机组的。

根据热力计算,水冷壁的辐射吸收量为 899×10^6 kJ/h。在屏区的对流吸热量为 45.2×10^6 kJ/h 穿过炉膛出口烟道的侧水冷壁引出管的对流吸热量为 5×10^6 kJ/h。水冷壁焊销钉区段和未被遮盖区段的吸热量根据受热面大小确定,并列在表Ⅲ.2 中。水冷壁及其蒸汽引出管所受到的吸热量示于表Ⅲ.3 中。

锅炉机组水冷壁的有效辐射受热面见表Ⅲ.2。

表Ⅲ.2　锅炉机组水冷壁的有效辐射受热面($D = 660\ t/h, p = 15.20\ MPa$)

管件		管段					总受热面	
		第Ⅰ个	第Ⅱ个	第Ⅲ个	第Ⅳ个	第Ⅴ个	未被遮盖区	焊销钉区
前水冷壁	中间管组	24.2*	16.9*	82.2	55.1	—	137.3	41.1
	角隅管组	48.4*	33.7*	169	35.8	—	204.8	82.1
	未被遮盖区	15.4*	10.7*	53.7	35.8	—	89.5	26.1
	被屏式过热器遮盖区	33.0*	23.0*	115.3	—	—	115.3	56
侧水冷壁	未被遮盖区	—	—	—	—	—	—	—
	中间管组	18.1*	153.2	36.2	—	—	189.4	18.1
	角隅管组	37.4*	317	74.8	—	—	391.8	37.4
	被辐射式过热器遮盖区	—	—	—	—	—	—	—
	中间管组	9.05*	56.3	0	18.1	—	74.4	9.05
	角隅管组	18.65*	116.2	0	37.4	—	153.6	18.65
双面露光水冷壁	中间管组	48.4*	33.7*	115	27.1	112.8	254.9	82.1
	角隅管组	96.8*	67.5*	229.4	54.1	71.7	355.2	164.3
	未被遮盖区	30.8*	21.4*	73.1	17.2	71.7	162	52.2
	被屏式过热器遮盖区	66.0	46.1	156.3	36.9	—	193.2	112.1

注：* 销钉的受热面

锅炉机组受热面的吸热量见表Ⅲ.3。

表Ⅲ.3 锅炉机组受热面的吸热量（$D=660$ t/h, $p=15.20$ Mpa）

管件		下列管段的辐射吸热量/(kJ·h⁻¹)						对流吸热量/(kJ·h⁻¹)				各管段上全部吸热量/(kJ·h⁻¹)						回路的全部吸热量/(kJ·h⁻¹)
		第Ⅰ段	第Ⅱ段	第Ⅲ段	第Ⅳ段	第Ⅴ段	全部	第Ⅳ段	第Ⅴ段	引出管	全部	第Ⅰ段	第Ⅱ段	第Ⅲ段	第Ⅳ段	第Ⅴ段	引出管	
前水冷壁	中间管组	2 491	1 741	10 172	4 542	—	18 946	—	—	—	—	2 491	1 741	10 172	4 542	—	—	18 946
	角隅管组	2 491	1 741	10 172	4 542	—	18 946	—	—	—	—	2 491	1 741	10 172	4 547	—	—	18 946
	未被遮盖区	1 582	1 101	6 656	2 943	—	12 282	—	—	—	—	1 582	1 101	6 656	2 943	—	—	12 282
	被遮盖区	3 399	2 369	14 274	0	—	20 043	4 186	—	—	4 186	3 399	2 369	14 274	4 186	—	—	24 229
侧水冷壁	未被遮盖区	5 714	58 102	11 457	—	—	75 273	—	—	—	—	5 714	58 102	11 415	—	—	—	75 231
	未被遮盖管组的引出管	—	—	—	—	—	—	—	—	933	933	—	—	—	—	—	933	933
	被遮盖管组	2 851	21 307	0	5 718	—	29 875	—	—	—	—	2 851	21 307	0	5 718	—	—	29 875
	被遮盖管组的引出管	—	—	—	—	—	—	—	—	465	465	—	—	—	—	—	465	465
双面露光水冷壁	中间管组	4 981	3 466	14 232	3 349	9 301	35 330	—	—	—	—	4 981	3 466	14 232	3 349	9 301	—	35 330
	角隅管组未被遮盖区	3 169	2 202	9 067	2 118	5 902	22 458	—	—	—	—	3 169	2 202	9 067	2 118	5 902	—	22 458
	角隅管组被遮盖区	6 790	4 734	19 369	4 563	0	35 455	—	8 372	—	8 372	6 790	4 734	19 369	4 563	8 372	—	43 827
总计		—	—	—	—	—	249 620	—	—	—	13 956	—	—	—	—	—	—	263 576

由于每个水冷壁的角隅和中间管组并无结构上的差别,其水阻力系数取值相同。阻力系数值是按照第 2 章 2.4 的规定选取的。对前水冷壁选用了下列数值。

按表 Ⅱ.2,从均匀引入和引出的分配联箱进入水冷壁的入口阻力系数 $\xi_{BX} = 0.7$;按照表 2.5 项,在联箱附近水预热段中流体转向 105° 和 35° 的弯头阻力系数 $\xi_{NOB} = 0.2$ 和 0.1;汽水混合物从水冷壁管进入均匀引入和引出的联箱,按表 2.4 项其阻力系数 $\xi_{BbIX} = 1.2$;按图 2.3,管径为 48 mm 长度为 34.16 m 管子的摩擦阻力系数为 $\lambda_0 l = 0.45 \times 34.16 = 15.3$。

前水冷壁受热管件的总阻力系数

$$z = \xi_{BX} + \xi_{NOB} + \lambda_0 l + \xi_{BbIX} = 0.7 + 0.3 + 15.3 + 1.2 = 17.5$$

锅炉机组各组件的阻力系数见表 Ⅲ.4。

表 Ⅲ.4　锅炉机组各组件的阻力系数 ($D = 660$ t/h, $p = 15.20$ MPa)

管件		阻力系数						
		入口	摩擦		弯头 ξ_{NOB}		出口	总计
		ξ_{BX}	λ_0	$\lambda_0 l$	入口处	汽水混合物	ξ_{BbIX}	z
水冷壁管	前墙	0.7	0.45	15.3	0.3	—	1.2	17.5
	侧墙	0.7	0.45	11.95	0.1	1.6	1.2	15.85*
	双面露光	0.7	0.45	15.3	0.3	—	1.2	17.5
下降管	前墙	0.5	0.14	6.3	0.7	—	1.1	8.6
	侧墙	0.5	0.14	7.0	0.7	—	1.1	9.3
	双面露光	0.5	0.14	7.0	0.7	—	1.1	9.3
引出管	前墙	0.9	0.155	1.09	—	1.2	1.2	4.39
	侧墙	1.2	0.155	2.48	—	0.2	1.2	5.08
	双面露光	0.9	0.155	1.09	—	1.2	1.2	4.39

注:* 表示在 $z = 15.85$ 数值中包括了分支三通的阻力系数等于 0.3。

水冷壁的中间管组和角隅管组结构相同且上升管、下降管和引出管的比值相同,对侧水冷壁甚至角隅管组和中间管组的吸热量也无差别,对前水冷壁和双面漏光水冷壁,这些管组的吸热量仅在上部区段才有差别,这时角隅管组的部分管子被炉膛折焰角的凸出部分和屏式过热器所遮盖。这些水冷壁角隅管组未被遮盖管子的吸热量与中间管组管子的吸热量相同,因此没有必要计算水冷壁所有管组的有效压头,只要计算角隅管组被遮盖和未被遮盖管子的有效压头就够了。而平衡锅炉机组水流量所需的水冷壁中间管组特性,可根据角隅管组未被遮盖管子与中间管组的管子数量按比例进行水流量的换算来得到。计算前水冷壁角隅管组和双面漏光水冷壁中间管组各回路有效压头的示例,见表 Ⅲ.5 和表 Ⅲ.6。

表Ⅲ.5 锅炉机组水冷壁有效压头的计算（$D=660$ t/h, $p=15.20$ MPa）

数值名称	计算公式		前水冷壁角隅管组						双面露光水冷壁中间管组		
			未被遮盖管			被遮盖管					
上升管中水速		取用	0.5	1.0	1.5	0.5	1.0	1.5	0.5	1.0	1.5
水流量 $G/(\mathrm{kJ \cdot s^{-1}})$		$W_0 F\gamma'$	30.2	60.4	90.6	64.9	129.8	194.7	47.7	95.4	143.1
各受热段热吸收量 /$(\mathrm{kJ \cdot s^{-1}})$ 第Ⅰ段 Q_1	按表Ⅲ.3		1 580.80	1 580.80	1 580.80	3 395.78	3 395.78	3 395.78	4 976.58	4 976.58	4 976.58
第Ⅱ段 Q_2			1 099.87	1 099.87	1 099.87	2 367.01	2 367.01	2 367.01	3 462.70	3 462.70	3 462.70
第Ⅲ段 Q_3			6 649.38	6 649.38	6 649.38	14 260.62	14 260.62	14 260.62	14 218.80	14 218.80	14 218.80
第Ⅳ段 Q_4			2 939.95	2 939.95	2 939.95	4 182.00	4 182.00	4 182.00	3 345.60	3 345.60	3 345.60
第Ⅴ段 Q_5			—	—	—	—	—	—	9 292.40	9 292.40	9 292.40
将水加热到饱和的热量 $Q_{\partial k}$ /$(\mathrm{kJ \cdot s^{-1}})$	$(\Delta i_6 - \Delta i_{CH})G$		756.94	1 513.88	2 321.01	1 630.98	3 257.78	4 892.94	1 196.05	2 396.29	3 596.52
水预热段高度 $h_{\partial k}/\mathrm{m}$	$h_{\Pi o}+\dfrac{\Delta i_6-\Delta i_{CH}+\dfrac{\Delta i'}{\Delta p}\times10^{-4}}{\dfrac{Q_1}{h_1 G}+\dfrac{\Delta i'}{\Delta p}\gamma'\times10^{-4}}\left(h_{on}-h_{\Pi o}-\dfrac{\Delta p_{on}}{\gamma'}\right)$		3.2	5.4	7.8	3.2	5.4	7.8	2.1	3.2	4.9
水预热段长度 $l_{\partial k}/\mathrm{m}$	$l_{\Pi o}+\dfrac{h_{\partial k}-h_{\Pi o}}{\sin\alpha}$		5.3	9.2	13.4	5.3	9.2	13.4	3.4	5.3	8.2
受热含汽管段高度 $Q_{\partial k}$ /$(\mathrm{kJ \cdot s^{-1}})$ 第Ⅰ段 h_{nap1}	$h_{\Pi o}+h_1-h_{\partial k}$		1.3	—	—	1.3	—	—	2.4	1.3	—
第Ⅱ段 h_{nap2}	$h_{\Pi o}+h_1+h_2-h_{\partial k}^*$		3.0	2.1	—	3.0	2.1	—	3.0	3.0	2.6
第Ⅲ段 h_{nap3}	$h_{\Pi o}+h_1+h_2+h_3-h_{\partial k}^*$		14.5	14.5	14.2	14.5	14.5	14.2	9.7	9.7	9.7
第Ⅳ段 h_{nap4}	h_4		10.5	10.5	10.5	10.5	10.5	10.5	4.8	4.8	4.8
第Ⅴ段 h_{nap5}	h_5		—	—	—	—	—	—	10.5	10.5	10.5
水冷壁受热含汽段的长度 $l_{\mathrm{nap,m}}$	$l_{\Pi o}+l_1+l_2+l_3+l_4+l_5-l_{\partial k}$		28.86	24.96	20.76	28.86	24.96	20.76	30.76	28.86	25.96

续表Ⅲ.5

数值名称	计算公式	前水冷壁角隅管组						双面露光水冷壁中间管组		
		未被遮盖管			被遮盖管					
各受热管段的蒸发量 D_{∂}/(kJ·s⁻¹) 第Ⅰ段 D_1	$(Q_1 - Q_{\partial k})/r$	0.836	—	—	1.787	—	—	3.84	2.62	—
第Ⅱ段 D_2	Q_2^{**}/r	1.117	1.18	—	2.4	2.54	—	3.52	3.52	4.92
第Ⅲ段 D_3	Q_3^{***}/r	6.75	6.75	7.13	14.45	14.45	15.37	14.42	14.42	14.42
第Ⅳ段 D_4	Q_4/r	2.98	2.98	2.98	4.24	4.24	4.24	3.39	3.39	3.39
第Ⅴ段 D_5	Q_5/r	—	—	—	—	—	—	9.35	9.35	9.35
水冷壁的蒸发量 $D_{\partial kp}$/(kJ·s⁻¹)	$D_1 + D_2 + D_3 + D_4 + D_5$	11.68	10.91	10.11	22.88	21.23	19.61	34.52	33.3	32.08
各管段的平均质量含汽率 第Ⅰ段 $\overline{x_1}$	$0.5D_1/G$	0.013 8	—	—	0.013 8	—	—	0.040 2	0.013 7	—
第Ⅱ段 $\overline{x_2}$	$\dfrac{D_1 + 0.5D_2}{G}$	0.046 2	0.009 8	—	0.046 2	0.009 8	—	0.117 4	0.046	0.017 2
第Ⅲ段 $\overline{x_3}$	$\dfrac{D_1 + D_2 + 0.5D_3}{G}$	0.176 5	0.075 5	0.039 3	0.176	0.075 2	0.039 4	0.305	0.14	0.085
第Ⅳ段 $\overline{x_4}$	$\dfrac{D_1 + D_2 + D_3 + 0.5D_4}{G}$	0.338	0.156	0.095 1	0.32	0.147	0.089 7	0.492	0.233	0.147
第Ⅴ段 $\overline{x_5}$	$\dfrac{D_1 + D_2 + D_3 + D_4 + 0.5D_5}{G}$	—	—	—	—	—	—	0.626	0.3	0.192
末端含气率 x_k	$\dfrac{D_1 + D_2 + D_3 + D_4 + D_5}{G}$									
管子中的平均含气率 $\overline{x}$	$x_k/2$									

续表Ⅲ.5

数值名称		计算公式	前水冷壁角隅管组						双面露光水冷壁中间管组		
			未被遮盖管			被遮盖管					
各管段中混合物平均速度/(m·s^{-1})	第Ⅰ段$\overline{W}_{cu1}$	$W_0\left[1+\bar{x}_1\left(\frac{\bar{\gamma}'}{\gamma''}-1\right)\right]$	0.535	—	—	0.535	—	—	0.600	1.07	—
	第Ⅱ段$\overline{W}_{cu2}$	$W_0\left[1+\bar{x}_2\left(\frac{\bar{\gamma}'}{\gamma''}-1\right)\right]$	0.616	1.05	—	0.616	1.05	—	0.80	1.23	1.63
	第Ⅲ段$\overline{W}_{cu3}$	$W_0\left[1+\bar{x}_3\left(\frac{\bar{\gamma}'}{\gamma''}-1\right)\right]$	0.947	1.38	1.80	0.945	1.38	1.80	1.28	1.71	2.15
	第Ⅳ段$\overline{W}_{cu4}$	$W_0\left[1+\bar{x}_4\left(\frac{\bar{\gamma}'}{\gamma''}-1\right)\right]$	1.35	1.79	2.23	1.31	1.75	2.18	1.75	2.18	2.62
	第Ⅴ段$\overline{W}_{cu5}$	$W_0\left[1+\bar{x}_5\left(\frac{\bar{\gamma}'}{\gamma''}-1\right)\right]$	—	—	—	—	—	—	2.09	2.34	2.96
各管段的平均容积含汽率	第Ⅰ段β_1	按线算图1和图2.1	0.0784	—	—	0.078 1	—	—	0.199	0.078 3	—
	第Ⅱ段β_2		0.224	0.056 4	—	0.227	0.056 7	—	0.447	0.022 6	0.096
	第Ⅲ段β_3		0.565	0.331	0.199	0.564	0.33	0.199	0.728	0.497	0.36
	第Ⅳ段β_4		0.754	0.527	0.389	0.739	0.512	0.374	0.854	0.649	0.512
	第Ⅴ段β_5		—	—	—	—	—	—	0.911	0.686	0.59
各段的比例系数	第Ⅰ段C_1	按线算图4	0.835	—	—	0.835	—	—	0.85	0.905	—
	第Ⅱ段C_2		0.852	0.905	—	0.852	0.905	—	0.875	0.92	0.945
	第Ⅲ段C_3		0.895	0.93	0.952	0.895	0.93	0.952	0.923	0.947	0.962
	第Ⅳ段C_4		0.928	0.952	0.968	0.925	0.95	0.963	0.95	0.963	0.975
	第Ⅴ段C_5		—	—	—	—	—	—	0.962	0.97	0.98

续表Ⅲ.5

数值名称	计算公式	前水冷壁角隅管组						双面露光水冷壁中间管组		
		未被遮盖管			被遮盖管					
管段的仰角校正系数　第Ⅰ段 $k_{\alpha1}$	按线算图 5	0.585	—	—	0.585	—	—	0.62	0.74	—
第Ⅱ段 $k_{\alpha2}$		1.0	1.0	—	1.0	1.0	—	1.0	1.0	1.0
第Ⅲ段 $k_{\alpha3}$		1.0	1.0	1.0	1.0	1.0	1.0	1.0	1.0	1.0
第Ⅳ段 $k_{\alpha4}$		1.0	1.0	1.0	1.0	1.0	1.0	1.0	1.0	1.0
第Ⅴ段 $k_{\alpha5}$		—	—	—	—	—	—	1.0	1.0	1.0
各段的平均截面含汽率　第Ⅰ段 φ_1	$C_1\beta_1 k_{\alpha1}$	0.038 3	—	—	0.038 1	—	—	0.105	0.052 4	—
第Ⅱ段 φ_2	$C_2\beta_2 k_{\alpha2}$	0.191	0.051 1	—	0.194	0.051 3	—	0.391	0.208	0.090 6
第Ⅲ段 φ_3	$C_3\beta_3 k_{\alpha3}$	0.506	0.308	0.189	0.505	0.307	0.190	0.672	0.471	0.346
第Ⅳ段 φ_4	$C_4\beta_4 k_{\alpha4}$	0.7	0.502	0.377	0.684	0.486	0.360	0.811	0.625	0.500
第Ⅴ段 φ_5	$C_5\beta_5 k_{\alpha5}$	—	—	—	—	—	—	0.877	0.665	0.58
各段的运动压头/Pa　第Ⅰ段 S_1	$\bar{\varphi}_1 h_{\text{на}P1}(\gamma'-\gamma'')$	249.9	—	—	243.04	—	—	1 234.8	342.02	—
第Ⅱ段 S_2	$\bar{\varphi}_2 h_{\text{на}P2}(\gamma'-\gamma'')$	2 812.6	514.5	—	2 851.8	543.9	—	5 762.4	3 067.4	1176
第Ⅲ段 S_3	$\bar{\varphi}_3 h_{\text{на}P3}(\gamma'-\gamma'')$	35 868	21 952	13 249.6	35 966	21 854	13 161.4	32 046	22 442	16 464
第Ⅳ段 S_4	$\bar{\varphi}_4 h_{\text{на}P4}(\gamma'-\gamma'')$	36 064	25 872	19 443.2	35 280	25 088	18 541.6	19 139.4	14 739.2	11 789.4
第Ⅴ段 S_5	$\bar{\varphi}_5 h_{\text{на}P5}(\gamma'-\gamma'')$	—	—	—	—	—	—	45 227	34 300	29 890
水冷壁的运动压头 $S_{运p}$/Pa	$S_1+S_2+S_3+S_4+S_5$	74 989.6	48 333.6	32 692.8	74 342.8	47 490.8	31 703	103 409.6	74 891.6	59 319.4
入口截面处的速度头/Pa	$\dfrac{W_0^2}{2g}\gamma'$	74.872	298.9	672.28	74.872	298.9	672.28	74.872	298.9	672.28

续表Ⅲ.5

数值名称	计算公式	前水冷壁角隅管组						双面露光水冷壁中间管组		
		未被遮盖管			被遮盖管					
始端含汽率下计算摩擦损失公式中的系数 ψ_H	按线算图 3 和图 2.2	1.452	1.215	1.00	1.452	1.215	1.0	1.455	1.21	1.0
末端含汽率下计算摩擦损失公式中的系数 ψ_k		1.450	1.215	1.00	1.45	1.22	1.00	1.445	1.22	1.0
计算摩擦公式中的平均系数 $\bar{\psi}$	$\dfrac{\bar{\psi}_k x_k - \psi_H x_H}{x_k - x_H}$	1.450	1.215	1.0	1.452	1.22	1.00	1.445	1.217	1.0
水预热段的压力损失 $\Delta p_{\partial k}/\text{Pa}$	$\left(\zeta_{HX} + \lambda_0 l'_{\partial k} + \zeta_{HON}\right)\dfrac{\omega_0^2}{2g}\gamma'$	253.82	1538.6	4713.8	254.8	1542.52	4753	190.12	1009.4	3175.2
含汽段中的摩擦损失 $\Delta p_{\text{тp}}/\text{Pa}$	$\lambda_0 l'_{HaP}\dfrac{\omega_0^2}{2g}\gamma'\left[1 + \bar{\varphi}\bar{x}\left(\dfrac{\gamma'}{\gamma''}-1\right)\right]$	2293.2	5243	8535.8	2273.6	5056.8	7908.6	3851.4	8045.8	12299
管子出口的压力损失 $\Delta p_{\text{HnX}}/\text{Pa}$	$\zeta_{HaX}\dfrac{\omega_0^2}{2g}\gamma'\left[1 + x_k\left(\dfrac{\gamma'}{\gamma''}-1\right)\right]$	244.02	630.14	1160.32	229.32	603.68	1119.16	392	910.42	1577.8
总压力损失 $\sum \Delta p/\text{Pa}$	$\Delta p_{\partial k} + \Delta p_{\text{тp}} + \Delta p_{\text{HAX}}$	2793	7408.8	14406	2753.8	7203	13778.8	4429.6	9966.6	17052
水冷壁的有效压头 $S^{\partial kp}/\text{Pa}$	$S_{\partial KP} - \sum \Delta p$	72196.6	40924.8	18286.8	71589	40287.8	18904.2	98980	64925	42267.4

注：①如果始沸点位于所述管段以下，则其含汽段高度等于其全高；

②如果始沸点位于第Ⅱ或第Ⅲ管段，则 $D_2 = \dfrac{Q_1+Q_2-Q_{\partial k}}{r}$ 或 $D_3 = \dfrac{Q_1+Q_2+Q_3-Q_{\partial k}}{r}$。

锅炉机组引出管和下降管的有效压头和阻力计算（$D=660$ t/h, $p=15.82$ Mpa），见表Ⅲ.6。

表Ⅲ.6 锅炉机组引出管和下降管的有效压头和阻力计算（$D=660$ t/h, $p=15.82$ Mpa）

数值名称	计算公式	前水冷壁角隅管组			双面露光水冷壁中间管组		
循环流速 $W_{OOTB}/(\text{m·s}^{-1})$	$\dfrac{F^{akp}}{F_{OTB}} W_0$	1.32	2.65	3.97	0.99	1.98	2.97
水流量 $G/(\text{kg·s}^{-1})$	$\prod_{OTao\pi.}$ Ⅲ-5（流量加和）	95.1	190.2	285.3	47.7	95.4	143.1
蒸汽流量 $D/(\text{kg·s}^{-1})$		34.56	32.14	29.72	34.52	33.33	32.08
质量含气率 x	D/G	0.364	0.169	0.104	0.724	0.349	0.224
混合物速度 $W_{CM}/(\text{m·s}^{-1})$	$W_{OOTB} = \left[1 + x\left(\dfrac{\gamma'}{\gamma''} - 1\right)\right]$	3.74	4.92	6.06	4.63	5.48	6.34
容积含气率 β	按线算图1和图2.1	0.783	0.552	0.415	0.945	0.768	0.634
比例系数 C	按线算图4	0.985	0.935	0.985	0.985	0.985	0.985
管子对水平仰角的校正系数 φ_{OTB}	按线算图5	1.0	1.0	1.0	1.0	1.0	1.0
截面含气率 φ_{CM}	$C\beta k_a$	0.771	0.545	0.409	0.930	0.756	0.624
运动压头 S_{OTB}/Pa	$\varphi_{OTB} h_{OTB}(\gamma' - \gamma'')$	12 132.4	8 545.6	6 419	14 602	11 858	9 800
水的速度头/Pa	$\dfrac{W_{OOTB}^2}{2g}\gamma'$	521.36	2 102.1	4 713.8	294	1 172.08	2 636.2
计算摩擦损失公式中的系数 ψ	按线算图3	0.985	0.88	0.960	1.20	0.74	0.73
摩擦压力损失 $\Delta p_{TP}/\text{Pa}$	$\lambda_0 l\left[1 + \psi x\left(\dfrac{\gamma'}{\gamma''} - 1\right)\right]\dfrac{W_{OOTB}^2}{2g}\gamma'$	1 589.56	3 978.8	7 663.6	1 754.2	2 940	5 301.8
局部阻力损失 $\Delta p_{M}/\text{Pa}$	$(\zeta_{BX} + \zeta\prod_{OB} + \zeta_{BbIX}) \times \left[1 + x_k\left(\dfrac{\gamma'}{\gamma''} - 1\right)\right]\dfrac{W_{OOTB}^2}{2g}\gamma'$	4 851	12 838	23 716	4 606	10 721.2	18 620

引 出 管

续表Ⅲ.6

数值名称	计算公式	前水冷壁角隅管组			双面露光水冷壁中间管组		
引出管的总压力损失 $\sum \Delta p_{\text{OTB}}$/Pa	$\Delta p_{\text{TP}} + \Delta p_{\text{M}}$	6 438.6	16 816.8	31 379.6	6 360.2	13 661.2	23 921.8
有效压头 $S_{\Pi_{\text{OЛ}}}^{\text{OTB}}$/Pa	$S_{\text{OTB}} - \sum \Delta p_{\text{OTB}}$	5 693.8	−8 271.2	−24 960.6	8 241.8	−1 803.2	−14 121.8
下降管							
水速，$W_{0\Pi}$/(m·s^{-1})	$\dfrac{F_{\text{aKP}} W_0}{F_{0\Pi}}$	1.015	2.03	3.04	0.76	1.52	2.28
速度头 Δp_{M}/Pa	$\dfrac{W_{0\Pi}^2}{2g} \prod \gamma'$	307.72	1 231.86	2 768.5	172.97	690.9	1 556.24
阻力 $\Delta p_{0\Pi}$/Pa	$(\zeta_{\text{BX}} + \lambda_0 l + \zeta_{\text{ΠOB}} + \zeta_{\text{BЫX}})\dfrac{W_{0\Pi}^2}{2g}\gamma'$	2 646	10 584	23 814	1 607.2	6 419	14 455

计算中，角隅管组按照管子数量分成被屏遮盖和未被屏遮盖的两个区域。所有情况下，都是对整台锅炉机组相应管组中的全部管子进行计算的。锅炉中的水焓，是按假定从省煤器来的给水有50%进入蒸汽清洗装置的情况确定的。在蒸汽清洗装置中水被加热到饱和温度，进入水冷壁的水由进入锅炉水容积的给水量确定。

第Ⅱ蒸发段的水冷壁产汽量为：

$$D_\Pi = \frac{Q_\Pi \times 3\,600}{r} = \frac{5\,991 \times 3\,600}{235.8 \times 1\,000} = 92\,(\text{t/h})$$

式中　Q_Π——第Ⅱ蒸发段水冷壁的吸热量，按表Ⅲ.3（侧水冷壁未被遮盖的4个管组）。

锅炉机组第Ⅰ蒸发段的循环倍率取为 $K = 8$。

给水温度277 ℃下锅炉中循环水的欠焓为

$$\Delta i_6 = \frac{i' - i_{\Pi B}}{K} \cdot \frac{G - G_{\Pi p}}{G_1} = \frac{386.5 - 291.7}{8} \times \frac{660 - 330}{660 - 92} = 6.91\,\text{kcal/kg} = 28.93\,(\text{kJ/kg})$$

进水下降管的水被水容积卷入的蒸汽进一步加热。锅筒中装设旋风分离器时，下降管中的容积含汽率（图3.8）$\varphi_\Pi = 0.025$。下降管中因卷入蒸汽使水的加热用图（图3.9）确定 $\Delta i_{a\Pi} = 3.77$ kJ/kg。

这时进入水冷壁水的欠热为 $\Delta i_{\partial \kappa} = 28.93 - 3.77 = 25.16$ kJ/kg。这个欠热用来确定始沸点前管段的高度和水冷壁中的蒸汽流量。

在表Ⅲ.5 和Ⅲ.6 中已确定水冷壁管和引入管的有效压头与各水冷壁下降管的阻力，根据这些数值在图Ⅲ.2 和Ⅲ.3 上做出了水冷壁的循环特性曲线。

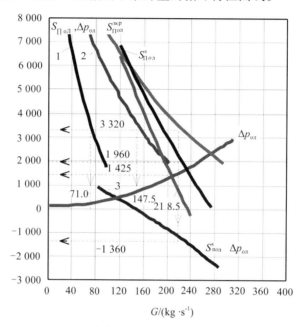

图Ⅲ.2　前水冷壁角隅管组的水力特性曲线
1—未被遮盖管子;2—被遮盖管子;3—引出管

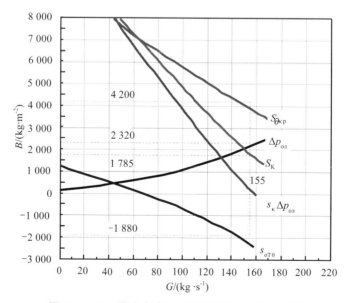

图Ⅲ.3　双面露光水冷壁的中间管组水力特性曲线

因为所有水冷壁的循环回路连在一个公共的汇合点(即带有总分配联箱的锅内旋风分离器)上,所以必须将回路的水力特性按其公共点处的有效压头相叠加。这些公共点是锅筒的水容积和旋风分离器联通箱的入口截面。为了使上升管件的水力特性符合上述条件，必须从其中有效压头的数值中减去相应的下降管阻力。

为方便起见，在图Ⅲ.2 和Ⅲ.3 的特性图的第一象限上做出了下降管的阻力曲线。前水冷壁角隅管组（包括上部未被遮盖和被遮盖管子）的循环特性在图上（见图Ⅲ.2 上 $S_{\text{пол}}^{\text{зкр}}$ 曲线）是预先相加连接而成的。

在图Ⅲ.4 上可确定锅炉机组净段循环水的总流量，在该图上还作出了各个水冷壁的全部特性，这些特性就是从上升管件的有效压头中减去下降管阻力以后得到的。

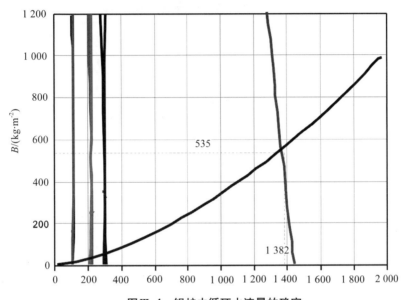

图Ⅲ.4　锅炉中循环水流量的确定

因为国内旋风分离器的汽水混合物入口截面与水从导叶出来的出口截面之比（2:1）已成标准形式，因为可根据总的阻力系数按下式确定旋风分离器阻力。

$$\Delta p_{\text{Ⅱ}} = \xi_{\text{Ⅱ}} \left[1 + x \left(\frac{\gamma'}{\gamma''} - 1 \right) \right] \frac{W_0^2}{2g} \gamma'$$

式中　$\xi_{\text{Ⅱ}}$——旋风分离器的阻力系数，等于 4.5；

　　　W_0——旋风分离器入口窗中的循环流速，m/s；

　　　x——质量含汽率。

锅筒内装设了 120 个旋风分离器，其中净段有 102 个。入口窗的尺寸为 250 mm × 60 mm。旋风分离器的总入口截面为 $102 \times 0.25 \times 0.06 = 1.53$ m²。

在上述进入蒸汽清洗装置的给水百分比下，通过净段旋风分离器的蒸汽流量为 *6а Ⅰ полк*

$$D_{\text{Ⅱ}} = D_{\text{Ⅰ}} + G \frac{i' - i_{\text{ⅡB}}}{r} \times 0.5$$

$$= (660 - 92) + 660 \frac{386.5 - 291.7}{235.8} \times 0.5$$

$$= 567 + 132 = 699(\text{t/h})$$

旋风分离器入口管道中的蒸汽折算速度为

$$W''_{o\,II} = \frac{D_{II}}{3.6 \cdot F_{II}\,\gamma'' \times 10^3} = \frac{699}{3.6 \times 1.53 \times 98.8 \times 10^3} = 1.28(\text{m/s})$$

由这些数据算出的锅内旋风分离器阻力在表Ⅲ-7中列出,并以水力特性曲线的形式表示在图Ⅲ.4上。

表Ⅲ.7为旋风分离器的水力特性。

表Ⅲ.7　旋风分离器的水力特性

$G/(\text{kg} \cdot \text{s}^{-1})$	$W_0/(\text{m} \cdot \text{s}^{-1})$	$\Delta p_{II}/\text{Pa}$
1 000	1.10	3 214.4
1 500	1.64	5 997.6
2 000	2.19	9 643.2

旋风分离器的特性曲线与水冷壁各回路总特性曲线的交点就是锅炉中循环水的实际流量,等于 1 382 kg/s。该流量下的旋风分离器阻力为 5 243 Pa。

由图Ⅲ.4的特性图,在有效压头值为 5 243 Pa 下,可确定管组各个部分的水流量。用这些水流量在各个水冷壁的特性曲线上可确定各回路和受热管件的有效压头和下降管阻力(在图Ⅲ.2 和图Ⅲ.3 上曲线,$S_{\text{пол}}^{\text{конт}}$,$S_{\text{пол}}^{\partial\text{кр}}$,$\Delta p_{\text{ол}}$)。

在每一管组范围内,由受热条件不同的一些管子连接而成的各部分(前水冷壁和双面露光水冷壁的角隅管组),要在两种类型的管组之间将水流量做出进一步分配。分配的方法是从曲线反向推移到曲线 1 和曲线 2(图Ⅲ.2)。

组成第Ⅱ蒸发段的未被遮盖侧水冷壁边上的 4 个管组,其计算方法与计算净段水冷壁的方法一样。在第Ⅱ蒸发段内水是没有欠热的(4.19项)$\Delta i_6 = 0$。根据回路有效压头与下降管、第Ⅱ蒸发段锅内旋风分离器(18 个旋风分离器)的阻力的平衡点来平衡各水冷壁中的水流量。

第Ⅰ蒸发段和第Ⅱ蒸发段水冷壁中循环水流量的计算结果见表Ⅲ.8。由受热上升管和蒸汽引出管的有效压头之和组成的水冷壁各回路的有效压头总是等于水冷壁的下降管阻力和锅内旋风分离器阻力之和。

根据各回路中的水流量可算出水冷壁和蒸汽引出管中的循环流速和下降管中的水速。双面露光水冷壁管中流速最大。在双面露光水冷壁和前水冷壁角隅管组的被遮盖管和未被遮盖管中,循环流速都是近似的。

按循环水流量和蒸发量(表Ⅲ.8)算出锅炉机组第一蒸发段额定蒸发量下的循环倍率为

$$K = \frac{1\,382}{209.75} = 6.6$$

锅筒中循环水的欠热为

$$\Delta i_6 = \frac{386.6 - 291.7}{6.6} \times \frac{0.5 \times 660}{660 - 92} = 8.35(\text{kcal/kg}) = 34.95(\text{kJ/kg})$$

由于水容积中卷入部分蒸汽会将水加热,水冷壁管入口处水的欠热为

$$\Delta i_{\partial\kappa} = 8.35 - 0.9 = 7.45(\text{kcal/kg}) = 31.19(\text{kJ/kg})$$

所得的欠热值与取用值之间的差别为$\dfrac{(7.45 - 6.01) \times 100}{6.01} = 24\%$,远小于许可值50%,因此计算结果不再校正。

表Ⅲ.8　第Ⅰ蒸发段和第Ⅱ蒸发段水冷壁中循环水流量的计算结果($D = 660$ t/h, $p = 15.20$ MPa)

管件		有效压头,阻力/Pa	水流量/(kg·s⁻¹)	循环流速/(m·s⁻¹)	蒸汽流量/(kg·s⁻¹)	循环倍率
第Ⅰ蒸发段						
前水冷壁中间管组	水冷壁管	32 928/19 208	110	1.15	16.65	6.6
	蒸汽引出管	−13 720	110	3.05	16.65	—
	下降管	−13 965	110	2.33	—	—
前水冷壁角隅管组	未被遮盖管	32 536/19 208	71	1.18	10.8	6.6
	被屏蔽盖管	32 536/19 208	147.5	1.13	21.1	7.0
	蒸汽引出管	−13 328	218.5	3.03	31.9	—
	下降管	−13 965	218.5	2.33	—	—
侧水冷壁未被遮盖管组	水冷壁管	14 504/26 558	346	1.23	43.6	7.9
	蒸汽引出管	12 054	346	2.41	43.6	—
	下降管	−21 315	346	2.78	—	—
侧水冷壁被辐射过热器遮盖管组	水冷壁管	13 916/24 843	250.5	1.18	24.9	10.0
	蒸汽引出管	10 388	250.5	2.32	24.9	—
	下降管	−19 600	250.5	2.64	—	—
双面露光水冷壁中间管组	水冷壁管	41 160/22 736	155	1.63	32.4	4.8
	蒸汽引出管	−18 424	155	3.22	32.4	—
	下降管	−17 493	155	2.49	—	—
双面露光水冷壁角隅管组	未被遮盖管	39 200/21 609	100	1.65	20.5	4.9
	被屏遮盖管	39 200/21 609	202	1.56	39.8	5.1
	引出管	−17 591	302	3.15	60.3	—
	下降管	−16 366	302	2.41	—	—
锅内旋风分离器(第Ⅰ蒸发段全部)		−5 243	1 382	—	209.75	—

续表Ⅲ.8

管件		有效压头,阻力 /Pa	水流量 /(kg·s⁻¹)	循环流速 /(m·s⁻¹)	蒸汽流量 /(kg·s⁻¹)	循环倍率
第Ⅱ蒸发段						
未被遮盖的侧水冷壁角隅管组	水冷壁管	14 896/25 872	180	1.27	25.8	6.95
	引出管	10 976	180	2.50	25.8	—
	下降管	−23 030	180	2.87	—	—
锅内旋风分离器		−2 842	180	—	25.8	—

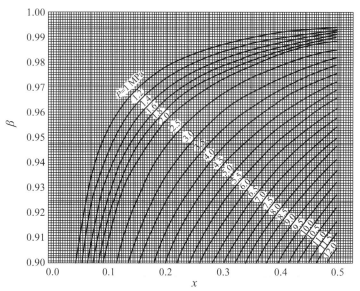

线算图1　容积含气率与质量含气率的关系

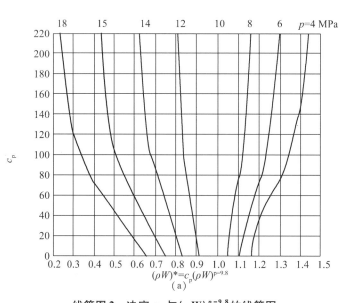

线算图2　决定 c_p 与 $(\rho W)^{p=9.8}$ 的线算图

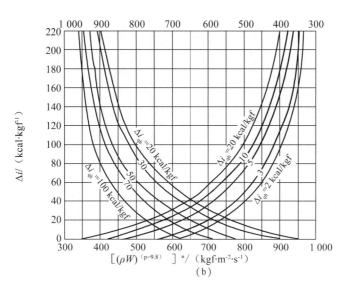

续图线算图 2

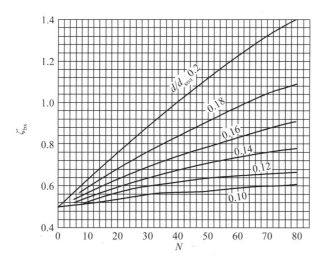

线算图 3　具有单侧引入的分配联箱的管子入口阻力系数
（N,从不流动端开始的管子编号）

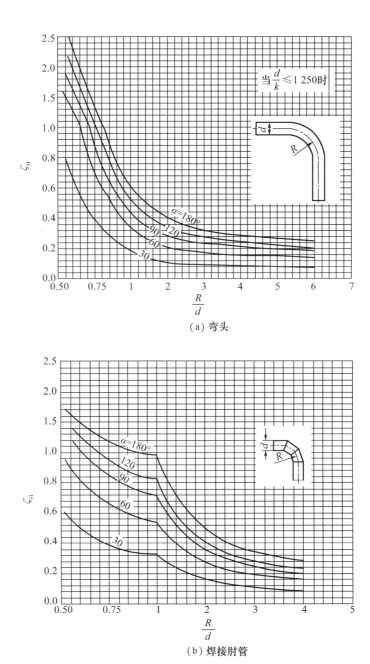

（a）弯头

（b）焊接肘管

线算图 4　弯头和肘管的阻力系数 ($\zeta = \zeta_H C_\Delta$)

1——对肘管；2——对 $R/d = 1.5$ 的急转弯头；3——对平滑弯头

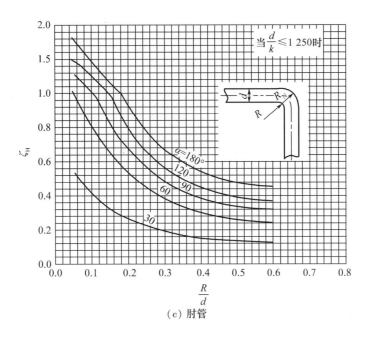

（c）肘管

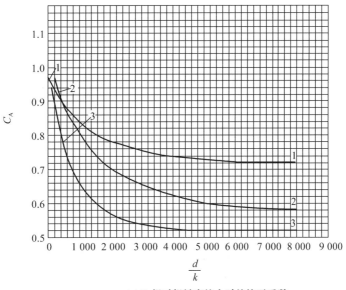

（d）相对粗糙度较小时的校正系数

续图线算图 4

1——对肘管 ;2——对 $R/d=1.5$ 的急转弯头;3——对平滑弯头

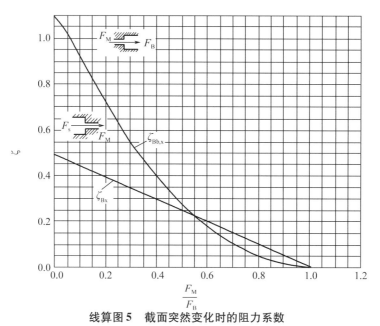

线算图 5　截面突然变化时的阻力系数

F_M—入口(出口)的小截面;F_B—入口(出口)的大截面

参 考 文 献

[1]洛克申 B A,别捷尔松 Д Ф,什瓦尔兹 A Л.锅炉机组水力计算(标准方法)[M].董祖康,王孟浩,李守恒,译.北京:电力工业出版社,1981.

[2]哈尔滨锅炉厂.电站锅炉水动力计算方法[M].上海发电设备成套设计研究所,江苏省机械工业锅炉科技情报网,1984.

[3]《工业锅炉设计计算标准方法》编委会.工业锅炉设计计算标准方法[M].北京:中国标准出版社,2003.

[4]鲍亦龄,陆慧林.锅炉水动力学及锅内设备[M].哈尔滨:哈尔滨工业大学出版社,1996.

[5]李之光,王昌明,王叶福.常压热水锅炉及其供暖系统[M].北京:机械工业出版社,1992.

[6]宋贵良.锅炉计算手册[M].沈阳:辽宁科学技术出版社,1995.

[7]林宗虎,张永照,章燕谋,等.热水锅炉手册[M].北京:机械工业出版社,1994.

[8]岑可法.循环流化床锅炉原理设计与运行[M].北京:中国电力出版社,1997.

[9]杨世铭,陶文铨.传热学[M].北京:高等教育出版社,2006.

[10]冯俊凯,沈幼庭.锅炉原理及计算[M].北京:科学出版社,1992.